智能科学与技术丛书

Probabilistic Graphical Models for Computer Vision

概率图模型及计算机视觉应用

[美] 纪强（Qiang Ji）◎ 著

郭涛 ◎ 译

图书在版编目（CIP）数据

概率图模型及计算机视觉应用 /（美）纪强著；郭涛译. -- 北京：机械工业出版社，2021.9
（智能科学与技术丛书）
书名原文：Probabilistic Graphical Models for Computer Vision
ISBN 978-7-111-69032-0

I. ①概… II. ①纪… ②郭… III. ①概率 - 数学模型 - 应用 - 计算机视觉 IV. ① TP302.7

中国版本图书馆 CIP 数据核字（2021）第 177479 号

本书版权登记号：图字 01-2021-0674

Probabilistic Graphical Models for Computer Vision
Qiang Ji
ISBN: 978-0-12-803467-5

《概率图模型及计算机视觉应用》（郭涛 译）
ISBN: 978-7-111-69032-0

出版发行：机械工业出版社（北京市西城区百万庄大街 22 号 邮政编码：100037）
责任编辑：王春华 刘 锋　　责任校对：马荣敏
印 刷：三河市宏达印刷有限公司　　版 次：2021 年 9 月第 1 版第 1 次印刷
开 本：185mm×260mm 1/16　　印 张：14.75
书 号：ISBN 978-7-111-69032-0　　定 价：99.00 元

客服电话：(010) 88361066 88379833 68326294　　投稿热线：(010) 88379604
华章网站：www.hzbook.com　　读者信箱：hzjsj@hzbook.com

译者序

概率图模型是将图论和概率论结合，以图的方式来表示随机变量之间的依赖关系的模型。概率图模型为多变量统计建模提供了框架，分为有向概率图模型、无向概率图模型和混合概率图模型，研究主题包括表示、推理与学习数据之间的结构和关系等核心内容。目前，常用的概率图模型主要有贝叶斯网络(BN)、马尔可夫网络(MN)、链图(CG)、暂态模型(TM)和概率关系模型(PRM)，它们是不确定性推理的强有力工具，在机器学习领域越来越重要。经过三十年的发展，概率图模型的推理和学习已经广泛用于机器学习、计算机视觉、自然语言处理、遥感图像挖掘和地面沉降等研究领域的最新成果，成为人工智能相关研究不可或缺的技术。

大数据时代的到来，以及数据密集型的科学研究方式，急需人工智能算法挖掘数据分析问题中蕴含的丰富的结构信息。如何对海量数据进行有效的知识表示和推理，已经成为人工智能领域的研究热点和难点。概率图模型通过将数据之间的结构和关系进行知识表示、推理和学习，把物理世界中的复杂结构抽象成随机变量之间的依赖关系，成为揭示数据中蕴藏的结构信息的有力工具。

本书是美国伦斯勒理工学院(Rensselaer Polytechnic Institute，RPI)纪强(Qiang Ji)教授编写的第一本概率图模型专著，介绍了计算机视觉中的PGM，讨论了PGM及其在计算机视觉中解决的问题，提供了基本概念、定义和属性。作者专注于PGM的理论，以伪代码和推导的方式对PGM进行了详细的解释。全书共5章：第1章首先回顾了PGM的历史及在计算机视觉中的应用，然后介绍了本书的主要目标和PGM关键技术，最后讨论了本书各章的主题；第2章主要介绍PGM的核心概念和必备的数学基础，例如极大似然估计、贝叶斯估计和判断估计方法；第3章介绍了有向概率图模型，即贝叶斯网络(BN)，包括定义、性质、类型和各种BN推理方法；第4章介绍了无向概率图模型，即马尔可夫网络(MN)，介绍了不同类型的MN、不同模型结构和参数学习，讨论了BN和MN之间的共性和区别；第5章全面介绍了主要应用于计算机视觉任务的有向和无向概率图，主要介绍了不同层次计算机视觉的案例，例如目标识别、跟踪和3D重建等。本书可以作为从事计算机视觉、图像处理和医学成像研究的工程师以及计算机科学家和统计学家的参考书。

在翻译本书的过程中，我得到了很多人的帮助。四川省农业科学院遥感与数字农业研究所智慧农业科学技术中心的李宗南副研究员、王思副主任、董秀春、蒋怡和李疆，四川省农业科学院遥感与数字农业研究所遥感监测(粮食安全)研究中心的刘轲博士、李章成副研究员和张敏女士等，在计算机视觉科研方面提供了技术指导和帮助。此外，上海环境保护有限公司王黎，首都师范大学卢灿，吉林大学朱梦瑶，西南科技大学刘晨阳，吉林财经大学吴禹林、王贺和李婷，四川外国语大学成都学院余秋琳等对本书进行了技术审核和翻译校对。感谢他们在这个过程中所做的工作。最后，感谢机械工业出版社华章公司的编辑王春华和刘锋，他们做了大量的编辑和校对工作，有效提升了本书质量。

由于本书涉及的广度和深度，加上译者翻译水平有限，翻译过程中难免有错漏之处，欢迎各位读者在阅读过程中将本书参考源码、问题和勘误提交至Github(https://github.com/guotao0628/PGM)。

郭涛

四川省农业科学院遥感与数字农业研究所

2021年2月

目　录

Probabilistic Graphical Models for Computer Vision

第1章

Probabilistic Graphical Models for Computer Vision

知识背景和学习动机

1.1 引言

概率图模型(PGM)通过图解法来展示一组随机变量的联合概率分布，并结合图论和概率论来达到多元统计建模的目的。PGM 的强大之处在于，它将图直观且强大的数据结构与概率的严谨性相结合。图表示不仅直观，还具有反映人类对某一领域认知的语义。PGM 内置的条件独立性将难以处理的联合概率分布紧凑地分解为各节点局部函数的乘积，这个分解极大地减少了指定一个联合概率分布所需参数的数量。此外，PGM 的分级表达允许在不同的抽象层次上刻画知识，并对特定领域的知识进行系统编码。

除了提供强大的表达方式，PGM 还提供机制，便于从数据中自动学习模型，并按照一定原则在模型中进行推理。图结构可以有效地处理联合概率，以进行学习和推理。通过多年来对 PGM 的研究，形成了一套针对 PGM 学习和推理的成熟且完善的算法。针对 PGM 的研究层出不穷、推陈出新。最终，作为一个通用的数学模型，PGM 概括了许多现存的完善的多变量模型，其中包括混合模型、因子分析、隐马尔可夫模型、卡尔曼滤波器和伊辛模型。PGM 的灵活性意味着它能在各类不同的应用中表现良好。因此，PGM 构建了一个统一的理论框架，用以系统地阐述和解决很多现实领域问题，问题包括生物信息学、医学诊断、自然语言处理、计算机视觉(CV)、模式识别、计算机网络、电信和控制理论等方面。

早在 20 世纪，不少研究领域就萌发了“使用图来表达变量间的相互作用关系”的理念。在统计物理学领域，吉布斯[1]曾使用无向图表征多粒子系统，每个粒子被视为一个随机变量(RV)。在遗传学领域，Wright[2-3]曾使用有向图来模拟自然物种的遗传关系。在统计学领域，Bartlett[4]首先研究了对数线性模型中变量的关系。在文献[5-6]中，这一思想通过引入马尔可夫场来模拟多变量高斯分布，又有了更进一步的发展。在 20 世纪 70 年代初期，Grenander 等人[7]引入了模式理论作为建模和解决视觉问题的关键数学模型工具。通过模式理论，Grenander 提出用一种灵活的概率图来模拟数据中潜在的结构依赖关系及其不确定性，并利用该图模型对观测数据进行了基于贝叶斯推理的模式识别。

20 世纪 80 年代后期，PGM 取得了重大的理论突破，并在计算机科学领域被广泛接受。Judea Pearl 所著的 *Probabilistic Reasoning in Intelligent Systems*[8]为日后的贝叶斯网络研究奠定了基础。Lauritzen 和 Spiegelhalter[9]提出的“在 PGM 中进行高效推理”的算法则为概率推理打下了基石。更先进专家系统的研发也是 PGM 被广泛接受的一个原因。早期曾有过基于朴素贝叶斯模型[10-11]构建专家系统的尝试。探路者系统(Pathfinder system)[12]就是一个使用贝叶斯网络辅助一般病理学家进行血液病理学诊断的例子。从那时起，PGM框架引起了来自各个领域的狂热关注，这些领域包括通信、医学诊断、基因分析、金融预测、风险分析、语音识别等。在该技术快速发展的期间也诞生了几本极具影响力的著作[13-16]。

在过去的十年中，PGM逐渐在计算机视觉和模式识别相关的领域中得到普及，这一发展是令人振奋的。事实上，PGM可以解决各种各样的计算机视觉问题，不管是图像标记和分割等初级任务，目标识别和三维重建等中级任务，还是语义情景理解和人类活动识别等高级任务。具体而言，在图像分割和图像标记领域中，马尔可夫随机场(MRF)和条件随机场(CRF)实际上已经成为最先进的建模框架。其同类模型也有效应用于立体重建领域，这充分证明了PGM框架广泛的适用性。贝叶斯网络也应用于表示各种视觉任务之间的因果关系，任务包括面部表情识别、主动视觉和视觉监控。同样，隐马尔可夫模型、动态贝叶斯网络及二者的变体等动态PGM在物体跟踪、人类动作和活动识别中的应用更成为常态。

一般来说，PGM在计算机视觉中的应用发展史通常与图模型的发展史密切相关。在这类体系被引入人工智能和统计学习领域的过程中，Judea Pearl和Steffen Lauritzen于20世纪80年代后期的研究发挥了开创性的作用。此后不久，这一体系的发展就扩展到了统计学、系统工程、信息理论、模式识别和计算机视觉等领域。Binford、Levitt和Mann的一篇论文[17]是最早提及图模型的视觉文献。它描述了在分级概率模型中如何使用贝叶斯网络对三维对象模型和单一图像上曲线组进行匹配。第二年，Pearl关于图模型发表了一部极具影响力的著作[8]。1993年，著名的计算机视觉期刊*IEEE Transactions on Pattern Analysis and Machine Intelligence*(TPAMI)出版了第一期关于图模型的特刊(SI)[18]。该特刊重点研究了有向图模型(如贝叶斯网络)的构建、学习和推理方法，以及它们在模拟计算机视觉知觉组的空间结构关系中的应用。2003年，也就是10年后，TPAMI出版了第二期关于计算机视觉图模型的特刊[19]，展示了PGM研究在计算机视觉领域的进展。此后，涌现了许多涉及PGM在计算机视觉中的不同方面内容和持续的应用的技术性论文。2009年，TPAMI出版了第三期关于PGM在计算机视觉中的应用的特刊[20]。与第一期和第二期特刊相比，第三期特刊在理论和应用范围上都有所扩展。它包括了有向和无向图模型以及这类模型在计算机视觉和模式识别中的应用。此后，为了满足计算机视觉研究人员对PGM日益增长的需求，一系列关于PGM及其在计算机视觉中应用的研讨会和教程分别在各大计算机视觉会议中连续举办，相关教程也在期刊上连载，得到了很高的参与度，其中包括2011年关于结构化预测图模型的CVPR研讨会[21]、2011年关于结构化预测和计算机视觉学习的CVPR教程[22]、2011年关于离散图模型推理学习的ICCV教程[23]、2013年关于概率图模型推理的ICCV研讨会[24]、2014年关于计算机视觉图模型的ECCV研讨会[25]、2014年关于离散图模型学习和推理的CVPR教程[26]，以及2015年关于离散图模型推理的ICCV教

2

程[27]。最新一期关于计算机视觉高阶图模型的建模、推理和学习的 TPAMI 特刊专门针对各种计算机视觉任务中高阶 PGM 推理和学习[28]。这些系列研讨会、教程和特刊进一步证明了 PGM 对计算机视觉的重要性和意义，以及计算机视觉研究人员对 PGM 日益上升的需求和兴趣。深度学习领域的最新进展也进一步证明了图模型的重要性：构建了一些主要的深度学习架构的模块，如深度玻尔兹曼机(DBM)和深度信念网络等特殊类型的 PGM。

PGM 在计算机视觉中的广泛使用受到很多因素的推动。首先，许多计算机视觉任务可以被建模为结构化学习和预测问题，其涉及一组输入变量 X 和一组输出变量 Y。结构化学习和预测的目的是学习一个将 X 与 Y 相关联的模型 $\mathcal{G}$，以便在测试中使用 $\mathcal{G}$ 来预测给定 X 的 Y。其中，输入变量通常能刻画图像或它们的衍生物(各种图像特征)，输出变量则是我们想要估计的目标变量。例如，对于图像分割，X 代表像素或像素特征，而输出 Y 代表像素标签。对于三维重建，X 代表每个像素的图像特征，而 Y 代表它们的三维坐标或三维法线。对于人体姿态评估和追踪，X 代表人体图像特征，而 Y 代表三维关节角或关节位置。

结构化学习和预测的关键在于刻画 X 与 Y 之间及其元素之间的结构关系。PGM 具有强大而有效的能力去模拟随机变量间的多种关系，也具有原则统计理论、推理和学习算法的可用性，因此 PGM 非常适用于这种结构化学习和预测问题。利用贝叶斯网络(BN)和马尔可夫网络(MN)等概率模型，我们可以系统地刻画输入变量和目标变量之间的时空关系。具体来说，PGM 可以用贝叶斯网络、马尔可夫网络或条件随机场(CRF)下的条件概率 $p(Y|X)$ 刻画 X 和 Y 的联合概率分布 $p(X,Y)$。PGM 学习可用来自动学习这些模型的参数。给定能刻画输入和输出的联合或条件分布的模型，就能以解决最大后验概率(MAP)推理问题的方式解决预测问题，即求得最大化 $p(\boldsymbol{y}|\boldsymbol{X}=\boldsymbol{x})$，$\boldsymbol{y}^*=\arg\max_{\boldsymbol{y}} p(\boldsymbol{y}|\boldsymbol{x})$ 的 y。完善的 PGM 学习和推理算法可用于学习模型和执行推理。

3

其次，由于信号噪声和目标变量的模糊性或对其认知的不全面性，计算机视觉问题中存在大量不确定性。其存在于图像、特征、输出以及算法的输入和输出之间的关系中。任何计算机视觉问题的解决方案都应该系统地考虑不确定性，传播不确定性，并评估它们对估计目标变量的影响。基于概率论，PGM 提供了一个强大的方法来刻画不确定性，并将其纳入、传播到目标变量的估计中。

最后，作为一个贝叶斯框架，PGM 可以对高层次领域的知识进行编码，如支配目标变量属性和行为的物理规律，或是将二维图像与其对应的三维模型相关联的投影/照明模型这类计算机视觉理论。高层次的知识对约束和规范化处理计算机视觉中的不适定问题非常重要。因此，PGM 提供了一个统一的模型来系统地编码高层次知识并将其与数据结合起来。

综上所述，PGM 提供了一个统一的框架，用以严格而紧凑地表示图像观测值、目标变量、它们之间的关系、它们的不确定性、高层次领域的知识以及通过严格的概率推理进行识别和分类。因此，PGM 在解决各种计算机视觉问题中的应用也日渐增多，并带来了显著的性能提升。

1.2 本书目标和特点

为满足计算机视觉研究人员对PGM日益增长的需求和兴趣，并填补在计算机视觉背景下专门讨论PGM的书的空白，本书全面而系统地论述了PGM的相关话题及其在计算机视觉中的应用。为此，我们首先会对PGM模型和理论的基本概念和成熟的理论进行深入讨论，并重点关注已经在计算机视觉中广泛应用的PGM模型和可能为计算机视觉问题带来潜在效益的PGM模型的最新发展(如基于PGM的深度模型)。我们将以适用计算机视觉研究人员理解的水平来讨论PGM模型和理论。此外，我们的讨论还将附有相应的伪代码，这对于计算机视觉研究者来说很容易理解，并方便他们快速应用。

然后，我们将继续演示PGM模型在各类计算机视觉问题中的应用，从低级计算机视觉任务(如图像分割和标记)，到中级计算机视觉任务(如目标检测和识别、目标跟踪和三维重建)，再到高级计算机视觉任务(如面部表情识别和人类活动识别)。我们将展示在每个计算机视觉问题中如何使用PGM对问题进行建模，如何从训练数据中学习PGM模型，如何将高层次的知识编码到PGM模型中，以及如何在图像测量值已知的情况下使用学习到的PGM模型来推理未知的目标变量。我们还将把同一个计算机视觉任务中的PGM公式和解决方案与传统机器学习模型进行对比。通过这些应用实例，我们意在证明PGM提供了统一框架，使计算机视觉问题以原则和严谨的方式得以解决，且一定程度上优于其他学习模型。

4

最后，为了完成一本自成体系的独立书籍，我们将提供必要的背景资料，主题包括概率微积分、基本估计方法、优化方法和采样方法等。为了充分发挥本书的作用，读者必须具备有关微积分、概率论、线性代数和优化等方面的基本数学知识，并掌握一门高级编程语言，如C/C++或Python。

综上所述，本书是作者在计算机视觉和PGM领域多年研究和教学的成果，为计算机视觉的概率图模型领域提供了一个全面且独立的介绍。这是第一本专门为计算机视觉介绍PGM的书。

1.3 PGM介绍

作为概率的图模型表示，一个PGM由节点和链路组成，其中节点代表随机变量(RV)，而链路代表其概率依赖关系。根据链路类型，图模型可以分为有向PGM和无向PGM。有向PGM由有向链路组成，而无向PGM由无向链路组成。计算机视觉中常用的有向PGM包括贝叶斯网络(BN)和隐马尔可夫模型(HMM)，而常用的无向图包括马尔可夫网络(MN)(也称为马尔可夫随机场(MRF))以及条件随机场(CRF)。无向PGM的链路通常刻画RV之间的相互依赖性或相关性，而有向图模型的链路则通常刻画随机变量之间的因果关系。在计算机视觉中，PGM可以用来表示一幅图像或一段视频中的元素及其间的关系。图1.1就是一个有向PGM和一个无向PGM在图像分割领域的应用实例。图 1.1a 中的有向 PGM 是一个 BN。其节点分别代表图像区域/超像素(R)、图像区域的边(E)和顶点(V)；其有向链路刻画了图像区域、边和顶点之间的自然因果关系。这里的因果关系包括相邻区域的交集，交集产生边，而边的相互作用又产生顶点。一个 BN 被每个节点的条件概率 p 参数化。BN 就是这样刻画代表图像区域、边和顶点的随机变量之间的联合概率分布的。

图 1.1b 中的无向 PGM 是一个 MN。其节点代表图像区域(y)及其标签(X)。其无向链路刻画了图像区域和它们的标签之间的相互依赖关系。对于图 1.1b 中的 MN，标记节点之间的链路刻画了相邻标记节点之间的相互影响，而标记节点与对应图像节点之间的链路刻画了图像标签与其图像特征之间的关系。该模型被每个节点的势函数 ψ 参数化。与 BN 一样，MN 也刻画了代表图像区域及其标签的随机变量的联合概率分布。但 MN 在许多计算机视觉问题上的建模比 BN 更自然，因为 MN 不施加有向边，也不要求随机变量之间的因果关系，并且参数化过程也更常见。相比之下，贝叶斯网络则在变量间编入了更多的条件独立性，其参数化也受到了概率的限制。但从学习和推理的角度来看，在计算上 BN 比 MN 更容易处理。

5 ~ 6

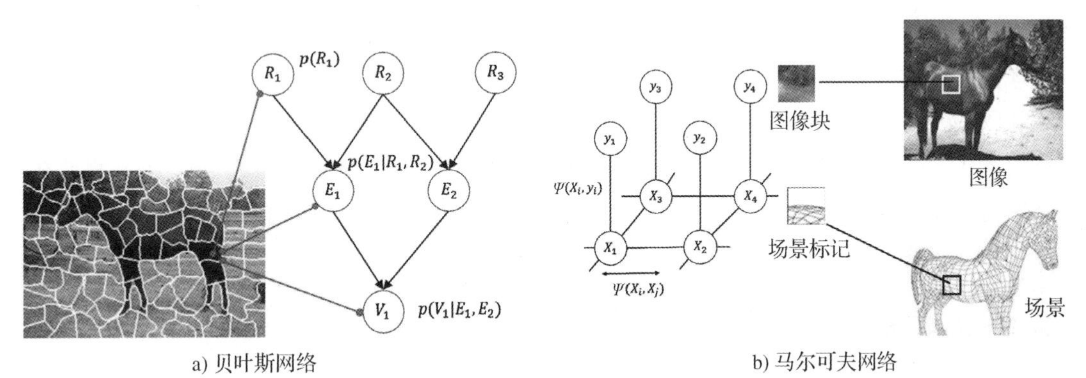

图 1.1 PGM 在图像分割中的应用

由于局部马尔可夫条件假设，PGM 在给定拓扑结构的条件下，会在其节点中嵌入一定的独立性。例如，在图 1.1a 中，R_1 和 R_2 是边缘独立的，但是在给定 E_1 的情况下变得相互依赖。同样，对于图 1.1b，X_1 与 X_4 在给定 X_2 和 X_3 的情况下相互独立。这些嵌入式独立关系引入了 PGM 的一个重要性质，即 PGM 节点的联合概率分布可以分解为每个节点的局部函数的乘积。例如，图 1.1a 中，所有节点的联合概率可以写成

$$p(R_1,R_2,R_3,E_1,E_2,V_1)$$
$$=p(R_1)p(R_2)p(R_3)p(E_1|R_1,R_2)p(E_2|R_2,R_3)p(V_1|E_1,E_2) \tag{1.1}$$

在因式分解后，PGM 可以在高维空间中用很少的参数对联合概率分布进行高效且紧凑的表达。此外，嵌入式条件独立性也让高效学习和推理成为可能。

1.3.1 PGM 的主要问题

学习和推理是 PGM 的两个主要问题。学习包含根据训练数据自动评估 PGM 的结

构或(及)参数。一个学习问题通常表现为一个连续的优化问题，并以极大似然估计或贝叶斯估计的形式展现。像支持向量机(SVM)和神经网络(NN)等其他模型的学习一样，PGM的学习也是学习将输入与输出联系起来的模型或映射函数。同样，学习可以在完全监督或半监督的方式下进行。在计算机视觉领域，PGM学习的是能刻画输入变量和输出变量之间联合概率分布的PGM模型。例如，对于图1.1a中的BN，参数学习就是学习各节点的条件概率，例如节点R_1、E_1和V_1各自的$p(R_1)$，$p(E_1|R_1,R_2)$和$p(V_1|E_1,E_2)$。对于图1.1b中的MN模型，参数学习是指学习一元势函数(如$\Phi(x_i,y_i)$)的参数，以及二元势函数(如$\Psi(x_i,y_i)$)的参数。

推理着重于在给定其他变量的观测值的情况下，估计一组目标变量的概率，通过这个概率我们可以推理出目标变量最可能的状态或值。对于计算机视觉来说，推理是利用学习到的PGM模型，在给定输入变量的图像观测值的情况下，预测目标变量最可能的值。其通常表现为一个离散的最小化问题。例如，在图像分割领域，推理是在给定图像测量值的情况下，推理每个像素的最可能的标签。对于图1.1a中的BN，一个可能的推理就是，通过计算$p(R_1,R_2,R_3|O_R)$来识别每个图像区域的标签，即$R_1^*,R_2^*,R_3^*=\arg\max_{R_1,R_2,R_3} p(R_1,R_2,R_3|O_R)$，其中$O_R$是区域内的图像观测值。同样，图1.1b中MN的推理就是通过计算$p(\boldsymbol{x}|\boldsymbol{y})$来估计最有可能的图像块标签$\boldsymbol{x}$，即$\boldsymbol{x}^*=\arg\max_{\boldsymbol{x}} p(\boldsymbol{x}|\boldsymbol{y})$。

7

PGM的学习和推理一般都是NP难题。利用嵌入PGM中的条件独立性，人们已经引入了高效而精确的以及近似的推理法和学习法，以扩展到大型模型。本书将首先介绍有向PGM和无向PGM，然后探讨它们的学习和推理方法，包括精确方法和近似方法。

1.4　本书大纲

本书主要分为两部分。第一部分介绍PGM的定义、概念、基本理论和算法，第二部分主要介绍PGM在不同计算机视觉问题上的应用。具体来说，全书共5章，结构组织如下。在第1章(即本章)中，我们介绍了PGM，并讨论了其对计算机视觉的重要意义和推动作用，以及本书的独特之处和研究重点。第2章包含对必要背景知识的回顾，使本书自成体系，领域包括概率微积分、基本估计和优化方法以及基本的采样技术。在第3章中，我们首先将介绍有向PGM(包括BN、动态BN及其变体)的基本概念、定义和特性，接下来将全面介绍有向PGM学习和推理的完备理论，涉及的主要理论包括完全数据和缺失数据下的结构和参数学习，以及有向PGM的精确和近似的推理方法。同样，在第4章中，我们将介绍无向PGM及其学习和推理方法。在第5章中，我们将讨论PGM在各种计算机视觉问题中的广泛应用，从低级计算机视觉任务(如图像去噪和图像分割)，到中级计算机视觉任务(如目标检测、识别、跟踪和三维重建)，再到高级计算机视觉任务(如面部表情识别和人类活动识别)。

参考文献

[1] J.W. Gibbs, Elementary Principles in Statistical Mechanics, Courier Corporation, 2014.
[2] S. Wright, Correlation and causation, Journal of Agricultural Research 20 (7) (1921) 557–585.
[3] S. Wright, The method of path coefficients, The Annals of Mathematical Statistics 5 (3) (1934) 161–215.
[4] M.S. Bartlett, Contingency table interactions, Supplement to the Journal of the Royal Statistical Society 2 (2) (1935) 248–252.
[5] N. Wermuth, Analogies between multiplicative models in contingency tables and covariance selection, Biometrics (1976) 95–108.
[6] J.N. Darroch, S.L. Lauritzen, T.P. Speed, Markov fields and log-linear interaction models for contingency tables, The Annals of Statistics (1980) 522–539.
[7] U. Grenander, M.I. Miller, M. Miller, et al., Pattern Theory: From Representation to Inference, Oxford University Press, 2007.
[8] J. Pearl, Probabilistic Reasoning in Intelligent Systems: Networks of Plausible Reasoning, 1988.
[9] S.L. Lauritzen, D.J. Spiegelhalter, Local computations with probabilities on graphical structures and their application to expert systems, Journal of the Royal Statistical Society. Series B Methodological (1988) 157–224.
[10] H.R. Warner, A.F. Toronto, L.G. Veasey, R. Stephenson, A mathematical approach to medical diagnosis: application to congenital heart disease, JAMA 177 (3) (1961) 177–183.

8

[11] F. De Dombal, D. Leaper, J.R. Staniland, A. McCann, J.C. Horrocks, Computer-aided diagnosis of acute abdominal pain, British Medical Journal 2 (5804) (1972) 9–13.
[12] D.E. Heckerman, E.J. Horvitz, B.N. Nathwani, Toward normative expert systems: the pathfinder project, Methods of Information in Medicine 31 (1991) 90–105.
[13] D. Koller, N. Friedman, Probabilistic Graphical Models: Principles and Techniques, MIT Press, 2009.
[14] M.I. Jordan, Learning in Graphical Models, vol. 89, Springer Science & Business Media, 1998.
[15] S.L. Lauritzen, Graphical Models, vol. 17, Clarendon Press, 1996.
[16] R.E. Neapolitan, et al., Learning Bayesian Networks, 2004.
[17] T. Binford, T. Levitt, W. Mann, Bayesian inference in model-based machine vision, in: Proceedings of the 3rd Annual Conference on Uncertainty in Artificial Intelligence, 1987, pp. 73–96.
[18] IEEE Transactions on Pattern Analysis and Machine Intelligence 15 (3) (1993).
[19] J. Rehg, V. Pavlovic, T. Huang, W. Freeman, Guest editors' introduction to the special section on graphical models in computer vision, IEEE Transactions on Pattern Analysis and Machine Intelligence 25 (7) (2003) 785–786.
[20] Q. Ji, J. Luo, D. Metaxas, A. Torralba, T.S. Huang, E.B. Sudderth, Special issue on probabilistic graphical models in computer vision, IEEE Transactions on Pattern Analysis and Machine Intelligence (2009).
[21] CVPR 2011 Workshop on Inference in Graphical Models With Structured Potentials, 2011 [online], available: http://users.cecs.anu.edu.au/~julianm/cvpr2011.html.
[22] CVPR 2011 Tutorial Structured Prediction and Learning in Computer Vision, 2011 [online], available: http://www.nowozin.net/sebastian/cvpr2011tutorial/.
[23] ICCV 2011 Tutorial on Learning With Inference for Discrete Graphical Models, 2011 [online], available: http://www.csd.uoc.gr/~komod/ICCV2011_tutorial.
[24] ICCV 2013 Workshop: Inference for Probabilistic Graphical Models (PGMs), 2013 [online], available: http://cs.adelaide.edu.au/~chhshen/iccv2013_workshop/.
[25] International Workshop on Graphical Models in Computer Vision, 2014, in conjunction with European Conference on Computer Vision [online], available: http://www.tnt.uni-hannover.de/gmcv/index.html.
[26] CVPR 2014 Tutorial on Learning and Inference in Discrete Graphical Models, 2014 [online], available: http://users.cecs.anu.edu.au/~julianm/cvpr2011.html.
[27] ICCV 15 Tutorial – Inference in Discrete Graphical Models, 2015 [online], available: http://cvlab-dresden.de/iccv-15-tutorial-inference-in-discrete-graphical-models/.
[28] K. Alahari, D. Batra, S. Ramalingam, N. Paragios, R. Zemel, Special issue on higher order graphical models in computer vision: modelling, inference and learning, IEEE Transactions on Pattern Analysis and Machine Intelligence (2015) [online], available: http://www.computer.org/csdl/trans/tp/2015/07/07116679.pdf.

9

基础概念

2.1 引言

为了使本书自成体系，我们将在本章中介绍相关的概率计算、基本的估计和优化方法以及基本的采样技术。只有理解了这些内容才能进行后续的图模型理论讨论。需要注意的是，本章只提供理解 PGM 核心概念和理论必需的最基本、最低限度的信息。如果想对这些主题进行深入的回顾和系统的学习，建议读者查阅相关参考文献，比如文献[1]。

2.2 随机变量与概率

在开始讨论之前，我们需要先定义一些符号。我们使用大写字母来表示随机变量(如 X)，并使用相应的小写字母来表示变量的实现或值(如 x)。我们使用粗体大写字母(如 $\boldsymbol{X}$)来表示由一组随机变量组成的随机向量(列向量)，如 $\boldsymbol{X}=(X_1,X_2,X_3,\cdots,X_N)^\top$。

由于 PGM 被用来刻画一组随机变量的联合概率分布，我们将首先定义随机变量、基本概率规则以及 PGM 中经常使用的重要概率分布。

2.2.1 随机变量与概率定义

随机变量(RV)是一个值是不确定的且取决于偶然的变量。随机变量的具体的值由一个随机过程产生，该随机过程将随机变量映射成一个具体的值。随机过程可以对应一个实验，实验的结果对应随机变量的不同值。设 X 代表一个随机变量，$x\in\mathcal{X}$代表 X 的一个特定值，其中 $\mathcal{X}$定义了随机变量 X 的值域空间。一般来说，随机变量可以是离散的，也可以是连续的。离散型随机变量又可以进一步分为分类和整数随机变量。对于一个分类随机变量来说，它的值域空间 $\mathcal{X}$是一个有限的类别集 $\mathcal{C}=\{c_1,c_2,\cdots,c_K\}$。对于整数随机变量来说，它的值域空间 $\mathcal{N}$ 由所有可能的整数值组成，包括零。另一方面，连续随机变量的值域空间 $\mathcal{R}$ 则假设在一定范围内存在连续的实值。

对于离散型随机变量，其假设一个特定值的可能性通过其概率来进行数值量化。从数学上讲，概率是对介于 0 到 1 之间的不确定性的度量。我们用 $p(X=x)$(或简写为 $p(x)$)来表示 X 假设 x 的值的概率。由概率论可知，$0\leqslant p(x)\leqslant 1$，其中 $p(x)=0$ 表示 $X=x$ 绝对不为真，而 $p(x)=1$ 表示 $X=x$ 绝对为真。此外，概率论还指出 $\sum\limits_{x\in\mathcal{X}}p(x)=1$。

10
~
11

对于连续随机变量 X，我们关注的是 $p(X\in A)$，即 X 位于一个区间 $A\subset\mathcal{R}$ 的概率，而不是计算 X 取特定值 $x\in\mathcal{X}$的概率(且这个值总是为0)。根据定义，我们得出

$$p(X \in A) = \int_A f_x(x)\mathrm{d}x \tag{2.1}$$

其中 $f_x(x)$ 是一个连续函数 $f: \mathcal{R} \mapsto [0, +\infty)$，是 X 的概率密度函数(pdf)，且有 $\int_{\mathcal{X}} f_x(x)\mathrm{d}x = 1$。离散随机变量的概率密度函数可以定义为 $f_x(x) = \sum_{x_\kappa \in \mathcal{X}} p(x_k)\delta(x - x_k)$，其中$x_k$是 X 的第 k 个值，而 $\delta()$是狄拉克 δ 函数。注意，X 的概率密度函数$f_x(x)$可以是任意非负数，但 X 的概率 $p(x)$一定在 0 到 1 之间。另外，特定值 x 的$f_x(x)$也可以是任意非负数，但其 $p(x)$总是 0。

2.2.2 基本的概率法则

本节将回顾一些重要的概率论法则和理论。假设有两个随机变量 X 和 Y，Y 已知时 X 的条件概率为

$$p(X|Y) = \frac{p(X,Y)}{p(Y)} \tag{2.2}$$

其中 $p(X,Y)$代表 X 和 Y 的联合概率。我们还可以从该条件概率的定义推导出**乘积法则**

$$p(X,Y) = p(X|Y)p(Y) \tag{2.3}$$

乘积法则规定联合概率可以表示为条件概率和边际概率的乘积。**链式法则**作为一般化的乘积法则，将乘积法则拓展到了 N 个随机变量上。设$X_1, X_2, \cdots, X_N$为 N 个随机变量，链式法则规定 N 个随机变量的联合概率可以表示为

$$p(X_1, X_2, \cdots, X_N) = p(X_1)p(X_2|X_1)p(X_3|X_1, X_2)\cdots p(X_N|X_1, X_2, \cdots, X_{N-1}) \tag{2.4}$$

和乘积法则一样，链式法则允许将 N 个随机变量的联合概率分解为各变量条件概率的乘积。值得注意的是，链式法则对随机变量及其分布没有任何要求。该法则还能进一步拓展为条件链式法则：

$$p(X_1, X_2, \cdots, X_N|Y,Z) = p(X_1|Y,Z)p(X_2|X_1,Y,Z)p(X_3|X_1,X_2,Y,Z)\cdots \\ p(X_N|X_1,X_2,\cdots,X_{N-1},Y,Z) \tag{2.5}$$

12

当我们想分解条件联合概率时，上述法则就是非常有用的工具。

假设 X 和 Y 是离散随机变量，使用**求和法则**对 Y 进行边际化，就可以通过 X 与 Y 的联合分布推导出 X 或 Y 的边际分布

$$p(X) = \sum_y p(X, Y = y) \tag{2.6}$$

求和法则也适用于连续型随机变量，但此时求积分取代了求和。求和法则可以使人们从联合概率分布中计算出边际概率，也可以用来计算边际条件概率 $p(X|Z) = \sum_y p(X, y|Z)$。

将求和法则和乘积法则结合起来可以得到**条件概率法则**，也就是说，一个随机变量的边际概率可以用条件概率的边际化求得。设 X 和 Y 是两个随机变量。那么根据条件概率法则，得

$$p(X) = \sum_{y} p(X|y)p(y) \tag{2.7}$$

这个法则很重要，因为在许多现实问题中，X 的边际概率可能难以估计，但其条件概率可能更易估计。它可以进一步拓展为边际条件概率

$$p(X|Y) = \sum_{z} p(X|Y,z)p(z|Y) \tag{2.8}$$

条件概率法则可进一步拓展为**贝叶斯法则**，该法则表示为

$$p(X|Y) = \frac{p(X)p(Y|X)}{p(Y)} \tag{2.9}$$

其中 $p(X)$通常称为 X 的先验概率，$p(Y|X)$为 X 的极大似然，$p(Y)$是证据的概率，$p(Y) = \sum_{x} p(Y|x)p(x)$ 是一个标准化常量，用来保证 $p(X|Y)$的和为 1。

2.2.3 独立性和条件独立性

设 X 和 Y 为两个随机变量，我们用 $X \perp Y$ 表示二者是边际独立的。如果它们是边际独立的，则其联合概率可以被分解为边际概率的乘积，即 $p(X,Y)=p(X)p(Y)$。根据这个分解，按照条件概率的定义，可知当 $X \perp Y$ 时，我们还有 $p(X|Y)=p(X)$，这意味着已知 Y 不会影响 X 的概率。我们可以将此拓展到 N 个随机变量上，也就是说，若有 N 个彼此独立的随机变量$X_1, X_2, \cdots, X_N$，就有

13

$$p(X_1, X_2, \cdots, X_N) = \prod_{n=1}^{N} p(X_n)$$

除了边际独立性，随机变量也有条件独立性。事实上，条件独立性在实践中更为普遍。给定三个随机变量 X、Y、Z，我们在 Z 已知的情况下，将 X 和 Y 之间的条件独立性表示为 $X \perp Y|Z$。按照边际独立性的性质，我们可以很容易地推导出，若 $X \perp Y|Z$，则 $p(X,Y|Z)=p(X|Z)p(Y|Z)$。另外，如果 $X \perp Y|Z$，我们还可以推导出 $p(X|Y,Z)=p(X|Z)$，也就是说，如果给定 Z，已知 Y 就不会影响 X。与边际独立性相比，条件独立性更弱、更宽松。需要注意的是，条件独立性和边际独立性并不等价，即 $X \perp Y \nRightarrow X \perp Y|Z$，事实上，两个边际独立的变量可以是条件依赖的，比如 3.2.2.5 节中定义的 BN 中的 V 结构。反之，两个边际依赖的变量可以在给定第三个变量的情况下拥有条件独立性，例如三个在链中连接的变量。

最后，我们要明确独立性和互斥性的区别。如果一个变量存在意味着另一个变量不存在，那么这两个变量就是互斥的。根据定义，互斥意味着 $p(X,Y)=0$，而独立性意味着$p(X,Y)=p(X)p(Y)$。因此它们代表的是不同的概念。事实上，互斥就意味着依赖，因为这两个变量彼此间是负相关的。

2.2.4 均值、协方差、相关性和独立性

一个随机变量 X 的均值（或预期）就是它的期望值。我们用$E_{p(x)}(x)$（或μ_X）来表示

与概率密度函数 $p(x)$ 有关的 X 的期望值[1]。如果 X 是离散的，其均值为

$$\mu_X = E_{p(x)}(X) = \sum_{x \in \mathcal{X}} x p_x(x)$$

如果 X 是连续的，其均值为

$$\mu_X = E_{p(x)}(X) = \int_{x \in \mathcal{X}} x f_x(x) \mathrm{d}x$$

为简化表达，在没有特殊声明的情况下省略下标 $p(x)$。在实践应用中，要么没有 $p(x)$，要么很难精确地计算均值，因为它需要对 X 所有可能的值进行积分（或求和）。因此，均值通常近似于作为对均值无偏估计的样本均值。

14

随机变量的变体度量的是其值与均值之间期望的方差。一个随机变量 X 的方差 $\mathrm{Var}(X)$（经常表示为σ_X^2）在数学上的定义为

$$\begin{aligned}\sigma_X^2 &= E[(X - E(X))^2] \\ &= E(X^2) - E^2(X)\end{aligned}$$

两个随机变量 X 和 Y 的协方差 $\mathrm{Var}(X,Y)$（表示为σ_{XY}）可被定义为

$$\begin{aligned}\sigma_{XY} &= E_{p(x,y)}[(X - E(X))(Y - E(Y))] \\ &= E_{p(x,y)}(XY) - E(X)E(Y)\end{aligned}$$

其中 $p(x,y)$ 代表 X 和 Y 的联合概率密度函数。

X 和 Y 之间的相关性 $\mathrm{Cor}(X,Y)$（表示为 ρ_{XY}）则被定义为

$$\begin{aligned}\rho_{XY} &= \frac{E_{p(x,y)}[(X - E(X))(Y - E(Y))]}{\sqrt{\mathrm{Var}(X)\mathrm{Var}(Y)}} \\ &= \frac{\sigma_{XY}}{\sigma_X \sigma_Y}\end{aligned}$$

如果 X 和 Y 彼此不相关，即$\rho_{XY}=0$，则有$\sigma_{XY}=0$，因此 $E(XY)=E(X)E(Y)$。如果两个随机变量彼此独立，则有 $E(XY)=E(X)E(Y)$，也就意味着$\rho_{XY}=0$，因此二者彼此不相关。然而，两个不相关的变量并不一定相互独立，因为 $E(XY)=E(X)E(Y)$ 并不能用于反推 X 和 Y 的相互独立性。但若两个联合正态分布的随机变量彼此不相关，就一定相互独立。

Y 已知时，离散 X 的条件均值为

$$E_{p(x|y)}(X|y) = \sum_x x p(x|y)$$

其中 $p(x|y)$ 是 Y 已知时 X 的条件概率密度函数。类似地，Y 已知时 X 的条件方差为

$$\mathrm{Var}(X|y) = E_{p(x|y)}[(X - E(X|y))^2]$$

注意，这里的 $E(X|y)$ 和 $\mathrm{Var}(X|y)$ 都是 y 的函数。

我们可以将均值和方差的概念扩展到随机向量上。随机向量$\boldsymbol{X}^{N\times 1}$ 的均值$E^{N\times 1}(\boldsymbol{X})$ 是 $\boldsymbol{X}$ 中各元素均值的向量，即 $E(\boldsymbol{X})=(E(X_1),E(X_2),\cdots,E(X_N))^\top$。它的方差则由它

[1] 注意，X 的均值可由 X 的任意概率密度函数求得，比如 $q(x)$。

的协方差矩阵定义：

$$\Sigma_{\boldsymbol{X}}^{N\times N}=E[(\boldsymbol{X}-E(\boldsymbol{X}))(\boldsymbol{X}-E(\boldsymbol{X}))^{\top}]$$
$$=E(\boldsymbol{X}\boldsymbol{X}^{\top})-E(\boldsymbol{X})E^{\top}(\boldsymbol{X})$$

$\Sigma_{\boldsymbol{X}}$对角线上的元素度量了 $\boldsymbol{X}$ 中元素的方差，$\Sigma_{\boldsymbol{X}}$对角线以外的元素刻画了 $\boldsymbol{X}$ 中元素对之间的协方差。

15

2.2.5 概率不等式

PGM 学习和推理理论通常涉及基于目标函数的最大化和最小化的优化。对于某些很难被直接优化的目标函数，可以用概率不等式来构建其边界。与其优化原始函数，不如对其边界进行优化，因为边界优化通常更容易执行。例如，直接最大化一个函数可能会很困难，但使其下界最大化就简单得多。类似地，与其直接最小化一个函数，我们可以近似地最小化它的上界。在本节中，我们将简单介绍几个应用最广泛的概率不等式。概率不等式可以分为期望不等式和概率不等式。其中最常用的期望不等式是**詹森不等式**(Jensen's inequality)。设 X 为一个随机变量，ϕ 为凹函数，詹森不等式可写成

$$\phi(E(X))\geqslant E(\phi(X)) \tag{2.10}$$

詹森不等式规定随机变量 X 均值的凹函数大于或等于 X 函数的均值。它也给出了一个期望函数的下界。对数是一种被 PGM 广泛使用的凹函数，因此可以为随机变量的期望的对数构造一个下界。并最大化原始对数的下界，而非最大化原始对数。如果$\phi(X)$是凸函数，则有

$$\phi(E(X))\leqslant E(\phi(X)) \tag{2.11}$$

在这个案例中，詹森不等式提供了均值函数的上界。

柯西-施瓦茨(Cauchy-Schwarz)不等式是另一种期望不等式。给定两个有有限方差的随机变量 X 和 Y，我们就得到了

$$E(|XY|)\leqslant\sqrt{E(X^2)E(Y^2)} \tag{2.12}$$

柯西-施瓦茨不等式能将协方差和方差联系起来。尤其当 X 和 Y 的均值为 0 时，式(2.12)意味着它们的协方差小于其各自标准差的乘积，也就是说

$$\sigma_{XY}\leqslant\sigma_X\sigma_Y$$

换而言之，它们的相关性$\frac{\sigma_{XY}}{\sigma_X\sigma_Y}$小于等于 1，且当 $X=Y$ 时等式成立。

概率不等式还包括马尔可夫不等式(Markov's inequality)、切比雪夫不等式(Chebyshev's inequality)和霍夫丁不等式(Hoeffding's inequality)。设 X 是一个有限的$E(X)$的非负随机变量，那么，对于任意 $t>0$，**马尔可夫不等式**规定

$$p(X\geqslant t)\leqslant\frac{E(X)}{t} \tag{2.13}$$

16

马尔可夫不等式给出了一个大于等于某一正常数的随机变量的概率上界。

由马尔可夫不等式导出的**切比雪夫不等式**与围绕均值统计的标准差的范围有关。具

体地说，它规定对于拥有有限均值μ和有限非零方差σ^2的随机变量X，得出

$$p(|X-\mu| \geqslant k\sigma) \leqslant \frac{1}{k^2} \tag{2.14}$$

其中k为正实数。切比雪夫不等式指出，一个随机变量X的百分之$1-\frac{1}{k^2}$的值都位于其均值的k个标准差之内。例如，对于一个正态分布的随机变量X，其75%的值位于均值的两个标准差内，89%的值在三个标准差内。该不等式可以应用于任意分布，并且可以用来证明弱大数定律。

霍夫丁不等式为一组随机变量的经验均值与其均值相偏离的概率提供了上界。设$X_1, X_2, \cdots, X_N$是独立同分布(i. i. d.)的随机变量，且满足$E(X_n)=\mu$和$a \leqslant X_n \leqslant b$，那么对于任何$\epsilon>0$，有

$$p(|\overline{X}-\mu| \geqslant \epsilon) \leqslant 2\mathrm{e}^{\frac{-2N\epsilon^2}{(b-a)^2}} \tag{2.15}$$

其中$\overline{X}$是N个随机变量的经验均值(样本均值)。霍夫丁不等式指出经验均值与真实值相差达ϵ的概率大于$1-2\mathrm{e}^{\frac{-2N\epsilon^2}{(b-a)^2}}$。它能以$\alpha=1-2\mathrm{e}^{\frac{-2N\epsilon^2}{(b-a)^2}}$的概率确定用于确保$\overline{X}$与真实均值相差达$\epsilon$(通常被称为置信区间)的最小样本数$N$。这里的$\alpha$是置信区间概率，通常设为95%。

2.2.6　概率分布

在本节中，我们将讨论PGM常用的几个重要分布族。如前所述，概率分布刻画了一个随机变量在其值域空间中取不同值的概率。该分布可以用于单个或多个随机变量。前者被称为单变量分布，而后者被称为多变量分布。根据随机变量的类型，概率分布可以是离散的或连续的。一个离散型随机变量的概率分布可以用其值所对应的概率离散列表(也称为概率质量函数)来表示。连续型随机变量的概率分布由概率密度函数(pdf)来编码。离散型分布又可以进一步分为分类分布和整数分布。

2.2.6.1　离散概率分布

离散型随机变量可以是整数随机变量或分类随机变量。下面我们将分别讨论它们的分布。

17

2.2.6.1.1　分类概率分布

一个分类随机变量X有K种可能的分类值，其一即为$x \in \{c_1, c_2, \cdots, c_K\}$。我们可以用如下形式来表示$X$的概率分布$X \sim \mathrm{Cat}(x|\boldsymbol{\alpha}, K)$：

$$p(X=k)=\alpha_k$$

其中$\boldsymbol{\alpha}=(\alpha_1, \alpha_2, \cdots, \alpha_K)$。一般来说，我们可以将分类随机变量的分布写成

$$p(X)=\prod_{k=1}^{K-1} \alpha_k^{I(X=k)}\left(1-\sum_{k=1}^{K-1} \alpha_k\right)^{I(X=K)}$$

当指示函数$I()$的参数为真或为0时，其值为1。在机器学习中，概率$\alpha_k=p(X=k)$通常

用多类 S 型(或柔性最大值)函数来参数化，即

$$\alpha_k = \frac{\exp(w_k)}{\sum_{k'=1}^{K} \exp(w_{k'})}$$

其中的概率参数w_k是从数据中习得的。

伯努利分布(Bernoulli distribution)是最简单的分类分布。它表示的是一个二进制随机变量 X 的概率分布，该变量有两种可能的类别($K=2$)。在不失一般性的情况下，我们可以用数字 1 或 0 表示 X 的两个类别值。伯努利分布 $X\sim \mathrm{Ber}(x|\alpha)$的定义为

$$p(X=1)=\alpha$$
$$p(X=0)=1-\alpha$$

其中，α 是 0 到 1 之间的实数，通常可以写为

$$p(X)=\alpha^X(1-\alpha)^{1-X}$$

S 型(或概率单位)函数常用于 α 的参数化：

$$\alpha=\sigma(w)=\frac{1}{1+\exp(-w)}$$

其中概率参数 w 要么自行指定，要么从数据中习得。

均匀分布是一种特殊的分类分布，其中$\alpha_k=\frac{1}{K}$，也就是说，X 取任意 K 值的概率是相同的。例如，若掷硬币是公平的，其实验结果就遵循均匀分布，得到正面或反面的概率都为 0.5。

2.2.6.1.2 整数概率分布

二项分布是最常用的整数分布之一。设 X 为整数随机变量，其值为 $x\in\mathcal{N}$，$\mathcal{N}$ 是整数空间。二项分布可以通过伯努利试验(Bernoulli trail/experiment)产生，其涉及伯努利变量 Y 进行重复独立试验，每次试验时 Y 取值 1 或 0。设 N 为试验次数，α 为 $Y=1$ 的概率，X 代表 N 次试验中 $Y=1$ 的次数。则有

18

$$p(X=x)=\mathrm{Bin}(x|N,\alpha)=\binom{N}{x}\alpha^x(1-\alpha)^{N-x} \tag{2.16}$$

其中$\binom{N}{x}=\frac{N!}{x!\,(N-x)!}$是一个二项式系数。抛硬币试验就是一个著名的伯努利试验。将一枚硬币抛掷多次，其结果不是“正面”就是“反面”。伯努利分布可以用来描述每次抛硬币获得“正面”或“反面”的概率，而二项分布可以用来表征 N 次抛硬币中“正面”出现次数的概率分布。

另一个被广泛使用的整数分布是泊松分布。设 X 是一个整数随机变量且 $x\in\mathcal{N}$。若 X 代表一个事件在一个时间段中发生的次数，它就遵循泊松分布。更准确地说，设 λ 为事件发生率(事件在时间段内发生的平均次数)，若有：

$$p(X=x)=\mathrm{Poisson}(x|\lambda)=\mathrm{e}^{\lambda}\frac{\lambda^x}{x!}$$

就说明 X 遵循泊松分布，记为 $X \sim \mathrm{Poisson}(x|\lambda)$。其中 x 是事件在时间段中发生的次数。注意，泊松分布假设各事件都是独立发生的，且事件发生率 λ 在不同时间段中都是恒定的。

2.2.6.1.3 多元整数概率分布

设 $\boldsymbol{X}=(X_1,X_2,\cdots,X_K)^\top$ 是一个有 K 个元素的随机整数向量，其中 X_k 是值为 $x_k \in \mathcal{N}$ 的整数随机变量。与二项分布一样，多项分布也可以通过对一个有 K 个值的分类随机变量 Y 进行重复独立试验来构造。设 N 为试验次数，X_k 为 $Y=k$ 在试验中出现的次数。则 $\boldsymbol{X}$ 遵循**多项分布**，用 $\boldsymbol{X} \sim \mathrm{Mul}(x_1,x_2,\cdots,x_k|N,\alpha_1,\alpha_2,\cdots,\alpha_K)$ 表示，具体来说就是

$$
\begin{aligned}
p(X_1=x_1,X_2=x_2,\cdots,X_K=x_K) &= \mathrm{Mul}(x_1,x_2,\cdots,x_k|N,\alpha_1,\alpha_2,\cdots,\alpha_K) \\
&= \frac{N!}{x_1!x_2!,\cdots,x_K!}\alpha_1^{x_1}\alpha_2^{x_2}\cdots\alpha_K^{x_K}
\end{aligned}
\tag{2.17}
$$

多项分布给出了每个可能 Y 值下任意特定成功数组合的概率。二项分布代表了 $K=2$ 的多项分布的一个例子。与体现二项分布的抛硬币相对应，掷骰子经常被用来作为多项分布的示例。后者通常有从1到6共6种可能的结果，即 $K=6$，而不像抛硬币只有2种结果。掷 N 次骰子，6个数字中每个数字出现的次数遵循多项分布。

19

2.2.6.2 连续概率分布

在连续概率分布中，**高斯分布**(或正态分布)应用最为广泛，因为其具有简单性、特殊性质以及能够近似地模拟现实世界中许多随机事件的分布的能力。在统计学中，若一个随机变量 X 的概率密度分布可以写成

$$
f_x(x) = \mathcal{N}(x|\mu,\sigma^2) = \frac{1}{\sqrt{2\pi}\sigma}\exp\left[-\frac{(x-\mu)^2}{2\sigma^2}\right] \tag{2.18}
$$

那么该随机变量 X 遵循高斯分布，记为 $X \sim \mathcal{N}(x|\mu,\sigma^2)$，其中 μ 是 X 的均值，σ^2 是 X 的方差。

对于一个随机向量 $\boldsymbol{X}=(X_1,X_2,\cdots,X_N)^\top$ 来说，$\boldsymbol{X}$ 遵循多元高斯分布，记作 $\boldsymbol{X} \sim \mathcal{N}(\boldsymbol{x}|\boldsymbol{\mu},\Sigma)$，其中 $\boldsymbol{\mu}$ 是 $N\times 1$ 的平均向量，Σ 是 $N\times N$ 的协方差矩阵。数学上，多元高斯分布可以用如下多元概率密度函数来定义：

$$
f_{\boldsymbol{x}}(\boldsymbol{x}) = \mathcal{N}(\boldsymbol{x}|\boldsymbol{\mu},\Sigma) = \frac{1}{(2\pi)^{\frac{N}{2}}|\Sigma|^{\frac{1}{2}}}\exp\left[\frac{-(\boldsymbol{x}-\boldsymbol{\mu})^\top\Sigma^{-1}(\mathbf{x}-\boldsymbol{\mu})}{2}\right] \tag{2.19}
$$

另一个 PGM 常用的连续分布是**贝塔分布**。它是一个定义在0和1之间的随机变量的连续概率分布，贝塔分布由两个正参数 α 和 β 参数化，它的概率密度函数可以写成

$$
f_x(x) = \mathrm{Beta}(x|\alpha,\beta) = \frac{x^{\alpha-1}(1-x)^{\beta-1}}{B(\alpha,\beta)} \tag{2.20}
$$

其中 $B(\alpha,\beta)=\frac{\Gamma(\alpha)\Gamma(\beta)}{\Gamma(\alpha+\beta)}$，$\Gamma()$ 是伽马函数。贝塔分布是通用的，它代表一个分布族。通过改变 α 和 β 的值，贝塔分布可以成为某一标准分布，如高斯分布或均匀分布($\alpha=\beta=1$)。贝塔分布常被用作二项分布的共轭。作为贝塔分布的泛化，**狄利克雷分布**是随机向量

$\boldsymbol{X}=(X_1,X_2,\cdots,X_K)^\top$的连续多元概率分布，其中$X_k$是一个值在0和1之间的随机变量，即$0\leqslant x_k\leqslant 1$。狄利克雷分布表示为$\boldsymbol{X}\sim \mathrm{Dir}(\boldsymbol{x}|\boldsymbol{\alpha})$，其中$\boldsymbol{\alpha}=(\alpha_1,\alpha_1,\cdots,\alpha_k)$是$K$个正实数的向量，通常被称为超参数。在给定$\boldsymbol{\alpha}$的情况下，狄利克雷分布可以用如下多元概率密度函数来定义：

$$f_{\boldsymbol{x}}(\boldsymbol{x})=\mathrm{Dir}(\boldsymbol{x}|\boldsymbol{\alpha})=\frac{1}{B(\boldsymbol{\alpha})}\prod_{k=1}^{K}x_k^{\alpha_k-1} \tag{2.21}$$

其中$B(\boldsymbol{\alpha})$是标准化常数，用伽马函数$\Gamma()$表示为

$$B(\boldsymbol{\alpha})=\frac{\prod_{k=1}^{K}\Gamma(\alpha_k)}{\Gamma\left(\sum_{k=1}^{K}\alpha_k\right)} \tag{2.22}$$

20

狄利克雷分布常被用作先验分布，特别是作为多项分布的共轭先验，因为狄利克雷先验与多项似然相乘后得到的后验也遵循狄利克雷分布。狄利克雷分布还能通过改变其参数形成不同的分布，包括均匀分布，此时$\alpha_k=1$。

与分类分布一样，**均匀分布**也存在连续随机变量X，通常表示为$X\sim U(x|a,b)$，其中a，b代表X的下界值和上界值，$U(a,b)$则由如下概率密度函数指定：

$$f_x(x)=\begin{cases}\dfrac{1}{b-a}, & a\leqslant x\leqslant b\\ 0, & \text{其余情况}\end{cases}$$

在许多应用中，a和b通常各取0和1，使得遵循均匀分布的随机变量也处于0和1之间。最后，我们要介绍一个正连续随机变量X的**指数分布**，其中X衡量的是泊松过程中两个连续事件间的时间间隔，泊松过程涉及连续且独立发生的事件。令λ代表一个时间间隔内的事件到达率。那么，指数分布$X\sim\exp(x|\lambda)$的概率密度函数为

$$f_x(x)=\exp(x|\lambda)=\lambda\mathrm{e}^{-\lambda x},\quad x>0$$

指数分布与泊松分布有关，因为两者都表征出泊松过程的性质。泊松分布刻画的是一个时间间隔内到达事件数量的分布，而指数分布刻画的是两个连续事件之间到达时间的分布。指数分布属于指数分布族，后者还包括高斯分布、二项分布、狄利克雷分布和泊松分布。指数分布族在PGM建模中应用广泛。

2.3 基本的估计方法

极大似然法和贝叶斯法是两种成熟的点估计方法，适用于任何概率模型(如PGM)的学习。极大似然法又可分为联合极大似然法、条件极大似然法和边际极大似然法。所有的方法都将PGM模型学习表述为一个优化问题，只是每种方法要优化的目标函数有所不同。

2.3.1 极大似然法

极大似然法可分为联合极大似然法、条件极大似然法和边际极大似然法，我们将逐

21 一进行讨论。

2.3.1.1　联合极大似然法

联合极大似然法(即极大似然估计(MLE))的目标是在已知训练数据 $\boldsymbol{D}$ 时，通过极大化联合似然 $\boldsymbol{\Theta}$ 来学习模型参数 $\boldsymbol{\Theta}$。MLE 表示的是对训练数据所代表的经验分布和模型(例如 PGM 模型)所代表的分布之间的 KL 分歧的近似最小化。设 $\boldsymbol{D}=\{D_m\}$，其中 m 是第 m 个训练样本的索引，且 $m=1,2,\cdots,M$。通常假设 D_m 遵循独立同分布(i. i. d.)。给定 $\boldsymbol{D}$ 时 $\boldsymbol{\Theta}$ 的联合似然可以表达为

$$\mathrm{L}(\boldsymbol{\Theta}:\boldsymbol{D}) = p(\boldsymbol{D}|\boldsymbol{\Theta}) = \prod_{m=1}^{M} p(D_m|\boldsymbol{\Theta}) \tag{2.23}$$

由于对数函数具有单调性，所以似然函数最大化等价于似然函数对数的最大化。此外，由于似然函数通常以对数线性分布(即采用自然指数形式的分布)的形式表示，且似然函数通常属于指数族，因此对数似然函数可以对优化进行简化。联合对数似然可表示为

$$\mathrm{LL}(\boldsymbol{\Theta}:\boldsymbol{D}) = \log p(\boldsymbol{D}|\boldsymbol{\Theta}) = \sum_{m=1}^{M} \log p(D_m|\boldsymbol{\Theta}) \tag{2.24}$$

根据 MLE 方法，参数 $\boldsymbol{\Theta}$ 可通过极大化联合对数似然解得，即

$$\boldsymbol{\theta}^{*} = \arg\max_{\boldsymbol{\theta}} \mathrm{LL}(\boldsymbol{\theta}:\boldsymbol{D}) \tag{2.25}$$

由于 MLE 最大化了联合概率分布，MLE 在文献中也被称为生成式学习。MLE 是最优的，因为其估计结果是无偏的，并且当训练数据量趋于无限时，估计结果也会逐渐向真实参数值靠拢。

2.3.1.2　条件极大似然估计

对于分类与回归问题，为了使学习准则与测试准则保持一致并得到更好的结果，通常通过极大化联合对数条件似然 $\mathrm{LCL}(\boldsymbol{\Theta}:\boldsymbol{D})$来进行学习，即

$$\boldsymbol{\theta}^{*} = \arg\max_{\boldsymbol{\theta}} \mathrm{LCL}(\boldsymbol{\theta}:\boldsymbol{D}) \tag{2.26}$$

其中

22

$$\mathrm{LCL}(\boldsymbol{\Theta}:\boldsymbol{D}) = \sum_{m=1}^{M} \log p(\boldsymbol{y}_m|\boldsymbol{x}_m,\boldsymbol{\Theta})$$

$D_m=\{\boldsymbol{x}_m,\boldsymbol{y}_m\}$代表第 m 个训练样本，$\boldsymbol{x}_m$ 为输入，$\boldsymbol{y}_m$ 为输入。请注意，在 MLE 中参数 $\boldsymbol{\Theta}$ 刻画的是联合概率分布 $p(\boldsymbol{x},\boldsymbol{y},\boldsymbol{\Theta})$，但此处 $\boldsymbol{\Theta}$ 刻画的是联合条件分布 $p(\boldsymbol{y}|\boldsymbol{x},\boldsymbol{\Theta})$。通过极大化条件似然 $p(\boldsymbol{y}|\boldsymbol{x},\boldsymbol{\Theta})$，学习准则等同于推理准则，即给定 $\boldsymbol{x}$，求得最大化 $p(\boldsymbol{y}|\boldsymbol{x},\boldsymbol{\Theta})$的 $\boldsymbol{y}$。这种学习也称为判别式学习。与需要极大似然的生成式学习相比，判别式学习需要的数据较少，且通常在分类任务中表现较好，尤其是当训练数据量不大时。

2.3.1.3　边际极大似然估计

对于有缺失数据或有潜变量 $D_m=\{\boldsymbol{x}_m,\boldsymbol{z}_m\}$的学习，其中，$\boldsymbol{z}_m$ 是缺失或潜变量，该学习可以表述为求得极大化边际似然 $p(\boldsymbol{x}|\boldsymbol{\Theta})$的 $\boldsymbol{\Theta}$，即

$$\boldsymbol{\theta}^{*}=\arg\max_{\boldsymbol{\theta}}\sum_{m=1}^{M}\log p(\boldsymbol{x}_m|\boldsymbol{\theta}) \tag{2.27}$$

其中离散$\boldsymbol{z}_m$的边际似然可以写作

$$p(\boldsymbol{x}_m|\boldsymbol{\Theta})=\sum_{\boldsymbol{z}_m}p(\boldsymbol{x}_m,\boldsymbol{z}_m|\boldsymbol{\Theta}) \tag{2.28}$$

由此可得

$$\boldsymbol{\theta}^{*}=\arg\max_{\boldsymbol{\theta}}\sum_{m=1}^{M}\log\sum_{\boldsymbol{z}_m}p(\boldsymbol{x}_m,\boldsymbol{z}_m|\boldsymbol{\theta}) \tag{2.29}$$

其中，$\boldsymbol{\Theta}$刻画的是联合概率分布$p(\boldsymbol{x},\boldsymbol{z})$。式(2.29)由于存在对数求和项，所以很难实现最大化，因此，一个常用的方法是通过詹森不等式来最大化其下界。我们将在3.5节讨论缺失数据下的BN学习时探讨这个话题。

2.3.2 贝叶斯估计法

似然估计法假设没有参数$\boldsymbol{\Theta}$的先验知识，纯粹用数据对$\boldsymbol{\Theta}$进行估计。在某些应用中，我们可能知道$\boldsymbol{\Theta}$的先验概率，也就是$\boldsymbol{\Theta}$的先验知识。在这种情况下，我们可以使用贝叶斯估计法。贝叶斯方法通过最大化给定训练数据$\boldsymbol{D}$时$\boldsymbol{\Theta}$的后验概率来估计$\boldsymbol{\Theta}$，设$\boldsymbol{D}=\{D_m\}_{m=1}^{M}$为训练数据，那么给定$\boldsymbol{D}$时$\boldsymbol{\Theta}$的后验概率可以写为

$$p(\boldsymbol{\Theta}|\boldsymbol{D})=\alpha p(\boldsymbol{\Theta})p(\boldsymbol{D}|\boldsymbol{\Theta}) \tag{2.30}$$

其中α是可被省略的标准化常数，因为它与参数$\boldsymbol{\Theta}$无关。第一项是$\boldsymbol{\Theta}$的先验概率，第二项是$\boldsymbol{\Theta}$的联合似然。共轭先验概率通常用于$p(\boldsymbol{\Theta})$的参数化。根据式(2.23)，23 $p(\boldsymbol{D}|\boldsymbol{\Theta})=\prod_{m=1}^{M}p(D_m|\boldsymbol{\Theta})$。同理，对数后验概率可以写为

$$\log p(\boldsymbol{\Theta}|\boldsymbol{D})=\log p(\boldsymbol{\Theta})+\sum_{m=1}^{M}\log p(D_m|\boldsymbol{\Theta}) \tag{2.31}$$

在对数后验概率已知时，贝叶斯参数估计可表示为

$$\boldsymbol{\theta}^{*}=\arg\max_{\boldsymbol{\theta}}\log p(\boldsymbol{\theta}|\boldsymbol{D}) \tag{2.32}$$

当先验概率$p(\boldsymbol{\Theta})$遵循均匀分布时，贝叶斯估计会降为MLE。

2.4 优化方法

由上面讨论可知，我们经常需要最大化或最小化一个目标函数。可以对连续或离散的目标变量进行优化。PGM参数学习和连续PGM推理通常被表述为连续优化问题。PGM结构学习和离散PGM推理(特别是MAP推理)通常被表述为离散优化问题。下面我们将进一步对连续优化和离散优化的传统方法进行简单讨论。有关凸优化问题的详细而系统的处理方法可参考文献[2]。

2.4.1 连续优化

一些目标函数的连续优化可以用闭式解来分析，但多数目标函数都是非线性的，没

有闭式解，因此需要一个迭代的数值解。这已日渐成为优化的首选的解——特别是对于大型模型和大量数据。我们将在此简单介绍几种连续优化常用的迭代解。非线性迭代优化方法通常从参数 $\boldsymbol{\Theta}_0$ 的初始估计开始，然后迭代地改进参数估计，直至收敛。具体来说，给定前一个参数估计值 $\boldsymbol{\Theta}^{t-1}$，非线性迭代优化会按如下方法对当前的参数估计值进行改进：

$$\boldsymbol{\Theta}^t = \boldsymbol{\Theta}^{t-1} + \eta\Delta\boldsymbol{\Theta}$$

24
其中 $\Delta\boldsymbol{\Theta}$ 是参数的更新值，η 是学习率，后者通常随迭代的进行而减小。非线性优化方法计算 $\Delta\boldsymbol{\Theta}$ 的方式各有不同，但总体上可分为一阶和二阶两类。

一阶方法假定目标函数是一阶可微的，通常属于基于梯度法的变体。一阶方法可分为梯度上升(下降)法和高斯-牛顿法(Gauss-Newton method)。给定一个用于最大化的目标函数(如对数似然 $\mathrm{LL}(\boldsymbol{\Theta})$)，梯度上升法将参数更新 $\Delta\boldsymbol{\Theta}$ 计算为目标函数在迭代 t 中相对于参数 $\boldsymbol{\Theta}$ 的梯度，即 $\Delta\boldsymbol{\Theta}=\nabla\boldsymbol{\Theta}\mathrm{LL}(\boldsymbol{\Theta}^{t-1})$，可计算为

$$\nabla\boldsymbol{\Theta}\mathrm{LL}(\boldsymbol{\Theta}) = \frac{\partial\,\mathrm{LL}(\boldsymbol{\Theta}^{t-1})}{\partial\,\boldsymbol{\Theta}} \tag{2.33}$$

然后将梯度代入到当前的参数估计中：

$$\boldsymbol{\Theta}^t = \boldsymbol{\Theta}^{t-1} + \eta\,\nabla\boldsymbol{\Theta}\mathrm{LL}(\boldsymbol{\Theta}) \tag{2.34}$$

其中$\frac{\partial\,\mathrm{LL}(\boldsymbol{\Theta}^{t-1})}{\partial\,\boldsymbol{\Theta}}$通常被称为雅可比矩阵。这种更新将一直持续到收敛为止。对于涉及最小化函数值平方和(即非线性最小二乘最小化问题)的目标函数，可以采用高斯-牛顿方法或其改进的变体 Levenberg Marquardt 算法[10]。假设目标函数可以写成$(f(\boldsymbol{\Theta})^\top(f(\boldsymbol{\Theta}))$，高斯-牛顿法会用

$$\Delta\boldsymbol{\Theta} =-\left[\left(\frac{\partial\,f(\boldsymbol{\Theta}^{t-1})}{\partial\,\boldsymbol{\Theta}}\right)\left(\frac{\partial\,f(\boldsymbol{\Theta}^{t-1})}{\partial\,\boldsymbol{\Theta}}\right)^\top\right]^{-1}\left(\frac{\partial\,f(\boldsymbol{\Theta}^{t-1})}{\partial\,\boldsymbol{\Theta}}\right)f(\boldsymbol{\Theta}) \tag{2.35}$$

来计算其参数更新。Levenberg Marquardt 法通过在参数更新中引入阻尼因子对高斯-牛顿法进行了改进，即

$$\Delta\boldsymbol{\Theta} =-\left[\left(\frac{\partial\,f(\boldsymbol{\Theta}^{t-1})}{\partial\,\boldsymbol{\Theta}}\right)\left(\frac{\partial\,f(\boldsymbol{\Theta}^{t-1})}{\partial\,\boldsymbol{\Theta}}\right)^\top + \alpha\boldsymbol{I}\right]^{-1}\left(\frac{\partial\,f(\boldsymbol{\Theta}^{t-1})}{\partial\,\boldsymbol{\Theta}}\right)f(\boldsymbol{\Theta}) \tag{2.36}$$

其中，$\boldsymbol{I}$ 是单位矩阵，α 是随每次迭代而变化的阻尼因子。α 在迭代开始时取一个较大的值，并随迭代的进行而逐渐减小。Levenberg Marquardt 法在 α 很小时变成高斯-牛顿法，在 α 很大时变成梯度下降法。基于一阶梯度法的细节可以参见文献[11]的 19.2 节和附录 A5.2。

二阶方法包括牛顿法(Newton method)(及其变体)。它需要一个二次可微分的目标函数。牛顿法计算参数更新 $\Delta\boldsymbol{\Theta}$，首先取目标函数围绕参数$\boldsymbol{\Theta}^{t-1}$的当前值的二阶泰勒展

25
开，即 $\mathrm{LL}(\boldsymbol{\Theta})\approx\mathrm{LL}(\boldsymbol{\Theta}^{t-1})+\Delta\boldsymbol{\Theta}\frac{\partial\,\mathrm{LL}(\boldsymbol{\Theta})}{\partial\,\boldsymbol{\Theta}}+\frac{1}{2}\frac{\partial^2\,\mathrm{LL}(\boldsymbol{\Theta})}{\partial\boldsymbol{\Theta}^2}(\Delta\boldsymbol{\Theta})^\top(\Delta\boldsymbol{\Theta})$，然后求关于 $\Delta\boldsymbol{\Theta}$ 的泰勒展开式的导数，并使其设为零，得到

$$\Delta\boldsymbol{\Theta} =-\left(\frac{\partial^2\,\mathrm{LL}(\boldsymbol{\Theta})}{\partial\,\boldsymbol{\Theta}^2}\right)^{-1}\frac{\partial\,\mathrm{LL}(\boldsymbol{\Theta})}{\partial\,\boldsymbol{\Theta}}$$

其中$\frac{\partial^2 LL(\boldsymbol{\Theta})}{\partial \boldsymbol{\Theta}^2}$通常被称为黑塞矩阵(Hessian matrix)。最后更新$\boldsymbol{\Theta}^t$：

$$\boldsymbol{\Theta}^t = \boldsymbol{\Theta}^{t-1} + \Delta\boldsymbol{\Theta}$$

Broyden-Fletcher-Goldfarb-Shanno(BFGS)算法是牛顿方法的一个变体，该算法无须计算二阶黑塞矩阵即可执行二阶下降。与一阶方法相比，二阶方法更加精确。但二阶方法要求目标函数必须可二次微分，且由于二阶导数的存在，其对噪声的鲁棒性较差。因此，梯度上升(或下降)是目前在机器学习中解决非线性优化问题最常用的方法。

一阶方法和二阶方法都需要对所有训练数据进行求和。当训练数据量较大时，计算成本就会很高。为适当地执行基于梯度的方法，我们引入随机梯度(SG)方法[3]。它不对所有训练数据进行求和，而是在每次迭代时随机选择一个训练数据的子集来计算梯度。子集的大小(称为批次大小)是固定的，从 20 到 100 个样本不等，且与训练数据的数量无关。理论上来说，随机梯度与全梯度法会收敛到相同的点。经验性实验已经证明了随机梯度方法的有效性。事实上，它正逐渐成为大数据学习的首选方法，其特性和相关细节可以参考文献[3]。对于不可微分的目标函数，我们可以使用子梯度法[4]。更多有关凸优化方法的详细讨论可以参考文献[4]。

2.4.2 离散优化

对于离散优化，优化变成了组合法。离散优化的解决方法有精确和近似之分，这取决于目标函数(如子模态)、模型的大小及其结构(如链结构或树结构)。离散 PGM 的 MAP 推理的精确方法包括变量消除、消息传递、图切割和动态编程。对于具有大量节点和复杂拓扑结构的模型，当解空间随变量数量呈指数增长时，精确方法不易实施，因此我们通常会采用近似方法。常用的近似方法包括坐标上升法和循环信念传播法。此外，离散优化往往由目标变量的松弛转化为连续优化。例如，在计算机视觉中经常采用线性规划松弛法来解决离散最小化问题。关于离散图模型的离散优化方法更详细的讨论，我们推荐读者参考文献[5]。

26

2.5 采样和样本估计

采样和样本估计法被广泛用于 PGM 学习和推理。采样(也叫蒙特卡罗模拟)从基本分布中抽取样本，并以此来表示基本分布。样本估计旨在从收集的样本中估计变量的概率，并用估计值表示基本真实概率的近似。在本节中，我们将首先介绍采样的基本技术，然后讨论样本估计及其置信区间。

2.5.1 采样技术

采样正逐渐成为概率学习和推理的首选方法。在本节中，我们将简要回顾从标准概率分布中执行单变量采样的标准方法。在第 3 章，我们将讨论更复杂的多变量采样技术，包括吉布斯采样(Gibbs sampling)。首先，对于单变量采样，我们必须有一个能够从均匀分布$U \sim \boldsymbol{U}(0,1)$中产生样本的均匀采样器，这里可以使用伪随机数生成器，当下许多软件包中都有这个功能。其次，对于遵循标准分布$p(X)$的随机变量X，设$F(X)$为X对应的累积分布函数(CDF)，我们可以先从$U \sim \boldsymbol{U}(0,1)$中生成一个样本$u$，再计算出$X$的样本$x=F^{-1}(u)$，其中$F^{-1}(u)$表示$F(x)$的转置。这种方法可以应用于不同的标准分布族。例如，当对高斯分布进行采样时，会产生用于采样多元高斯分布的Box-Muller方法[6]。对于具有K个值$x \in \{c_1, c_2, \cdots, c_K\}$和$K$个参数$\alpha_1, \alpha_2, \cdots, \alpha_K$的分类随机变量$X$，我们可以将0到1之间的区域分为$K$份：$(0,\alpha_1),(\alpha_1,\alpha_1+\alpha_2),\cdots,(\alpha_1+\alpha_2+\cdots+\alpha_{K-1},1)$。然后从$U(0,1)$中抽取一个样本$u$，如果$u$位于第$k$个区域，则让$X=c_k$。

如果无法估计CDF的转置，可以采用拒绝采样法。对于拒绝采样法，我们首先设计一个提案分布$q(X)$，然后从$q(X)$采样x，从$U(0,1)$采样u。若$u \geqslant \frac{p(x)}{q(x)}$，则我们接受$x$，反之则拒绝。若$q(x)$已知的情况下，$q(x)$的一个选择是$X$的先验概率分布。若$q(x)$未知，我们则可以选择均匀分布$q(X)$。更多细节和其他采样方法(如重要性采样方法)，可见文献[7]中的23.2节。

2.5.2 样本估计

收集到样本后，我们可以用它们来估计随机变量的概率。这种由估计所得的概率被称为经验概率。它们可以用来近似总体(真实)概率。离散随机变量的经验概率是通过计算比例$\frac{n}{N}$获得的，其中N是样本总数，n是随机变量取特定值的样本数。对每个概率都可以这样单独计算。例如，要估计掷硬币时出现正面的概率，我们只需统计正面出现的次数n，然后除以总投掷数N即可。若要使结果更准确或对连续随机变量进行估计，可以用核密度估计(KDE)法[9]来得出经验概率。

27

经验概率的一个主要问题在于其准确度，即它们与真实概率的接近程度。影响采样准确度的因素有两个：样本数量和样本代表性。样本数量决定了生成的样本量，而样本代表性则决定了生成的样本能否准确地代表总体分布。在这里我们讨论样本数量对采样准确度的影响。置信区间经常被用来衡量估计准确度。设p为待估计的真实概率，$\hat{p}$为由样本估得的概率。置信区间定义为$p \in (\hat{p}-\epsilon, \hat{p}+\epsilon)$，其中$\epsilon$被称为区间边界或误差范围。

人们已经提出了各种方法来计算二元变量的二项分布的置信区间，其中使用最为广泛的是正态法和精确法。由正态法求得的区间边界是

$$\epsilon = z_{\frac{1+\alpha}{2}} \sqrt{\frac{1}{N} \hat{p}(1-\hat{p})} \tag{2.37}$$

其中α是估计值落在该区间内的置信度，$z_{\frac{1+\alpha}{2}}$是标准正态分布的$\frac{1+\alpha}{2}$分位数，N是样本总数。对于0.95的置信区间概率，$z_{\frac{1+\alpha}{2}}=1.96$。正态法很简单，但当概率偏小或偏大

时，它的效果并不好。一般来说，如果 $Np<5$ 或 $N(1-p)<5$，用正态法就不能得出准确的边界。

为解决这个问题，我们将引入精确法。该方法有两个独立的界限：下限ϵ_{lower}和上限ϵ_{upper}，也就是说$\hat{p} \in (\epsilon_{\text{lower}}, \epsilon_{\text{upper}})$。上下限很难分析计算，且通常用计算机程序进行数值计算。它们可以用逆贝塔分布来近似，如下所示：

$$\begin{aligned}\epsilon_{\text{lower}} &= 1 - \text{BetaInv}\left(\frac{1-\alpha}{2}, N-n, n+1\right) \\ \epsilon_{\text{upper}} &= 1 - \text{BetaInv}\left(\frac{1+\alpha}{2}, N-n+1, n\right)\end{aligned} \tag{2.38}$$

其中 α 是显著水平(如 0.95)，N 是样本总数，n 是二元变量取值为 1 的样本数。

多元离散随机变量的多项分布的区间往往由各概率的二元置信区间独立近似。为了同时估计所有概率的区间，通常会使用复杂的方法[8]。标准的统计编程包(如 R 包)通常会包括同时计算多项式概率的置信区间的函数/程序。 28

参考文献

[1] A. Papoulis, S.U. Pillai, Probability, Random Variables, and Stochastic Processes, Tata McGraw-Hill Education, 2002.
[2] S. Boyd, L. Vandenberghe, Convex Optimization, Cambridge University Press, 2004.
[3] L. Bottou, Large-scale machine learning with stochastic gradient descent, in: Proceedings of COMPSTAT, Springer, 2010, pp. 177–186.
[4] D.P. Bertsekas, A. Scientific, Convex Optimization Algorithms, Athena Scientific, Belmont, 2015.
[5] B. Savchynskyy, Discrete graphical models – an optimization perspective, https://hci.iwr.uni-heidelberg.de/vislearn/HTML/people/bogdan/publications/papers/book-graphical-models-submitted-17-08-79.pdf.
[6] G.E. Box, M.E. Muller, et al., A note on the generation of random normal deviates, The Annals of Mathematical Statistics 29 (2) (1958) 610–611.
[7] K.P. Murphy, Machine Learning: A Probabilistic Perspective, MIT Press, 2012.
[8] C.P. Sison, J. Glaz, Simultaneous confidence intervals and sample size determination for multinomial proportions, Journal of the American Statistical Association 90 (429) (1995) 366–369.
[9] V.A. Epanechnikov, Non-parametric estimation of a multivariate probability density, Theory of Probability & Its Applications 14 (1) (1969) 153–158.
[10] D.W. Marquardt, An algorithm for least-squares estimation of nonlinear parameters, Journal of the Society for Industrial and Applied Mathematics 11 (2) (1963) 431–441.
[11] D. Koller, N. Friedman, Probabilistic Graphical Models: Principles and Techniques, MIT Press, 2009. 29

有向概率图模型

3.1 引言

在第2章中，对于一组随机变量$X_1,X_2,\cdots,X_n$的联合概率$p(X_1,X_2,\cdots,X_N)$，我们假设其服从参数分布，例如连续随机变量的多元高斯分布或整数随机变量的多项式分布。虽然这些参数分布简洁明了，可以用少量的参数来表示，但它们实际上可能无法刻画复杂的联合概率分布$p(X_1,X_2,\cdots,X_N)$。除此以外，我们可以对联合概率分布做一个强有力的假设，例如，X_n是相互独立的。在这种情况下，$p(X_1,X_2,\cdots,X_N)=\prod_{n=1}^{N}p(X_n)$。然而，这一假设过于极端。在没有任何假设的情况下，我们也可以应用链式法则来计算联合概率，并把它作为各变量的条件概率：

$$p(X_1,X_2,\cdots,X_N)=p(X_1\mid X_2,X_3,\cdots,X_N)p(X_2\mid X_3,X_4,\cdots,X_N)\cdots p(X_{N-1}\mid X_N)p(X_N)$$

链式法则可以将联合概率分解为每个随机变量的局部条件概率的乘积。然而，需要一个指数数目的局部条件概率来完全刻画联合概率分布。例如，要充分说明N个二元随机变量的联合概率分布，我们需要2^N-1个参数(概率)。

3.2 贝叶斯网络

幸运的是，我们可以使用像贝叶斯网络(BN)这样的图模型来解决上述问题。通过获取变量的内在独立性，BN使我们能有效地对一组随机变量的联合概率分布进行编码。

3.2.1 BN表示

设$\boldsymbol{X}=\{X_1,X_2,\cdots,X_N\}$是一组$N$个随机变量。BN是一组随机变量$\boldsymbol{X}$的联合概率分布$p(X_1,X_2,\cdots,X_N)$的图表示。$\boldsymbol{X}$的BN可以定义为一个二元图$\mathcal{B}=(\mathcal{G},\boldsymbol{\Theta})$，其中$\mathcal{G}$表示$BN$的定性部分，而$\boldsymbol{\Theta}$是定量部分。图$\mathcal{G}$是有向无环图(DAG)。作为DAG，BN不允许有向环，但无向环是可以的。图$\mathcal{G}$可以进一步定义为$\mathcal{G}=(\mathcal{V},\mathcal{E})$，其中$\mathcal{V}$表示与$\boldsymbol{X}$中的变量相对应的$\mathcal{G}$的节点，$\mathcal{E}=\{e_{nm}\}$表示节点$m$和$n$之间的有向边(链路)，它们刻画变量之间的概率依赖关系。这种依赖关系通常是因果关系，但事实并非如此。因果语义是BN的一个重要性质，也是BN应用广泛的部分原因。

具体而言，X_n表示第n个节点，e_{nm}表示节点n和m之间的有向边(链路)。如果从节点X_n到节点X_m存在有向边，那么X_n是X_m的一个父节点，X_m是X_n的一个子节点。这个定义可以扩展到祖先节点和后代节点。如果有从X_n到的X_m有向路径，则X_n是

30
~
31

X_m的一个祖先节点，X_m是X_n的一个后代节点(有向路径的定义参见3.2.2.3节)。没有子节点的节点称为叶节点，而没有父节点的节点称为根节点。如果两个节点通过链路直接连接，则它们是相邻的。如果两个节点X_n和X_m有一个共同子节点并且不相邻，则它们是彼此的配偶节点，并且它们的共同子节点被称为对撞节点。由两个不相邻的节点X_n和X_m及其共同的子节点构成的结构称为V型结构(见图3.4)。

图3.1显示了具有五个节点的BN，其中节点X_1和X_2是根节点，X_4和X_5是叶节点。节点X_1是节点X_3的父节点，而节点X_3是节点X_1的子节点。同理，节点X_1是节点X_4的祖先节点，而X_4是X_1的后代节点。节点X_2是节点X_1的配偶节点。节点X_1、X_3和X_2形成的结构是V型结构，X_3是对撞节点。

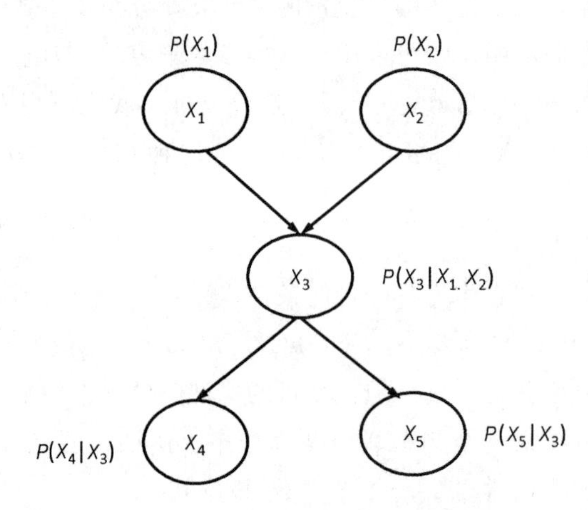

图3.1 一个简单的贝叶斯网络示例

定量部分$\boldsymbol{\Theta}=\{\boldsymbol{\theta}_n\}_{n=1}^N$由每个节点的BN参数$\boldsymbol{\theta}_n$组成，其中$\theta_n$是节点$n$在给定其父节点时的条件概率分布(CPD)，即$\theta_n=p(X_n|\pi(X_n))$，其中$\pi(X_n)$表示$X_n$父节点的配置集。CPD测量节点与其父节点之间的链路强度。对于根节点X_n，条件概率降为其先验概率$p(X_n)$。对于图3.1中的BN，每个节点旁边的概率给出了该节点的CPD，包括根节点X_1和X_2的先验概率。给定一个BN，由于马尔可夫条件(稍后定义)的内在条件独立性，N个节点的联合概率分布可以写成

32

$$p(X_1,X_2,\cdots,X_N)=\prod_{n=1}^{N}p(X_n|\pi(X_n)) \tag{3.1}$$

式(3.1)中的联合概率因式也被称为BN的链式法则。根据BN的链式法则，图3.1中BN的联合概率可以写成

$$p(X_1,X_2,\cdots,X_5)=p(X_1)p(X_2)p(X_3|X_1,X_2)p(X_4|X_3)p(X_5|X_3)$$

在这种紧凑的表示下，完全指定二进制BN的联合概率分布所需的参数个数的上界为$2^K\times N$，其中K是所有节点的最大父节点数。这意味着大大减少了用以完全指定联合概率分布的参数数量。例如，如果$N=10$且$K=2$，则BN的参数数目多达40。相反，如果没有BN，要想表示$p(X_1,X_2,\cdots,X_{10})$则需要$2^{10}-1=1023$个参数。因此，

BN 可以简便地表示联合概率分布。紧凑表示和因果语义是 BN 的两大优点。

使用 CPD 规范时，每个节点的参数数目随着其父节点数的增加呈指数性增加。为了解决这个问题，已经提出了其他规范。例如，CPD 作为树，通过噪声或原理或者作为亲代值的函数，可以被指定为某个回归参数的函数。最常见的这种 CPD 是线性回归，其中 CPD 被指定为亲代值的加权线性组合。这些近似方法可以显著减少 BN 参数的数目，并使有限训练数据下的 BN 学习成为可能。读者可以参考文献[7]的第 5 章，了解有效表示 CPD 的不同方法。

3.2.2 BN 的特性

如前所述，BN 的联合概率分布可以分解为局部条件概率的乘积，这正是因为 BN 的内在条件独立性。在本节中，我们将探讨 BN 的独立性和其他性质。

3.2.2.1 马尔可夫条件

BN 的一个重要特性是它显式的内在条件独立性。其通过马尔可夫条件(MC)进行编码，也被称为因果马尔可夫条件或马尔可夫假设。MC 表明节点 X_n 在给定其父节点时独立于其非后代节点。如果存在从 X_n 到 X_m 的有向路径，则节点 X_m 是另一个节点 X_n 的后代节点。从数学上讲，MC 可以表示为 $X_n \perp \mathrm{ND}(X_n) \mid \pi(X_n)$，其中 ND 代表非后代节点。对于图 3.1 中的 BN 示例，我们可以用 MC 推导出以下条件独立性：$X_4 \perp X_1 \mid X_3$、$X_5 \perp X_2 \mid X_3$ 和 $X_4 \perp X_5 \mid X_3$。对于根节点，MC 仍然适用。在这种情况下，根节点边际独立于它的非后代节点。对于图 3.1 中的示例，节点 X_1 边际独立于节点 X_2，因为有交换链路，X_5 不再是 X_1 的后代节点。MC 直接引出式(3.1)中 BN 的链式法则。利用 MC 可以很容易地证明链式法则。事实上，如果 DAG 满足 MC，DAG 就变成了 BN。请注意，MC 在 BN 中提供了结构独立性。然而，BN 参数可以在 BN 结构独立性之外产生额外的独立性。

33

3.2.2.2 马尔可夫毯和道德图

利用 MC 可以很容易地推导出另一个有用的局部条件独立性特性。目标变量 T 的马尔可夫毯，即 MB_T，是一组节点，条件为其它所有节点都独立于 T，表示为 $X \perp T \mid MB_T$，$X \in \mathbf{X} \setminus \{T, MB_T\}$。例如，在图 3.2 中，节点 T 的马尔可夫毯，即 MB_T，由阴影节点组成：即其父节点 P、子节点 C 和配偶节点 S。DAG 的道德图是一个等价的无向图，其中 DAG 的每个节点都与其马尔可夫毯相连。

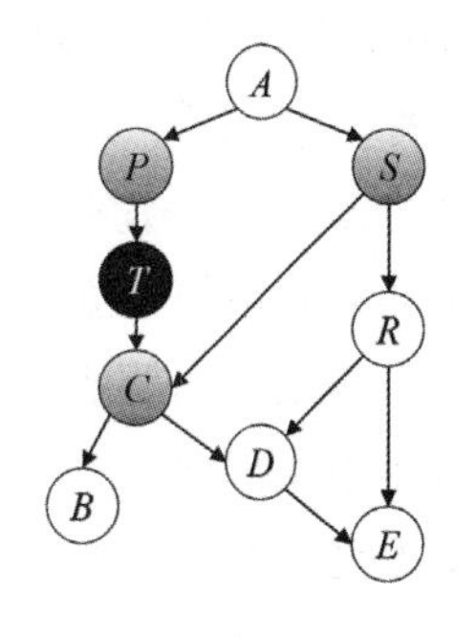

图 3.2 马尔可夫毯的一个示例，其中 T 是目标节点，P 是其父节点，C 是其子节点，S 是其配偶节点。节点 P、C、S 共同组成 T 的马尔可夫毯

3.2.2.3 D 分离

通过 MC 和马尔可夫毯，可以很容易地确定变量之间的局部条件互依关系。可以将 MC 扩展到确定相隔较远的变量之间的独立关系。这是通过所谓的 D 分离原理

来实现的。在正式引入这个概念之前，我们首先定义一些符号。

34

给定一组节点 $\boldsymbol{X}_E$，如果满足以下任一条件，则节点 X_m 和 X_n 之间的无向路径 J 被 $\boldsymbol{X}_E$ 阻塞：1) J 中有一个属于 $\boldsymbol{X}_E$ 的非对撞节点；2) J 上有一个对撞节点 X_c，使得 X_c 及其所有后代节点都不属于 $\boldsymbol{X}_E$。反之，来自 X_m 和 X_n 的路径 J 被解除阻塞或处于活跃状态。如果 X_m 和 X_n 之间的每个无向路径都被 $\boldsymbol{X}_E$ 阻塞，即 $X_m \perp X_n \mid \boldsymbol{X}_E$，则节点 X_m 和 X_n 被 $\boldsymbol{X}_E$ D分离。图3.3提供了D分离的示例，给定节点 X_3 和 X_4，节点 X_6 与 X_2 D分离，因为 X_6 和 X_2 之间的两条路径都被阻塞了。同理，由于 X_1 和 X_2 之间的两条路径都被阻塞，所以它们之间是D分离的(边缘独立的)。然而，在给定 X_3、X_5 或 X_6 的情况下，X_1 和 X_2 不是D分离的，因为两个V型结构之一将从 X_1 到 X_2 的两条路径($X_1 \rightarrow X_3 \leftarrow X_2$ 和 $X_1 \rightarrow X_3 \rightarrow X_5 \leftarrow X_4 \leftarrow X_2$)之一解除阻塞。参见文献[7]中3.3.3节，引入了一种进行自动D分离测试的算法。

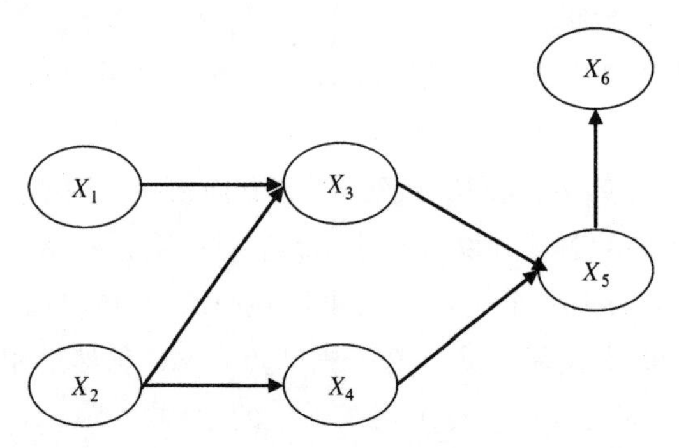

图3.3 D分离的一个例子，给定节点 X_3 和 X_4，节点 X_6 与 X_2 D分离

3.2.2.4 忠实性

BN的联合概率分布被用来近似捕获基本数据分布 p。如果BN的结构独立性(由于MC)覆盖了 p 中的所有且唯一的独立性，则BN完全忠实于 p。这种BN被称为 p 的完美I-map。另一方面，如果BN只捕获了 p 中独立性的一个子集，那么它只具有部分忠实性，称为 p 的I-map。

从数据中学习BN时，忠实性是一个标准假设。然而，如前文所述，BN参数化可能会破坏某些结构独立性或引入额外的独立性。众所周知，非忠实性分布的勒贝格测度为零[8]，这意味着不忠参数化的概率非常低。即使产生了非忠实性分布，非忠实性关系也只占图中全部独立关系和依赖关系的一小部分。想要了解更多关于BN忠实性的信息，请参见文献[9]。

35

3.2.2.5 解去

BN的一个重要而独特的性质是它的解去(explaining-away)特性。在 $\mathcal{G}$ 中，两个节点 X_m 和 X_n 之间的无向路径是它们之间的节点序列，使得任何连续的节点都由一条有向边连接，并且序列中没有出现两次的节点。DAG的有向路径是具有节点 $(X_1, X_2, \cdots, X_{N-1})$ 的路径，使得对于 $1 \leqslant n < N$，X_n 是 X_{n+1} 的一个父节点。如果一条路径中有两

条来自 X_m 和 X_n 的进入边，则将节点 X_k 定义为对撞节点，而不管 X_m 和 X_n 是否相邻。具有非相邻父节点 X_m 和 X_n 的节点 X_k 是 X_m 到 X_n 之间路径的非屏蔽对撞节点。如果三个节点构成了一个 V 型结构，即两个不相邻的节点共享同一个子节点，如图 3.4 所示，其中节点 X_k 是节点 X_m 和 X_n 的子节点，则节点 X_m 和 X_n 是彼此的配偶节点。在这种情况下，X_m 和 X_n 彼此独立，条件为未给定 X_k；但是它们在给定 X_k 的条件下变得相互依赖。给定 X_k 的 X_m 和 X_n 之间的这种依赖关系构成了解去原理的基础，这说明已知 X_m 的状态，给定 X_k，可以改变 X_n 的概率，因为它们都可以产生 X_k。例如，设 X_m = 雨水，X_n = 洒水器，X_k = 地面湿度。已知地面是湿的，且没有下雨，则洒水器打开的概率就增加了。解去是 BN 的一个独特且强大的属性，它不能用无向的图模型来表示。尽管为了更好的表示，它允许捕获额外的依赖关系，但它也可能在学习和推理过程中造成计算困难。

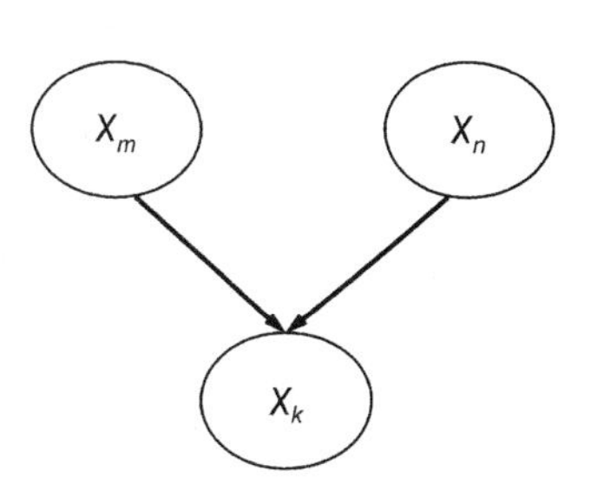

图 3.4 解去的 V 型结构

3.2.2.6 等价贝叶斯网络

对于两个拓扑结构不同但基于同一组变量的 BN 来说，如果它们捕获相同的结构条件独立性，则在概率上是等价的。想要等价，它们必须具有相同的骨架，也就是说，链路在同一对节点之间，但不一定在同一方向上，并且它们必须共享相同的 V 型结构[10]。例如，图 3.5 的 BN 中，排在顶行的 4 个 BN 是等价的，而排在最底行的 4 个 BN 是不等价的。

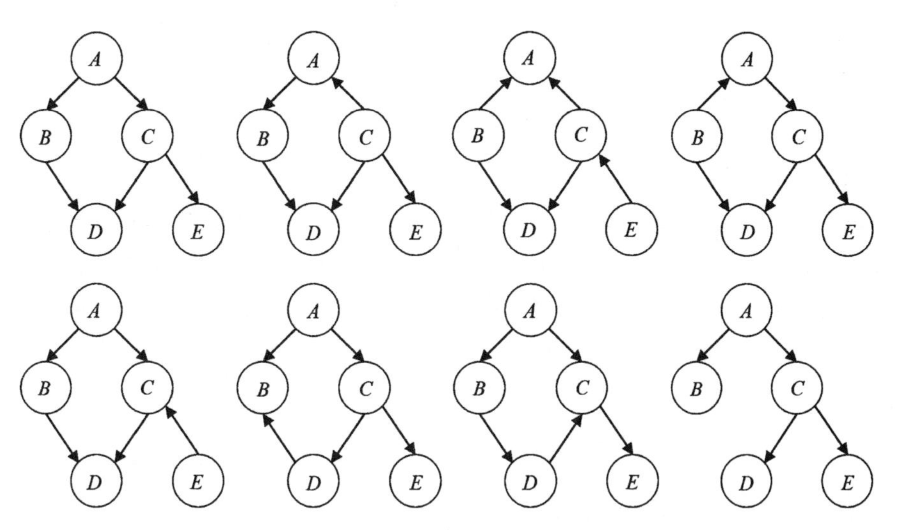

图 3.5 等价 BN。顶行的 4 个 BN 是等价的，但是最底行的 4 个 BN 由于违反了两个条件中的其中一个而不等价

3.2.3 贝叶斯网络的类型

BN 有三种类型：离散型、连续型和混合型。

3.2.3.1 离散型 BN

对于一个离散型 BN，所有的节点都代表离散的随机变量，其中每个节点可以假设不同但互斥的值。每个节点可以表示一个整数变量、一个分类变量、一个布尔变量，或一个序数变量。最常用的离散 BN 是二进制 BN，其中每个节点代表一个二进制变量。36对于离散型 BN，CPD 是根据条件概率表(CPT)来指定的。该表列出了一个子节点在给定其父节点的每个可能配置(如 $\theta_{njk}=p(x_n=k|\pi(x_n)=j)$的条件下，取其每一个可行值的概率，这是在给定其父节点的第 j 个配置的情况下，节点X_n假设 k 值的概率。图 3.6 给出了一个二进制 BN 的示例，带有每个节点 $X_n\in\{0,1\}$的 CPT。

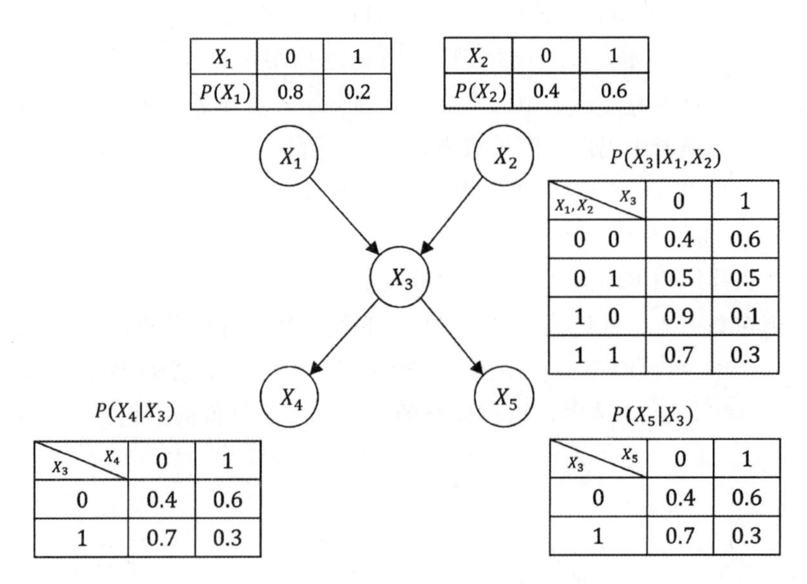

37

图 3.6 一个二进制 BN 及其 CPT

3.2.3.2 连续型 BN

尽管离散型 BN 很受欢迎，连续型 BN 也很实用。对于连续型 BN，所有节点都表示连续的随机变量。最常见的连续型 BN 是线性高斯 BN，因为它易于表示，并且存在学习和推理的解析解。对于线性高斯 BN，每个节点的条件概率服从高斯分布，并且所有节点的联合概率分布服从多元高斯分布。每个节点的 CPD 通常被指定为一个线性高斯，即，

$$p(X_n|\pi(X_n))=\mathcal{N}(\mu_{n|\pi_n},\sigma^2_{n|\pi_n}) \tag{3.2}$$

其中$\mu_{n|\pi_n}$是给定其父节点的 X_n的平均值，并且 X_n参数化为$\mu_{n|\pi_n}=\sum_{k=1}^{K}\alpha_n^k\pi_k(X_n)+\beta_n$，其中$\pi_k(X_n)$是 X_n的第 k 个父节点的值，即$\pi_k(X_n)\in\pi(X_n)$，K 是父节点的个数，α_n^k和β_n分别是节点X_n的系数和偏差，$\sigma^2_{n|\pi_n}$是它的方差，与它的父节点无关。对于根节点X_n，$p(X_n)\sim\mathcal{N}(\mu_n,\sigma_n^2)$，图 3.7 给出了高斯 BN 及其 CPD 的示例。

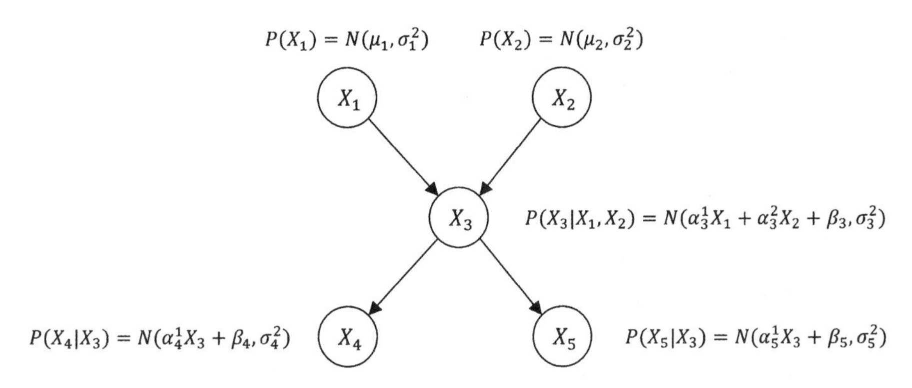

图 3.7 高斯 BN 及其 CPD 的示例

根据这个定义，很容易证明(证明见 3.9.2 节)每个节点的边际分布也服从高斯分布：

$$p(X_n) = \mathcal{N}(\mu_n, \sigma_n^2) \tag{3.3}$$

其中μ_n和σ_n^2分别是X_n的平均值和方差。它们可以分别计算(参见附录 3.9.2 中方程 3.173 和 3.174)如下所示：

$$\mu_n = \sum_{k=1}^{K} \alpha_n^k \mu_{\pi_k(x_n)} + \beta_n \tag{3.4}$$

$$\sigma_n^2 = \sigma_{n|\pi_n}^2 + \boldsymbol{\Lambda}_n^\top \Sigma_{\pi(x_n)} \boldsymbol{\Lambda}_n \tag{3.5}$$

其中 $\mu_{\pi_k}(x_n)$是 X_n的第 k 个父节点的平均值，$\Sigma_{\pi(x_n)}$是 X_n的父节点的协方差矩阵，且 $\boldsymbol{\Lambda}_n = (\alpha_n^1, \alpha_n^2, \cdots, \alpha_n^K)^\top$。同理，高斯 BN 的联合概率分布也服从多元高斯分布，即

38

$$p(X_1, X_2, \cdots, X_N) = \mathcal{N}(\boldsymbol{\mu}, \boldsymbol{\Sigma}) \tag{3.6}$$

其中联合平均向量为$\boldsymbol{\mu} = (\mu_1, \mu_2, \cdots, \mu_N)$。假设 $\boldsymbol{X}$ 按拓扑顺序排列，则联合协方差矩阵可由$\boldsymbol{\Sigma} = \boldsymbol{USU}^\top$计算，其中 $\boldsymbol{S}$ 是 $N \times N$ 对角矩阵，$\boldsymbol{S} = \{\sigma_n^2\}$包含节点 Xn 的方差，$\boldsymbol{U} = (\boldsymbol{I} - \boldsymbol{W})^{-1}$，其中 $\boldsymbol{I}$ 是 $N \times N$ 单位矩阵，$\boldsymbol{W}$ 是 $w_{ii} = 0$ 且 $w_{ij} = \alpha_j^i$ 的下三角矩阵，是父节点 X_i和子节点 X_j之间的系数。同理，多元高斯分布可以等价地表示为线性高斯 BN。高斯 BN 的详细推导以及多元高斯与高斯 BN 之间的转换可以参见文献[11]中的 10.2.5 节以及文献[7]中的 7.2 节。

3.2.3.3 混合型 BN

如果一个 BN 同时具有离散节点和连续节点，那么它就是一个混合型 BN。混合 BN 最常见的配置包括离散父节点和连续子节点，或者混合父节点(离散和连续父节点的组合)和连续子节点。对于离散父节点和连续子节点来说，每个节点的 CPD 可以用多个高斯函数指定，每个高斯函数对应于每个父节点配置，如下所示：

$$p(X_n | \pi(X_n) = k) \sim \mathcal{N}(\mu_{nk}, \sigma_{nk}^2) \tag{3.7}$$

其中μ_{nk}和σ_{nk}^2分别是给定其父节点第 k 个配置的 X_n的平均值和方差。对于混合父节点和连续子节点，条件概率可以指定为条件线性高斯。假设 X_n有 K 个离散父节点和 J 个连续父节点。设 $\pi^d(X_n)$为 X_n的离散父节点集，$\pi^c(X_n)$为连续父节点，$l \in \pi^d(X_n)$为离散

父节点的第 l 个配置。X_n的 CPD 可以通过下式指定：

$$p(X_n \mid \pi^d(X_n) = l, \pi^c(X_n)) \sim \mathcal{N}(\mu_{nl}, \sigma_{nl}^2) \tag{3.8}$$

式中，$\mu_{nl} = \sum_j \alpha_{njl} \pi_j^c(x_n) + \beta_{nl}$ 和σ_{nl}^2是在离散父节点第 l 个配置下 X_n的平均值和方差，同时$\pi_j^c(x_n)$是节点 X_n的第 j 个连续父节点。

连续父节点和离散子节点的配置常常通过边反转[12]转化为离散父节点和连续子节点。

3.2.3.4 朴素 BN

朴素 BN(Naive BN，NB)是一类特殊的 BN。如图 3.8 所示，一个 NB 由两层组成，顶层包括一个节点 Y，底层包括 N 个节点 $X_1, X_2, \cdots, X_N$，其中 X_n既可以是离散的也可以是连续的。节点 Y 是每个 X_n的父节点，它也既可以是离散的也可以是连续的。由 $p(Y)$和 $p(X_n \mid Y)$参数化的 NB 可以从训练数据中获得。由于拓扑结构，根据 MC，我 39 们可以很容易地证明，底层的变量在给定顶层节点时是条件独立的，即 $X_m \perp X_n \mid Y$，$m \neq n$。这意味着一个朴素 BN 中所有变量的联合概率可以写成 $p(X_1, X_2, \cdots, X_n, Y) = p(Y) \prod_{n=1}^{N} p(X_n \mid Y)$。这种模型的参数数目只有 N_{k+1}，其中 k 是 Y 的不同值的数量。

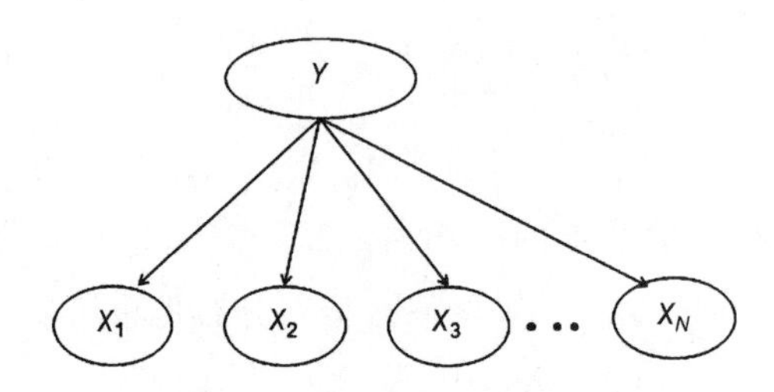

图 3.8 朴素 BN 的一个示例

给定一个完全指定的 NB 的情况下，根据 Y 是离散的还是连续的，它可以用于分类或回归，以估计给出其特征值x_i的 Y 的最可能的值，如下：

$$y^* = \underset{y}{\operatorname{argmax}}\, p(Y = y \mid x_1, x_2, \cdots, x_N)$$

其中 Y 通常表示类标签(值)，而x_i代表特征值。在训练过程中，我们学习每个链路的条件概率 $p(X_n \mid Y)$和概率 $p(Y)$。在推理过程中，我们可以发现

$$\begin{aligned} y^* &= \underset{y}{\operatorname{argmax}}\, p(y \mid x_1, x_2, \cdots, x_N) \\ &= \underset{y}{\operatorname{argmax}}\, p(x_1, x_2, \cdots, x_n, y) \\ &= \underset{y}{\operatorname{argmax}}\, p(y) \prod_{n=1}^{N} p(x_n \mid y) \end{aligned} \tag{3.9}$$

尽管 NB 方法简单且假设性强，但它在许多应用中得到了广泛的应用，往往能取得出乎意料的好结果。

为了放宽 NB 的强特征独立性假设，通过允许底层节点之间建立连接，引入了增广朴素贝叶斯网络(ANB)。在底层，为了限制复杂性，要限制从一个特征节点到另一特

征节点的节间连接。例如，在图 3.9 中，从一个特征节点到另一个特征节点的连接数被限制为一个。各种研究表明，通过允许特征节点之间的有限依赖关系，ANB 通常可以提高 NB 的分类性能。读者可以参考文献[13,14]来详细讨论 ANB 和各种变体及其作为分类器的应用。

40

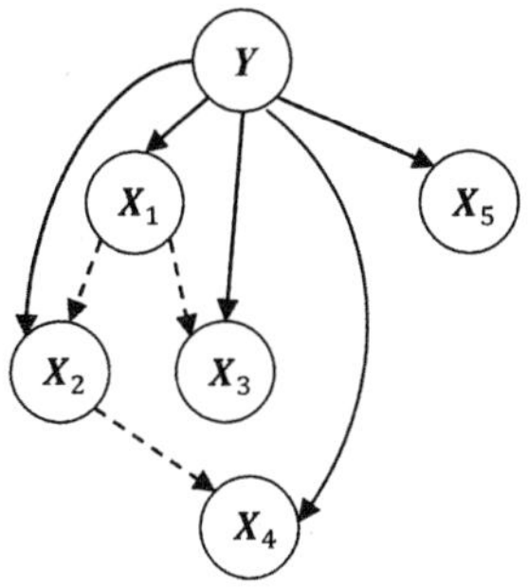

图 3.9　增广朴素贝叶斯网络的一个示例，其中虚线表示特征之间的关联

3.2.3.5　回归 BN

如图 3.10 所示，回归 BN 是一类特殊的 BN，其中每个节点的 CPD 被指定为其父值线性组合的 S 型或柔性最大值函数。具体而言，对于节点 X_n 及其 J 父节点 $\pi(X_n)$，假设 X_n 是二进制的，其 CPD 可以表示为

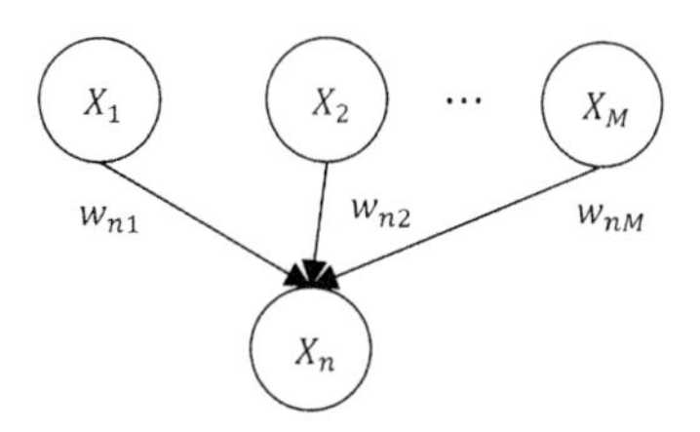

图 3.10　回归 BN，其中每个节点的 CPD 被指定为其父值线性组合的 S 型或柔性最大值函数

$$p(X_n=1\,|\,\pi(X_n))=\sigma\Big(\sum_{m=1}^{J} w_{nm}\,\pi_m(X_n)+w_n\Big) \tag{3.10}$$

其中 $\pi_m(X_n)$ 是 X_n 的第 m 个父节点的值，w_{nm} 是第 m 个父节点的权重，$\sigma(x)=\dfrac{1}{1+\mathrm{e}^{-x}}$ 是 S 型函数。对于一个根结点，其先验概率为 $\sigma(\alpha_0)$。这样，X_n 的 CPD 被指定为回归参数 w_{nm} 的函数，参数的个数等于链路数而不是其指数。具有潜在二进制节点的二元回归 BN 在文献中被称为 S 型置信度网络[15]。对于 $K>2$ 值和 J 父节点的分类节点，式(3.10)可以改为

$$p(X_n=k\,|\,\pi(X_n))=\sigma_M\Big(\sum_{m=1}^{M} w_{nmk}\,\pi_m(X_n)+w_{nk}\Big) \tag{3.11}$$

其中 $\sigma_M(x)$ 是多类 S 型(又称柔性最大值)函数，定义为

41

$$\sigma_M(x_k) = \frac{e^{x_k}}{\sum_{k'=1}^{K} e^{x_{k'}}}$$

如果 X_n是根节点，则其先验概率可指定为$\sigma_M(\alpha_k)$。

3.2.3.6 噪声或 BN

另一种特殊的二进制 BN 是噪声或 BN。引入它来减少每个节点的 CPD 参数的数量。

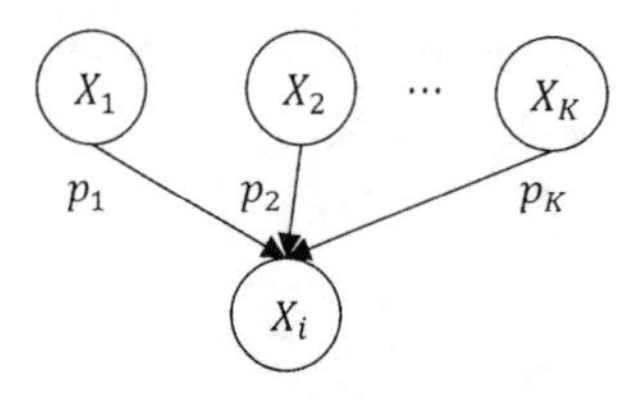

图 3.11 噪声或 BN

在图 3.11 中，设 $x_n \in \{0,1\}$为具有 K 个二进制父节点 $X_1, X_2, \cdots, X_K$的二进制节点，且 $X_k \in \{0,1\}$。设

$$p_k = p(x_n = 0 | x_1 = 0, x_2 = 0, \cdots, x_k = 1, \cdots, x_K = 0)$$

也就是说，$X_n=0$ 的概率仅在其第 k 个父节点为 1 时给出。假设每个 $X_k=1$ 导致 $X_n=0$(或抑制 $X_n=1$)的机制是独立的，我们得出

$$p(x_n = 0 | x_1, x_2, \cdots, x_K) = \prod_{k \in \{x_k = 1\}} p_k \tag{3.12}$$

通过这种方法，每个节点的参数数量减少为父节点的数量，而不是其指数。噪声或 BN 已经被扩展到多值分类节点[16]。

3.3 BN 推理

给定变量空间 $\boldsymbol{X}$ 上的 BN，就可以进行推理。BN 推理的目的是估计一组未知变量的概率或其最可能的状态，前提是给定其他变量的观测值。假设所有变量的集合被划分为 $\boldsymbol{X}=\{\boldsymbol{X}_U, \boldsymbol{X}_E\}$，其中 $\boldsymbol{X}_U$表示未观测变量集，$\boldsymbol{X}_E$表示可观察变量集(证据)。通常会进行四种基本的概率推理：

1. 后验概率推理：给定观测变量 $\boldsymbol{X}_E=\boldsymbol{x}_E$，计算某些未知变量 $X_Q \subseteq X_U$ 的后验概率，

42

$$p(\boldsymbol{X}_Q | \boldsymbol{X}_E = \boldsymbol{x}_E) \tag{3.13}$$

2. 最大后验概率(MAP)推理：确定所有未观测变量 $\boldsymbol{X}_U$最可能的配置，

$$\boldsymbol{x}_U^* = \underset{\boldsymbol{x}_U}{\operatorname{argmax}}\, p(\boldsymbol{X}_U = \boldsymbol{x}_U | \boldsymbol{X}_E = \boldsymbol{x}_E) \tag{3.14}$$

3. 边际 MAP 推理：确定未观测变量 $X_Q \subseteq X_U$的最可能的子集配置，

$$\boldsymbol{x}_Q^* = \underset{\boldsymbol{x}_Q}{\operatorname{argmax}}\, p(\boldsymbol{X}_Q = \boldsymbol{x}_Q | \boldsymbol{X}_E = \boldsymbol{x}_E) \tag{3.15}$$

4. 模型似然推理：在给定 $\boldsymbol{x}_E$ 的情况下，估计 BN 的似然性，包括其结构 $\mathcal{G}$ 和参数 $\boldsymbol{\Theta}$，即，

$$p(\boldsymbol{X}_E = \boldsymbol{x}_E \mid G, \boldsymbol{\Theta}) = \sum_{\boldsymbol{x}_U} p(\boldsymbol{x}_U, \boldsymbol{x}_E \mid \mathcal{G}, \boldsymbol{\Theta}) \tag{3.16}$$

后验概率推理在文献中也被称为和积推理，因为它的运算涉及对无关变量的求和。MAP 被称为最大乘积或最大和推理，取决于最大值是相对于后验概率还是对数后验概率。一般情况下，无法通过单独获取节点的最可能配置来发现 MAP 推理。每个节点的最佳配置必须与其他节点一起找到。此外，通过将 MAP 投射到解释集上，也无法求得边际 MAP。对于离散的 BN，MAP 和边际 MAP 推理通常都被描述为一个组合优化问题。边际 MAP 通常计算成本更高，因为它需要边缘化和最大化。MAP 和边际 MAP 推理都是建立在后验概率推理的基础上的，因为它们都需要计算后验概率。MAP 推理在计算机视觉领域得到了广泛的应用。例如，对于图像标记，该推理可用于推理图像中所有像素的最佳配置。对于基于零件的对象检测(例如，面部或身体路标检测)，MAP 推理可用于同时识别每个目标部分(每个路标点)的最佳位置。模型似然推理用于评估不同的 BN，并确定最有可能产生观测值的 BN。复杂的模型产生更高的分数。因此，在比较不同的模型之前，应根据结构复杂度对似然进行归一化处理。在计算机视觉领域，似然推理可用于基于模型的分类，如基于 HMM 的分类。从理论上讲，只要可以用 BN 计算任意变量配置的联合概率，就可以进行所有的推理。然而在最坏的情况下(发生在 BN 密集连接时)，BN 推理被证明是 NP 难题[17]，因为计算后验概率和确定最佳配置通常需要在可变配置的指数数量上求和搜索。在实践中，我们总是可以利用领域知识来简化模型，以避免最坏的情况发生。

43

尽管存在这些计算困难，许多有效的推理算法也已经被开发出来。提高推理效率的关键是再次利用 BN 中的内在独立性。这些算法要么利用结构简单的优势来降低精确推理的复杂度，要么通过一些假设来获得近似的结果。

根据 BN 的复杂度和大小，可以精确地或近似地执行推理方法。推理也可以通过采样进行分析或数值计算。解析推理往往产生精确的推理结果，而数值采样往往得到近似的推理结果。在接下来的几节中，我们将分别介绍精确推理方法和近似推理方法。

3.3.1 精确推理方法

基于 MAP 推理或边际 MAP 推理的进行，精确推理方法对后验概率进行了精确估计。由于需要对所有不相关的变量求和，精确推理方法通常局限于简单的结构或小的 BN。

3.3.1.1 变量消除法

一种基本的 BN 精确推理方法是变量消除(Variable Elimination，VE)法[18]。VE 是一种简单的后验概率推理方法，即计算 $p(X_Q \mid X_E = x_E)$。在计算后验概率时，有必要将无关变量 $\boldsymbol{X}_U / \boldsymbol{X}_Q$ 边缘化。简单地将所有变量共同边缘化需要 $\boldsymbol{K}^M$ 次求和以及每次求和的 $N-1$ 个乘积，其中 K 是每个变量的值的数目，M 是边缘化的变量数，N 是 BN

中的变量总数。K 和 M 很大导致计算变得困难。因此，VE 算法的目标是大大减少计算量。VE 算法不是将所有变量共同边缘化，也不是以随机顺序将每个变量边缘化，而是按照消除顺序逐个消除(边缘化)变量。按照这个顺序，通过反复使用先前计算的结果，可以显著减少求和的数量和每次求和的乘积的数量。

例如，在图 3.12 中的 BN 中，我们要计算 $p(A|E=e)$。根据贝叶斯规则，它可以写为

$$
\begin{aligned}
p(A|E=e) &= \alpha p(A,E=e) \\
&= \alpha \sum_{b,c,d} p(A,b,c,d,e),
\end{aligned} \tag{3.17}
$$

其中 α 是归一化常数。根据 BN 链式法则，式(3.17)可以改写为

44

$$
p(A|E=e) = \alpha \sum_{b,c,d} p(A)p(b)p(c|A,b)p(d|c)p(e|c) \tag{3.18}
$$

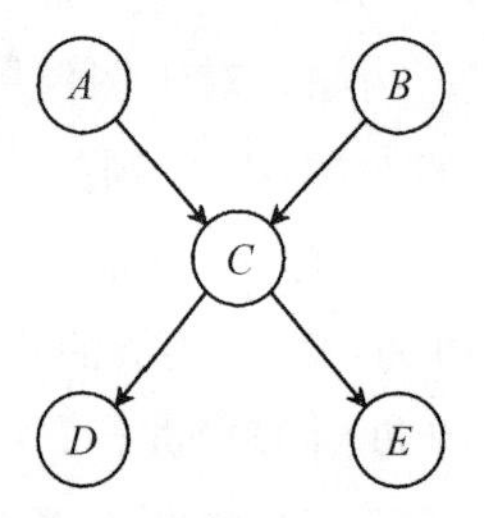

图 3.12 有 5 个节点的 BN 的一个示例

计算式(3.18)需要对不相关的变量 B、C 和 D 求和。假设所有变量都是二进制的，朴素求和将需要 8 个求和，且每个求和需要 4 个乘积。通过使用 VE 算法，可以显著减少求和的数量和每次求和的乘积的数量。以式(3.18)为例，我们可以按照 $C \to D \to B$ 的顺序进行边缘化，即先消除 C，然后消除 D，最后消除 B。根据这个顺序，式(3.18)可以写成

$$
\begin{aligned}
&\sum_{c,b,d} p(A)p(b)p(c|A,b)p(d|c)p(e|c) \\
&= p(A)\sum_{b} p(b)\sum_{d}\sum_{c} p(c|A,b)p(d|c)p(e|c) \\
&= p(A)\sum_{b} p(b)\sum_{d} f_1(A,b,d,e) \\
&= p(A)\sum_{b} p(b)\, f_2(A,b,e) \\
&= p(A)\, f_3(A,e) \\
&= f_4(A)
\end{aligned} \tag{3.19}
$$

式中，$f_1(A,b,d,e)$是 a,b,d,e 的因子函数；$f_2(A,b,e)$是 a，b，e 的函数；$f_3(A,e)$是 a 和 e 的函数。给定 $f_4(A)$的情况下，$p(A|e)$可以通过对 A 进行标准归一化得到。按此顺序，求和的数目从 8(2^3)减少到 6(2+2+2)；通过重复使用这些因子而不必重新计算，乘积总数减少到 7 个。求和及乘积的具体节省取决于模型的复杂性和消除顺序。但

确定最优消除顺序本身是 NP 难题。

一般来说，对于 $\boldsymbol{X}$ 上的 BN，设 X_q 为查询变量 $X_q \in \boldsymbol{X}_U$，$\boldsymbol{X}_E$为观测变量，$\boldsymbol{X}_I$为无关变量，即 $\boldsymbol{X}_I = \boldsymbol{X}_U / \boldsymbol{X}_q$。我们的目标是计算 $p(X_q \mid \boldsymbol{x}_E) \propto p(X_q, \boldsymbol{x}_E) = \sum_{x_I} p(X_q, \boldsymbol{x}_E, \boldsymbol{x}_I)$，可以用在算法 3.1 中总结的 VE 算法来计算。

45

算法 3.1 后验推理的变量消除算法

▷ Let X_q be the query variable, and $\boldsymbol{X}_I = \{X_{I_1}, X_{I_2}, \cdots, X_{I_m}\}$ be irrelevant
▷ variables, i.e., $\boldsymbol{X}_I = \boldsymbol{X}_U \setminus X_q$
Order the variables in $\boldsymbol{X}_I$ as $X_{I_1}, X_{I_2}, \cdots, X_{I_m}$
Initialize the initial factors f_n to be $f_n = p(X_n|\pi(X_n))$, where $n = 1, 2, \cdots, N$, and N is the number of nodes
for j= I_1 to I_m **do** //for each irrelevant unknown variable in the order
  Search current factors to find factors $f_{j_1}, f_{j_2}, \cdots, f_{j_k}$ that include X_{I_j}
  $F_j = \sum_{X_{I_j}} \prod_{i=1}^{k} f_{j_i}$ // Generate a new factor F_j by eliminating X_{I_j}
  Replace factors $f_{j_1}, f_{j_2}, \cdots, f_{j_k}$ by F_j
end for
$p(X_q, X_E) = \prod_{s \in X_q} f_s F_{I_m}$ // F_{I_m} is the factor for last irrelevant variable
Normalize $p(X_q, \boldsymbol{X}_E)$ to obtain $p(X_q|\boldsymbol{X}_E)$

除了进行后验概率推理外，VE 还可用于 MAP 推理，即确定所有未知变量 $\boldsymbol{X}_U$的最可能解释，$\boldsymbol{x}_U^* = \arg\max_{\boldsymbol{x}_U} p(\boldsymbol{X}_U = \boldsymbol{x}_U \mid \boldsymbol{X}_E = \boldsymbol{x}_E)$。后验概率推理的 VE 通过边缘化消除变量，而 MAP 推理的 VE 则通过最大化来消除变量，因此被称为最大乘积。MAP 可以写成$\boldsymbol{x}_U^* = \arg\max_{\boldsymbol{x}_U} p(\boldsymbol{X}_U = \boldsymbol{x}_U, \boldsymbol{X}_E = \boldsymbol{x}_E)$。设 $\boldsymbol{X}_U = \{\boldsymbol{X}_{U_j}\}$，$j = 1, 2, \cdots, n$，$\boldsymbol{X}_U$的变量可以按$X_{U_1}, X_{U_2}, \cdots, X_{U_n}$ 排序。MAP 的 VE 算法可以用算法 3.2 进行总结。为了进行比较，文献[7]中的算法 13.1 也提供了一个用 VE 方法进行最大乘积推理的伪代码。

算法 3.2 MAP 推理的变量消除算法

Forward process:
Order the unknown variables in $\boldsymbol{X}_U$, that is, $X_{U_1}, X_{U_2}, \cdots, X_{U_m}$, where U_m is the number of unknown variables
Initialize the initial factors f_n to be $f_n = p(X_n|\pi(X_n)), n = 1, 2, \cdots, N$, and N is the number of nodes
for j=1 to U_m **do** //for each unknown variable
  Search current factors to find factors $f_{j_1}, f_{j_2}, \cdots, f_{j_k}$ that include X_{U_j}
  $F_j = \max_{X_j} \prod_{k=1}^{jk} f_{j_k}$ // Generate a new factor F_j by eliminating X_j
  Replace factors $f_{j_1}, f_{j_2}, \cdots, f_{j_k}$ by F_j
end for
Trace back process:
$x_{U_m}^* = \operatorname{argmax}_{x_{U_m}} F_{U_m}(x_{U_m})$
for j=U_{n-1} to 1 **do** //for each irrelevant unknown variable
  $x_{U_j}^* = \operatorname*{argmax}_{x_{U_j}} F_j(x_{U_m}^*, \cdots, x_{U_{j+1}}^*, x_{U_j})$
end for

46

以图3.12中的BN为例，我们要计算

$$\begin{aligned} a^*,b^*,c^*,d^* &= \underset{a,b,c,d}{\operatorname{argmax}}\, p(a,b,c,d \mid E=e) \\ &= \underset{a,b,c,d}{\operatorname{argmax}}\, p(a)p(b)p(c \mid a,b)p(d \mid c)p(e \mid c) \end{aligned} \tag{3.20}$$

按照 $C \to D \to B \to A$ 的顺序，我们可以进行正向最大化：

$$\begin{aligned} &\max_{a,b,c,d} p(a)p(b)p(c \mid a,b)p(d \mid c)p(e \mid c) \\ &= \max_a p(a) \max_b p(b) \max_d \max_c p(c \mid a,b)p(d \mid c)p(E=e \mid c) \\ &= \max_a p(a) \max_b p(b) \max_d \max_c f_1(a,b,c,d,e) \\ &= \max_a p(a) \max_b p(b) \max_d f_2(a,b,d,e) \\ &= \max_a p(a) \max_b p(b)\, f_3(a,b,e) \\ &= \max_a p(a)\, f_4(a,e) \end{aligned} \tag{3.21}$$

给定因子函数 f_1、f_2、f_3 和 f_4，可以执行回溯过程来识别每个节点的MAP赋值：

- $a^* = \operatorname{argmax}_a p(a) f_4(a,e)$，
- $b^* = \operatorname{argmax}_b p(b) f_3(a^*,b,e)$，
- $d^* = \operatorname{argmax}_d f_2(a^*,b^*,d,e)$，
- $c^* = \operatorname{argmax}_c f_1(a^*,b^*,d^*,c,e)$，

对于后验推理和MAP推理，遵循消除顺序，我们可以利用BN中的独立性，使得某些求和(最大化)可以独立地针对变量的一个子集进行，并且其结果可以被重复使用。这再次证明了BN的内在独立性对于降低BN推理的复杂性的重要性。已经证明VE方法对按照一个特定的消除顺序得到诱导图的树宽⊖有一个复杂度指数。在极端情况下，当所有变量相互独立时，求和的数目减为 $M \times K$，即与变量数目成线性关系，其中 M 是变量数，K 是每个变量的求和数。

3.3.1.2　单连通贝叶斯网络中的置信度传播

另一种BN精确推理方法是置信度传播(BP)算法。它最初是由Judea Pearl[19]提出，以进行BN中的和积推理。BP算法的发展是为了精确地计算单连通BN(没有无向回路的BN)的后验概率。其还可以扩展到执行MAP或最大乘积推理。给定特定节点的观测值，BP通过信息传递更新每个节点的概率。对于每个节点，BP首先从它的所有子节点和所有父节点收集信息，并在此基础上更新其概率(置信度)。根据更新后的置信度，节点通过向上通道向其父节点传播信息，通过向下通道向其子节点传播信息。这个过程反复进行直到收敛。

47

具体而言，如图3.13所示，设 X 为一个节点，$\mathbf{V}=(V_1,V_2,\cdots,V_K)$ 为其 K 个父节点，$\mathbf{Y}=(Y_1,Y_2,\cdots,Y_J)$ 为其 J 个子节点，假定所有变量都为离散的。设 $\boldsymbol{E}$ 为观测节点集。BP

⊖ 一个图的树宽是图的所有可能树分解的最小宽度。

算法的目标是在整个网络中传播 $\boldsymbol{E}$ 的影响，以评估其对每个节点的影响。如图 3.13 所示，$\boldsymbol{E}$ 对 X 的影响通过 X 的父节点 $\boldsymbol{V}$ 和子节点 $\boldsymbol{Y}$ 传播到 X 中。设 $E=(E^{+},E^{-})$，其中 E^{+} 表示 E 通过其父节点 V 到达 X 的部分，E^{-} 是 E 通过其子节点 Y 到达 X 的部分。

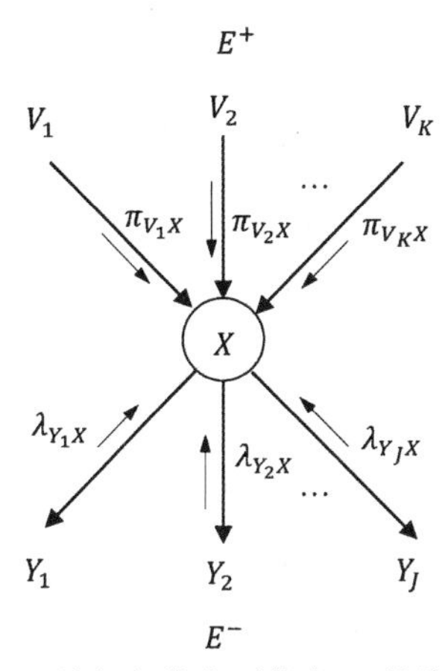

图 3.13 从相邻节点到节点 X 的传入信息

然后我们可以评估 $\boldsymbol{E}$ 对 X 的影响，即 $p(X|\boldsymbol{E})$，如下所示：

$$\begin{aligned} p(X|\boldsymbol{E}) &= p(X|E^{+},E^{-}) \\ &= \alpha p(X|E^{+})p(E^{-}|X) \\ &= \alpha\pi(X)\lambda(X) \end{aligned} \tag{3.22}$$

式中，$\pi(X)=p(X|E^{+})$表示 X 通过 E^{+} 从其所有父节点 $\boldsymbol{V}$ 接收的总信息，而 $\lambda(X)=p(E^{-}|X)$表示 X 通过 E^{-} 从其所有子节点 $\boldsymbol{Y}$ 接收的总信息。X 的置信度，即 $p(X|\boldsymbol{E})$，可以计算为 $\pi(X)$和 $\lambda(X)$的乘积，以达到归一化常数 α，可以用 $\sum_{x} p(x|\boldsymbol{E})=1$ 来恢复。 48

现在我们来研究如何计算 $\pi(X)$和 $\lambda(X)$。假设我们处理的是单连通的 BN，$\pi(X)$可以被证明为

$$\pi(X)=\sum_{v_1,\cdots,v_K} p(X|v_1,\cdots,v_K)\prod_{k=1}^{K}\pi_{V_k}(X) \tag{3.23}$$

其中$\pi_{V_k}(X)$是 X 从其父节点 V_k 接收的信息，可以定义为

$$\pi_{V_k}(X)=\pi(V_k)\prod_{C\in \text{child}(V_k)\setminus X}\lambda_C(V_k) \tag{3.24}$$

其中 $\text{child}(V_k)\setminus X$ 表示 V_k 的其他子节点集，并且$\lambda_C(V_k)$是 V_k 从它的其他子节点接收的信息，如图 3.14 所示。

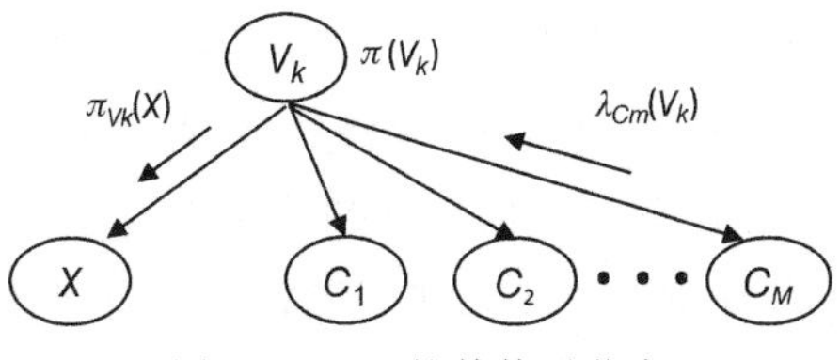

图 3.14 V_k的其他子节点

同理，λ(X)可以被证明为

$$\lambda(X)=\prod_{j=1}^{J}\lambda_{Y_j}(X) \tag{3.25}$$

其中$\lambda_{Y_j}(X)$是X从其子节点Y_j接收的信息，可被定义为

$$\lambda_{Y_j}(X)=\sum_{Y_j}\lambda(Y_j)\sum_{U_1,U_2,\cdots,U_p}p(Y_j\mid X,U_1,U_2,\cdots,U_p)\prod_{k=1}^{p}\pi_{u_k}(Y_j) \tag{3.26}$$

其中$U_1,U_2,\cdots,U_p$为Y_j除X外的其他父节点，如图3.15所示。

49

式(3.22)至式(3.26)的详细证明和推导见文献[2]中的3.2节。

在执行BP之前，我们需要初始化每个节点的信息。对于根节点，$\pi(X_i)=p(X_i)$。对于叶节点，$\lambda(X_i)=1$。对于证据节点，$\lambda(X_i=e_i)=1$，$\lambda(X_i\neq e_i)=0$，$\pi(X_i=e_i)=1$，$\pi(X_i\neq e_i)=0$。对于其他节点，我们可以将它们的π和λ信息初始化为1。BP算法可以被概括为算法3.3中的伪代码。

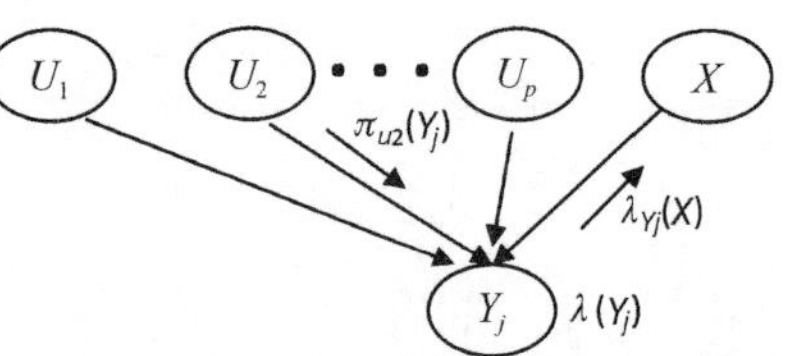

图3.15 Y_j的其他父节点

算法3.3 Pearl的置信度传播算法

```
Arrange the nonevidence nodes X_U in certain order X_U1, X_U2, ..., X_UN
Initialize the messages for all nodes
while not converging do
  for n=U1 to UN do //for each node in X_U
    Calculate π_Vk(X_n) using Eq. (3.24) from each of its parents V_k
    Calculate π(X_n) using Eq. (3.23)
    Calculate λ_Yj(X_n) from each of its children Y_j using Eq. (3.26)
    Calculate λ(X_n) using Eq. (3.25)
    Compute p(X_n) = απ(X_n)λ(X_n) and normalize
  end for
end while
```

为了给每个节点生成有效且一致的概率，信息传递必须遵循信息传递协议：一个节点只有在接收到来自其所有其他相邻节点的信息后，才能向相邻节点发送信息。置信度更新可以按顺序进行，也可以并行进行。顺序传播包括按照顺序一次更新一个节点，通常从最接近证据节点的节点开始。按照顺序，每个节点收集来自其相邻节点的所有信息，更新其置信度，然后向其相邻节点发送信息。相反，并行传播同时更新所有节点，也就是说，所有节点收集来自其相邻节点的信息，更新它们的置信度，并将信息发送给它们的相邻节点。选择最佳更新计划需要反复试错。此外，必须额外注意评估其收敛。对于并行更新，非边界和非证据节点的信息都初始化为1。图3.16给出了防盗警报BN的置信度传播的示例，其中证据是“玛丽呼叫”($M=1$)。本例中的BP可按以下步骤执行：

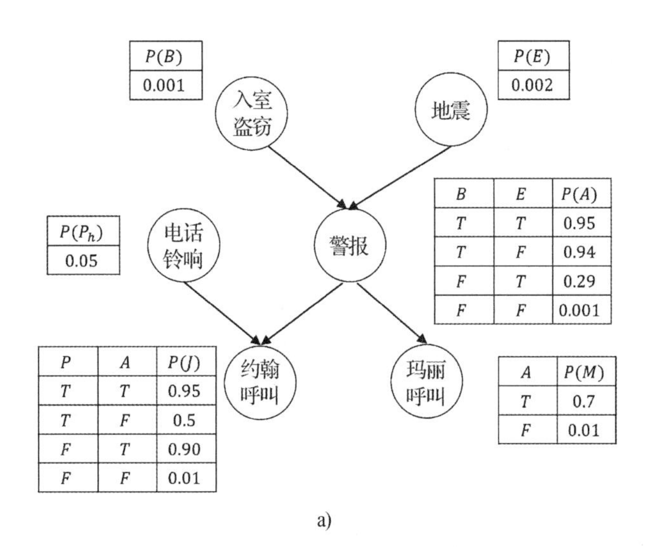

a)

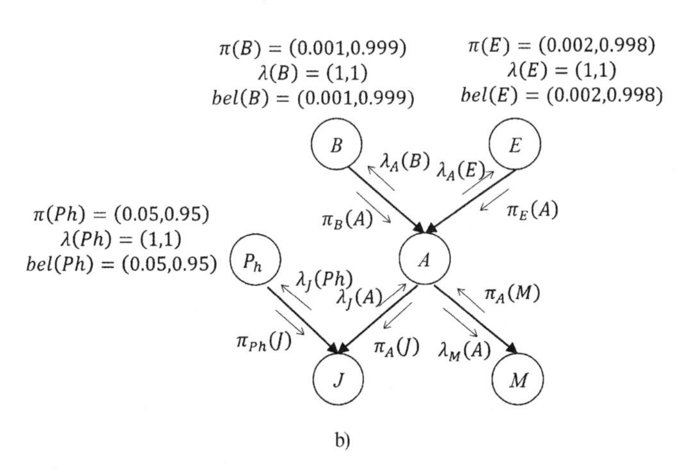

b)

图 3.16 图 a 为 BN 的一个示例，图 b 为示例 BN 中的置信度传播，其中每个节点的数字代表初始信息值(图由文献[1]提供)

1. 初始化所有节点的信息，如图 3.16b 中的数字所示；

2. 对非证据变量按 A、B、E、J 和 Ph 的顺序排序；

3. 节点 A 收集来自其子节点 M 和 J 与其父节点 E 和 B 的所有信息，更新其置信度，并归一化；

4. 节点 B 从子节点 A 收集它的信息，更新其置信度，并归一化；

5. 节点 E 从子节点 A 收集它的信息，更新其置信度，并归一化；

6. 节点 J 从其父节点 Ph 和 A 收集信息，更新其置信度，并归一化；

50

7. 节点 Ph 从其子节点 J 收集它的信息，更新其置信度，并归一化；

8. 重复步骤 3～7，直到收敛。

BP 算法可以看作是一个同时进行全方位的 VE 算法。与 VE 算法一样，BP 算法的复杂度与图的树宽成指数关系。此外，精确型 BP 仅限于单连通的 BN。对于多连通的

BN(即具有无向循环的 BN)，BP 仍然可以用于进行近似推理。

除和积推理外，BP 算法还被推广到 MAP(max-product)推理中。与和积推理算法的 BP 不同，最大乘积推理算法的 BP 使用最大值而非求和运算来计算其信息。具体而言，式(3.26)中的求和运算被取最大值运算代替。Pearl[20] 首先将这种方法扩展到单连通的 BN。后来的相关研究(包括 Weiss 和 Freeman[21])证明了最大乘积 BP 算法在带循环的贝叶斯网络中的适用性和最优性。文献[7]中的算法 13.2 为最大乘积推理 BP 提供了一个伪代码。

51

3.3.1.3　多连通贝叶斯网络中的置信度传播

对于多连通 BN，由于模型中存在循环，信息传递通常不会收敛，所以直接简单地应用置信度传播将不起作用。根据模型的复杂性，可以采用不同的方法。

3.3.1.3.1　聚类和条件化方法

对于简单的多连通 BN，可以采用聚类和条件调节等方法。聚类方法将每个循环折叠成一个超节点，如图 3.17 所示。

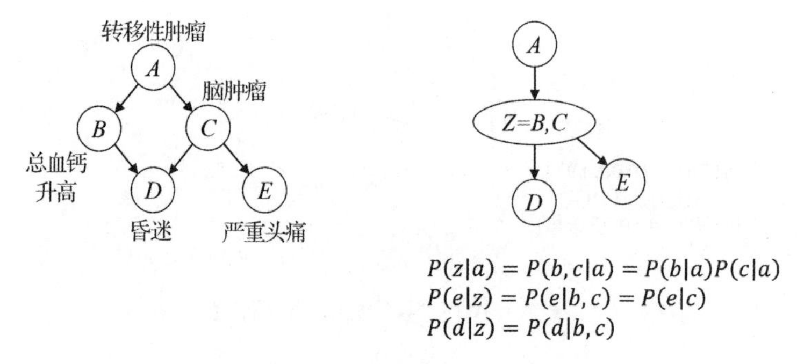

图 3.17　聚类方法的说明(图由文献[1]提供)

每个超节点(super node)由多个变量组成。由于聚类操作，新的 BN 由单节点和超节点组成，但没有循环。可以利用原始 BN 中的 CPT 来估计新 BN 中的 CPT，并在此基础上应用传统的置信度传播方法。同理，条件化方法尝试消除循环。它通过调节一组所谓的循环割集节点来断开循环，如图 3.18 所示。

52

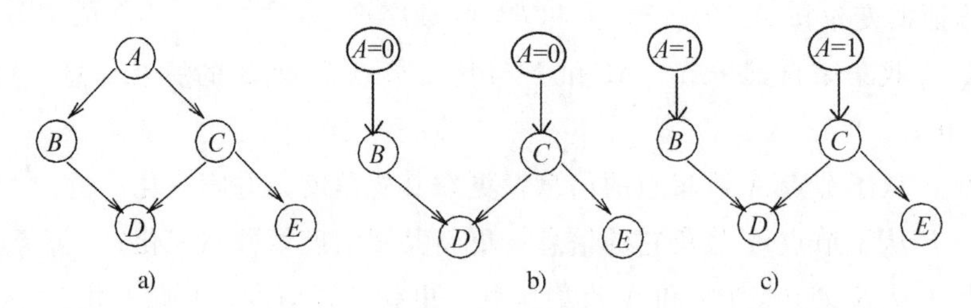

图 3.18　条件化方法的图解，其中节点 A 是循环割集节点(图由文献[2]的图 3.11 提供)

循环割集节点(如图 3.18 中的节点 A)位于循环上，通过对其进行调节，可以断开循环，产生多个 BN(图 3.18 中的两个 BN)，条件为给定每个割集节点的实例。BP 算法可以在每一个网络中单独进行，然后将它们的结果结合起来形成对原始模型的推理结

果。例如，在图 3.18 中，通过对节点 A 的调节，我们可以将原始 BN(图 3.18a)分解为两个 BN(图 3.18b 和图 3.18c)。我们可以在每个 BN 中分别进行 BN 推理，然后将它们的结果结合起来。例如，原始 BN 中的 $p(B|d)$可以写成

$$p(B|d)=\sum_{a}p(B|d,a)p(a|d)$$
$$=p(B|d,a=0)p(a=0|d)+p(B|d,a=1)p(a=1|d) \quad (3.27)$$

其中，第一项可使用第一个模型 B 计算，而第二项可使用图 3.18 中的第二个模型 C 计算。该方法的最坏情况下的复杂度仍然是 NP 难题，因为简化网络的数量与循环割集节点的数量成指数关系。有关条件化算法的详细信息，请参见文献[2]中的 3.2.3 节及文献[7]中的 9.5 节。

3.3.1.3.2 联结树方法

聚类和条件化算法适用于特殊和简单的 BN。对于具有循环的复杂 BN，或对于离散多连通 BN 中的一般 BP 算法，我们采用联结树法[22-24]。该方法不直接在 BN 中执行 BP 算法，而是首先将 BN 模型转换成一个特殊的无向图，称为一个联结树，通过节点聚类消除原 BN 中的循环。然后可以在联结树上执行 BN。联结树是无向树，它的节点是集群(图 3.19 中的椭圆节点)，每个集群由一组节点组成。两个集群节点由一个分隔节点(图 3.19 中的矩形节点)分隔开，它表示两个相邻集群节点的交点。集群节点的布置满足运行交叉特性⊖。图 3.19 展示了联结树的一个示例。

图 3.19 联结树的一个示例

BP 的联结树方法分为以下几步。第一步是联结树的构建，它从原始 BN 开始构建道德图(moral graph)。先将有向边更改为无向边，然后将父节点与无向链路连接来与其他父节点构建关系，如图 3.20 所示。父节点的结合是为了捕获它们由于 V 型结构而形成的依赖关系。

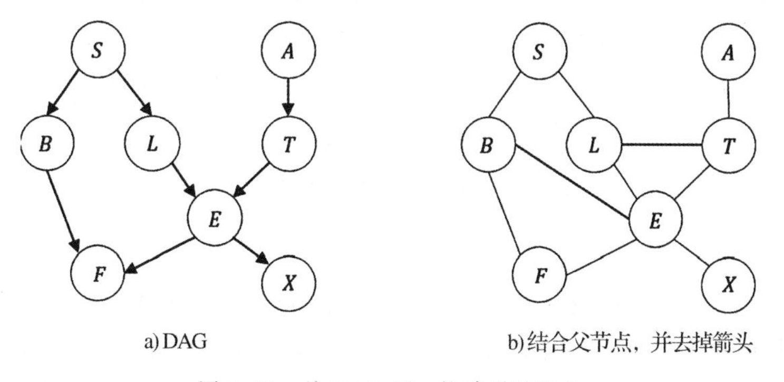

图 3.20 从 DAG 图 a 构建道德图 b

⊖ 对于连接树中的任意两个集群节点，它们的交集变量必须包含在这两个节点之间的唯一路径上的所有集群节点中。

给定道德图，构建联结树的第二步是三角剖分，它将大于3的环中的节点与弦(链路)连接，从而将一个大于3的循环分解为三个节点的循环，如图3.21所示。换句话说，应该添加链路，使长度大于3的循环由不同的三角形组成。在给定三角图的情况下，进行聚类来识别完全连接的节点群(集群节点)。随后，集群节点按照运行的交叉属性布置，以形成一个联结树，如图3.22所示。

53
54

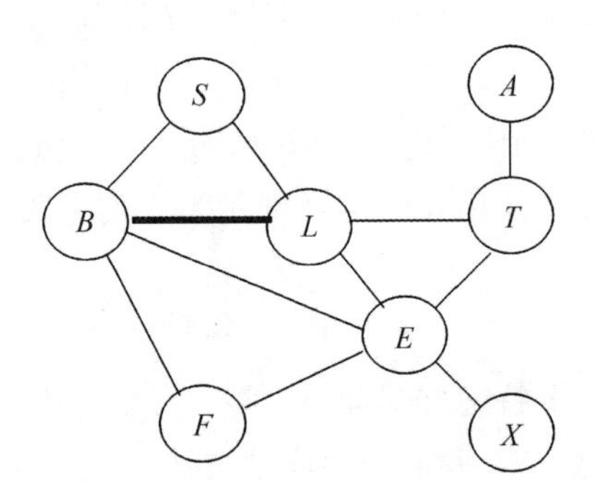

图3.21 三角剖分，其中粗体链路打断循环 S-B-F-E-L-S

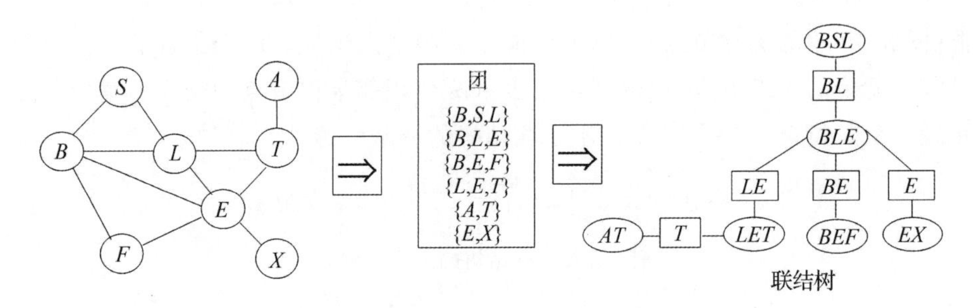

图3.22 聚类和联结树(图由文献[1]提供)

接下来，可以基于原始BN中的CPT来执行联结树的参数化。联结树中的每个节点和分隔符在其组成变量上都有一个关联的势。具体而言，我们识别联结树中每个集群节点的所有变量，并将势设为节点中每个变量的CPT的乘积减去其前面分隔符中的变量所得到的值。同理，对于每个分隔节点，其势可以计算为分隔节点中每个变量的CPT的乘积。例如，对于节点 BSL 和 BEF，它们各自的势为 $\phi_{\mathrm{BSL}}=p(B|S)p(L|S)p(S)$ 和 $\phi_{\mathrm{BEF}}=p(F|B,E)$。联结树的联合概率是所有集群节点 X 的势乘积：

$$p(\boldsymbol{X})=\prod_{c\in C}\phi(X_c) \tag{3.28}$$

其中 C 表示集群节点集。

然后可以在联结树上执行势更新，其中每个集群节点根据其从相邻节点接收到的信息更新势。具体而言，每个节点首先从其相邻的集群节点收集信息，然后使用接收到的信息更新其势。在信息收集期间，每个集群节点从其两个相邻节点收集信息，如图3.23所示，其中节点 C_i 从其两个相邻节点 C_j 和 C_k 收集信息。节点 C_i 从其每个相邻节点接收的信息可以计算如下。

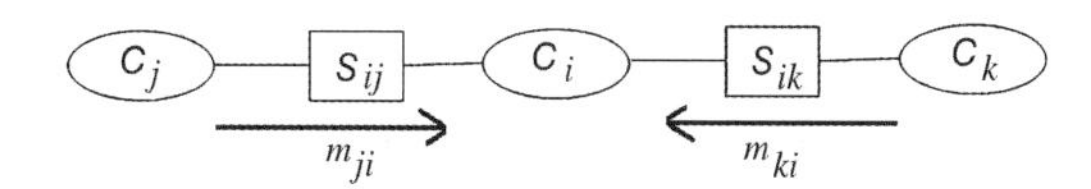

图 3.23　节点 C_i 收集的信息

设 m_{ji} 表示节点 C_i 从集群节点 C_j 中接收到的信息集群，m_{ji} 可以计算如下：

$$\phi^*(S_{ij}) = \sum_{C_j \setminus S_{ij}} \phi(C_j)$$

$$m_{ji} = \frac{\phi^*(S_{ij})}{\phi(S_{ij})} \tag{3.29}$$

其中，$\phi(S_{ij})$ 表示 S_{ij} 的当前势，初始值可设置为 1。给定 C_i 从两个相邻节点接收到的信息，则可以用下面的等式更新其置信度

$$\phi^*(C_i) = m_{ji}\, m_{ki}\, \phi(C_i) \tag{3.30}$$

给定每个集群节点的更新势，通过对集群节点位势的边缘化，可以得到集群节点中任意变量的边际概率。例如，$X \in C_i$ 的 $p(X)$ 可以计算为

55

$$p(X) = \alpha \sum_{C_i \setminus X} \phi(C_i) \tag{3.31}$$

为了说明联结树方法，我们使用以下示例。给定图 3.24a 中的 BN，其中每个节点都是值为 0 或 1 的二进制，我们可以按照构建联结树的步骤生成图 3.24b 中相应的联结树。

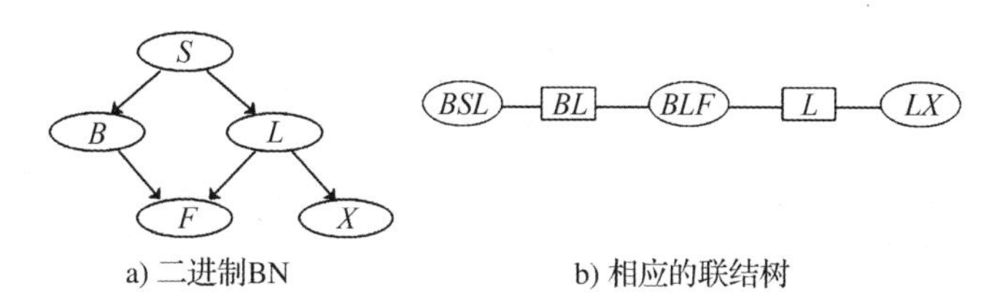

图 3.24　联结树法图解

给定 $S=1$ 和 $F=1$，我们要计算 $p(B=1|S=1,F=1)$。图 3.25 给出了图 3.24b 中联结树的每个节点的初始势函数值。注意所有分隔符的势函数都初始化为 1。我们选择更新节点 BLF 的势。

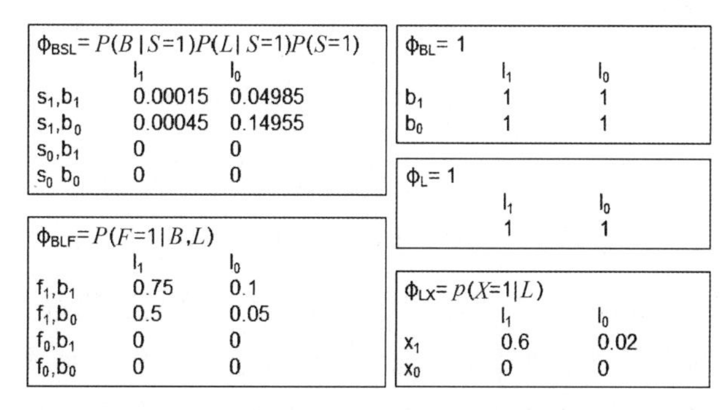

$\phi_{BSL} = P(B|S=1)P(L|S=1)P(S=1)$

	l_1	l_0
s_1,b_1	0.00015	0.04985
s_1,b_0	0.00045	0.14955
s_0,b_1	0	0
$s_0\ b_0$	0	0

$\phi_{BLF} = P(F=1|B,L)$

	l_1	l_0
f_1,b_1	0.75	0.1
f_1,b_0	0.5	0.05
f_0,b_1	0	0
f_0,b_0	0	0

$\phi_{BL} = 1$

	l_1	l_0
b_1	1	1
b_0	1	1

$\phi_L = 1$

l_1	l_0
1	1

$\phi_{LX} = p(X=1|L)$

	l_1	l_0
x_1	0.6	0.02
x_0	0	0

图3.25　图 3.24b 中联结树中每个节点的初始势函数的值

首先，我们使用式(3.29)计算它从节点 BSL 接收的信息，得到

$m_{BSL}(BLF)$	$L=1$	$L=0$
$B=1$	0.000 15	0.049 85
$B=0$	0.000 45	0.149 55

同理，我们可以计算从节点 LX 到节点 BLF 的信息，如下所示：

56

$m_{LX}(BLF)$	$L=1$	$L=0$
	0.6	0.02

给定这些信息，节点 BLF 可以使用式(3.30)更新它的势，从而得到更新后的势：

$\phi^*(BLF)$	$L=1$	$L=0$
$F=1$，$B=1$	0.000 067 5	0.000 099 70
$F=1$，$B=0$	0.000 135 0	0.000 149 55
$F=0$，$B=1$	0	0
$F=0$，$B=0$	0	0

使用更新后的 $\phi^*(BLF)$，我们可以将 $p(B=1|S=1,F=1)$ 计算为

$$p(B=1|S=1,F=1)=\frac{\sum_{L=0}^{1}\phi^*(B=1,L,F=1)}{\sum_{B=0}^{1}\sum_{L=0}^{1}\phi^*(B,L,F=1)}=0.37$$

一般来说，联结树算法可以用 Shafer-Shenoy 算法[23]实现。在图 3.26 中，设 A 和 B 为两个相邻的集群节点。

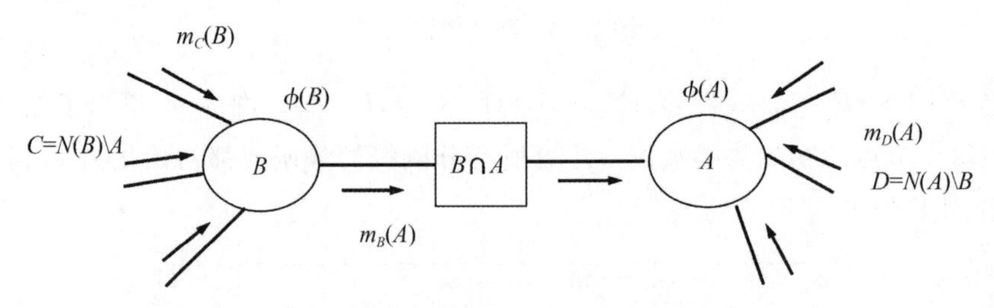

图 3.26 Shafer-Shenoy 算法的图解

根据 Shafer-Shenoy 算法，B 向 A 发送的信息可以计算如下：

$$m_B(A)=\sum_{B\setminus A\cap B}\phi(B)\prod_{C\in N(B)\setminus A}m_C(B) \tag{3.32}$$

其中 $N(B)$ 表示 B 的相邻节点。按程序，节点 B 首先计算其分隔符(A 和 B 之间的分隔符)势，方法是在分隔符之外的变量上边缘化当前势 $\phi(B)$，然后计算其分隔符势与它从除 A 之外的所有相邻节点接收到的信息的乘积。给定节点 A 从其每个相邻节点 B 接收

到的信息，节点 A 可以更新其置信度：

$$\phi^*(A)=\phi(A)\prod_{B\in N(A)} m_B(A) \tag{3.33}$$

信息传递必须遵循信息传递协议，该协议规定每个节点只有在接收到来自其他所有相邻节点的信息后才能向其相邻节点发送信息。联结树算法的两种变体是 Shafer-Shenoy 算法[23]和 Hugin 算法[25]。Lepar 和 Shenoy[26]给出了联结树方法不同变体的详细比较。57离散 BN 的联结树方法已推广到高斯 BN 和最大乘积推理[27]。联结树算法将变量消除推广到一大类查询的同时高效执行。它们的计算复杂性由三角剖分过程和信息传递决定，这两种方法对于非树结构模型都是 NP 难题。因此，最坏情况下的计算复杂性仍然是 NP 难题。在实际应用中，通过对信息的近似计算，可以近似地解决复杂的问题，从而得到高效但近似的联结树推理方法。关于联结树算法的进一步讨论见文献[7]中的 10.4 节。

3.3.2 近似推理方法

对于由多个循环组成的大型复杂 BN，精确推理的计算成本很高，可以代替使用近似推理方法。对于后验推理，近似方法得到后验概率值 $p(X|\mathbf{E})$ 的不精确估计值。他们牺牲准确性来换取效率。对于不需要精确 $p(X|\mathbf{E})$ 值的应用，可以使用近似方法。文献[28]证明了尽管它们在效率上有所提高，但是对于容差值(界)小于 1/2 的近似推理不存在多项式时间算法，这意味着在最坏的情况下，精确的近似推理仍然是 NP 难题。最广泛使用的近似方法包括循环置信度传播、蒙特卡罗采样和变分推理，下面将逐一进行讨论。

3.3.2.1 循环置信度传播

对于一个多连通的 BN，我们可以直接应用 BP 算法，从而得到所谓的循环置信度传播(LBP)算法，而不是将其转换成一个联结树然后再进行 BP 运算。然而在这种情况下，不能保证精确的置信度传播会收敛，因为信息可能会在循环中无限循环。尽管不能保证收敛性或正确性，LBP 还是取得了良好的经验性成功。在实践中，如果解不是振荡的而是收敛的(尽管可能是一个错误的解)，LBP 通常产生一个合理的近似解。如果不收敛，LBP 可以在迭代次数固定或置信度没有显著变化时停止。在这两种情况下，LBP 通常能产生合理的近似值。Murphy 等人[29]在各种条件下对 LBP 进行了经验评估。Tatikonda 和 Jordan[30]评估了 LBP 的收敛性，并确定了其收敛的充分条件。

3.3.2.2 蒙特卡罗采样

到目前为止，我们讨论的分析推理方法都是基于数学推导的。尽管理论上是正确的，但它们通常需要复杂的理论推导，并且假设性很强。通过蒙特卡罗采样的推理代表了一种完全不同的选择。它避免了封闭式解析推理方法所需的理论推导。它通过蒙特卡58罗模拟获得随机样本，并利用样本分布来近似 BN 的基本分布。对于离散型 BN，样本的后验推理成为一个计数问题。该方法的关键是生成足够有代表性的样本来反映基本分布。随着计算能力的提高和采样策略的改进，随机采样推理越来越受到人们的青睐。采样方法的主要挑战是有效地生成足够多且有代表性的样本，特别是对于高维变量空间。为了解决这一难题，人们提出了各种采样策略。

3.3.2.2.1　逻辑采样

如果推理不涉及证据，那么我们可以使用原始采样法，按照拓扑顺序从根节点到子节点，再到其后代节点，直到叶节点，对每个变量进行采样。通过遵循 BN 的拓扑顺序，采样器总是先访问节点的父节点，然后再访问节点本身。在每个节点，我们可以使用第 2 章介绍的标准采样方法。原始采样法可以扩展到证据推理，而产生逻辑采样方法[31]。后者的工作原理是从根节点执行原始采样。当到达观测节点时，如果它们的采样值与观测值不同，那么我们可以拒绝整个样本并重新开始。然而，这种采样策略效率很低，特别是当证据的概率很低时。为了提高效率，我们引入了加权逻辑采样法[32]。对于具有观测值的节点，加权逻辑采样方法没有拒绝所有不一致的样本，而是将其观测值作为采样值，并根据每个样本的似然性将每个样本与一个权重相关联，从而得到加权样本。图 3.27 展示了一个带有五个二进制节点的 BN 的加权逻辑采样示例，其中我们希望得到给定 Radio $=r$ 和 Alarm $=\bar{a}$ 的样本。

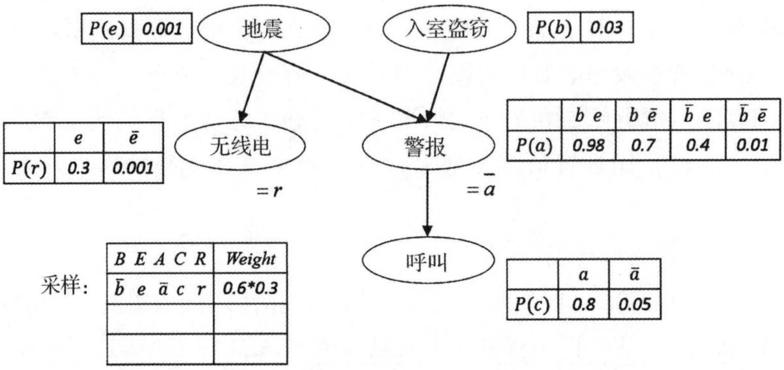

59

$P(e)$	0.001

地震

入室盗窃

$P(b)$	0.03

	e	$\bar{e}$
$P(r)$	0.3	0.001

无线电

$=r$

警报

$=\bar{a}$

	$b\ e$	$b\ \bar{e}$	$\bar{b}\ e$	$\bar{b}\ \bar{e}$
$P(a)$	0.98	0.7	0.4	0.01

采样：

B E A C R	Weight
$\bar{b}$ e $\bar{a}$ c r	0.6*0.3

呼叫

	a	$\bar{a}$
$P(c)$	0.8	0.05

图 3.27　加权逻辑采样示例(图由文献[1]提供)

按照入室盗窃(B)、地震(E)、警报(A)、无线电(R)和呼叫(C)顺序，采样过程从采样节点 B 开始获取 $\bar{b}$，然后采样节点 E 获取 e，分别取 A 和 R 的给定值 $\bar{a}$ 和 r，最后给定 Alarm $=\bar{a}$ 采样节点 C 得到 c，这就产生了第一个样本向量 $\bar{b},e,\bar{a},r,c$，其权重等于 $p(\bar{a}|\bar{b},e)\times p(r|e)(0.6\times 0.3)$。这个过程继续产生其他样本。算法 3.4 提供加权逻辑采样的伪代码。

根据中心极限定理，采样估计随样本数的增加逐渐接近真值。我们可以使用第 2 章介绍的标准方法或精确方法来确定在一定置信区间内得到估计所需的最小样本数。关于这一话题的更多信息，请参见文献[33]中的第 15 章。逻辑采样和加权逻辑采样有其局限性：它们只适用于离散 BN，而且在证据远离根节点的情况下，推理效率低下。我们将进一步引入马尔可夫链蒙特卡罗采样来克服这些局限性。

算法 3.4 加权逻辑采样算法

```
▷ E: evidence nodes
Order BN variables X_1, X_2, ⋯, X_N according to their topological order from the root
nodes until leaf nodes
Initialize weights w_1, w_2, ⋯, w_T to 1
for t=1 to T do  t: index to the number of samples
  for n=1 to N do  n: index to the node number
    if X_n^t ∉ E then
      sample x_n^t from p(X_n^t|π(X_n^t))
    else
      x_n^t = e_n
      w_t = w_t * p(X_n^t = e_n|π(X_n^t))
    end if
  end for
  Form sample x^t = {x_1^t, x_2^t, ⋯, x_N^t} and compute its weight w_t
end for
Return (x^1, w_1), (x^2, w_2), ⋯, (x^T, w_T)
```

3.3.2.2.2 MCMC 采样

传统的蒙特卡洛采样方法适用于低维空间，在高维空间中却不能很好地扩展。马尔可夫链蒙特卡罗(MCMC)采样可以解决这一局限性，它也代表了当今最重要的采样方法。它的优势在于在高维空间进行采样的能力、理论保证、并行性和硬件实现能力。如果采样遵循一个遍历性的[⊖]马尔可夫链，那么经过一定老化期后，该链的样本将严格遵循潜在的真实分布 $p(\boldsymbol{X})$，而与链的起始位置无关。此外，由于马尔可夫性质，下一个样本由一个转移概率决定，该概率只取决于当前样本，而与之前的所有样本无关。在各种 MCMC 采样方法中，吉布斯采样[34]由于其简单、高效和理论上的保证，是最常用的方法。吉布斯采样的基本思想是根据前一个样本的值生成链的下一个样本，每个新样本与前一个样本只相差一个变量。因此，吉布斯采样可以扩展到具有大量变量的模型。

60

对于 BN 的吉布斯采样，我们可以构造一个有以下样本的马尔可夫链，其中下一个样本 $\boldsymbol{x}^{t+1}$ 由 BN 计算的转移概率 $p(\boldsymbol{x}^{t+1}\mid\boldsymbol{x}^{t})$ 得到，不同于 $\boldsymbol{x}^{t}$ 只有一个变量。具体来说，设 $\boldsymbol{X}=\{X_1, X_2, \cdots, X_N\}$ 表示 BN 中的所有变量，且 $\boldsymbol{X}_{-n}=\boldsymbol{X}\setminus X_n$，吉布斯采样随机将 $\boldsymbol{X}$ 初始化为 $\boldsymbol{x}^0$，然后随机选择一个变量 X_n，最后得到 X_n 的一个样本是根据

$$x_n^{(t)} \sim p(X_n \mid \boldsymbol{x}_{-n}^{(t-1)}) \tag{3.34}$$

其中 t 是采样迭代次数，从 $t=1$ 开始，$p(X_n\mid\boldsymbol{x}_{-n}^{(t-1)})$ 可以由归一化后的联合概率 $p(X_n, \boldsymbol{x}_{-n}^{(t-1)})$ 计算得到。此外，由于 X_n 与所有其他变量无关，给定它的马尔可夫毯，式(3.34)可以改写为

$$x_n^{(t)} \sim p(X_n \mid MB(X_n^{t-1})) \tag{3.35}$$

⊖ 遍历链定义为具有正循环和非周期状态的样本链。

其中$MB(X_n^{t-1})$表示属于X_n的马尔科夫毯的一组变量。事实上，如文献[7]中的式12.23所示，$p(X_n|MB(X_n^{t-1}))$只能使用包含X_n和其子节点的CPT来计算。

$$p(X_n|MB(X_n))=\frac{p(X_n|\pi(X_n))\prod_{k=1}^{K}p(Y_k|\pi(Y_k))}{\sum_{x_n}p(x_n|\pi(X_n))\prod_{k=1}^{K}p(Y_k|\pi(Y_k)))}$$

其中Y_k是X_n的第k个子节点。由于MB的大小通常很小，所以式(3.35)的计算简单而有效。主要思想是一次采样一个变量，对所有其他变量都假设它们的最后一个值。因此，新样本$\boldsymbol{x}^t$与前一个样本$\boldsymbol{x}^{t-1}$仅相差x_n。这个过程重复进行直到混合(在老化期之后)，之后我们可以收集样品。算法3.5提出了一个伪代码，它总结了吉布斯采样算法的主要步骤。

吉布斯采样有几个问题。①确定确切的混合时间，即确定吉布斯链收敛到其平稳分布所需的时间比较困难，其随分布和初始化的不同而不同。虽然各种启发式方法被提出，但无法确定采样何时完成老化期——在实践中这通常由试错来确定。一种可能的方法是比较单个链在两个连续窗口中的统计信息。如果统计数据很接近，这可能意味着收敛，或者已经消耗了足够多的样本。②我们可以使用一个长链(一个初始化)或多个链(其中每个链都从不同的初始化开始)执行采样。在实践中，我们可以选择一种混合方法，即用少量的中等长度的链，并从每个链中独立收集样本。在此我们可以使用并行化。③当从一个链中采集样本时，为了避免样本之间的相关性，可以在采集下一个样本之前跳过多个样本。

61

算法3.5 一个简单的吉布斯采样算法

Initialize $\boldsymbol{X}=\{X_1,X_2,\cdots,X_N\}$ to $\boldsymbol{x}^0=\{x_1,x_2,\cdots,x_N\}$
t=0
while not end of burn-in period **do**
  Randomly select an n
  Obtain a new sample $x_n^{t+1}\sim p(X_n|\boldsymbol{x}_{-n}^t)$
  Form a new sample $\boldsymbol{x}^{t+1}=\{x_1^t,x_2^t,\cdots,x_n^{t+1},\cdots,x_N^t\}$
  t=t+1
end while//end of burn-in period
$\boldsymbol{x}^0=\{x_1^t,x_2^t,\cdots,x_N^t\}$
for t=0 to T **do** //start collecting T samples
  Randomly select an n
  Sample $x_n^{t+1}\sim p(X_n|\boldsymbol{x}_{-n}^t)$
  Form a new sample, $\boldsymbol{x}^{t+1}=\{x_1^t,x_2^t,\cdots,x_n^{t+1},\cdots,x_N^t\}$
end for
Return $\boldsymbol{x}^1,\boldsymbol{x}^{1+k},\boldsymbol{x}^{1+2k}\cdots,\boldsymbol{x}^T$ //k is sample skip step

多种软件已经被开发来进行有效的吉布斯采样，包括使用吉布斯采样的贝叶斯推理(BUG)软件[35]，斯坦[36]，以及另一个吉布斯采样器(JAGS)软件。此外，还有几个用于 MCMC 采样的 Matlab 工具箱。

除了传统的吉布斯采样之外，吉布斯采样方法也衍生出其他算法，例如折叠吉布斯采样。在对每个变量进行采样时，折叠吉布斯采样并不以所有剩余变量为条件，而是通过对一些剩余变量进行积分，使吉布斯采样条件折叠在剩余变量的子集上。由于它的条件是变量的子集，这种方法产生了一个更精确的变量样本，并且混合可以更快。它通过对超参数积分，应用于 LDA 等层次贝叶斯模型中。关于折叠吉布斯采样的更多信息，见文献[7]中 12.4.2 节。

3.3.2.2.3　MH 采样

吉布斯采样通过假设联合概率 $p(\boldsymbol{X})$ 的可用性来构造马尔可夫链。然而，对于某些概率分布，很难精确地得到联合概率 $p(\boldsymbol{X})$。MH 采样法[37]是为了克服这一局限性而开发的。如果我们能计算出另一个与 $p(\boldsymbol{X})$ 成比例的密度函数 $p'(\boldsymbol{X})$，$p'(\boldsymbol{X})$ 是一个非规范化的概率密度函数，则它可以对任何分布 $p(\boldsymbol{X})$ 生成一个马尔可夫链。MH 采样作为一种 MCMC 采样方法，代表了吉布斯采样方法的推广，它遵循拒绝采样的基本思想来构造链。它有一个建议分布 $q(\boldsymbol{X}^t|\boldsymbol{X}^{t-1})$，即给定 $\boldsymbol{X}^{t-1}$ 的 $\boldsymbol{X}^t$ 的概率，通常假设为对称，即 $q(\boldsymbol{X}^t|\boldsymbol{X}^{t-1})=q(\boldsymbol{X}^{t-1}|\boldsymbol{X}^t)$。$q$ 的一个常见选择是高斯分布。在每次采样迭代中，首先从 $\boldsymbol{x}^{t-1}$ 条件下的提案分布中获得样本 $\boldsymbol{x}^t$。MH 不像吉布斯采样那样只接受 $\boldsymbol{x}^t$，而是接受 $\boldsymbol{x}^t$ 与概率 p，p 定义如下：

$$p = \min\left(1, \frac{p'(\boldsymbol{x}^t)}{p'(\boldsymbol{x}^{t-1})}\right) \tag{3.36}$$

式(3.36)表明，如果 $\boldsymbol{x}^t$ 的概率大于 $\boldsymbol{x}^{t-1}$ 的概率，则可以接受 $\boldsymbol{x}^t$；否则，$\boldsymbol{x}$ 可接受概率为 $\frac{p'(\boldsymbol{x}^t)}{p'(\boldsymbol{x}^{t-1})}$。可以简单地证明，MH 采样是对吉布斯采样的推广，其中提案分布为 $p(\boldsymbol{X}^t|\boldsymbol{X}^{t-1})$，且其样本总是被接受。

3.3.2.3　变分推理

变分推理[38]是另一种日益流行的近似推理方法。其基本思想是求得一个简单的代理分布 $q(\boldsymbol{X}|\boldsymbol{\beta})$ 来近似原始的复杂分布 $p(\boldsymbol{X}|\boldsymbol{E})$，这样就可以用 q 来进行推理了。代理分布通常假定目标变量之间具有独立性，以便进行推理。为了构造近似分布，一种求得变分参数 β 的方法是最小化 Kullback-Leibler 散度㊀ $\mathrm{KL}(q\,\|\,p)$

$$\boldsymbol{\beta}^* = \arg\min_{\boldsymbol{\beta}} \mathrm{KL}(q(\boldsymbol{X}|\boldsymbol{\beta})\,\|\,p(\boldsymbol{X}|\boldsymbol{e})) \tag{3.37}$$

式(3.37)中，KL 发散值可展开为

$$\begin{aligned}\mathrm{KL}(q(\boldsymbol{X}|\boldsymbol{\beta})\,\|\,p(\boldsymbol{X}|\boldsymbol{e})) &= \sum_{\boldsymbol{x}} q(\boldsymbol{x}|\boldsymbol{\beta})\log\frac{q(\boldsymbol{x}|\boldsymbol{\beta})}{p(\boldsymbol{x}|\boldsymbol{e})}\\ &= \sum_{\boldsymbol{x}} q(\boldsymbol{x}|\boldsymbol{\beta})\log q(\boldsymbol{x}|\boldsymbol{\beta}) - \sum_{\boldsymbol{x}} q(\boldsymbol{x}|\boldsymbol{\beta})\log p(\boldsymbol{x},\boldsymbol{e}) + \log p(\boldsymbol{e})\end{aligned} \tag{3.38}$$

㊀ 也叫相对熵。KL 散度是非对称的，对于高维 $\boldsymbol{X}$ 来说 $\mathrm{KL}(p(\boldsymbol{X}|e)\,\|\,q(\boldsymbol{X}|\beta))$ 很难计算，因为它需要计算 q 和 p 之间 $p(\boldsymbol{X})$ 的平均值。可以使用其他散度度量，但它们可能无法有效地进行计算。

由于 $p(e)$是常数，所以最小化 $KL(q(\boldsymbol{X}|\boldsymbol{\beta}) \parallel p(\boldsymbol{X}|\boldsymbol{e}))$等于最小化

63

$$F(\boldsymbol{\beta}) = \sum_{\boldsymbol{x}} q(\boldsymbol{x}|\boldsymbol{\beta}) \log q(\boldsymbol{x}|\boldsymbol{\beta}) - \sum_{\boldsymbol{x}} q(\boldsymbol{x}|\boldsymbol{\beta}) \log p(\boldsymbol{x},\boldsymbol{e}) \tag{3.39}$$

其中 $F(\boldsymbol{\beta})$是指自由能函数。由于 KL 散度总是非负的，$-F(\boldsymbol{\beta})$被称为 $\log p(\boldsymbol{e})$的变分证据下限(ELBO)。ELBO 可以写成

$$\text{ELBO}(\boldsymbol{\beta}) = -\sum_{\boldsymbol{x}} q(\boldsymbol{x}|\boldsymbol{\beta}) \log q(\boldsymbol{x}|\boldsymbol{\beta}) + \sum_{\boldsymbol{x}} q(\boldsymbol{x}|\boldsymbol{\beta}) \log p(\boldsymbol{x},\boldsymbol{e})$$

其中第一项是 $\boldsymbol{X}$ 相对于 q 的熵，第二项是 $\boldsymbol{X}$ 和 $\boldsymbol{E}$ 对 q 的预期的对数似然。与 KL 散度相比，$F(\beta)$更容易计算，因为其使用联合概率 $p(\boldsymbol{x},\boldsymbol{e})$计算，而不是条件概率 $p(\boldsymbol{x}|\boldsymbol{e})$。进一步证明了当 $q(\boldsymbol{x}|\boldsymbol{\beta}) = p(\boldsymbol{x}|\boldsymbol{e})$时，函数达到了其最小值。可得到参数 β 如下

$$\boldsymbol{\beta}^* = \underset{\boldsymbol{\beta}}{\operatorname{argmin}} F(\boldsymbol{\beta})$$

注意，最小化 $F(\boldsymbol{\beta})$与最大化 ELBO 是一样的，它是非凹的。给定分布 q，后验概率推理和 MAP 推理可以用 q 来简单地执行。应该注意的是，需要对每个实例证据 $\boldsymbol{e}$ 计算 q。变分推理有效地将推理转化为优化问题。

函数 q 的选择是变分法的关键。如图 3.28 所示，如果 q 被选为全因子分解，将得到众所周知的平均场算法[39]。平均场概念最初起源于物理学，它通过平均效应来近似复杂随机模型中各个分量之间相互作用的影响，有效地将多体问题简化为一个单体问

64

题。具体来说，对于平均场法，我们有 $q(\boldsymbol{X}) = \prod_{n=1}^{N} q(X_n|\boldsymbol{\beta})$，将其代入式(3.39)中，经过一些重组，产生了

$$F(\boldsymbol{\beta}) = \sum_{x_n \in \boldsymbol{x}} \sum_{x_n} q(x_n|\beta_n) \log q(x_n|\beta_n) - \sum_{\boldsymbol{x}} \Big[\prod_{x_n \in \boldsymbol{x}} q(x_n|\beta_n)\Big] \log p(\boldsymbol{x},\boldsymbol{e}) \tag{3.40}$$

其中 β_n是与每个变量 X_n相关的参数。式(3.40)的第二项可以改写为

$$\sum_{x_n} q(x_n|\beta_n) \sum_{\boldsymbol{x}\setminus x_n} \Big[\prod_{x_n \in \boldsymbol{x}\setminus x_n} q(x_m|\beta_m)\Big] \log p(\boldsymbol{x},\boldsymbol{e}) \tag{3.41}$$

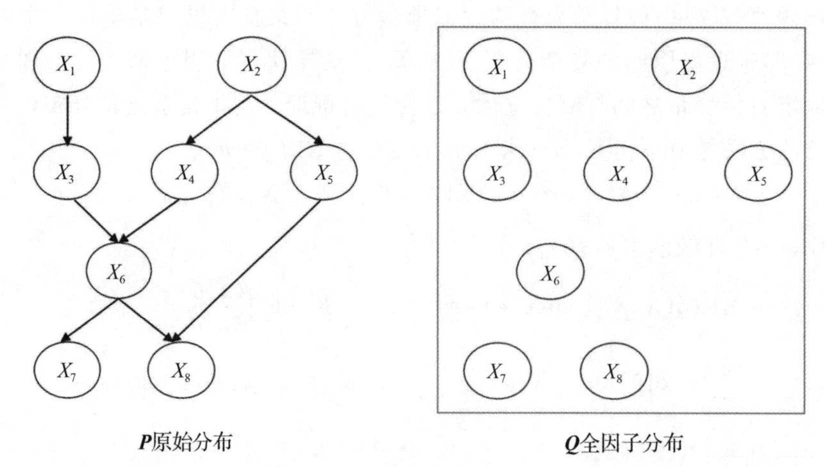

图 3.28　平均场法的全因子分解函数 q(图来自文献[3])

将式(3.41)代入到式(3.40)可得

$$F(\boldsymbol{\beta}) = \sum_{x_n \in \boldsymbol{x}} \sum_{x_n} q(x_n \mid \beta_n) \log q(x_n \mid \beta_n) - \sum_{x_n} q(x_n \mid \beta_n) \sum_{\boldsymbol{x} \setminus x_n} \Big[\prod_{x_m \in \boldsymbol{x} \setminus x_n} q(x_m \mid \beta_m) \Big] \log p(\boldsymbol{x}, \boldsymbol{e}) \tag{3.42}$$

设 $E_{q(\boldsymbol{x} \setminus x_n)}[\log p(\boldsymbol{x},\boldsymbol{e})] = \sum_{\boldsymbol{x} \setminus x_n} \Big[\prod_{x_m \in \boldsymbol{x} \setminus x_n} q(x_m \mid \beta_m) \Big] \log p(\boldsymbol{x},\boldsymbol{e})$，公式(3.42)可改写成

$$F(\boldsymbol{\beta}) = \sum_{x_n \in \boldsymbol{x}} \sum_{x_n} q(x_n \mid \beta_n) \log q(x_n \mid \beta_n) - \sum_{x_n} q(x_n \mid \beta_n)\, E_{q(\boldsymbol{x} \setminus x_n)}[\log p(\boldsymbol{x},\boldsymbol{e})] \tag{3.43}$$

对于离散型 BN，$x_n \in \{1,2,\cdots,K\}$，$\beta_n = (\beta_{n1}, \beta_{n2}, \cdots, \beta_{nK})^\top$，$\beta_{nK} = p(x_n = k)$，$\sum_{k=1}^{K} \beta_{nk} = 1$。因此，

$$q(x_n \mid \beta_n) = \prod_{k=1}^{K-1} \beta_{nk}^{I(x_n = k)} \Big(1 - \sum_{k=1}^{K-1} \beta_{nk}\Big)^{I(x_n = K)} \tag{3.44}$$

其中 $I(a=b)$是指示函数，即，如果 $a=b$，则 $I(a=b)=1$，反之则 $I(a=b)=0$。每个参数β_{nk}(对于 $k=1,2,\cdots,K-1$)可以在固定其他参数的同时，单独或交替地进行更新。因此，

$$\frac{\partial F(\boldsymbol{\beta})}{\partial \beta_{nk}} = \sum_{x_n} \frac{\partial q(x_n \mid \beta_n)}{\partial \beta_{nk}} [1 + \log q(x_n \mid \beta_n)] - \sum_{x_n} \frac{\partial q(x_n \mid \beta_n)}{\partial \beta_{nk}} E_{q(\boldsymbol{x} \setminus x_n)}[\log p(\boldsymbol{x},\boldsymbol{e})] = 0 \tag{3.45}$$

其中

$$\frac{\partial q(x_n \mid \beta_n)}{\partial \beta_{nk}} = \begin{cases} 1, & x_n < K \,\&\, x_n = k \\ 0, & x_n < K \,\&\, x_n \neq k \\ -1, & x_n = K \end{cases} \tag{3.46}$$

注意，我们不计算β_{nK}的梯度，因为它可以由其他参数计算，将式(3.46)带入式(3.45)可得

$$\frac{\partial F(\boldsymbol{\beta})}{\partial \beta_{nk}} = \log q(x_n = k \mid \beta_n) - \log q(x_n = K \mid \beta_n) - E_{q(\boldsymbol{x} \setminus x_n)}[\log p(\boldsymbol{x} \setminus x_n, x_n = k, \boldsymbol{e})] + E_{q(\boldsymbol{x} \setminus x_n)}[\log p(\boldsymbol{x} \setminus x_n, x_n = K, \boldsymbol{e})] = 0 \tag{3.47}$$

整理式(3.47)可得

$$\log q(x_n = k \mid \beta_n) = E_{q(\boldsymbol{x} \setminus x_n)}[\log p(\boldsymbol{x} \setminus x_n, x_n = k, \boldsymbol{e})] + \log q(x_n = K \mid \beta_n) - E_{q(\boldsymbol{x} \setminus x_n)}[\log p(\boldsymbol{x} \setminus x_n, x_n = K, \boldsymbol{e})] \tag{3.48}$$

因此，对于 $k=1,2,\cdots,K-1$，

$$\begin{aligned}\beta_{nk} &= \exp(\log q(x_n = k|\beta_n)) \\ &= \exp(E_{q(\boldsymbol{x}\setminus x_n)}[\log p(\boldsymbol{x}\setminus x_n, x_n = k, \boldsymbol{e})]) \\ &\quad \beta_{iK}\exp(-E_{q(\boldsymbol{x}\setminus x_n)}[\log p(\boldsymbol{x}\setminus x_n, x_n = K, \boldsymbol{e})]) \\ &= \frac{\exp(E_{q(\boldsymbol{x}\setminus x_n)}[\log p(\boldsymbol{x}\setminus x_n, x_n = k, \boldsymbol{e})])}{\sum_{j=1}^{K}\exp(E_{q(\boldsymbol{x}\setminus x_n)}[\log p(\boldsymbol{x}\setminus x_n, x_n = j, \boldsymbol{e})])}\end{aligned} \tag{3.49}$$

$E_{q(\boldsymbol{x}\setminus x_n)}[\log p(\boldsymbol{x}\setminus x_n, x_n=k, \boldsymbol{e})]$在应用 BN 链式法则后可写成

$$\begin{aligned}&E_{q(\boldsymbol{x}\setminus x_n)}[\log p(\boldsymbol{x}\setminus x_n, x_n = k, \boldsymbol{e})] \\ &= E_{q(\boldsymbol{x}\setminus x_n)}[\log\prod_{l=1}^{N} p(x_l|\pi(x_l))] \\ &= E_{q(\boldsymbol{x}\setminus x_n)}\left[\sum_{l=1}^{N}\log p(x_l|\pi(x_l))\right] \\ &= \sum_{l=1}^{N} E_{q(\boldsymbol{x}\setminus x_n)}\log p(x_l|\pi(x_l))\end{aligned} \tag{3.50}$$

注意对于 $l=n$，$x_l=k$ 以及 $x_l\in\boldsymbol{e}$，$x_l=e_l$，式(3.49)可用于递归更新每个节点 n 的参数 β_{nk}，直至收敛。由于式(3.40)是非凹的，其最小值可能随初始化而变化，并可能导致局部最小值。在算法 3.6 中，我们为平均场推理提供了一个伪代码。

算法 3.6　平均场算法

▷ **Input**: a BN with evidence $\boldsymbol{e}$ and unobserved variables $\boldsymbol{X}$
▷ **Output**: mean field parameters $\boldsymbol{\beta}=\{\beta_{nk}\}$ for $k=1,2,\cdots,K_n$
Randomly initialize the parameters β_{nk} subject to $\sum_{k=1}^{K_n}\beta_{nk}=1$
while $\boldsymbol{\beta}=\{\beta_{nk}\}$ not converging **do**
　for n=1 to N **do** //explore each node
　　for k=1 to K_n-1 **do** //K_n is the number of states for nth node
　　　Compute β_{nk} using Eq. (3.49)
　　end for
　end for
end while

如果 q 被选择为部分独立的，这将导致结构化变分方法，其在结构模型的复杂度上有所不同，如图 3.29 所示，从简单的树模型到全前馈网络[40]，其中反向网络可用于有效推理。具体地说，在文献[41]中，为了在深置信度网络中进行推理，给定输入 x，引入了一个前馈网络 $Q(\boldsymbol{h}|\boldsymbol{x})$来近似潜在变量 $\boldsymbol{h}$ 的后验概率推理，即 $p(\boldsymbol{h}|\boldsymbol{x})$。网络 $Q(\boldsymbol{h}|\boldsymbol{x})$假设给定输入数据的潜在变量之间的独立性。

66

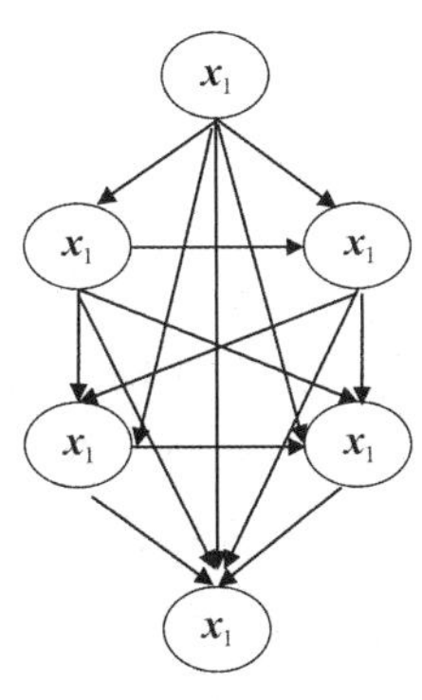

稠密连接BN $P(X)$

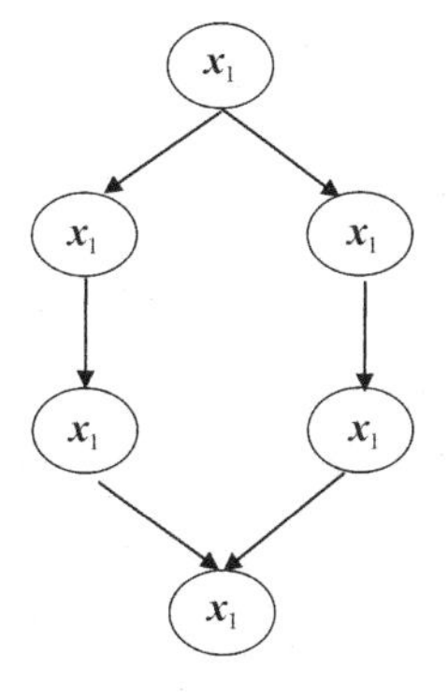

相应的稀疏连接BN $Q(X)$

图 3.29　结构化变分推理的部分因式 q 函数(图来自文献[3])

与 MCMC 方法相比，变分推理给出了一个确定的解，其速度很快并且提供了一个下限。它适用于没有明确形式或难以处理的真实分布。另一方面，典型的变量分布假设目标变量之间存在一定的独立性，独立性破坏了目标变量之间的依赖性，导致其与真实分布的差距必然扩大。解的准确度取决于 p 和 q 之间的差异。除了 q 的形式外，估计 q 时的初始化和收敛也决定了 q 的质量。相比之下，MCMC 方法简单，而且在给定足够多样本的情况下，得到的解与用精确方法得到的解非常接近。然而，混合的不确定性会产生不同的结果，并且需要很长时间才能收敛。

67

除上述方法外，还可以通过结构简化进行近似推理。具体地说，我们从复杂的真值结构中学习一个简化的结构(如树)，并对简化的结构进行精确的推理，如有界树宽方法[42]。虽然在本质上类似于变量推理，但它们可以更好地保持变量之间的依赖关系。

3.3.3　高斯 BN 的推理

对于高斯 BN，可以直接从联合协方差矩阵中进行推理。具体来说，对于 $\boldsymbol{X}=(X_1,X_2,\cdots,X_N)^{\top}$的 GBN，根据附录 3.9.2 中的推导，我们得到 $\boldsymbol{X}\sim\mathcal{N}(\boldsymbol{\mu},\boldsymbol{\Sigma})$。对于变量$\boldsymbol{X}_s\subset\boldsymbol{X}$ 的任何子集，我们有 $p(\boldsymbol{X}_s)\sim\mathcal{N}(\boldsymbol{\mu}_s,\boldsymbol{\Sigma}_s)$，其中$\boldsymbol{\mu}_s$和$\boldsymbol{\Sigma}_s$可以直接从 $\boldsymbol{\mu}$ 和 $\boldsymbol{\Sigma}$ 中的相应元素里提取。因此，对于后验概率推理 $p(\boldsymbol{x}_Q|\boldsymbol{x}_E)$，其中 $\boldsymbol{x}_Q\subset\boldsymbol{x}$ 是查询变量，$\boldsymbol{x}_E\subset\boldsymbol{x}$ 是证据变量，应用条件概率法规，我们得出

$$p(\boldsymbol{x}_Q|\boldsymbol{x}_E)=\frac{p(\boldsymbol{x}_Q,\boldsymbol{x}_E)}{p(\boldsymbol{x}_E)} \tag{3.51}$$

其中 $p(\boldsymbol{x}_Q,\boldsymbol{x}_E)$和 $p(\boldsymbol{x}_E)$服从高斯分布，它们的均值和协方差矩阵可以从 $\boldsymbol{\mu}$ 和 $\boldsymbol{\Sigma}$ 中的相应元素导出。此外，$p(\boldsymbol{x}_Q|\boldsymbol{x}_E)$也遵循高斯分布，其均值和协方差矩阵可使用附录 3.9.2 中的式(3.180)导出。由于计算联合协方差矩阵需要矩阵求逆，因此对于大型 GBN，这种直接推断的计算成本可能很大。给定 $p(\boldsymbol{x}_Q|\boldsymbol{x}_E)$，除了后验推断外，$\boldsymbol{x}_Q$的 MAP 推理也可以从 $p(\boldsymbol{x}_Q|\boldsymbol{x}_E)$模式中获得，其等同于高斯分布的均值。如果 $p(\boldsymbol{x}_Q|\boldsymbol{x}_E)$不遵循高斯分布，其模式与 $\boldsymbol{x}_Q$的值相对应，其中 $p(\boldsymbol{x}_Q|\boldsymbol{x}_E)$达到最大化，并且密度函数

$p(\boldsymbol{x}_Q|\boldsymbol{x}_E)$的一阶导数为零。

3.3.4 贝叶斯推理

到目前为止，我们讨论的推理方法都是基于点的，因为它们使用一组参数(CPD)进行推理，这些参数要么是从数据中自动习得的，要么是由人提供的。由于在推理过程中只使用了一组参数，基于点的推理可能会出现过拟合现象。此外，获取参数的训练过程昂贵且耗时。另一方面，贝叶斯推理直接基于训练数据进行推理，并将模型参数视为随机变量。更重要的是，它基于所有的参数进行预测，而不是仅仅针对一组参数。下面我们进一步讨论离散型 BN 的贝叶斯推理。

设 $\boldsymbol{X}=\{X_1,X_2,\cdots,X_N\}$是定义在离散 BN 上的随机变量，其中 X_n是 BN 的节点，并且设 $\mathcal{D}=\{D_1,D_2,\cdots,D_M\}$是训练数据，$D_m=\{x_1^m,x_2^m,\cdots,x_N^m\}$。另，设 $\boldsymbol{\alpha}=\{\boldsymbol{\alpha}_n\}$，68 $n=1,2,\cdots,N$ 是每个节点的超参数，即 $\boldsymbol{\alpha}$ 指定$\boldsymbol{\theta}_n$的先验概率分布，$\boldsymbol{\theta}_n$是第 n 个节点的参数。给定查询数据$\boldsymbol{x}'$，贝叶斯推理数学上写为计算 $p(\boldsymbol{x}'|\mathcal{D},\boldsymbol{\alpha})$。为了计算后者，我们需要引入参数 $\boldsymbol{\Theta}$：

$$\begin{aligned}p(\boldsymbol{x}'|\mathcal{D},\boldsymbol{\alpha})&=\int p(\boldsymbol{x}',\boldsymbol{\Theta}|\mathcal{D},\boldsymbol{\alpha})\mathrm{d}\boldsymbol{\Theta}\\&=\int p(\boldsymbol{x}',\boldsymbol{\Theta})p(\boldsymbol{\Theta}|\mathcal{D},\boldsymbol{\alpha})\mathrm{d}\boldsymbol{\Theta}\propto\int p(\boldsymbol{x}',\boldsymbol{\Theta})p(\boldsymbol{\Theta}|\boldsymbol{\alpha})p(\mathcal{D}|\boldsymbol{\Theta})\mathrm{d}\boldsymbol{\Theta}\end{aligned}\tag{3.52}$$

从式(3.52)可以清楚地看出，查询数据的概率预测是基于所有模型参数 $\boldsymbol{\Theta}$，而不是仅仅基于一组点估计的参数。然而，贝叶斯推理需要对所有参数进行集成，这在一般情况下是难以计算的。但是我们可以根据 BN 参数独立性解析地求解式(3.52)，如下所示。具体而言，利用 BN 节点之间的参数独立性，并假设训练数据是独立同分布，式(3.52)可以改写为

$$\begin{aligned}p(\boldsymbol{x}'|D,\boldsymbol{\alpha})&\propto\int\prod_{n=1}^{N}p(x_n'|\pi(x_n'),\boldsymbol{\theta}_n)\prod_{n=1}^{N}p(\boldsymbol{\theta}_n|\boldsymbol{\alpha}_n)\prod_{m=1}^{M}\prod_{n=1}^{N}p(x_n^m|\pi^m(x_n),\boldsymbol{\theta}_n)\mathrm{d}\boldsymbol{\Theta}\\&=\prod_{n=1}^{N}\int p(x_n'|\pi(x_n'),\boldsymbol{\theta}_n)p(\boldsymbol{\theta}_n|\boldsymbol{\alpha}_n)\prod_{m=1}^{M}p(x_n^m|\pi^m(x_n),\boldsymbol{\theta}_n)\mathrm{d}\boldsymbol{\theta}_n\end{aligned}\tag{3.53}$$

对于每个节点，进一步利用其在不同父配置下的参数之间的独立性，即$\boldsymbol{\theta}_{nj}$之间的独立性，可得到

$$\begin{aligned}p(\boldsymbol{x}'|\mathcal{D},\boldsymbol{\alpha})\propto&\prod_{n=1}^{N}\prod_{j=1}^{J}\int p(x_n'|\pi(x_n')=j|\boldsymbol{\theta}_{nj})p(\boldsymbol{\theta}_{nj}|\boldsymbol{\alpha}_{nj})\prod_{m=1}^{M}p(x_n^m|\pi^m(x_n)\\&=j,\boldsymbol{\theta}_{nj})\mathrm{d}\boldsymbol{\theta}_{nj}\end{aligned}\tag{3.54}$$

假设x_n'的类别分布，$\boldsymbol{\theta}_{nj}$的狄利克雷分布，以及 $\prod_{m=1}^{M}p(x_n^m|\pi^m(x_n)=j,\boldsymbol{\theta}_{nj})$ 的多项式分布，69 式(3.54)可以改写为

$$p(\boldsymbol{x}'|\mathcal{D},\boldsymbol{\alpha})\propto\prod_{n=1}^{N}\prod_{j=1}^{J}\prod_{k=1}^{K}\int p^{I(x_n'=k\&\pi(x_n')=j)}(x_n'=k|\pi(x_n')=j|\theta_{njk})\,\theta_{njk}^{\alpha_{njk}-1}$$

$$
\prod_{m=1}^{M} p^{I(x_n^m=k \& \pi^m(x_n)=j)}(x_n^m = k \mid \pi^m(x_n) = j, \theta_{njk}) \mathrm{d}\theta_{njk}
$$

$$
= \prod_{n=1}^{N} \prod_{j=1}^{J} \prod_{k=1}^{K} \int \{\theta_{njk}\ \theta_{njk}^{\alpha_{njk}+M_{njk}-1}\}^{I(x_n'=k \& \pi(x_n')=j \& x_n^m=k \& \pi^m(x_n)=j)} \mathrm{d}\theta_{njk}
$$

$$
= \prod_{n=1}^{N} \prod_{j=1}^{J} \prod_{k=1}^{K} \int \left\{ \frac{\alpha_{njk} + M_{njk}}{\sum_{k'=1}^{K} (\alpha_{njk'} + M_{njk'})} \right\}^{I(x_n'=k \& \pi(x_n')=j \& x_n^m=k \& \pi^m(x_n)=j)} \tag{3.55}
$$

式中，I 是指示函数，M_{njk} 是第 j 个父配置的节点 n 在 D 中的计数，且 k 是假设值。从式(3.55)可以清楚地看出，对于离散 BN，通过用 $\frac{\alpha_{njk} + M_{njk}}{\sum_{k'=1}^{K} (\alpha_{njk'} + M_{njk'})}$ 替换每个节点的 CPT $\frac{M_{njk}}{\sum_{k'=1}^{K} + M_{njk'}}$，基于点的 BN 推理就变成了贝叶斯推理。

3.3.5 不确定证据下的推理

在许多现实问题中，我们所观测到的证据是不确定的，即证据具有一定概率的不确定性。设 $\boldsymbol{x}_E$ 为观测变量，概率为 $p(\boldsymbol{x}_E)$，$\boldsymbol{x}_Q$ 为查询变量。我们要推理 $p(\boldsymbol{x}_Q \mid p(\boldsymbol{x}_E))$，不能直接用 BN 来进行推理，因为 BN 无法处理不确定证据。为了克服这个问题，我们可以进行期望推理，即计算 $p(\boldsymbol{x}_Q \mid \boldsymbol{x}_E)$ 对 $p(\boldsymbol{x}_E)$ 的期望值。这可以通过以下方式实现

$$
p(\boldsymbol{x}_Q \mid p(\boldsymbol{x}_E)) = \sum_{\boldsymbol{x}_E} p(\boldsymbol{x}_Q \mid \boldsymbol{x}_E) p(\boldsymbol{x}_E) \tag{3.56}
$$

其中 $p(\boldsymbol{x}_Q \mid \boldsymbol{x}_E)$ 可以使用传统的 BN 推理方法计算。

3.4 完全数据下的 BN 学习

BN 的一个基本问题是学习。BN 学习包括获取其参数(例如，CPD)及其结构 $\mathcal{G}$。对于小型 BN，尤其是刻画因果关系的 BN，以及具有易于访问的领域专家的应用程序，可以人工指定 BN 学习。还可以从数据中自动进行学习。我们将首先讨论从数据中自动学习，然后在 3.6 节中简要讨论人工 BN 规范。一般来说，从数据中进行 BN 学习是 NP 难题。提高学习效率的关键是再次利用 BN 的内在独立性。

一般来说，自动 BN 学习可分为 4 种情况，如表 3.1[43] 所示。根据是否给定 $\mathcal{G}$，BN 学习可分为给定 $\mathcal{G}$ 时的参数学习和不给定 $\mathcal{G}$ 时的联合结构和参数学习。根据训练数据是否完整，每一类学习又可分为完全训练数据下的学习和缺失数据下的学习。如果给定结构 $\mathcal{G}$，那么 BN 学习只需要学习每个节点的参数。参数学习可分为完全数据下的参数学习和缺失数据下的参数学习。

表 3.1　BN 学习的 4 个例子

案例	结构	数据	学习方法
1	已知	完全观测	参数学习
2	已知	部分观测	不完全参数学习
3	未知	完全观测	结构及参数学习
4	未知	部分观测	不完全结构及参数学习

在下面的几节中，我们将对这 4 种情况下的 BN 学习进行逐一讨论。在本节中，我们将重点讨论 BN 参数学习。3.4.2 节将介绍 BN 结构学习。

3.4.1　参数学习

我们首先研究给定完整数据的情况，即每个训练样本都没有缺失值。在这种情况下，BN 参数学习如下所述。设 $\mathcal{D}=\{D_1,D_2,\cdots,D_M\}$是一组 M 个独立同分布训练样本，其中 D_m 代表第 m 个训练样本，由每个节点的值的向量组成，即$D_m=\{x_1^m,x_2^m,\cdots,x_N^m\}$。我们假设训练样本来自一个潜在未知分布 p^*。参数学习的目标是估计 BN 参数 $\boldsymbol{\Theta}=\{\boldsymbol{\Theta}_n\}$，以使 BN 及估计的$\boldsymbol{\theta}^*$表示的联合分布最接近潜在分布 p^*，其中$\boldsymbol{\Theta}_n$是节点 X_n 的参数向量。由于 $p*$ 是未知的，我们可以用训练样本得出的经验分布 $\hat{p}$ 代替 p^*。我们可以通过最小化($\hat{p}$ 和由 $\boldsymbol{\Theta}$ 参数化的 BN 分布之间的)KL 散度来求得 $\boldsymbol{\Theta}$。可以等价地通过最大化参数和数据 $\mathcal{D}$ 的某些目标函数来最小化 KL 散度。可以利用各种目标函数进行参数学习，最常用的目标函数是极大似然估计(MLE)和贝叶斯估计(BE)，如第 2 章 2.3 节所述。下面，我们将讨论每种情况下的 BN 参数学习。除了生成式学习外，我们还将简要讨论用于分类目的的 BN 判别式学习。

3.4.1.1　BN 参数的极大似然估计

第 2 章讨论到，MLE 可以计算成

$$\boldsymbol{\theta}^*=\underset{\boldsymbol{\theta}}{\operatorname{argmax}}\operatorname{LL}(\boldsymbol{\theta}:\mathcal{D}) \tag{3.57}$$

其中给定数据 $\mathcal{D}$，$\operatorname{LL}(\boldsymbol{\theta}:\mathcal{D})$表示 $\boldsymbol{\theta}$ 的联合对数似然。对于具有 N 个节点和独立同分布样本D_m的 BN，联合对数似然可以写为

71

$$\operatorname{LL}(\boldsymbol{\theta}:\mathcal{D})=\log\prod_{m=1}^{M}p(x_1^m,x_2^m,\cdots,x_N^m\,|\,\boldsymbol{\theta}) \tag{3.58}$$

式 3.58 根据 BN 链式法则可改写成

$$\begin{aligned}\operatorname{LL}(\boldsymbol{\theta}:\mathcal{D})&=\log\prod_{m=1}^{M}p(x_1^m,x_2^m,\cdots,x_N^m\,|\,\boldsymbol{\theta})\\&=\log\prod_{n=1}^{N}\prod_{m=1}^{M}p(x_n^m\,|\,\pi(x_n^m),\boldsymbol{\theta}_n)\\&=\sum_{n=1}^{N}\sum_{m=1}^{m}\log p(x_n^m\,|\,\pi(x_n^m),\boldsymbol{\theta}_n)\end{aligned}$$

$$= \sum_{n=1}^{N} \mathrm{LL}(\boldsymbol{\theta}_n : \mathcal{D}) \tag{3.59}$$

其中，$\mathrm{LL}(\boldsymbol{\theta}:\mathcal{D}) = \log p(\mathcal{D} \mid \boldsymbol{\theta}_n) = \sum_{m=1}^{M} \log p(x_n^m \mid \pi(x_n^m), \boldsymbol{\theta}_n)$ 是每个节点的参数的边际对数似然。从式(3.59)可以清楚地看出，由于 BN 链式法则，所有参数的联合对数似然可以写成每个节点参数的边际对数似然之和。这大大简化了学习，因为可以分别学习每个节点的参数，即

$$\boldsymbol{\theta}_n^* = \underset{\boldsymbol{\theta}_n}{\operatorname{argmax}} \mathrm{LL}(\boldsymbol{\theta}_n : \mathcal{D}) \tag{3.60}$$

此外，对数似然函数是凹的，因此可以从解析或数值上获得最优解。对于离散型 BN，θ_n可以进一步分解为$\boldsymbol{\theta}_n = \{\boldsymbol{\theta}_{nj}\}$，$j=1,2,\cdots,J$，其中 j 是共 J 个亲本配置中第 j 个亲本配置的索引。假设参数 $\boldsymbol{\theta}_{nj}$ 是独立的，并且每个节点有 K 个值$x_n \in \{1,2,\cdots,K\}$，我们可以将每个节点的似然改写为

$$\begin{aligned} p(x_n^m \mid \pi(x_n^m)) &= \prod_{j=1}^{J} \boldsymbol{\theta}_{nj}^{I(\pi(x_n^m)=j)} = \prod_{j=1}^{J} \prod_{k=1}^{K} \theta_{njk}^{I(\pi(x_n^m)=j \& x_n^m=k)} \\ &= \prod_{j=1}^{J} \prod_{k=1}^{K-1} \theta_{njk}^{I(\pi(x_n^m)=j \& x_n^m=k)} \left(1 - \sum_{l=1}^{K-1} \theta_{njk}\right)^{I(\pi(x_n^m)=j \& x_n^m=K)} \end{aligned} \tag{3.61}$$

式中，θ_{njk} 是给定其第 j 个亲本配置的X_n取值 k 的条件概率，且 $\sum_{k=1}^{K} \theta_{njk} = 1$。所以我们得出

72

$$\begin{aligned} \mathrm{LL}(\boldsymbol{\theta}_n : \mathcal{D}) &= \sum_{m=1}^{M} \log p(x_n^m \mid \pi(x_n^m)) \\ &= \sum_{m=1}^{M} \sum_{j=1}^{J} \sum_{k=1}^{K-1} I(\pi(x_n^m) = j \& \ x_n^m = k) \log \theta_{njk} \\ &\quad + I(\pi(x_n^m) = j \& \ x_n^m = K) \log\left(1 - \sum_{l=1}^{K-1} \theta_{njl}\right) \\ &= \sum_{m=1}^{M} \sum_{j=1}^{J} \sum_{k=1}^{K-1} I(\pi(x_n^m) = j \& \ x_n^m = k) \log \theta_{njk} \\ &\quad + \sum_{m=1}^{M} \sum_{j=1}^{J} I(\pi(x_n^m) = j \& \ x_n^m = K) \log\left(1 - \sum_{l=1}^{K-1} \theta_{njl}\right) \\ &= \sum_{j=1}^{J} \sum_{k=1}^{K-1} M_{njk} \log \theta_{njk} + \sum_{j=1}^{J} M_{njK} \log\left(1 - \sum_{l=1}^{K-1} \theta_{njl}\right) \end{aligned} \tag{3.62}$$

其中M_{njk}是$X_n = k$ 且假设其父节点采用第 j 个配置的训练样本的数目。因此，我们可以将θ_{njk}计算为

$$\theta_{njk}^* = \arg \max_{\theta_{njk}} \mathrm{LL}(\boldsymbol{\theta}_n : \mathcal{D})$$

求解上式可设$\dfrac{\partial \mathrm{LL}(\boldsymbol{\theta}_n : \mathcal{D})}{\partial \theta_{njk}} = 0$，得出

$$\theta_{njk} = \frac{M_{njk}}{\sum_{k'=1}^{K} M_{njk'}} \tag{3.63}$$

由式(3.63)可以清楚地看出，θ_{njk}可以作为一个计数问题来解决，即用值k和第j个亲本配置，只计算第n个节点的出现次数，并将计数除以具有第j个亲本配置的样本总数。

为了确保对每个节点的CPD进行可靠的估计，我们需要为每个参数提供足够数量的样本。对每个参数θ_{njk}进行置信估计所需的具体样本数量可使用第2章2.5.2节中讨论的置信区间界限进行计算。一般来说，为了获得可靠的估计值，对于每个参数$\boldsymbol{\theta}_{njk}$我们都至少需要5个样本。对于BN，可靠地学习节点参数所必要的数据量为$(K-1)K^J\times 5$，其中K是节点的状态数，J是节点的父节点数。此外，为了处理某些配置观测值为零的情况，即$M_{njk}=0$，可以使用一个小的非零值来初始化每个配置的计数。或者，这个问题可以通过如式(3.81)所示的狄利克雷先验来系统地解决，我们会在贝叶斯估计中进一步讨论。

73

对于高斯BN，按照式(3.2)中线性高斯的CPD规范，第n个节点的边际对数似然可以写成

$$\begin{aligned}\mathrm{LL}(\boldsymbol{\theta}_n:\mathcal{D}) &= \sum_{m=1}^{M}\log p(x_n^m \mid \pi(x_n^m),\boldsymbol{\theta}_n)\\ &= \sum_{m=1}^{M}\log\frac{1}{\sqrt{2\pi\sigma_n^2}}\mathrm{e}^{-\frac{\left(x_n^m-\sum_{k=1}^{K}\alpha_n^k\pi_k^m(x_n)-\beta_n\right)^2}{2\sigma_n^2}}\\ &= -\frac{\sum_{m=1}^{M}\left(x_n^m-\sum_{k=1}^{K}\alpha_n^k\pi_k^m(x_n)-\beta_n\right)^2}{2\sigma_n^2}+M\log\frac{1}{\sqrt{2\pi\sigma_n^2}}\end{aligned} \tag{3.64}$$

其中$\pi_k(X_n)$是X_n的第k个父节点。式(3.64)第一项的分子可以改写为

$$\sum_{m=1}^{M}\left(x_n^m-\sum_{k=1}^{K}\alpha_n^k\pi_k^m(x_n)-\beta_n\right)^2 = (\boldsymbol{x}_n-\boldsymbol{\Pi}_n\boldsymbol{\theta}_n)^\top(\boldsymbol{x}_n-\boldsymbol{\Pi}_n\boldsymbol{\theta}_n) \tag{3.65}$$

其中$\boldsymbol{x}_n=(x_n^1,x_n^2,\cdots,x_n^M)^\top$，$\boldsymbol{\theta}_n=(\alpha_n^1,\alpha_n^2,\cdots,\alpha_n^K,\beta_n)^\top$，$\boldsymbol{\Pi}_n$定义如下：

$$\boldsymbol{\Pi}_n = \begin{bmatrix}\pi_1^1(x_n) & \pi_2^1(x_n) & \cdots & \pi_K^1(x_n) & 1\\ \pi_1^2(x_n) & \pi_2^2(x_n) & \cdots & \pi_K^2(x_n) & 1\\ \vdots & & \vdots & & \\ \pi_1^M(x_n) & \pi_2^M(x_n) & \cdots & \pi_K^M(x_n) & 1\end{bmatrix} \tag{3.66}$$

将式(3.65)带入式(3.64)得出

$$\mathrm{LL}(\boldsymbol{\theta}_n:\mathcal{D}) = \frac{(\boldsymbol{x}_n-\boldsymbol{\Pi}_n\boldsymbol{\theta}_n)^\top(\boldsymbol{x}_n-\boldsymbol{\Pi}_n\boldsymbol{\theta}_n)}{2\sigma_n^2}+M\log\frac{1}{\sqrt{2\pi\sigma_n^2}} \tag{3.67}$$

通过取关于θ_n的对数似然的偏导数，并将其设为零，从而使式(3.67)最大化

$$\boldsymbol{\theta}_n = (\boldsymbol{\Pi}_n^\top\boldsymbol{\Pi}_n)^{-1}\boldsymbol{\Pi}_n^\top\boldsymbol{x}_n \tag{3.68}$$

同理，取式(3.67)中关于σ_n的对数似然的导数，并将其设为零，则得到σ_n^2的解为

$$\hat{\sigma}_n^2 = \frac{(\boldsymbol{x}_n - \boldsymbol{\Pi}_n \boldsymbol{\theta}_n)^{\top}(\boldsymbol{x}_n - \boldsymbol{\Pi}_n \boldsymbol{\theta}_n)}{M} \tag{3.69}$$

74

关于学习高斯 BN 参数的推导的更多细节参见文献[7]中的定理 7.4 和 17.2.4 节。

3.4.1.2 BN 参数的贝叶斯估计

MLE 依赖于数据。当数据不足时，MLE 可能不可靠。在这种情况下，我们可以使用贝叶斯估计，它允许将参数的先验知识纳入估计过程。对于贝叶斯参数估计，我们假设参数服从由超参数 $\boldsymbol{\gamma}$ 定义的先验分布。给定训练数据 $\mathcal{D}=\{D_m\}_{m=1}^M$，贝叶斯参数估计的目标是通过最大化 $\boldsymbol{\theta}$ 的后验概率来估计 $\boldsymbol{\theta}$：

$$\boldsymbol{\theta}^* = \underset{\boldsymbol{\theta}}{\operatorname{argmax}}\, p(\boldsymbol{\theta} \mid \mathcal{D}) \tag{3.70}$$

其中，$p(\boldsymbol{\theta} \mid \mathcal{D})$可表示成

$$\begin{aligned} p(\boldsymbol{\theta} \mid \mathcal{D}) &\propto p(\boldsymbol{\theta}, \mathcal{D}) \\ &= p(\boldsymbol{\theta}) \prod_{m=1}^{M} p(D_m \mid \boldsymbol{\theta}) \end{aligned} \tag{3.71}$$

最大化后验概率等同于最大化对数后验概率

$$\boldsymbol{\theta}^* = \underset{\boldsymbol{\theta}}{\operatorname{argmax}}\, \log p(\boldsymbol{\theta} \mid \mathcal{D}) \tag{3.72}$$

其中对数后验概率可以写成

$$\log p(\boldsymbol{\theta} \mid \mathcal{D}) \propto \sum_{m=1}^{M} \log p(D_m \mid \boldsymbol{\theta}) + \log p(\boldsymbol{\theta}) \tag{3.73}$$

其中第一项是联合对数似然，第二项是先验。假设每个节点的先验参数相互独立，即 $p(\theta) = \prod_{n=1}^{N} p(\boldsymbol{\theta}_n)$，应用 BN 链式法则，我们可以将对数后验概率改写为

$$\log p(\boldsymbol{\theta} \mid \mathcal{D}) = \sum_{n=1}^{N} \sum_{m=1}^{M} \log p(x_n^m \mid \pi(x_n^m), \boldsymbol{\theta}_n) + \sum_{n=1}^{N} \log p(\boldsymbol{\theta}_n) \tag{3.74}$$

由式(3.74)可以清楚地看出，参数的联合后验概率也是可分解的，即可以分别估计每个节点的参数。因此，我们可以通过最大化$\boldsymbol{\theta}_n$的对数后验概率对每个节点的参数$\boldsymbol{\theta}_n$进行贝叶斯估计：

75

$$\begin{aligned} \boldsymbol{\theta}_n^* &= \underset{\boldsymbol{\theta}_n}{\operatorname{argmax}}\, \log p(\boldsymbol{\theta}_n \mid \mathcal{D}) \\ &= \underset{\boldsymbol{\theta}_n}{\operatorname{argmax}} \left\{ \sum_{m=1}^{M} \log p(x_n^m \mid \pi(x_n^m), \boldsymbol{\theta}_n) + \log p(\boldsymbol{\theta}_n) \right\} \end{aligned} \tag{3.75}$$

对于离散型 BN，我们可以进一步将$\boldsymbol{\theta}_n$分解为$\boldsymbol{\theta}_{nj}$，即$\boldsymbol{\theta}_n = \{\boldsymbol{\theta}_{nj}\}$，其中 j 是父节点第 j 个配置的索引。假设$\boldsymbol{\theta}_{nj}$相互独立，$\boldsymbol{\theta}_{nj}$可单独估算如下：

$$\begin{aligned} \boldsymbol{\theta}_{nj}^* &= \underset{\boldsymbol{\theta}_{nj}}{\operatorname{argmax}}\, \log p(\boldsymbol{\theta}_{nj} \mid \mathcal{D}) \\ &= \underset{\boldsymbol{\theta}_{nj}}{\operatorname{argmax}} \left\{ \sum_{m=1}^{M} \log p(x_n^m \mid \pi(x_n^m) = j, \boldsymbol{\theta}_{nj}) + \log p(\boldsymbol{\theta}_{nj}) \right\} \end{aligned} \tag{3.76}$$

对于离散型 BN，联合似然函数服从多项式分布，根据式(3.62)，我们可以将式(3.76)中的似然项写成

$$\sum_{m=1}^{M}\log p(x_n^m\mid\pi(x_n^m)=j,\boldsymbol{\theta}_{nj})=\sum_{k=1}^{K-1}M_{ijk}\log\theta_{njk}+M_{njK}\log(1-\sum_{l=1}^{K-1}\theta_{njl})\tag{3.77}$$

其中θ_{njk}是第n个节点的条件概率，假设k的值并给定其父节点的第j次配置，M_{njk}是$X_n=k$且其父节点假设第j次配置的训练样本数。给定似然的多项式分布，$\boldsymbol{\theta}_{nj}$的共轭先验分布遵循狄利克雷分布：

$$p(\theta_{nj})=c_p\prod_{k=1}^{K}\theta_{njk}^{\alpha_{njk}-1}\tag{3.78}$$

引入限制$\sum_{k=1}^{K}\theta_{njk}=1$，我们可以将狄利克雷先验改写为

$$p(\boldsymbol{\theta}_{nj})=c_p\prod_{k=1}^{K-1}\theta_{njk}^{\alpha_{njk}-1}\left(1-\sum_{l=1}^{K-1}\theta_{njl}\right)^{\alpha_{njK}-1}\tag{3.79}$$

组合式(3.77)和式(3.79)得出θ_{nj}的对数后验：

$$\begin{aligned}\log p(\boldsymbol{\theta}_{nj}\mid\mathcal{D})=&\log c_p+\Big[\sum_{k=1}^{K-1}(\alpha_{njk}-1)+M_{njk}\Big]\log\theta_{njk}\\&+(M_{njK}+\alpha_{njK}-1)\log\Big(1-\sum_{l=1}^{K-1}\theta_{njl}\Big)\end{aligned}\tag{3.80}$$

76

对于$k=1,2,\cdots,K-1$，我们通过取$\log p(\theta_{nj}\mid\mathcal{D})$对$\theta_{njk}$的偏导数并将其设为零，而使$\log p(\theta_{njk}\mid\mathcal{D})$对$\theta_{njk}$最大化。这就得到了

$$\theta_{njk}=\frac{M_{njk}+\alpha_{njk}-1}{\sum_{k'=1}^{K}M_{njk'}+\sum_{k=1}^{K}\alpha_{njk'}-K}\tag{3.81}$$

式(3.81)表明，每个节点的参数取决于其在训练数据中的计数及其超参数。当计数很小时，超参数在确定参数值时非常重要。然而，当计数较大时，超参数变得可以忽略不计。

对于连续高斯 BN，似然函数遵循 3.2.3.2 节中讨论的线性高斯函数。先验也应该遵循高斯分布，这样后验也变成了高斯分布。每个节点参数的对数后验概率可以写成

$$\log p(\boldsymbol{\theta}_n\mid\mathcal{D})=\sum_{m=1}^{M}\log p(x_n^m\mid\pi(x_n^m))+\log p(\boldsymbol{\theta}_n)\tag{3.82}$$

其中，$p(x_n^m\mid\pi(x_n^m))$用参数$\boldsymbol{\theta}_n=\{\alpha_n^k,\beta_n\}$和$p(\theta_n)\sim\mathcal{N}(\mu_{\theta_n},\ \Sigma_{\theta_n})$可以写成线性高斯函数

$$p(x_n^m\mid\pi(x_n^m))=\mathcal{N}\Big(\sum_k\alpha_n^k\pi_k^m(x_n)+\beta_n,\sigma_n^2\Big)=\frac{1}{\sqrt{2\pi}\,\sigma_n}e^{-\frac{\left(x_n^m-\sum_{k=1}^{K}\alpha_n^k\pi_k^m(x_n)-\beta_n\right)^2}{2\sigma_n^2}}\tag{3.83}$$

将式(3.83)中的高斯先验$p(\theta_n)$和高斯似然代入式(3.82)，得到

$$\begin{aligned}\log p(\boldsymbol{\theta}_n\mid\mathcal{D})=&\sum_{m=1}^{M}-\frac{\left(x_n^m-\sum_{k=1}^{K}\alpha_n^k\pi_k^m(x_n)-\beta_n\right)^2}{2\sigma_n^2}\\&-(\boldsymbol{\theta}_n-\boldsymbol{\mu}_{\theta_n})^\top\boldsymbol{\Sigma}_{\theta_n}^{-1}(\boldsymbol{\theta}_n-\boldsymbol{\mu}_{\theta_n})+C\end{aligned}\tag{3.84}$$

其中 C 是常数项。用式(3.67)代替对数似然项，并忽略常数项，得到

$$\log p(\boldsymbol{\theta}_n \mid \mathcal{D}) = -\frac{(\boldsymbol{x}_n - \boldsymbol{\Pi}_n \boldsymbol{\theta}_n)^\top (\boldsymbol{x}_n - \boldsymbol{\Pi}_n \boldsymbol{\theta}_n)}{2\sigma_n^2} - (\boldsymbol{\theta}_n - \boldsymbol{\mu}_{\theta_n})^\top \boldsymbol{\Sigma}_{\theta_n}^{-1} (\boldsymbol{\theta}_n - \boldsymbol{\mu}_{\theta_n}) \tag{3.85}$$

取 $\log p(\boldsymbol{\theta}_n \mid \mathcal{D})$ 相对于 $\boldsymbol{\theta}_n$ 的导数，并将其设为零，得到

$$\frac{\boldsymbol{\Pi}_n^\top (\boldsymbol{x}_n - \boldsymbol{\Pi}_n \boldsymbol{\theta}_n)}{\sigma_n^2} + 2\boldsymbol{\Sigma}_{\theta_n}^{-1} (\boldsymbol{\theta}_n - \boldsymbol{\mu}_{\theta_n}) = 0 \tag{3.86}$$

77

$\boldsymbol{\theta}_n$ 的解可通过解式(3.86)得到：

$$\boldsymbol{\theta}_n = \left(\frac{\boldsymbol{\Pi}_n^\top \Pi_n}{\sigma_n^2} - 2\boldsymbol{\Sigma}_{\theta_n}^{-1}\right)^{-1} \left(\frac{\boldsymbol{\Pi}_n^\top \boldsymbol{x}_n}{\sigma_n^2} - 2\boldsymbol{\Sigma}_{\theta_n}^{-1} \boldsymbol{\mu}_{\theta_n}\right) \tag{3.87}$$

由于 σ_n 上没有先验，其贝叶斯估计与式(3.69)中的极大似然估计相同。

除了共轭先验之外，一般先验(如稀疏性)通常用作泛型先验。它们通常通过 $\boldsymbol{\theta}$ 的 ℓ_1 或 ℓ_2 范数正则化来实现，即用 $\|\theta\|_1$ 或 $\|\theta\|_2$ 替换先验 $p(\boldsymbol{\theta})$。这种正则化最常见的应用是最小绝对收缩和选择操作(LASSO 算法)。通过对 ℓ_1 范数同时进行变量选择和正则化，LASSO 可以提高模型预测的准确性和表达效率。由于 ℓ_1 范数是可分解的，以 ℓ_1 范数为先验的贝叶斯学习仍然是可分解的，即每个参数都可以被独立估计。

3.4.1.3 判别式 BN 参数学习

当使用 BN 进行分类时，使用相同的分类标准来学习模型很有必要。设 X_t 是 BN 中的一个节点，它表示我们要推断的目标节点的类，设 $\boldsymbol{X}_F = \boldsymbol{X} \setminus \boldsymbol{X}_t$ 是 BN 的剩余节点，BN 代表特征。BN 分类学习的目标是求得将 $\boldsymbol{X}_F$ 映射到 X_t 的 BN。这可以通过最大化条件对数似然学习参数 $\boldsymbol{\theta}$ 来实现，也就是说，

$$\boldsymbol{\theta}^* = \underset{\boldsymbol{\theta}}{\operatorname{argmax}} \sum_{m=1}^{M} \log p(x_t^m \mid \boldsymbol{x}_F^m \mid \boldsymbol{\theta}) \tag{3.88}$$

其中 $\log p(x_t^m \mid \boldsymbol{x}_F^m, \boldsymbol{\theta})$ 可改写成

$$\log p(x_t^m \mid \boldsymbol{x}_F^m \mid \boldsymbol{\theta}) = \log p(x_t^m \mid \boldsymbol{x}_F^m \mid \boldsymbol{\theta}) - \log \sum_{x_t} p(x_t, \boldsymbol{x}_F^m \mid \boldsymbol{\theta}) \tag{3.89}$$

给定数据，式中第一项是 $\boldsymbol{\theta}$ 的联合对数似然，只给定 $\boldsymbol{x}_F^m$，第二项是 $\boldsymbol{\theta}$ 的边际对数似然。从式(3.89)可以清楚地看出，由于第二项的存在，对数条件似然估计不再分解为极大似然估计和贝叶斯估计。换句话说，必须联合估计所有节点的参数。因此，式(3.88)没有闭合形式的解。当不存在闭式解时，我们可以使用迭代解，如第 2 章 2.4.1 节所述，迭代求解参数。

3.4.2 结构学习

在前面的章节中，我们讨论了具有已知结构的 BN 参数估计。在更一般的情况下，图和参数都未知，我们只有一组从原始分布生成的示例。在这种情况下，结构学习对于从数据中构造 BN 至关重要。BN 结构学习是同时学习节点之间的链路和节点的 CPD。

78

它比 BN 参数学习更具挑战性。下面，我们首先讨论离散型 BN 结构学习方法，然后介绍连续型 BN 结构学习。

3.4.2.1　一般 BN 结构学习

BN 结构学习的问题可以表述如下。给定训练数据 $\mathcal{D}=\{D_1,D_2,\cdots,D_M\}$，其中 $D_m=\{x_1^m,x_2^m,\cdots,x_N^m\}$，学习 BN 的结构 $\mathcal{G}$。结构学习方法可以分为两大类：基于评分的方法和基于独立测试的方法。前者在 BN 结构空间中搜索评分最高的 BN，而后者通过识别最大限度满足训练数据中变量之间独立性的 BN 来确定 BN 结构。接下来，我们首先讨论基于评分的方法，然后讨论基于独立测试的方法。

3.4.2.1.1　基于评分的方法

对于基于评分的学习方法，我们可以将其描述为极大似然学习或贝叶斯学习。对于极大似然学习，我们可以求得使对数结构似然最大化的 BN 结构：

$$\mathcal{G}^* = \underset{\mathcal{G}}{\operatorname{argmax}} \log p(\mathcal{D}|\mathcal{G}) \tag{3.90}$$

其中，$p(\mathcal{D}|\mathcal{G})$是给定训练数据 $\mathcal{D}$ 时，$\mathcal{G}$ 的边际似然估计，可扩展为

$$p(\mathcal{D}|\mathcal{G}) = \int_{\boldsymbol{\theta}} p(\boldsymbol{\theta}|\mathcal{G})p(\mathcal{D}|\mathcal{G},\boldsymbol{\theta})\mathrm{d}\boldsymbol{\theta} = E_{\boldsymbol{\theta}\sim p(\boldsymbol{\theta}|\mathcal{G})}(p(\mathcal{G}|\mathcal{D},\boldsymbol{\theta})) \tag{3.91}$$

其中 $p(\mathcal{D}|\mathcal{G},\boldsymbol{\theta})$表示结构 $\mathcal{G}$ 和参数 $\boldsymbol{\theta}$ 的联合似然，$p(\boldsymbol{\theta}|\mathcal{G})$是给定 $\mathcal{G}$ 的参数 $\boldsymbol{\theta}$ 的先验概率。式(3.91)表明边际似然可以被表示为 $\mathcal{G}$ 在模型参数 $\boldsymbol{\theta}$ 上的期望联合似然。

由于 θ 上的积分，精确计算式(3.91)很难。人们已经提出了各种方法来近似积分，包括拉普拉斯方法和变分贝叶斯(VB)方法，拉普拉斯方法用一个以模式为中心的高斯分布来近似 $p(\boldsymbol{\theta}|\mathcal{G},\mathcal{D})$，变分贝叶斯方法通过 θ 上的因式分布来近似后验分布 $p(\boldsymbol{\theta}|\mathcal{G},\mathcal{D})$。近似积分运算的方法还包括蒙特卡罗积分，它用通过重要性采样或最大化运算获得的样本的平均值代替积分，并假设 $p(\boldsymbol{\theta}|\mathcal{G},\mathcal{D})$的能量主要集中在其模式上。这里我们采用拉普拉斯近似。关于拉普拉斯近似的其他详细信息见附录 3.9.3，文献[7]中的 19.4.1 节和文献[44]中的式 41。根据附录 3.9.3 中的拉普拉斯近似法，我们可以近似 $\mathcal{G}$ 的边际似然如下：

79

$$\begin{aligned}
p(\mathcal{D}|\mathcal{G}) &= \int_{\boldsymbol{\theta}} p(D,\boldsymbol{\theta}|\mathcal{G})\mathrm{d}\boldsymbol{\theta} \\
&\approx \int_{\boldsymbol{\theta}} p(\mathcal{D},\boldsymbol{\theta}_0|\mathcal{G})\exp - \frac{(\boldsymbol{\theta}-\boldsymbol{\theta}_0)^\top A(\boldsymbol{\theta}-\boldsymbol{\theta}_0)}{2}\mathrm{d}\boldsymbol{\theta} \\
&= p(\mathcal{D},\boldsymbol{\theta}_0|\mathcal{G})\int_{\boldsymbol{\theta}} \exp - \frac{(\boldsymbol{\theta}-\boldsymbol{\theta}_0)^\top A(\boldsymbol{\theta}-\boldsymbol{\theta}_0)}{2}\mathrm{d}\boldsymbol{\theta} \\
&= p(\mathcal{D},\boldsymbol{\theta}_0|\mathcal{G})\ (2\pi)^{d/2}\ |A|^{-1/2} \\
&= p(\mathcal{D}|\boldsymbol{\theta}_0,\mathcal{G})p(\boldsymbol{\theta}_0|\mathcal{G})\ (2\pi)^{d/2}\ |A|^{-1/2}
\end{aligned} \tag{3.92}$$

其中 d 是 $\boldsymbol{\theta}$ 的自由度(独立参数的总数)，$\boldsymbol{\theta}_0$ 是 $\log p(\mathcal{D},\boldsymbol{\theta}|\mathcal{G})$的极大似然估计，$A$ 是 $\log p(\mathcal{D},\boldsymbol{\theta}|\mathcal{G})$的负定黑塞矩阵。因此，边际似然的对数可以写成

$$\log p(\mathcal{D}|\mathcal{G}) \approx \log p(\mathcal{D}|\mathcal{G},\boldsymbol{\theta}_0) + \log p(\boldsymbol{\theta}_0|\mathcal{G}) + \frac{d}{2}\log 2\pi - \frac{1}{2}\log|A| \tag{3.93}$$

其中，

$$\begin{aligned}
A &= -\frac{\partial^2 \log p(\mathcal{D},\boldsymbol{\theta}_0|\mathcal{G})}{\partial \boldsymbol{\theta}^2} = \frac{\partial^2 \log[p(\mathcal{D},\boldsymbol{\theta}_0|\mathcal{G})p(\boldsymbol{\theta}_0|\mathcal{G})]}{\partial \boldsymbol{\theta}^2} \\
&= \frac{\partial^2 \log\left[\prod_{m=1}^{M} p(\mathcal{D}_m|\boldsymbol{\theta}_0,\mathcal{G})p(\boldsymbol{\theta}_0|\mathcal{G})\right]}{\partial \boldsymbol{\theta}^2} \\
&= \frac{\partial^2\left[\sum_{m=1}^{M}\log p(\mathcal{D}_m|\boldsymbol{\theta}_0,\mathcal{G}) + \log p(\boldsymbol{\theta}_0|\mathcal{G})\right]}{\partial \boldsymbol{\theta}^2} \\
&= \frac{\sum_{m=1}^{M}\partial^2 \log p(\mathcal{D}_m|\boldsymbol{\theta}_0,\mathcal{G})}{\partial \boldsymbol{\theta}^2} + \frac{\partial^2 \log p(\boldsymbol{\theta}_0|\mathcal{G})}{\partial \boldsymbol{\theta}^2}
\end{aligned}$$

随 $M \to \infty$，$\log|A| \approx d\log M$。去掉独立于 M 的所有项，我们得到众所周知的贝叶斯信息评分(BIC)[45]（详细信息见文献[46]）

$$S_{BIC}(\mathcal{G}) = \log p(\mathcal{D}|\mathcal{G},\boldsymbol{\theta}_0) - \frac{d}{2}\log M \tag{3.94}$$

其中，第一项是联合似然，它确保 $\mathcal{G}$ 与数据吻合，第二项是有利于简单结构的惩罚项。已经证明，只最大化联合似然（第一项）会导致过拟合，因为复杂的 BN 结构总是增加联合似然[7]。因此，增加第二项可以防止过拟合。还要注意的是，由于 BIC 的渐近性要求，也就是 M 很大，当训练数据不足时应谨慎。在这种情况下，我们可以用式(3.93)代替式(3.94)来精确计算对数边际对数似然。

80

将 BN 链式法则应用到似然项，我们可将 BIC 评分写作

$$\begin{aligned}
S_{BIC}(\mathcal{G}) &= \log p(\mathcal{D}|\mathcal{G},\hat{\boldsymbol{\theta}}) - \frac{d(\mathcal{G})}{2}\log M \\
&= \sum_{n=1}^{N}\log p(\mathcal{D}|\mathcal{G}(x_n^m),\hat{\boldsymbol{\theta}}_n) - \frac{\log M}{2}\sum_{n=1}^{N} d(\mathcal{G}(X_n)) \\
&= \sum_{n=1}^{N}\left\{\log p(\mathcal{D}|\mathcal{G}(x_n^m),\hat{\boldsymbol{\theta}}_n) - \frac{d(\mathcal{G}(X_n))}{2}\log M\right\} \\
&= \sum_{n=1}^{N} S_{BIC}(\mathcal{G}(X_n))
\end{aligned} \tag{3.95}$$

其中 $\mathcal{G}(X_n)$ 是节点 n 的结构，由 X_n 及其父节点 $\pi(X_n)$ 组成。可以看出，利用 BIC 评分（或者实际上，任何来自边际似然的分数）对全局结构 $\mathcal{G}$ 的学习又可以分解为对每个节点的结构学习，这取决于最终结构 $\mathcal{G}$ 的非循环性。利用 BIC 评分，我们可以通过搜索 BN 结构空间来进行 BN 结构学习并求得使评分函数最大化的 $\mathcal{G}$。

文献[47-49]中提出了 BIC 评分的变体。BIC 评分的负定称为最小描述长度(MDL)

评分。如果我们在BIC评分中去掉$\frac{\log M}{2}$，它就变成了Akaike信息准则(AIC)评分。根据式(3.93)中$p(\boldsymbol{\theta}_0|\mathcal{G})$的近似方法，我们可能有贝叶斯(参数)BIC评分的变体。具体而言，如果我们假设$p(\boldsymbol{\theta}_0|\mathcal{G})$遵循不做任何假设的完全狄利克雷分布，则该分数就成为贝叶斯-狄利克雷(BD)评分。如果我们进一步假设$p(\boldsymbol{\theta}_0|\mathcal{G})$的超参数为$\alpha_{njk}=M\times p(\boldsymbol{\theta}_{njk}|\mathcal{G})$，BD得分成变为贝叶斯-狄利克雷等价(BDe)评分。反过来，如果我们假设超参数α_{njk}是统一形式，即$\alpha_{njk}=\frac{M}{\theta_{njk}}$，那么BDe评分变为贝叶斯-狄利克雷等价统一形式(BDeu)评分。最后，如果我们假设$\alpha_{njk}=1$，那么BDeu得分就变成K2得分。关于不同评分函数的更多信息见文献[50]。与BIC评分一样，这些评分函数都是可分解的，也就是说，总体分数可以写成局部评分函数的和，

$$S(\mathcal{G})=\sum_{n\in N}S(\mathcal{G}(X_n)) \tag{3.96}$$

对于贝叶斯学习，问题可以被表述为求得给定$\mathcal{D}$下使$\mathcal{G}$的对数后验概率最大化的$\mathcal{G}$：

$$\mathcal{G}^*=\underset{\mathcal{G}}{\operatorname{argmax}}\log p(\mathcal{G}|\mathcal{D}) \tag{3.97}$$

其中$\log p(\mathcal{G}|\mathcal{D})$是给定训练数据$\mathcal{D}$的$\mathcal{G}$的对数后验概率，可以进一步分解为

81

$$\log p(\mathcal{G}|\mathcal{D})\propto\log p(\mathcal{G})+\log p(\mathcal{D}|\mathcal{G}) \tag{3.98}$$

其中，第一项是$\mathcal{G}$的先验概率，第二项是$\mathcal{G}$的对数边际似然。假设每个节点的局部结构相互独立，对数后验概率(通常称为贝叶斯评分)也可分解为

$$\begin{aligned}S_{Bay}(\mathcal{G})&=\sum_{n=1}^{N}\log p(\mathcal{G}(X_n))+\sum_{n=1}^{N}\log p(\mathcal{D}|\mathcal{G}(X_n))\\&=\sum_{n=1}^{N}S_{Bay}(\mathcal{G}(X_n))\end{aligned} \tag{3.99}$$

其中，

$$S_{Bay}(\mathcal{G}(X_n))=\log p(\mathcal{G}(X_n))+\log p(\mathcal{D}|\mathcal{G}(X_n))$$

第一项$p(\mathcal{G}(X_n)$允许我们对每个节点的父节点施加一些先验知识。第二项是$\mathcal{G}(X_n)$的边际对数似然，可以进一步分解为一个联合对数似然和一个惩罚项，如BIC评分，得到贝叶斯BIC评分

$$\begin{aligned}S_{BayBIC}(\mathcal{G}(X_n))=&\log p(\mathcal{G}(X_n))+\log p(\mathcal{D}|\mathcal{G}(x_n^m),\hat{\boldsymbol{\theta}}_n)\\&-\frac{\log M}{2}d(\mathcal{G}(X_n))\end{aligned} \tag{3.100}$$

式(3.100)表明贝叶斯BIC评分仍然是可分解的。这允许对受DAG约束的每个节点分别进行结构学习：

$$\mathcal{G}^*(X_n)=\underset{\mathcal{G}(X_n)}{\operatorname{argmax}}S_{BayBIC}(\mathcal{G}(X_n))$$

利用贝叶斯-BIC评分，除了通过BIC评分对参数施加先验信息外，我们还可以对每个节点的局部结构$\mathcal{G}(X_n)$进行约束。例如，我们可以限制某些链路的存在与否、每个节点

的父节点的最大数量，或者一个泛型稀疏先验。我们也可以使用人工构造$\mathcal{G}_0$，并使用$p(\mathcal{G}|\mathcal{G}_0)$作为结构先验。$p(\mathcal{G}|\mathcal{G}_0)$可以根据$\mathcal{G}$和$\mathcal{G}_0$之间的偏差度量来量化。Heckerman等人[51]提出了一种合理的偏差测量方法。

给定一个评分函数，则BN结构学习被定义为一个组合搜索问题，通过对BN结构空间的全方面搜索来确定一个在DAG约束下产生最高分数的DAG。然而，这种组合由于具有指数级大的结构空间，所以很难计算。因此，BN的结构学习是NP难题，因为所有DAG的空间都很大。如果我们对DAG有一些先验知识，则存在有效的精确解。例如，如果DAG具有树结构[52]，或者如果变量的拓扑顺序已知[48]，或者如果入度(父节点的数量)有限，则可以有效地进行BN结构学习。

82

对于一般结构，精确方法通常处理相对较小的网络，例如分支定界法[53]利用评分函数的性质消除了许多不可能的结构，以及整数规划法[54]利用了成熟的IP解算器的优势。最新的研究成果[55]通过将组合DAG约束转化为连续差分约束，将组合搜索问题转化为连续优化问题。

已经有各种近似方法被提出，包括启发式搜索的贪心近似法。一个例子是爬山算法[56]，它通过增加、删除和反转每个节点的链路方向来局部探索BN结构，直到收敛为止。如图3.30所示，爬山方法从初始网络开始，初始网络可以随机或人为初始化，也可以完全连接到学习的最佳树。该方法按照一定的拓扑顺序，对每个节点通过系统地添加、删除或改变现有链路的方向进行局部搜索，然后计算得分的变化。对于每一个节点，它标识出在非循环约束下，使评分函数得到最大改进的变化。重复这个过程，直到没有进一步的局部变化可以改善评分函数。算法3.7为爬山法提供了伪代码。

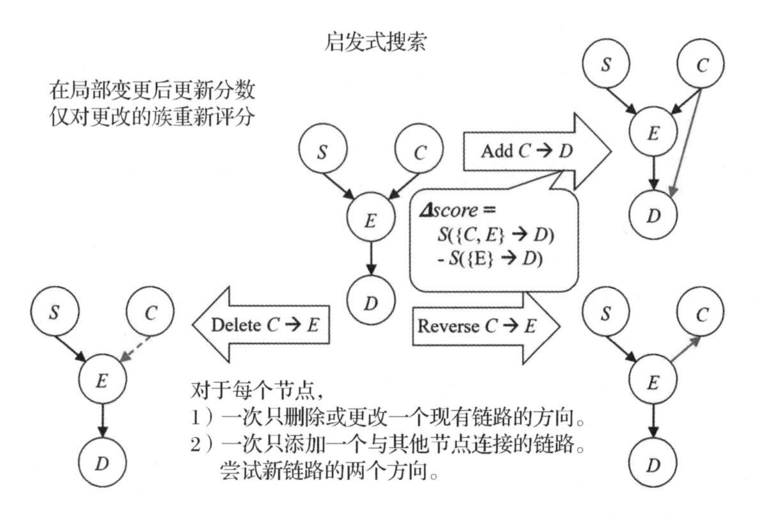

图3.30 爬山法的结构搜索示例(图由文献[1]提供)

这种爬山方法在实践中效果很好。但作为一种贪心的方法，它不是最优的，并且很容易陷入局部最优。它在很大程度上依赖于结构初始化。这个问题的一个解决方案是网络扰动，即网络结构随机扰动，然后这个过程会被重复。另一种解决局部最优的方法是使用模拟退火法。

除了贪心搜索外，还有其他方法被提出，如 $\boldsymbol{A}^*$ 搜索方法[57]。结构学习也可以转化为参数学习。Schmidt 等人[58]建议用回归函数参数化 BN。给定回归参数化后，可以使用对数线性模型指定每个节点的 CPD 为节点与其父节点之间链路权重的函数。该规范不仅显著减少了参数的数量，而且允许使用每个链路的权重值来确定链路的存在。如果链路的权重低于某个阈值，则可以将其移除。给定这样一个参数化，L^1 正则化可以代入到对数似然函数中，使学习的参数具有稀疏性，进而导致许多权重变为零。对于特殊的 BN 如树状结构的 BN 的学习结构，也产生了有效的学习方法。

83

算法 3.7 爬山算法

```
Construct an initial BN G^0 manually or randomly
Order nodes X_1, X_2, ..., X_N
repeat
  for n=1 to N do //explore each node, following the order
    Add, remove, or change direction of a link of X_n to maximize the BIC score
  end for
until no further changes on BIC score
```

3.4.2.1.2 基于独立测试的方法

除了基于评分的 BN 结构学习方法，另一个选择是基于独立测试的方法[59]，也称为基于约束的学习，它发现数据之间的独立性，并利用这些独立性来构建网络。为了降低计算复杂度，基于独立性测试的算法可以采用局部到全局的方法，该方法由 3 步组成：①通过互信息独立性测试，确定每个节点的马尔科夫毯(MB)。②通过连接每个节点的 MB 来构造全局 BN 的骨架。③它决定了链路的方向。对于第三步，该方法首先识别 V 型结构，并根据 V 型结构确定它们的链路方向。对于其余的链路，通常使用某些启发式方法来设置其方向，使其服从 DAG 约束。关于基于约束的 BN 结构学习的最新研究，见文献[60]。

注意，变量之间的依赖关系在默认情况下被假定，也就是说，变量之间默认的关系是相互依赖的，除非被证明是独立的。可靠地证明独立性需要在数量和质量方面都有充足的数据。不充分的数据可能无法证明独立性，从而导致错误的依赖关系和复杂的网络。采用如贝叶斯互信息估计或贝叶斯因子的贝叶斯独立性检验等方法，可以使独立性检验更为稳健和准确，尤其是在训练数据不足的情况下。此外，基于独立性测试的方法也是 NP 难题，因为必须执行的独立性测试的数量与变量的数量成指数关系。

84

3.4.2.2 高斯 BN 结构学习

高斯 BN 的结构学习可以和参数学习结合起来进行。对于定义在变量 $\boldsymbol{X}$ 上的高斯 BN，我们可以用附录 3.9.2 中的式(3.178)推导联合协方差矩阵 $\boldsymbol{\Sigma}$。然后我们可以定义信息(准确度)矩阵 $\boldsymbol{J}=\boldsymbol{\Sigma}^{-1}$。可以证明 $p(\boldsymbol{x})\propto\exp\left[\frac{1}{2}\boldsymbol{x}^\top\boldsymbol{J}\boldsymbol{x}+(\boldsymbol{J}\boldsymbol{\mu})^\top\boldsymbol{\mu}\right]$(见文献[7]中定理

(7.2))。矩阵 $\boldsymbol{J}$ 可用于确定高斯 BN 中链路的存在与否，因为 $\boldsymbol{J}_{ij}$ 测量节点 X_i 和 X_j 之间链路的强度。给定 $\boldsymbol{X} \setminus X_i \setminus X_j$，可以证明(见文献[7]的定理 7.2)当且仅当 X_i 和 X_j 相互独立时，$\boldsymbol{J}_{ij}=0$。因此 $\boldsymbol{J}_{ij}=0$ 表示节点 X_i 和 X_j 之间没有链路，而非零 $\boldsymbol{J}_{ij}$ 表示节点 X_i 和 X_j 之间存在链路。为了确定链路的方向，$\boldsymbol{X}$ 中的变量通常在一个列表中排序，这样一个变量的父变量只能是列表中较早出现的那些变量。由于排序空间可能很大，因此很难通过计算确定最优变量排序。关于学习高斯 BN 的细节可以参见文献[61,49]。人们提出了各种方法来学习稀疏高斯 BN。Huang 等人[62]提出在参数学习过程中对 $\boldsymbol{J}$ 的条目施加 ℓ_1 约束来学习稀疏信息矩阵 $\boldsymbol{J}$。此外，他们还引入了一种递归过程来有效地探索受 DAG 约束的变量序空间，以产生最优的变量排序。

3.5 缺失数据下的 BN 学习

在最后几节中，我们讨论了在训练过程中 BN 中的所有变量都是可观测的情况。然而，在许多实际应用中，训练数据可能并不完整。造成训练数据不完整的原因有两个：随机缺失的数据和总是(或故意)丢失的数据(例如潜在变量)。在第一种情况下，某些变量的某些值可能会随机丢失，从而导致训练样本不完整。在第二种情况下，由于潜在变量的存在，BN 中的某些变量总是缺失的。这两种情况都经常发生在计算机视觉应用中，由于遮挡或照明变化(例如，在夜间)，某些变量的测量值可能会因测量结果不佳或不可用而丢失。对于第二种情况，我们引入了许多潜在变量模型，如潜在支持向量机和深层模型的变体来刻画数据的潜在表示。这些模型中的潜在变量在训练和测试过程中都不会有任何观测结果。在这两种情况下，都有必要在缺失数据下学习 BN。在本节中，我们将首先讨论缺失数据下的 BN 参数学习方法，然后讨论在缺失数据下进行 BN 结构学习。

3.5.1 参数学习

在给定缺失数据的情况下，每个训练样本都可分解为可见和不可见两部分，即 $D_m=\boldsymbol{X}^m=(\boldsymbol{Y}^m,\boldsymbol{Z}^m)$，$m=1,2,\cdots,m$，$\boldsymbol{Y}^m \subset \boldsymbol{X}$ 是第 m 个训练样本的完全观测变量的子集，而 $\boldsymbol{Z}^m \subset \boldsymbol{X}$ 表示同一训练样本中缺失值的变量子集。对于随机缺失的情况，$\boldsymbol{Z}^m$ 因样本而异，而对于总是缺失的情况，$\boldsymbol{Z}^m$ 对于每个样本都是缺失的。与完全数据下的 BN 参数学习一样，缺失数据下的 BN 参数学习也可以用极大似然法或贝叶斯方法来实现。

85

3.5.1.1 极大似然估计

对于极大似然估计，我们需要通过最大化边际似然来求得 BN 参数 $\boldsymbol{\Theta}=\{\boldsymbol{\Theta}_n\}_{n=1}^N$：

$$\begin{aligned}\boldsymbol{\theta}^* &= \underset{\boldsymbol{\theta}}{\operatorname{argmax}} \log p(\boldsymbol{y} \mid \boldsymbol{\theta}) \\ &= \underset{\boldsymbol{\theta}}{\operatorname{argmax}} \sum_{m=1}^{M} \log \sum_{\boldsymbol{z}^m} p(\boldsymbol{y}^m, \boldsymbol{z}^m \mid \boldsymbol{\theta})\end{aligned} \tag{3.101}$$

其中 $\boldsymbol{y}=\{\boldsymbol{y}^m\}_{m=1}^M$ 和 $\boldsymbol{z}$ 被假定为是离散的。式(3.101)的主要难度在于，由于对数和项，

边际对数似然不再可分解。因此，我们不能独立地估计每个节点的参数。此外，不同于通常是凹的联合似然函数，边际似然函数不再是凹的。局部最大值的数目取决于缺失变量的数量。因此，缺失数据下的参数学习变得更加复杂。求解方程(3.101)有两种典型的方法：梯度上升法和期望最大化(EM)法。此外，一般的启发式优化方法，如凹凸程序(CCCP)[63]也可以用来解决非凸优化问题。

3.5.1.1.1 直接法

通过直接最大化对数边际似然，直接法用一种梯度上升法迭代求解最大化问题，

$$\boldsymbol{\theta}^t = \boldsymbol{\theta}^{t-1} + \eta \nabla \boldsymbol{\theta} \tag{3.102}$$

式中 η 为学习速率，参数梯度可计算如下：

$$\begin{aligned}
\nabla \boldsymbol{\theta} &= \frac{\partial \sum_{m=1}^{m} \log \sum_{\boldsymbol{z}^m} p(\boldsymbol{y}^m, \boldsymbol{z}^m \mid \boldsymbol{\theta})}{\partial \boldsymbol{\theta}} \\
&= \sum_{m=1}^{M} \frac{\partial \log \sum_{\boldsymbol{z}^m} p(\boldsymbol{y}^m, \boldsymbol{z}^m \mid \boldsymbol{\theta})}{\partial \boldsymbol{\theta}} \\
&= \sum_{m=1}^{M} \sum_{\boldsymbol{z}^m} p(\boldsymbol{z}^m \mid \boldsymbol{y}^m, \boldsymbol{\theta}) \frac{\partial \log p(\boldsymbol{y}^m, \boldsymbol{z}^m \mid \boldsymbol{\theta})}{\partial \boldsymbol{\theta}} \\
&= \sum_{m=1}^{M} E_{\boldsymbol{z}^m \sim p(\boldsymbol{z}^m \mid \boldsymbol{y}^m, \boldsymbol{\theta})} \left(\frac{\partial \log p(\boldsymbol{x}^m, \boldsymbol{\theta})}{\partial \boldsymbol{\theta}} \right)
\end{aligned} \tag{3.103}$$

86

式(3.103)表明，参数的梯度可以表示为所有训练样本的期望对数似然梯度之和。由于大量的缺失或潜在变量被边缘化，$\boldsymbol{z}^m$ 的配置数目较大时，不可能列举 $\boldsymbol{z}^m$ 的所有配置来精确计算期望梯度。近似可以通过采样 $p(\boldsymbol{z}^m \mid \boldsymbol{y}^m, \boldsymbol{\theta})$来获得样本 $\boldsymbol{z}^s, s=1,2,\cdots,S$，然后可以用样本均值来近似期望梯度。给定 $\boldsymbol{z}^s$，$\nabla\theta$ 可近似计算如下：

$$\nabla \boldsymbol{\theta} = \sum_{m=1}^{M} \frac{1}{S} \sum_{s=1}^{S} \frac{\partial \log p(\boldsymbol{y}^m, \boldsymbol{z}^s, \boldsymbol{\theta})}{\partial \boldsymbol{\theta}} \tag{3.104}$$

此外，当训练数据的大小 M 非常大时，对所有训练样本求和的计算成本很大。在这种情况下，可以使用随机梯度法。

式(3.103)中的联合梯度可针对每个节点 $\boldsymbol{\theta}_n$ 的参数单独执行，通过将式(3.101)改写为 $\boldsymbol{\theta}_n$的函数：

$$\begin{aligned}
\log p(\boldsymbol{y} \mid \boldsymbol{\theta}) &= \sum_{m=1}^{M} \log \sum_{\boldsymbol{z}^m} p(\boldsymbol{y}^m, \boldsymbol{z}^m \mid \boldsymbol{\theta}) \\
&= \sum_{m=1}^{M} \log \sum_{\boldsymbol{z}^m} p(\boldsymbol{x}^m \mid \boldsymbol{\theta}) \\
&= \sum_{m=1}^{M} \log \sum_{\boldsymbol{z}^m} \prod_{n=1}^{N} p(x_n^m \mid \pi(x_n^m), \boldsymbol{\theta}_n)
\end{aligned} \tag{3.105}$$

其中 $x_n^m \in \{\boldsymbol{y}^m, \boldsymbol{z}^m\}$。对于离散 $x_n \in \{1,2,\cdots,K_n\}$，我们可以用 θ_{njk} 进一步改写式(3.105)：

$$\log p(\mathbf{y}|\boldsymbol{\theta}) = \sum_{m=1}^{M} \log \sum_{\mathbf{z}^m} \prod_{n=1}^{N} p(x_n^m | \pi(x_n^m), \boldsymbol{\theta}_n)$$
$$= \sum_{m=1}^{M} \log \sum_{\mathbf{z}^m} \prod_{n=1}^{N} \prod_{j=1}^{J_n} \prod_{k=1}^{K_n} [p(x_n^m = k | \pi(x_n^m) = j)]^{I(x_n^m = k | \pi((x_n^m) = j))}$$
$$= \sum_{m=1}^{M} \log \sum_{\mathbf{z}^m} \prod_{n=1}^{N} \prod_{j=1}^{J_n} \prod_{k=1}^{K_n} \theta_{njk}^{I(x_n^m = k \& \pi(x_n^m) = j)} \tag{3.106}$$

给定式(3.106)，$\boldsymbol{\theta}_{njk}$的梯度可计算为

$$\nabla\theta_{njk} = \frac{\partial \log p(\mathbf{y}|\boldsymbol{\theta})}{\partial \theta_{njk}}$$
$$= \sum_{m=1}^{M} \frac{\sum_{\mathbf{z}^m} \prod_{n'=1, n' \neq n}^{N} \prod_{j=1}^{J_n} \prod_{k=1}^{K_n} \theta_{n'jk}^{I(x_n^m = k \& \pi(x_n^m) = j)}}{\sum_{\mathbf{z}^m} \prod_{n=1}^{N} \prod_{j=1}^{J_n} \prod_{k=1}^{K} \theta_{njk}^{I(x_n^m = k \& \pi(x_n^m) = j)}} \tag{3.107}$$

θ_{njk}可以更新为

$$\theta_{njk}^{t} = \theta_{njk}^{t-1} + \eta \nabla\theta_{njk} \tag{3.108}$$

很明显，式(3.107)的分子和分母都涉及其他节点的参数值，这意味着我们不能单独估计θ_{njk}。此外，我们必须确保θ_{njk}是介于 0 和 1 之间的概率数，这可以通过重新参数化$\theta_{njk} = \sigma(\alpha_{njk})$来实现。最后，我们需要在每次迭代中归一化估计的$\theta_{njk}$，以确保$\sum_{k=1}^{K} \theta_{njk} = 1$。

3.5.1.1.2 期望最大化法

作为直接方法的一种替代方法，期望最大化(EM)方法[64]是缺失数据下参数估计的一种广泛应用的方法。EM 方法不是直接最大化边际对数似然，而是最大化期望对数似然，如下所示。期望对数似然是边际对数似然的下界，它是一个凹函数。边际对数似然可以改写为

$$\log p(\mathcal{D}|\boldsymbol{\theta}) = \sum_{m=1}^{M} \log p(\mathbf{y}^m|\boldsymbol{\theta}) = \sum_{m=1}^{M} \log \sum_{\mathbf{z}^m} p(\mathbf{y}^m, \mathbf{z}^m|\boldsymbol{\theta})$$
$$= \sum_{m=1}^{M} \log \sum_{\mathbf{z}^m} q(\mathbf{z}^m|\mathbf{y}^m, \boldsymbol{\theta}_q) \frac{p(\mathbf{y}^m, \mathbf{z}^m|\boldsymbol{\theta})}{q(\mathbf{z}^m|\mathbf{y}^m, \boldsymbol{\theta}_q)} \tag{3.109}$$

其中$q(\mathbf{z}^m|\mathbf{y}^m, \boldsymbol{\theta}_q)$是$\mathbf{z}$上具有参数$\boldsymbol{\theta}_q$的任意密度函数。詹森不等式指出，对于凹函数，均值函数大于或等于函数的平均值，即

$$f(E(x)) \geqslant E(f(x)) \tag{3.110}$$

将詹森不等式应用于式(3.109)并利用对数函数的凹性得出

$$\log \sum_{\mathbf{z}^m} q(\mathbf{z}^m|\mathbf{y}^m, \boldsymbol{\theta}_q) \frac{p(\mathbf{y}^m, \mathbf{z}^m|\boldsymbol{\theta})}{q(\mathbf{z}^m|\mathbf{y}^m, \boldsymbol{\theta}_q)} \geqslant \sum_{\mathbf{z}^m} q(\mathbf{z}^m|\mathbf{y}^m, \boldsymbol{\theta}_q) \log \frac{p(\mathbf{y}^m, \mathbf{z}^m|\boldsymbol{\theta})}{q(\mathbf{z}^m|\mathbf{y}^m, \boldsymbol{\theta}_q)} \tag{3.111}$$

EM 方法不是直接最大化式(3.111)左侧的边际对数似然，而是最大化其下界，即最大化式(3.111)的右边：

88

$$\boldsymbol{\theta}^{*}=\underset{\boldsymbol{\theta}}{\operatorname{argmax}}\sum_{m=1}^{M}\sum_{z^{m}}q(\boldsymbol{z}^{m}\mid\boldsymbol{y}^{m},\boldsymbol{\theta}_{q})\log p(\boldsymbol{y}^{m},\boldsymbol{z}^{m}\mid\boldsymbol{\theta}) \tag{3.112}$$

注意，将项 $q(\boldsymbol{z}^{m}\mid\boldsymbol{y}^{m},\boldsymbol{\theta}_{q})\log q(\boldsymbol{z}^{m}\mid\boldsymbol{y}^{m},\boldsymbol{\theta}_{q})$($\boldsymbol{z}^{m}$的熵)从式(3.112)中删除，因为 $q(\boldsymbol{z}^{m}\mid\boldsymbol{y}^{m},\boldsymbol{\theta}_{q})$通常被选为与当前 $\boldsymbol{\theta}$ 无关。事实上，对于 EM 算法，选择$\boldsymbol{\theta}_{q}$为 $\boldsymbol{\theta}^{t-1}$，即最后一次迭代中估计的参数。因此 $q(\boldsymbol{z}^{m}\mid\boldsymbol{y}^{m},\boldsymbol{\theta}_{q})=p(\boldsymbol{z}^{m}\mid\boldsymbol{y}^{m},\boldsymbol{\theta}^{t-1})$。这个 q 的选择已经被证明是 p 的一个紧下界。给定函数 q，最大化式(3.112)通常在 E 步骤和 M 步骤两步中迭代完成。E 步骤基于$\boldsymbol{\theta}^{t-1}$估计下界函数 Q。

E 步骤：

$$Q^{t}(\boldsymbol{\theta}^{t}\mid\boldsymbol{\theta}^{t-1})\sum_{m=1}^{M}\sum_{z^{m}}p(\boldsymbol{z}^{m}\mid\boldsymbol{y}^{m},\boldsymbol{\theta}^{t-1})\log p(\boldsymbol{y}^{m},\boldsymbol{z}^{m}\mid\boldsymbol{\theta}^{t}) \tag{3.113}$$

E 步骤主要计算$\boldsymbol{z}^{m}$的每个可能配置的权重 $p(\boldsymbol{y}^{m},\boldsymbol{z}^{m}\mid\theta^{t-1})$。给定 $p(\boldsymbol{y}^{m},\boldsymbol{z}^{m}\mid\theta^{t-1})$，M 步骤最大化$Q^{t}$以获得 $\boldsymbol{\theta}$ 的估计值。

M 步骤：

$$\boldsymbol{\theta}^{*}=\underset{\boldsymbol{\theta}^{t}}{\operatorname{argmax}}\,Q^{t}(\boldsymbol{\theta}^{t}\mid\boldsymbol{\theta}^{t-1}) \tag{3.114}$$

该函数仍然是可分解的，并且每个节点的参数可以单独估计。这里可以应用我们在 3.4.1.1 节中介绍的用于在完全数据下学习 BN 参数的极大似然法。

具体地说，给定在 E 步骤中计算的权重，M 步骤中的最大化是可分解的，因此可以单独估计每个节点 $\boldsymbol{\theta}_{n}$ 的参数。如果所有变量都是离散的，那么 M 步骤得到

$$\theta_{njk}^{t}=\frac{M_{njk}}{M_{nj}} \tag{3.115}$$

其中M_{njk}是节点 X_{n}的总加权计数，其值为 k，给定其第 j 个父配置，即，

$$M_{njk}=\sum_{m=1}^{M}w_{m,c=njk}$$

其中 $c=njk$ 表示所有节点的第 c 个配置，对应于节点 $X_{n}=k$ 及其第 j 个父配置，以及 $w_{m,c}=p(\boldsymbol{z}_{c}^{m}\mid\boldsymbol{y}^{m},\boldsymbol{\theta}^{(t-1)})$，其中 $\boldsymbol{z}_{c}^{m}$ 和 $\boldsymbol{y}_{c}^{m}$ 属于 $\boldsymbol{x}_{n}^{m}$ 的第 c 个配置。详见文献[7]中 19.2.2.3 节。

E 步骤和 M 步骤迭代直到收敛。已经证明，EM 方法在每次迭代时都能提高似然估计，但它可能会收敛到局部极大值，这取决于初始化。算法 3.8 为 EM 算法提供了一个伪代码。对于离散型 BN 的 EM 算法，另一种可替代的伪代码可以参见文献[7]中的算法 19.2。

89

除了传统的 EM，还有其他的 EM 变体，包括 hard EM、随机 EM 和变分 EM。hard EM 表示对传统 EM 的一种近似。hard EM 不是在 E 步骤中为缺失值提供软估计(权重)，而是求得这些值的 MAP 估计。在给定完整数据的情况下，M 步骤可以像传统的极大似然法一样进行。具体而言，hard EM 的 E 步骤和 M 步骤可以表述如下。

算法 3.8 EM 算法

▷ $X_1, X_2, \cdots, X_N$ are nodes for a BN, with each node assuming K values
▷ z^m are the missing variables for the mth sample for $m=1,2,\cdots,M$.
$w_{m,l_m}=1, l_m=1,2,\cdots,K^{|z^m|}$ // initialize the weights for each sample
$\theta=\boldsymbol{\theta}_0$, //initialize the parameters for each node
t=0
while not converging **do**
  E-step:
  for m=1 to M **do**
    if $\mathbf{x}^m$ contains missing variables z^m **then**
      for l_m=1 to $K^{|z^m|}$ **do**
        $w_{m,l_m}=p(z^m_{l_m}|y^m,\boldsymbol{\theta}^t)$ // $z^m_{l_m}$ is the l_mth configuration of z^m
      end for
    end if
  end for
  M-step:
  $\boldsymbol{\theta}^t=\text{argmax}_{\boldsymbol{\theta}}\sum_{m=1}^{M}\sum_{l_m=1}^{K^{|z^m|}}w_{m,l_m}\log p(y^m,z^m_{l_m}|\boldsymbol{\theta})$ using Eq. (3.115)
  t=t+1
end while

E 步骤：

$$\hat{z}^m=\underset{z^m}{\text{argmax}}\,p(\boldsymbol{z}^m\mid \boldsymbol{y}^m,\boldsymbol{\theta}^{t-1}) \tag{3.116}$$

M 步骤：

$$\boldsymbol{\theta}^*=\underset{\theta}{\text{argmax}}\sum_{m=1}^{M}\log p(\boldsymbol{y}_m,\hat{z}^m\mid\boldsymbol{\theta}) \tag{3.117}$$

可以很容易证明 $\sum_{m=1}^{M}\log p(\boldsymbol{y}_m,\hat{z}^m\mid\boldsymbol{\theta})$ 是期望的对数似然的下界。hard EM 不是最大化期望的对数似然，而是最大化其下界。最广泛使用的 hard EM 之一是著名的用于数据聚类的 K-means 算法。

建立随机 EM 来估算式(3.113)的 E 步骤中 $\boldsymbol{z}^m$ 的总和。当 $\boldsymbol{z}^m$ 中不完全变量的数量和潜深模型中的不完全变量数量一样大时，通过边缘化 $\boldsymbol{z}^m$ 来强行计算期望梯度很困难。可以通过从 $p(\boldsymbol{z}^m\mid\boldsymbol{y}^m,\ \boldsymbol{\theta}^{t-1})$ 获得 $\boldsymbol{z}^s$ 的样本并用样本平均值代替均值来估算。与式(3.104)用样本平均值来近似期望的参数梯度一样，E 步骤中 S 上的期望对数似然 $\log p(\boldsymbol{y}^m,\boldsymbol{z}^s)$ 可以用其样本平均值来近似。算法 3.9 为随机 EM 提供了伪码。

90

算法 3.9 随机 EM 算法

Initialize $\boldsymbol{\theta}$ to $\boldsymbol{\theta}^0$ //get an initial value for $\boldsymbol{\theta}$
t=0
while not converging **do**
  for m=1 to M **do** //go through each sample
    Obtain S samples of $z_s^{m,t}$ from $p(z|y^m,\boldsymbol{\theta}^t)$
  end for
  $\boldsymbol{\theta}^{t+1}=\text{argmax}_{\boldsymbol{\theta}^t}\sum_{m=1}^{M}\frac{1}{S}\sum_{s=1}^{S}\log p(y^m,z_s^{m,t}|\boldsymbol{\theta}^t)$ // update $\boldsymbol{\theta}^t$
  t=t+1
end while

对于某些变量，该概率可能无法在 z^m 上分解，并且计算起来很困难，因此人们提出了变分 EM 法来解决 $p(z^m|y^m,\theta^{t-1})$的计算问题。为了解决这一问题，变分 EM 设计了一个函数 $q(z|\alpha)$，它在z^m上分解，并且最接近 $p(z^m|y^m,\theta^{t-1})$。最简单的变分方法是平均场法，它有一个在 z 上完全分解的函数 $q(z|\alpha)$，其参数 α 可以通过最小化函数 $q(z|\alpha)$和 $p(z^m|y^m,\theta^{t-1})$之间的 KL 散度得到。给定 $q(z|\alpha)$，我们可以用它来计算 $p(z^m|y^m,\theta^{t-1})$。3.3.2.3 节进一步讨论了变分法。

与直接法相比，EM 方法不需要计算似然梯度。其 M 步骤优化是凸的，并且允许有一个封闭形式的解。与直接法相比，用 EM 方法通常能得出更好的估计值，但它却与直接法一样严重依赖初始化，只能求得局部最大值。此外，它只最大化边际似然的下界，而不是边际似然本身。因此，它的解可能比直接法的解更差，这取决于边际对数似然与其下界之间的差距。

直接法和 EM 法都需要参数的初始化。初始化可以极大地影响结果，特别是当缺少值的变量的数目很大时。参数初始化有以下几种方法：随机初始化、人工初始化或基于完全数据部分的初始化。对于随机初始化，习得的参数的值和性能可能不同。一种可能的解是执行多个随机初始化，然后选择一个在性能方面产生最佳参数的初始化。人工初始化可以根据参数的任何先验知识进行。尽管这样的初始化可能会保证参数的一致性，但它往往会给参数估计带来偏差。最后，基于完整数据部分的参数初始化可以得出良好且一致的结果，但该方法假设有足够完整的数据。

91

关于直接法和 EM 法之间差异的进一步讨论，请参见文献[7]中 19.2.3 节。表 3.2 总结了缺失数据下 BN 参数学习的不同方法。

表 3.2　缺失数据下的 BN 参数学习方法

具体方法	目标函数
直接法	边际对数似然
EM 法	期望对数似然
变分 EM	近似期望对数似然
随机 EM	近似期望对数似然

3.5.1.2　贝叶斯参数估计

与完全数据下的情况一样，贝叶斯估计或 MAP 估计也可以应用于缺失数据下的 BN 参数学习。贝叶斯参数估计不是只从数据中学习 BN 参数，还利用了参数的先验分布。给定训练数据 $\mathcal{D}=\{y^m,z^m\}$，$m=1,2,\cdots,M$，其中 $y=\{y^m\}$可观测，$z=\{z^m\}$不可观测，目标是通过最大化 θ 的对数后验概率来求得 θ：

$$\theta^*=\underset{\theta}{\operatorname{argmax}}\log p(\theta|\mathcal{D}) \tag{3.118}$$

其中，$p(\theta|\mathcal{D})$可写成

$$\log p(\theta|\mathcal{D})=\log p(\theta)+\log p(\mathcal{D}|\theta)-p(\mathcal{D}) \tag{3.119}$$

其中第一项是 θ 的对数先验概率，第二项是 θ 的对数边际似然，第三项 $p(\mathcal{D})$是常数。

在数据完整的情况下，可以选择先验概率与似然函数共轭。给定等式(3.118)中的目标函数，对于极大似然估计，我们可以采用基于梯度的方法迭代获得 $\boldsymbol{\theta}$ 的估计。EM 方法也可以推广到这种情况。详见文献[7]中 19.3 节。

在缺失数据下，贝叶斯学习的一种近似实现是采样贝叶斯学习。给定一个 $\boldsymbol{\theta}$ 的先验，我们首先从 $p(\boldsymbol{\theta})$ 得到参数样本。然后，我们可以根据观测数据 $\mathbf{y}$ 衡量样本的似然性。我们可以重复这一过程以获得许多样本。最后用所有参数样本的加权平均值来估计最终参数。尤其是在参数空间较大的情况下，直接采样先验值可能很低效。文献[7]中 19.3.2 节介绍了吉布斯和收缩的吉布斯采样方法，以有效地进行先验的采样。算法 3.10 为不完全采样数据下的 BN 参数学习提供了伪代码。基于采样的方法的一个潜在问题是，参数样本实际上是由参数和可用变量的联合概率分布 $p(\boldsymbol{\theta}, \mathbf{y})$ 生成的，如算法 3.10 所示，而参数的严格贝叶斯估计需要参数的边际后验概率 $p(\boldsymbol{\theta}|\mathbf{y})$ 作为样本，这可能很难从联合分布产生的样本中获得。

92

算法 3.10 基于吉布斯采样的欠缺数据下的贝叶斯参数学习

▷ Given $\boldsymbol{y}=\{\boldsymbol{y}^1, \boldsymbol{y}^2, \cdots, \boldsymbol{y}^M\}$
t=0
while t<T **do**
  Sample $\boldsymbol{\theta}^t$ from $p(\boldsymbol{\theta})$ //use a Gibbs sampling method
  if t > T_0 **then** //burn-in threshold
    Collect $\boldsymbol{\theta}^t$
    Compute $w^t = p(\boldsymbol{y}|\boldsymbol{\theta}^t)$ //Compute the weight for the sample
  end if
  t=t+1
end while
$\hat{\theta} = \frac{\sum_{t=T_0+1}^{T} w^t \boldsymbol{\theta}^t}{T-T_0}$ and normalize

除了采样方法外，文献[7]的 19.3.3 节也介绍了变分贝叶斯学习方法，用于缺失数据下的贝叶斯参数学习。

3.5.2 结构学习

对于缺失数据下的 BN 结构学习，问题更具挑战性。给定 $\mathcal{D}=\{D_1, D_2, \cdots, D_M\}$，其中 $D_m=\{\boldsymbol{y}^m, \boldsymbol{z}^m\}$，我们最大化 $\mathcal{G}$ 的边际对数似然，而不是其边际似然：

$$\begin{aligned}\mathcal{G}^* &= \underset{\mathcal{G}}{\operatorname{argmax}} \log p(\boldsymbol{y}|\mathcal{G}) \\ &= \underset{\mathcal{G}}{\operatorname{argmax}} \log \sum_{\boldsymbol{z}} p(\boldsymbol{y}, \boldsymbol{z}|\mathcal{G}) \\ &= \underset{\mathcal{G}}{\operatorname{argmax}} \log \sum_{\boldsymbol{z}} p(\mathcal{D}|\mathcal{G}) \end{aligned} \tag{3.120}$$

其中 $\boldsymbol{y}=\{\boldsymbol{y}^m\}_{m=1}^M$，$\boldsymbol{z}=\{\boldsymbol{z}^m\}_{m=1}^M$。为了最大化式(3.120)，我们可以采用与缺失数据下的参数学习相同的策略，即直接通过梯度上升使其最大化，或者通过 EM 法使其下界最大化。后者发展为众所周知的结构 EM(SEM)法，如下所述。通过在参数 EM 中引入函数 q，式(3.120)中的边际对数似然可改写为

93

$$
\begin{aligned}
\log p(\boldsymbol{y}\mid\mathcal{G}) &= \log\sum_{\boldsymbol{z}} q(\boldsymbol{z}\mid\boldsymbol{y},\boldsymbol{\theta}_q)\frac{p(\mathcal{D}\mid\mathcal{G})}{q(\boldsymbol{z}\mid\boldsymbol{y},\boldsymbol{\theta}_q)} \\
&\geqslant \sum_{\boldsymbol{z}} q(\boldsymbol{z}\mid\boldsymbol{y},\boldsymbol{\theta}_q)\log\frac{p(\mathcal{D}\mid\mathcal{G})}{q(\boldsymbol{z}\mid\boldsymbol{y},\boldsymbol{\theta}_q)} \quad \text{詹森不等式} \\
&= \sum_{\boldsymbol{z}} q(\boldsymbol{z}\mid\boldsymbol{y},\boldsymbol{\theta}_q)\log p(\mathcal{D}\mid\mathcal{G}) - q(\boldsymbol{z}\mid\boldsymbol{y},\boldsymbol{\theta}_q)\log q(\boldsymbol{z}\mid\boldsymbol{y},\boldsymbol{\theta}_q) \\
&= E_q(\log p(\mathcal{D}\mid\mathcal{G})) - \sum_{\boldsymbol{z}} q(\boldsymbol{z}\mid\boldsymbol{y},\boldsymbol{\theta}_q)\log q(\boldsymbol{z}\mid\boldsymbol{y},\boldsymbol{\theta}_q)
\end{aligned}
\tag{3.121}
$$

其中，第一项是期望对数边际似然，第二项代表 z 的熵，与 $\mathcal{G}$ 无关。从式(3.121)可以清楚地看出，我们最大化结构 EM 的期望对数边际似然，而不是对数边际似然。如果我们选择用 BIC 评分来近似边际对数似然，那么式(3.121)计算期望的 BIC 评分。与参数 EM 一样，SEM 需要初始的结构和参数。给定初始猜测后，基于评分的 SEM 迭代地细化模型直到收敛。算法 3.11 详细说明了 SEM 过程。给定一个初始结构，然后结构 EM 执行参数 EM 的 E 步骤来计算每个样本的权重 $w_{m,j}=p(\boldsymbol{z}_j^m\mid\boldsymbol{y}^m,\ \boldsymbol{\theta}^{t-1})$。在给定权重的情况下，通过最大化期望的 BIC 评分，BN 结构学习可以应用到 M 步骤中。这可以通过精确方法或近似方法(如爬山法)来实现。E 步骤和 M 步骤交替进行，它们迭代直到收敛。详见算法 3.11 和文献[7]中算法 19.3。

算法 3.11　结构 EM 算法

Initialize BN structure to $\mathcal{G}^0$ and parameters to $\boldsymbol{\theta}^0$
t=0
while not converging **do**
　E-step:
　for m=1 to M **do**
　　if $\mathbf{x}^m$ contains missing variables z^m **then**
　　　for j=1 to $K^{|z^m|}$ **do** //K is the cardinality for each variable in z^m
　　　　$w_{m,j}=p(z_j^m|y^m,\boldsymbol{\theta}^t)$ //z_j^m is the jth configuration of z^m
　　　end for
　　end if
　end for
　M-step:
　$E_q(BIC(\mathcal{G}))=\sum_{m=1}^{M}\sum_{j=1}^{K^{|z^m|}} w_{m,j}\log p(y^m,z_j^m|\boldsymbol{\theta}^t,\mathcal{G})-\frac{\log M}{2}Dim(\mathcal{G})$
　$\mathcal{G}^{t+1},\boldsymbol{\theta}^{t+1}=\text{argmax}_{\mathcal{G}}\,E_q(BIC)(\mathcal{G})$ // find $\mathcal{G}^{t+1}$ to maximize the expected BIC score through a search algorithm such as hill-climbing method
　t=t+1
end while

94

3.6　人工贝叶斯网络规范

除了从数据中自动学习 BN 外，还可以利用 BN 中的因果语义人工构造 BN。具体而言，要为一组给定的变量构造一个 BN，我们只需给出从原因变量到它们的即时影响

的直接链路，建立一个满足 BN 定义的因果模型。例如，我们可以根据图像区域、边缘和顶点之间的因果关系，人工构建用于图像分割的 BN，如第 1 章图 1.1A 所示。在给定的结构下，领域知识也可以用来指定每个节点的条件概率。人工 BN 规范需要领域知识用于知识表示。对于缺乏领域知识的领域，它则不可行，并且不能很好地扩展到大型模型。

3.7 动态贝叶斯网络

3.7.1 简介

在实际应用中，我们经常需要对一个动态过程进行建模，该过程涉及一组随时间变化的随机变量。BN 本质上是静态的，不能用来刻画随机变量之间的动态关系。因此，动态贝叶斯网络被开发，并被扩展到动态过程的建模中。动态过程不是模拟动态过程的连续演化，而是通过在连续时间点(也称为时间片)采样来离散动态过程，以获得$\boldsymbol{X}^0$，$\boldsymbol{X}^1,\boldsymbol{X}^2,\cdots,\boldsymbol{X}^T$其中$\boldsymbol{X}^T$是时间$\boldsymbol{t}$的随机向量。动态建模的目标是刻画$\boldsymbol{X}^0,\boldsymbol{X}^1,\boldsymbol{X}^2,\cdots,\boldsymbol{X}^T$的联合概率分布$\boldsymbol{p}(\boldsymbol{X}^0,\boldsymbol{X}^1,\boldsymbol{X}^2,\cdots,\boldsymbol{X}^T)$。根据链式法则，联合概率分布可以写成

$$\begin{aligned}&p(\boldsymbol{X}^0,\boldsymbol{X}^1,\boldsymbol{X}^2,\cdots,\boldsymbol{X}^T)\\&=p(\boldsymbol{X}^0)p(\boldsymbol{X}^1\mid\boldsymbol{X}^0)p(\boldsymbol{X}^2\mid\boldsymbol{X}^0,\boldsymbol{X}^1)\cdots p(\boldsymbol{X}^T,\mid\boldsymbol{X}^0,\boldsymbol{X}^1,\cdots,\boldsymbol{X}^{T-1})\end{aligned}\tag{3.122}$$

假设一阶时间马尔可夫性质，我们可以将式(3.122)改写为

$$p(\boldsymbol{X}^0,\boldsymbol{X}^1,\boldsymbol{X}^2,\cdots,\boldsymbol{X}^T)=p(\boldsymbol{X}^0)\prod_{t=1}^{T}p(\boldsymbol{X}^t\mid\boldsymbol{X}^{t-1})\tag{3.123}$$

其中第一项刻画静态联合分布，第二项刻画动态联合分布。简单来说，我们可以用 BN 来表示每个$\boldsymbol{X}^t$，动态过程可以用扩展的 BN 来表示，这是通过在$\boldsymbol{T}$个时间片上连接每个$\boldsymbol{X}^t$的 BN 得到的。然而，这样的表示是低效的，因为它需要为每个$\boldsymbol{X}^t$确定 BN。

假设一阶平稳转移，引入双层动态贝叶斯网络(DBN)来解决这一问题。首先由 Dagum 等人[65]提出，DBN 可以用一个二元组 $\mathcal{B}=(\mathcal{G},\boldsymbol{\Theta})$表示，其中$\mathcal{G}$表示 DBN 结构，而$\boldsymbol{\Theta}$表示其参数。拓扑上，$\mathcal{G}$是由先验网络$\mathcal{G}^0$和转移转移网络$\overrightarrow{\mathcal{G}}$两部分组成的扩展 BN，分别如图 3.31A 和 B 所示。先验网络简单地说是一个在动态过程开始时刻画静态随机变量的联合分布的 BN，而转移网络也是一个 BN，它刻画动态随机变量在两个连续时间片$t-1$和t之间的时间转移。具体而言，DBN 中的节点要么表示先验网络中不随时间变化的静态随机变量，要么表示随时间变化的转移网络中的动态随机变量。我们用$\boldsymbol{X}^0$表示先验网络中的静态随机变量，用$\overrightarrow{\boldsymbol{X}^t}$表示转移网络第二层中的动态随机变量。根据它们所连接的变量，这些链路要么刻画空间依赖关系，要么刻画时间依赖关系。具体而言，如图 3.31a 所示，$\mathcal{G}^0$中$\boldsymbol{X}^0$之间的链路刻画静态变量之间的空间依赖关系。转移网络中的链路可以是片内链路或片间链路。片内链路连接同一时间片内的节点，刻画时间节点之间的空间关系。另一方面，片间链路连接连续时间片上的节点，并在两个不同的时间步刻画时间节点之间的时间依赖关系。请注意，尽管片内链路可以出现在先验网络和转移网络中，但互连只出现在转移网络中。此外，如图 3.31b 所示，转移网络中的

95

96 片内链路仅适用于第二时间片中的节点，并且它们可以不同于先验网络中的节点。

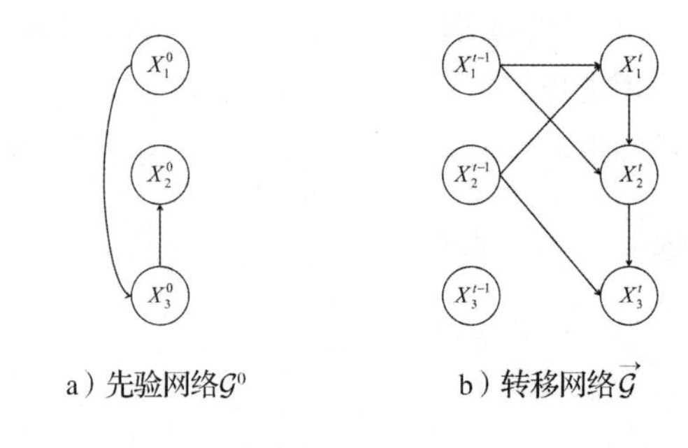

a）先验网络$\mathcal{G}^0$　　b）转移网络$\overrightarrow{\mathcal{G}}$

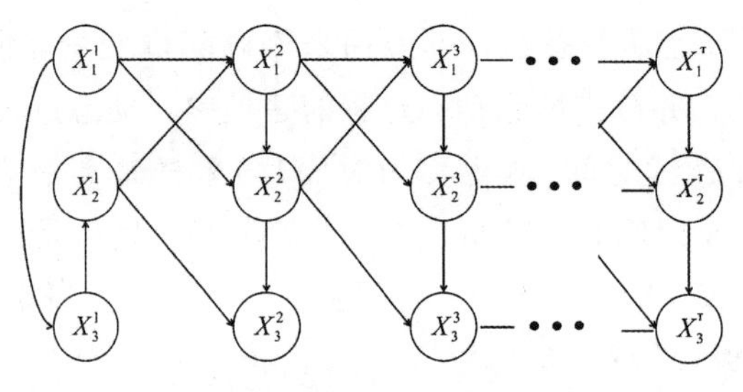

c）一个具有T个时间片的展开DBN

图 3.31　图 a 和图 b 为 DBN 及其分解示例，图 c 为展开 DBN

此外，转移网络中的互联只能从第一片指向第二片。为了在 T 个时间步上构造动态过程的 DBN，我们可以将先验网络和转移网络展开(通过为每个时间步复制转移网络)到所需数量的时间片，如图 3.31c 所示。

同理，DBN 参数 $\boldsymbol{\Theta}$ 可以分解为 $\boldsymbol{\Theta}^0$ 和 $\overrightarrow{\boldsymbol{\Theta}}$，分别代表$\mathcal{G}^0$和$\overrightarrow{\mathcal{G}}$的参数；$\boldsymbol{\Theta}^0$ 代表先验网络中所有节点的条件概率，即$\boldsymbol{\Theta}^0=\{p(X_n^0|\pi(X_n^0))\}$，其中$X_n^0\in\boldsymbol{X}^0$，$\overrightarrow{\boldsymbol{\Theta}}$对$\overrightarrow{\mathcal{G}}$中所有节点的条件概率进行编码，即，$\overrightarrow{\boldsymbol{\Theta}}=\{p(X_n^t)|\pi(X_n^t)\}$，其中$\boldsymbol{X}_n^t\in\overrightarrow{X^t}$。除了标准 Markov 条件假设外，DBN 还有两个附加假设。首先，DBN 遵循一阶 Markov 特性

$$p(\boldsymbol{X}^t|\boldsymbol{X}^{t-1},\boldsymbol{X}^{t-2},\cdots,\boldsymbol{X}^0)=p(\boldsymbol{X}^t|\boldsymbol{X}^{t-1}) \tag{3.124}$$

这意味着在时间 t 处的节点仅在时间上取决于先前时间片上的节点，即一阶马尔可夫假设。其次，DBN 假定动态转移在两个连续的时间片上是局部平稳的：

$$p(\boldsymbol{X}^{t_1}|\boldsymbol{X}^{t_1-1})=p(\boldsymbol{X}^{t_2}|\boldsymbol{X}^{t_2-1})\ \forall\ t_1\neq t_2 \tag{3.125}$$

这样的假设会得出稳定的 DBN。该假设可能不适用于非平稳动态过程。

给定上述定义和假设，随机变量随时间的联合概率分布 $p(\boldsymbol{X}^0,\boldsymbol{X}^1,\boldsymbol{X}^2,\cdots,\boldsymbol{X}^T)$可写为每个节点的 CPD 乘积：

$$\begin{aligned}p(\boldsymbol{X}^0,\boldsymbol{X}^1,\boldsymbol{X}^2,\cdots,\boldsymbol{X}^T)&=p(\boldsymbol{X}^0|\boldsymbol{\Theta}^0)\prod_{t=1}^{T}p(\overrightarrow{\boldsymbol{X}^t},\overrightarrow{\boldsymbol{\Theta}})\\&=\prod_{n=1}^{N^0}p(X_n^0|\pi(X_n^0),\boldsymbol{\Theta}^0)\prod_{t=1}^{T}\prod_{n=1}^{N^t}p(X_n^t|\pi(X_n^t),\overrightarrow{\boldsymbol{\Theta}})\end{aligned} \tag{3.126}$$

其中，N^0是先验网络中的节点数，N^t是转移网络第二层中的节点数。第一乘积项刻画先验网络中静态节点的联合概率分布，而第二和第三乘积项刻画转移网络中时间节点的联合概率分布。因此，要完全参数化 DBN，我们需要在 $\boldsymbol{\Theta}^0$ 和 $\overrightarrow{\boldsymbol{\Theta}}$ 中指定每个单独 CPD。

3.7.2　学习和推理

在本节中，我们简要总结了 DBN 的学习和推理。由于与 BN 学习和推理有明显重叠，我们将不再详细讨论 DBN 学习和推理。

97

3.7.2.1　DBN 学习

我们所讨论的 BN 学习方法，包括参数学习和结构学习方法，也可以应用到 DBN 学习中。与 BN 学习不同，DBN 学习涉及学习先验网络$\mathcal{G}^0$和转移网络$\overrightarrow{\mathcal{G}}$的参数和结构。我们将首先讨论完全数据下的学习方法，然后是缺失数据下的学习方法。

在完全数据条件下，我们可以使用极大似然法或贝叶斯法进行 DBN 参数学习。设训练数据为 $\boldsymbol{D}=\{S_1,S_2,\cdots,S_M\}$，其中$\boldsymbol{S}_m$是$t_m$个时间片的训练序列，即$\boldsymbol{S}_m=\{S_{m,0},S_{m,1},\cdots,S_{m,t_m}\}$。DBN 参数 $\boldsymbol{\Theta}$ 的极大似然估计可以表示为

$$\boldsymbol{\Theta}^*=\underset{\boldsymbol{\Theta}}{\operatorname{argmax}}\log p(\boldsymbol{D}|\boldsymbol{\Theta}) \tag{3.127}$$

其中 $\log p(\boldsymbol{D}|\boldsymbol{\Theta})$可进一步写成

$$\begin{aligned}\log p(\boldsymbol{D}|\boldsymbol{\Theta})&=\sum_{m=1}^{M}\log p(\boldsymbol{S}_m|\boldsymbol{\Theta})\\&=\sum_{m=1}^{M}\sum_{n=1}^{N^0}\log p(X_n^{0,m}|\pi(X_n^{0,m})),\boldsymbol{\Theta}^0)\\&\quad+\sum_{m=1}^{M}\sum_{t=1}^{t_m}\sum_{n=1}^{N^t}\log p(X_n^{t,m}|\pi(X_n^{t,m}),\overrightarrow{\boldsymbol{\Theta}})\end{aligned} \tag{3.128}$$

请注意，X_n^t代表转移网络第二层中的节点。从式(3.128)清楚得知，$\boldsymbol{\Theta}^0$ 和 $\overrightarrow{\boldsymbol{\Theta}}$ 可以分别学习。要学习它们，$\boldsymbol{D}$ 可以分解成 $\boldsymbol{D}=\{\boldsymbol{D}^0,\overrightarrow{\boldsymbol{D}}\}$，$\boldsymbol{D}^0=\{S_{m,0}\}$，其中 $m=1,2,\cdots,M$ 和 $\overrightarrow{\boldsymbol{D}}=\{S_{m,t-1},S_{m,t}\}$，其中 $m=1,2,\cdots,M,t=1,2,\cdots,t_m$。$S_{m,0}$代表所有序列第一个时间片中的数据，$\{S_{m,t-1},S_{m,t}\}$代表来自所有序列的两个连续时间片的数据。给定$\boldsymbol{D}^0$和$\overrightarrow{\boldsymbol{D}}$，我们可以运用 3.4.1 节中的 BN 参数学习方法来分别学习先验网络和转移网络的参数。

对于 DBN 结构学习，根据基于评分的方法，我们可以运用 BIC 评分来表示 DBN 结构学习，如下所示：

$$\mathcal{G}^*=\underset{\mathcal{G}}{\operatorname{argmax}}\,\text{BIC 评分}(\mathcal{G}) \tag{3.129}$$

98

其中

$$\text{BIC 评分}(\mathcal{G})=\sum_{m=1}^{M}\log p(\boldsymbol{S}_m|\mathcal{G},\hat{\boldsymbol{\Theta}})-\frac{\log M}{2}d(\mathcal{G})$$

$$
\begin{aligned}
&= \sum_{m=1}^{M}\sum_{n=1}^{N}\log p(X_n^0 \mid \pi(X_n^0), \hat{\boldsymbol{\Theta}}^0, \mathcal{G}^0) \\
&\quad + \sum_{m=1}^{M}\sum_{t=1}^{t_m}\sum_{n=1}^{N} p(X_n^t \mid \pi(X_n^t), \hat{\vec{\boldsymbol{\Theta}}}, \vec{\boldsymbol{G}}) \\
&\quad - \frac{\log M}{2} d(\mathcal{G}^0) - \frac{\log M}{2} d(\vec{\mathcal{G}}) \\
&= \text{BIC 评分}(\mathcal{G}^0) + \text{BIC 评分}(\vec{\mathcal{G}})
\end{aligned} \tag{3.130}
$$

很明显，$\mathcal{G}^0$和$\vec{\mathcal{G}}$的结构可以分别学习。通过数据$\boldsymbol{D}^0$和$\vec{\boldsymbol{D}}$，可以运用3.4.2节中的BN结构学习方法来学习它们。为了学习$\vec{\mathcal{G}}$的结构，我们施加约束：在$\vec{\mathcal{G}}$的第一个切片中没有片内链路，并且两个片之间的片间链路总是从时刻$t-1$的节点指向时刻t的节点。

对于不完整数据下的DBN学习，先验和转移网络的参数和结构不再能够单独学习，因为像不完整数据下的BN学习一样，它们被耦合在一起，需要一起学习。按照3.5.1.1节中讨论的方法，我们可以使用直接方法或EM方法对不完整数据下的DBN参数和结构进行学习。

3.7.2.2　DBN推理

与BN推理一样，DBN推理包括后验概率推理，MAP推理和似然推理。后验概率推理可以进一步分为滤波和预测。对于由变量$\boldsymbol{X}^{1:t}$和$\boldsymbol{Y}^{1:t}$组成的DBN，其中$\boldsymbol{X}^{1:t}=\{\boldsymbol{X}^1, \boldsymbol{X}^2, \cdots, \boldsymbol{X}^t\}$表示从时间1到当前时间$t$的未知变量，$\boldsymbol{Y}^{1:t}=\{\boldsymbol{Y}^1, \boldsymbol{Y}^2, \cdots, \boldsymbol{Y}^t\}$表示从时间1到当前时间$t$的相应观测变量。滤波是计算$p(\boldsymbol{x}^t \mid \boldsymbol{y}^{1:t})$，可以按照以下方式递归地进行：

$$
\begin{aligned}
p(\boldsymbol{x}^t \mid \boldsymbol{y}^{1:t}) &= p(\boldsymbol{x}^t \mid \boldsymbol{y}^{1:t-1}, \boldsymbol{y}^t) \propto p(\boldsymbol{x}^t \mid \boldsymbol{y}^{1:t-1}) p(\boldsymbol{y}^t \mid \boldsymbol{x}^t) \\
&= p(\boldsymbol{y}^t \mid \boldsymbol{x}^t) \int_{\boldsymbol{x}^{t-1}} p(\boldsymbol{x}^t \mid \boldsymbol{x}^{t-1}) p(\boldsymbol{x}^{t-1} \mid \boldsymbol{y}^{1:t-1}) \mathrm{d}\boldsymbol{x}^{t-1}
\end{aligned} \tag{3.131}
$$

注意，该式假设给定$\boldsymbol{X}^{t-1}$，$\boldsymbol{Y}^{1:t-1}$与$\boldsymbol{X}^t$相互独立。在积分项内，$p(\boldsymbol{x}^t \mid \boldsymbol{x}^{t-1})$刻画了状态转换，$p(\boldsymbol{x}^{t-1} \mid \boldsymbol{y}^{1:t-1})$表示在时间$t-1$处的滤波，因此可以递归计算$p(\boldsymbol{x}^t \mid \boldsymbol{y}^{1:t})$。可以通过转移网络上的BN推理来计算$p(\boldsymbol{y}^t \mid \boldsymbol{x}^t)$和$p(\boldsymbol{x}^t \mid \boldsymbol{x}^{t-1})$，在$t=0$时例外。在时间$t=0$时，可以在先验网络上执行BN推理以计算$p(\boldsymbol{y}^t \mid \boldsymbol{x}^t)$。在计算机视觉中，滤波广泛用于目标跟踪。著名的卡尔曼滤波和粒子滤波方法就是广泛用于目标跟踪的特殊DBN。

第二个后验概率推理是预测，即计算$p(\boldsymbol{x}^{t+h} \mid \boldsymbol{y}^{1:t})$，其中$h$表示提前预测步长。从$h=1$开始，$p(\boldsymbol{x}^{t+h} \mid \boldsymbol{y}^{1:t})$可以递归计算如下：

99

$$
p(\boldsymbol{x}^{t+h} \mid \boldsymbol{y}^{1:t}) = \int_{\boldsymbol{x}^{t+h-1}} p(\boldsymbol{x}^{t+h} \mid \boldsymbol{x}^{t+h-1}) p(\boldsymbol{x}^{t+h-1} \mid \boldsymbol{y}^{1:t}) \mathrm{d}\boldsymbol{x}^{t+h-1} \tag{3.132}
$$

当$h=0$时，预测推理变为滤波推理。同理，DBN预测推理与DBN滤波具有相同的独立性假设，因此可以通过递归执行BN推理以计算转移网络的$p(\boldsymbol{x}^{t+h} \mid \boldsymbol{x}^{t+h-1})$来实现DBN预测推理。

对于MAP推理，目标是在给定$\boldsymbol{y}^{1:t}$的情况下估算$\boldsymbol{x}^{1:t}$的最佳配置，

$$
\boldsymbol{x}^{*1:t} = \underset{\boldsymbol{x}^{1:t}}{\operatorname{argmax}}\, p(\boldsymbol{x}^{1:t} \mid \boldsymbol{y}^{1:t})
$$

$$\propto \underset{x^{1:t}}{\operatorname{argmax}} p(\boldsymbol{x}^{1:t}, \boldsymbol{y}^{1:t}) \tag{3.133}$$

通过对 t 片展开后的 DBN 进行 BNMAP 推理，可以简单地进行 DBNMAP 推理，也称为解码。DBNMAP 推理的计算成本很高，因为它需要枚举$\boldsymbol{x}^{1:t}$的所有可能配置。

最后，DBN 似然推理涉及计算

$$p(\boldsymbol{y}^{1:t} \mid \mathcal{G}, \boldsymbol{\Theta}) = \sum_{\boldsymbol{x}^{1:t}} p(\boldsymbol{x}^{1:t}, \boldsymbol{y}^{1:t} \mid \mathcal{G}, \boldsymbol{\Theta}) \tag{3.134}$$

同理，DBN 似然推理可以简单地通过计算 t 片展开 DBN 上的联合概率来执行。DBN 似然推理的计算成本仍然很高，因为它需要$\boldsymbol{x}^{1:t}$的总和。

对于 4 种类型的 DBN 推理，精确的推理方法包括结联结树法和变量消除法，它们被应用于转移网络或展开的 DBN 来执行后验概率或 MAP 推理。但是，展开的 DBN 的大小往往会很大。对于具有链结构的 DBN(例如 HMM)，可以使用有效的精确推理方法(例如，前进和后退过程)。他们通常利用链结构并开发递归程序来实现有效的学习和推理。为了近似推理，可以将采样方法或粒子滤波方法应用于转移网络或展开的 DBN 网络。通常，DBN 推理的主要挑战在于其复杂性，特别是精确推理。DBN 推理的计算成本比 BN 推理的至少高 T 倍，其中 T 是时间片的数量。存在各种精确和近似的推理方法。对于不同类型的动态贝叶斯网络的全面综述，请读者参考文献[66]。关于 DBN 表示、学习和推理的详细信息也可以参见文献[67,68]。

3.7.3 特殊的 DBN

DBN 代表通用动态图模型。许多现有的著名的动力学模型，例如隐马尔可夫模型和线性动态系统模型，都可以被视为 DBN 的特例。在本节中，我们将介绍如何使用 DBN 来表示这些模型，与 DBN 相比，这些模型通常具有受限的拓扑结构和/或参数化。 100

3.7.3.1 隐马尔可夫模型

隐马尔可夫模型(HMM)是一种广泛用于动态过程建模的动态模型。它是一种特殊的 DBN，具有双层链状结构。

3.7.3.1.1 HMM 拓扑和参数化

HMM 的节点分为双层链结构。底层模拟观测到的数量，它的节点可以是离散的或连续的随机变量。顶层中的节点是离散且潜在的(隐藏的)，因此它们在训练和检验期间都没有观测值。它们表示底层相应观测节点的基础状态。潜在节点的基数是状态数，这也是未知数。图 3.32 给出了 HMM 的典型拓扑，其中在顶层的隐藏节点由 X_s 表示，而在底层的观测值由 Y_s 表示。HMM 是一种特殊的状态观测模型，其中状态被隐藏。

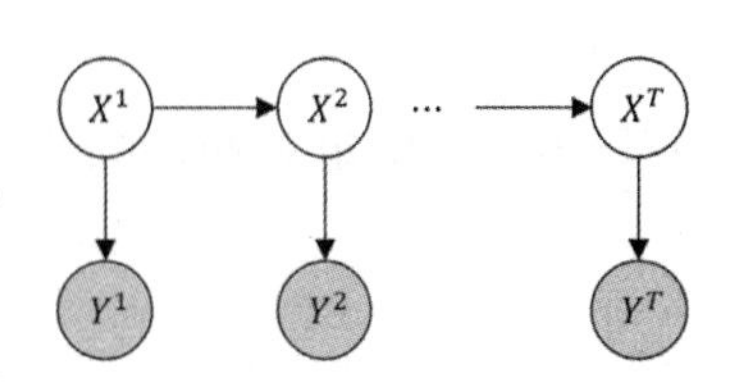

图 3.32 隐马尔可夫模型

作为一种特殊的 DBN，HMM 可以分解为先验网络和转移网络，分别如图 3.33a 和 b 所示。

具体而言，图 3.33a 中的先验网络包括一个隐藏状态节点 $X^0 \in \{1,2,\cdots,K\}$和一个观测节点 Y^0，可以是连续的 101

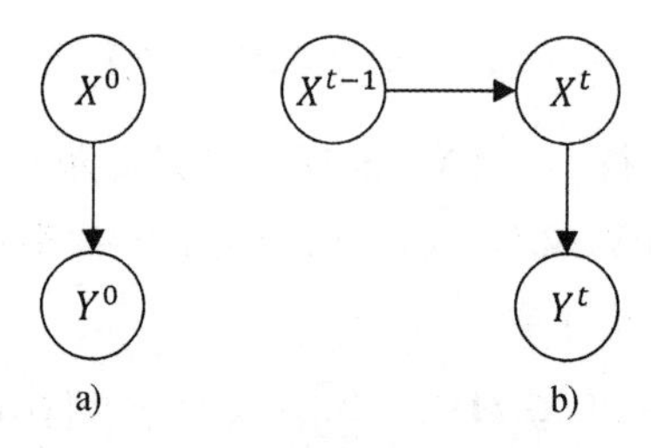

图 3.33　HMM 的先验网络(图 a)和转移网络(图 b)

也可以是离散的。可以通过 X^0 的离散先验概率分布 $p(X^0)$ 和 Y^0 的条件概率分布 $p(Y^0 \mid X^0)$ 来指定其分布。$p(X^0)$ 可以写成

$$p(X^0 = i) = \pi_i, \quad 1 \leqslant i \leqslant K \tag{3.135}$$

其中 K 是隐藏状态数。为了得出有效的概率分布，我们规定 $\sum_{i=1}^{K} \pi_i = 1$。

转移网络由节点 X^{t-1}，X^t 和 Y^t 组成，如图 3.33b 所示。转移网络的概率分布可以通过转移转移概率分布 $p(X^t \mid X^{t-1})$ 和输出概率 $p(Y^t \mid X^t)$ 来指定。转移概率刻画了模型的动态，可以写成

$$p(X^t = j \mid X^{t-1} = i) = a_{ij}, 1 \leqslant i, j \leqslant K \tag{3.136}$$

同理，为了得出有效的概率分布，我们对所有的 $i(a_{ij} \geqslant 0)$，规定 $\sum_{j=1}^{K} a_{ij} = 1$。像 DBN 一样，HMM 还对转移概率做出一阶马尔可夫和平稳性假设：

$$p(X^t \mid X^{t-1}, X^{t-2}, \cdots, X^1) = p(X^t \mid X^{t-1})$$

和

$$p(X^{t_1} \mid X^{t_1-1}) = p(X^{t_2} \mid X^{t_2-1}), \forall\ t_1 \neq t_2$$

如果观测节点 Y 是离散的，则输出概率分布 $b_i = p(y^t \mid X^t = i)$ 可以用条件概率分布表(CPT)表示；如果 Y 是连续的，则通常用高斯分布表示。为简单起见，通常假设输出概率 $p(Y^t \mid X^t)$ 等于 $p(Y^0 \mid X^0)$。

总之，可以通过 $\boldsymbol{\Theta} = \{\pi_i, a_{ij}, b_i\}$ 指定 HMM 的参数。给定先验模型和转移模型的规范及其参数化，可以将 HMM 的联合概率分布写为

$$p(X^0, \cdots, X^T, Y^0, \cdots, Y^T) = p(X^0) \prod_{t=0}^{T} p(Y^t \mid X^t) \prod_{t=1}^{T} p(X^t \mid X^{t-1}) \tag{3.137}$$

3.7.3.1.2　HMM 推理

与 DBN 相似，HMM 推理主要包括两种类型的推理：似然推理和解码推理。给定一序列观测值 $\boldsymbol{y}^{1:T} = \{y^1, y^2, \cdots, y^T\}$，似然推理就是计算模型参数 $\boldsymbol{\Theta}$ 的联合似然 $p(\boldsymbol{y}^{1:T} \mid \boldsymbol{\Theta})$。解码推理在给定观测序列 $\boldsymbol{y}^{1:T}$ 的情况下，求得潜在变量随时间变化的最可能的配置 $\boldsymbol{x}^{1:T} = \{x^1, x^2, \cdots, x^T\}$，即

$$\boldsymbol{x}^{*1:T} = \underset{\boldsymbol{x}^{1:T}}{\operatorname{argmax}} p(\boldsymbol{x}^{1:T} \mid \boldsymbol{y}^{1:T}) \tag{3.138}$$

102

解码推理可归于 MAP 推理类别。由于潜在变量 $\boldsymbol{X}^{1:T}$ 的存在，两种类型的推理都需要在

$\boldsymbol{X}^{1:T}$上进行边际化，当$\boldsymbol{X}^{1:T}$的维数较大时，计算成本较高。由于 HMM 的特殊链结构，已经为似然推理和解码推理开发了有效的算法推理，它们都利用了推理的递归性质。

具体而言，对于似然推理，通常使用前向后向算法来有效地计算似然。根据向前和向后算法，似然推理可以写为

$$\begin{aligned}
p(\boldsymbol{y}^{1:T}|\boldsymbol{\Theta}) &= p(y^1, y^2, \cdots, y^T|\boldsymbol{\Theta}) \\
&= \sum_{k=1}^{K} p(y^1, y^2, \cdots, y^T, x^t = k|\boldsymbol{\Theta}) \\
&= \sum_{k=1}^{K} p(y^1, y^2, \cdots, y^t, x^t = k|\boldsymbol{\Theta}) p(y^{t+1}, y^{t+2}, \cdots, y^T|x^t = k, \boldsymbol{\Theta}) \\
&= \sum_{k=1}^{K} \alpha_t(k)\beta_t(k)
\end{aligned} \tag{3.139}$$

其中$\alpha_t(k)=p(y^1,y^2,\cdots,y^t,x^t=k)$和$\beta_t(k)=p(y^{t+1},y^{t+2},\cdots,y^T|x^t=k)$分别指前向和后向概率。经过一些推导，我们可以证明它们可以被如下递归计算：

$$\begin{aligned}
\alpha_t(k) &= p(y^1, y^2, \cdots, y^t, x^t = k) \\
&= \sum_{j=1}^{K} p(x^{t+1} = j, y^1, y^2, \cdots, y^{t-1}, y^t, x^t = k) \\
&= \sum_{j=1}^{K} p(x^{t-1} = j, y^1, y^2, \cdots, y^{t-1}) p(x^t = k|x^{t-1} = j) p(y^t|x^t = k) \\
&= \sum_{j=1}^{K} \alpha_{t-1}(j) p(x^t = k|x^{t-1} = j) p(y^t|x^t = k) \\
&= \sum_{j=1}^{K} \alpha_{t-1}(j) a_{jk} b_k
\end{aligned} \tag{3.140}$$

同理，$\beta_t(k)$可以被如下递归计算：

103

$$\begin{aligned}
\beta_t(k) &= p(y^{t+1}, y^{t+2}, \cdots, y^T|x^t = k) \\
&= \sum_{j=1}^{K} p(x^{t+1} = j, y^{t+1}, y^{t+2}, \cdots, y^T|x^t = k) \\
&= \sum_{j=1}^{K} p(x^{t+1} = j|x^t = k) p(y^{t+1}|x^{t+1} = j) p(y^{t+2}, \cdots, y^T|x^{t+1} = j) \\
&= \sum_{j=1}^{K} p(x^{t+1} = j|x^t = k) p(y^{t+1}|x^{t+1} = j) \beta_{t+1}(j) \\
&= \sum_{j=1}^{K} a_{kj} b_j \beta_{t+1}(j)
\end{aligned} \tag{3.141}$$

通过使用式(3.140)和式(3.141)递归计算前向和后向概率，我们可以使用式(3.139)有效地计算似然。注意，前向和后向过程可分别用于计算似然，即，$p(\boldsymbol{y}^{1:T}) = \sum_{k=1}^{K} \alpha_T(k)$

或 $p(\boldsymbol{y}^{1:T})=\sum_{k=1}^{K}\beta_1(k)$。算法 3.12 为前向后向算法提供了伪代码。

算法 3.12 前向后向推理算法

Initialize $\alpha_1(k)=\pi_k b_k(y^1)$ for $1\leqslant k\leqslant K$
Initialize $\beta_T(k)=1$ for $1\leqslant k\leqslant K$
Arbitrarily choose a time t
Recursively compute $\alpha_t(k)$ and $\beta_t(k)$ using Eq. (3.140) or Eq. (3.141)
Termination: $p(y^{1:T})=\sum_{k=1}^{K}\alpha_t(k)\beta_t(k)$

人们已经开发了类似的高效算法来进行解码推理，其中最著名的是维特比算法[69]。解码推理的目的是在给定观测序列 $\boldsymbol{y}^{1:T}$ 的情况下，求得最有可能的随时间变化的配置 $\boldsymbol{x}^{1:T}$：

$$
\begin{aligned}
\boldsymbol{x}^{*1:T} &= \underset{\boldsymbol{x}^{1:T}}{\operatorname{argmax}}\, p(\boldsymbol{x}^{1:T} \mid \boldsymbol{y}^{1:T}) \\
&= \underset{\boldsymbol{x}^{1:T}}{\operatorname{argmax}}\, p(\boldsymbol{x}^{1:T}, \boldsymbol{y}^{1:T}) \\
&= \underset{\boldsymbol{x}^{T}}{\operatorname{argmax}}\, \max_{\boldsymbol{x}^{1:T-1}} p(\boldsymbol{x}^{1:T}, \boldsymbol{y}^{1:T})
\end{aligned} \tag{3.142}
$$

令 $\delta_t(\boldsymbol{x}^t)=\max_{\boldsymbol{x}^{1:t-1}} p(\boldsymbol{x}^{1:t},\boldsymbol{y}^{1:t})$，可递归计算如下：

$$
\begin{aligned}
\delta_t(\boldsymbol{x}^t) &= \max_{\boldsymbol{x}^{1:t-1}} p(\boldsymbol{x}^{1:t}, \boldsymbol{y}^{1:t}) \\
&= \max_{\boldsymbol{x}^{1:t-1}} p(\boldsymbol{x}^{1:t-1}, \boldsymbol{x}^t, \boldsymbol{y}^{1:t-1}, \boldsymbol{y}^t) \\
&= \max_{\boldsymbol{x}^{1:t-1}} p(\boldsymbol{x}^{1:t-1}, \boldsymbol{y}^{1:t-1}) p(\boldsymbol{x}^t \mid \boldsymbol{x}^{t-1}) p(\boldsymbol{y}^t \mid \boldsymbol{x}^t) \\
&= \max_{\boldsymbol{x}^{t-1}} \{ p(\boldsymbol{x}^t \mid \boldsymbol{x}^{t-1}) p(\boldsymbol{y}^t \mid \boldsymbol{x}^t) \max_{\boldsymbol{x}^{1:t-2}} p(\boldsymbol{x}^{1:t-1}, \boldsymbol{y}^{1:t-1}) \} \\
&= \max_{\boldsymbol{x}^{t-1}} p(\boldsymbol{x}^t \mid \boldsymbol{x}^{t-1}) p(\boldsymbol{y}^t \mid \boldsymbol{x}^t)\, \delta_{t-1}(\boldsymbol{x}^{t-1})
\end{aligned} \tag{3.143}
$$

104

将式 3.143 带入 3.142 可得

$$
\begin{aligned}
\boldsymbol{x}^{*1:T} &= \underset{\boldsymbol{x}^{1:T}}{\operatorname{argmax}}\, p(\boldsymbol{x}^{1:T} \mid \boldsymbol{y}^{1:T}) \\
&= \underset{\boldsymbol{x}^{T}}{\operatorname{argmax}}\, \delta_T(\boldsymbol{x}^T) \\
&= \underset{\boldsymbol{x}^{T}}{\operatorname{argmax}}\, \max_{\boldsymbol{x}^{T-1}} \{ p(\boldsymbol{x}^T \mid \boldsymbol{x}^{T-1}) p(\boldsymbol{y}^T \mid \boldsymbol{x}^T) \delta_{T-1}(\boldsymbol{x}^{T-1}) \}
\end{aligned} \tag{3.144}
$$

从中可得

$$
x^{*t} = \underset{i}{\operatorname{argmax}}\, \delta_t(i)
$$

$t=1,2,\cdots,T$。维特比算法类似于算法 3.2 中用于最大乘积(MAP)推理的变量消除算法。

3.7.3.1.3　HMM 学习

像具有潜在变量的 DBN 学习一样，EM 算法的变体也可用于 HMM 学习。由于 HMM 具有特殊的拓扑结构，因此人们专门针对 HMM 学习开发了有效的方法。最著名的 HMM 参数学习方法是 Baum-Welch 算法[70]。

给定 M 个观测序列 $\boldsymbol{y}=\{\boldsymbol{y}_m\}_{m=1}^{M}$，我们想估计 HMM 参数 $\boldsymbol{\Theta}$，它由先验概率π_i，转移概率 a_{ij} 和观测概率 b_i 组成。这是通过最大化对数边际可能性来实现的：

$$\boldsymbol{\Theta}^*=\underset{\boldsymbol{\Theta}}{\operatorname{argmax}} \log p(\boldsymbol{y}|\boldsymbol{\Theta})$$

其中，$p(\boldsymbol{y}|\boldsymbol{\Theta})$可进一步写成

$$\begin{aligned}\log p(\boldsymbol{y}|\boldsymbol{\Theta}) &= \sum_{m=1}^{M}\log p(\boldsymbol{y}_m|\boldsymbol{\Theta}) \\ &= \sum_{m=1}^{M}\log\sum_{\boldsymbol{x}_m}p(\boldsymbol{x}_m,\boldsymbol{y}_m|\boldsymbol{\Theta})\end{aligned} \tag{3.145}$$

根据 EM 算法，最大化边际对数似然等于最大化期望对数似然，即，

$$\boldsymbol{\Theta}^*=\underset{\boldsymbol{\Theta}}{\operatorname{argmax}}\sum_{m=1}^{M}\sum_{\boldsymbol{x}_m}q(\boldsymbol{x}_m|\boldsymbol{y}_m,\boldsymbol{\theta}_q)\log p(\boldsymbol{x}_m,\boldsymbol{y}_m|\boldsymbol{\Theta}) \tag{3.146}$$

其中 $q(\boldsymbol{x}_m|\boldsymbol{y}_m,\boldsymbol{\theta}_q)$被选择为 $p(\boldsymbol{x}_m,\boldsymbol{y}_m|\boldsymbol{\Theta}^-)$，其中$\boldsymbol{\Theta}^-$表示 EM 算法最后一次迭代的参数。根据 BN 链式规则，$\log p(\boldsymbol{x}_m,\boldsymbol{y}_m|\boldsymbol{\Theta})$可以进一步写成

105

$$\begin{aligned}\log p(\boldsymbol{x}_m,\boldsymbol{y}_m|\boldsymbol{\Theta}) =& \log p(x^0,\pi_i)+\log p(y^0|x^0,b_0) \\ &+\sum_{t=1}^{T}[\log p(x_m^t|x_m^{t-1},a_{ij})+\log p(y_m^t|x_m^t,b_i)]\end{aligned} \tag{3.147}$$

按照算法 3.8 中的 EM 过程，在 E 步骤中，估计 $p(\boldsymbol{x}_m,\boldsymbol{y}_m|\boldsymbol{\Theta}^-)$以获得 $\boldsymbol{x}$ 的每个配置的概率(权重)。在 M 步骤中，参数估计成为训练数据中某些配置的期望计数。这些更新迭代直到收敛。进程可以用随机$\boldsymbol{\Theta}^0$初始化。

Baum-Welch 算法遵循类似的迭代过程。根据算法，给出参数 $\boldsymbol{\Theta}$ 的当前估计值(从 $t=0$ 处的随机初始化开始)。对于每个训练序列 $\boldsymbol{y}_m$，我们执行 E 步骤和 M 步骤。

E 步骤：

$$\xi_t(i,j)=p(x^t=i,x^{t+1}=j|\boldsymbol{y}_m,\boldsymbol{\Theta}) \tag{3.148}$$

可以使用向前-向后算法计算

$$\xi_t(i,j)=\frac{\alpha_t(i)\,a_{i,j}\,b_j(y^{t+1})\,\beta_{t+1}(j)}{\sum_{i'=1}^{K}\sum_{j'=1}^{K}\alpha_t(i')\,a_{i',j'}\,b_{j'}(y^{t+1})\,\beta_{t+1}(j')} \tag{3.149}$$

其中 $\alpha_t(i)$和 $\beta_{t+1}(j)$分别是式(3.140)和(3.141)中定义的前向和后向概率，a_{ij} 和 $\beta_{t+1}(j')$是当前参数。给定 $\xi_t(i,j)$，我们可以进一步定义

$$\gamma_t(i)=p(x^t=i)=\sum_{j=1}^{K}\xi_t(i,j)$$

X^t 在时间 t 处在状态 i 的概率。

M 步骤：

使用$\xi_t(i,j)$更新$\boldsymbol{\Theta}$的参数π_i、a_{ij}和b_j，如下所示：

$$\pi_i=\gamma_1(i),$$

$$a_{i,j}=\frac{\sum_{t=1}^{T-1}\xi_t(i,j)}{\sum_{t=1}^{T-1}\gamma_t(i)} \tag{3.150}$$

式中，$\gamma_1(i)$是状态变量在时间1取值i的概率，$\sum_{t=1}^{T-1}\xi_t(i,j)$是状态变量在整个序列中从状态$i$转换到状态$j$的总加权计数，$\sum_{t=1}^{T-1}\gamma_t(i)$是状态变量在整个序列中取值$i$的总加权计数。

对于输出概率b_i，如果观测值y是离散的且$y\in\{1,2,\cdots,J\}$，那么

106

$$b_i(j)=\frac{\sum_{t=1,y^t=j}^{T}\gamma_t(i)}{\sum_{t=1}^{T}\gamma_t(i)} \tag{3.151}$$

其中$\sum_{t=1,y^t=j}^{T}\gamma_t(i)$是状态变量处于状态$i$且观测值假设为$j$的整个序列的总数。对于连续的观测值$y$，对于每个状态值$i$，收集数据$\boldsymbol{y}_i=\{y^{t,x^t=i}\}_{t=1}^{T}$并使用$\boldsymbol{y}_i$估计$b_i$。E步骤和M步骤迭代直到收敛。

假设每个训练序列$\boldsymbol{y}_m$更新单个参数，则最终估计值$\boldsymbol{\Theta}$是每个$\boldsymbol{y}_m$更新参数的平均值。然后使用更新的参数重复该过程，直到收敛为止。像EM算法一样，该方法受初始化影响，不能保证求得全局最优值。此外，交叉验证通常用于确定隐藏状态变量X的最佳基数。除了生成式学习之外，还可以通过最大化条件对数似然来对HMM进行判别式学习。有关HMM学习和推理方法的更多信息，请参见文献[71，67]。

3.7.3.1.4 HMM的变体

传统的HMM仅限于对简单的一元动态建模。因此，人们已经开发了许多HMM变体来扩展标准HMM。如图3.34所示，其中包括混合高斯HMM，自回归HMM（AR-HMM），输入输出HMM（IO-HMM）[72]，耦合HMM（CHMM）[73]，阶乘HMM[74]，分层HMM[75]和隐半马尔可夫模型（HSMM）。我们进一步简要总结了HMM的每个变体。有关这些模型及其潜在应用的更多详细信息，请参见文献[11]的17.6节，文献[67]和[76]。

对于具有连续值观测值的HMM，高斯HMM的混合模型（图3.34a）并不使用单个高斯模型对输出概率建模，而是通过引入另一个离散节点来代表混合模型，进而将输出概率建模为高斯混合模型。标准HMM假定给定隐藏节点，观测值彼此独立。自回归

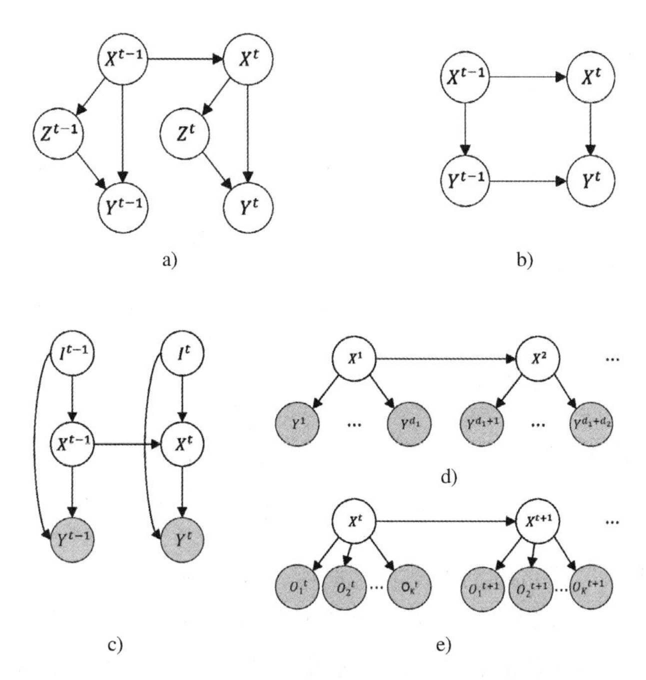

图 3.34 HMM 的变体：图 a 为高斯 HMM 的混合；图 b 为 AR-HMM；图 c 为 IO-HMM；图 d 为 HSMM；图 e 为 MOHMM

HMM(AR-HMM)(图 3.34b)放宽此假设，允许连续观测之间存在时间联系。输入输出 HMM(图 3.34c)允许隐藏状态同时具有输入和输出。最后，隐半马尔可夫模型(HSMM)(图 3.34d)放宽了 HMM 马尔可夫状态转换假设，允许状态变化作为进入当前状态后时间的函数。其显式建模状态持续时间，每个状态发出多个观测值。当特征向量的维数较高时，HMM 的一个缺点是观测节点有太多参数需要估计，因此容易在训练中产生过拟合现象。为了缓解观测空间的高维问题，多观测隐马尔可夫模型(MOHMM，图 3.34e)[77]尝试分解观测空间以容纳多种类型的观测，并假设在给定隐藏状态的条件下，不同的观测因素彼此独立。

人们为了对复杂的动态过程建模，引入了由多个 HMM 组成的复合模型，例如图 3.35 中所示的耦合 HMM。耦合 HMM 用于对两个交互的动态过程建模。每个进程都由单独的 HMM 刻画，而它们的交互则由其隐藏状态之间的链路刻画。如图 3.35b 和 c 所示，CHMM 可以进一步分为对称 CHMM 和非对称 CHMM。图 3.35b 中的对称 CHMM 刻画两个实体之间的相互交互。无向链路(或双箭头)用于连接两个实体的相应状态。图 3.35c 中的非对称 CHMM 刻画两个实体的动作之间的时间依赖性。相应状态之间的有向链路表示时间因果关系。

107 ~ 108

复合 HMM 的另一种类型是阶乘 HMM，它通过假设动态状态可以由多条可分解的隐藏状态源链表示来扩展 HMM 的建模能力，如图 3.36 所示，其中三条隐藏状态链 $S^{(1)}$，$S^{(2)}$ 和 $S^{(3)}$ 得出相同的观测值 Y。阶乘 HMM 可以将复杂的隐藏元状态分解为多个独立的更简单状态，以便它们共享相同的观测结果。每个简单状态都可以由单个 HMM

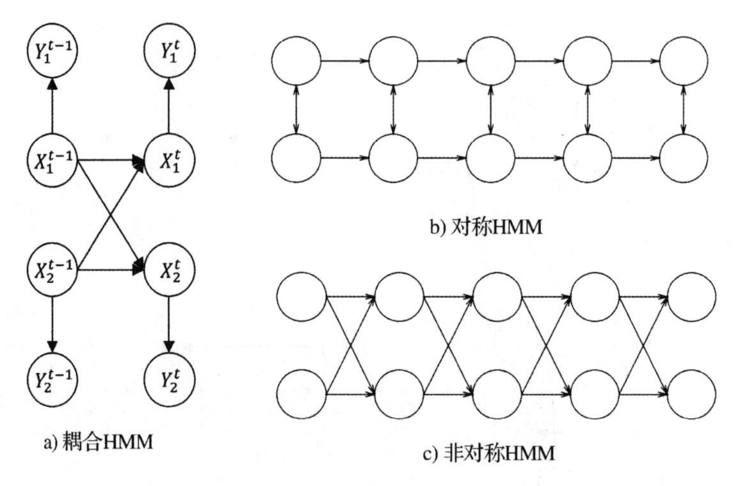

图 3.35　耦合 HMM

表示，并且每个 HMM 都可以刻画复杂动态的不同方面。来自每个 HMM 的输出被组合成单个输出信号 Y_t，使得输出概率取决于元状态。该 HMM 变体非常适合对单个隐藏状态变量无法刻画的复杂动态模式进行建模。由于不同链中的状态变量之间没有直接联系，因此它们是边际独立的。

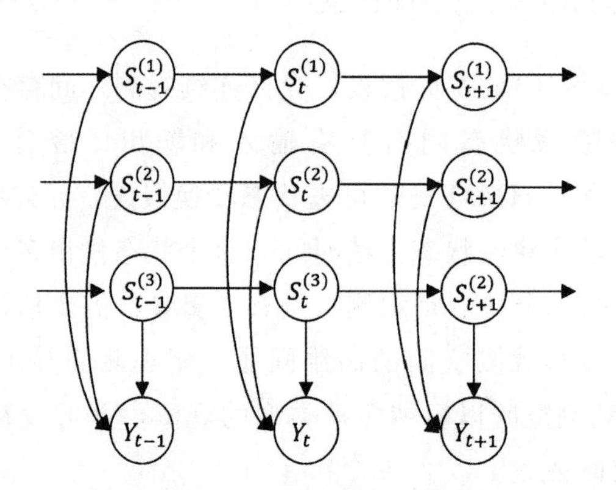

图 3.36　一个阶乘 HMM

因此，元状态转换可分解为：

$$p(S_t^{(1)},S_t^{(2)},S_t^{(3)}\mid S_{t-1}^{(1)},S_{t-1}^{(2)},S_{t-1}^{(3)})=p(S_t^{(1)}\mid S_{t-1}^{(1)})p(S_t^{(2)}\mid S_{t-1}^{(2)})p(S_t^{(3)}\mid S_{t-1}^{(3)})$$

输出概率的特征在于 $p(Y_t\mid S_t^{(1)},S_t^{(2)},S_t^{(3)})$。如果 Y_t 是连续的，则可以参数化为线性高斯；如果 Y_t 是离散的，则可以参数化为多项式 CPT。请注意，隐藏状态变量$S_t^{(1)}$，$S_t^{(2)}$ 和$S_t^{(3)}$ 是边际独立的，但由于 V 型结构，它们在给定 Y_t 的情况下变得相关。HMM 的精确学习和推理方法无法有效地应用于阶乘 HMM。在文献[78]中，作者引入了阶乘 HMM 的有效近似学习和推理方法。显然，阶乘 HMM 因此可以被视为耦合 HMM 的特殊情况，其中不同的隐藏状态源通过通道内状态链路相互依赖。Brown 和 Hinton[79] 引入了图 3.37 所示的 HMM 乘积(PoHMM)，将动态过程建模为多个 HMM 的乘积。PoHMM 概括了 FHMM，其中来自不同链的隐藏状态之间的有向链路被无向链路替换，

以刻画非因果依赖关系(无向边缘)。 109

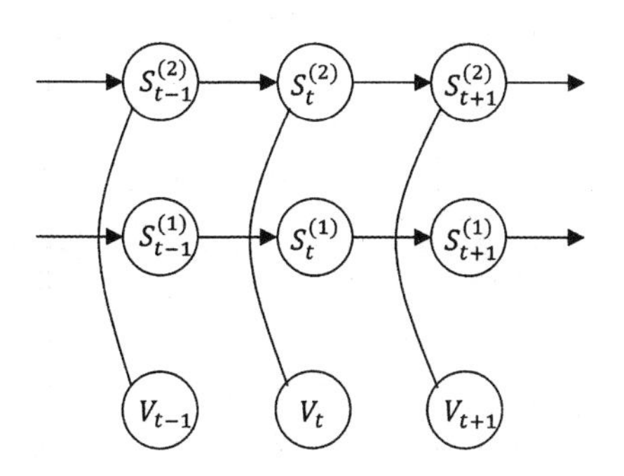

图 3.37 乘积 HMM

除了双层 HMM，人们还引入了分层 HMM 来对隐藏状态及其在不同级别的交互进行建模。层级 HMM(图 3.38)首先在文献[75]中引入，它允许对具有分层状态结构的域进行建模。它代表阶乘 HMM 的扩展，以允许不同隐藏状态变量之间的交互。此外，它以分层的方式扩展了传统的 HMM，以包括隐藏状态的分层。普通 HMM 中的每个状态都递归地概括为另一个子 HMM，其中包括特殊的结束状态，以在激活控制权返回给父 HMM 时发出信号。在 HHMM 中，每个状态都被认为是一个独立的概率模型。更准确地说，HHMM 的每个状态本身就是一个 HHMM(或 HMM)。这意味着 HHMM 的状态发出观测符号序列，而不是像标准 HMM 状态那样发出单个观测符号。

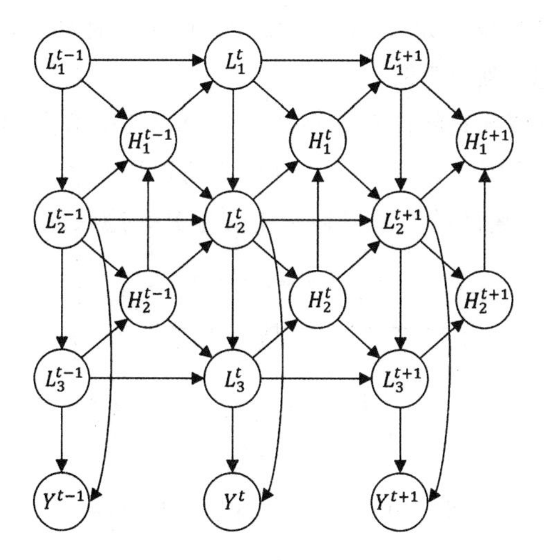

图 3.38 分层 HMM

分层 HMM(LHMM)是分层 HMM 的另一种类型。如图 3.39 所示，LHMM 的所有层都是并行运行的。较低级别的层生成较高级别的观测，而最低级别为图像观测。 110 LHMM 允许在不同的时间粒度级别上进行有效的时间模式编码。此外，LHMM 以一种可以通过减少训练和调整要求来增强系统健壮性的方式来分解参数空间。LHMM 可被视为 HMM 的级联。HMM 在每个级别执行分类，并且它们的输出作为输入进入下一级的 HMM。使用 Baum-Welch 算法独立学习每个级别的每个 HMM。

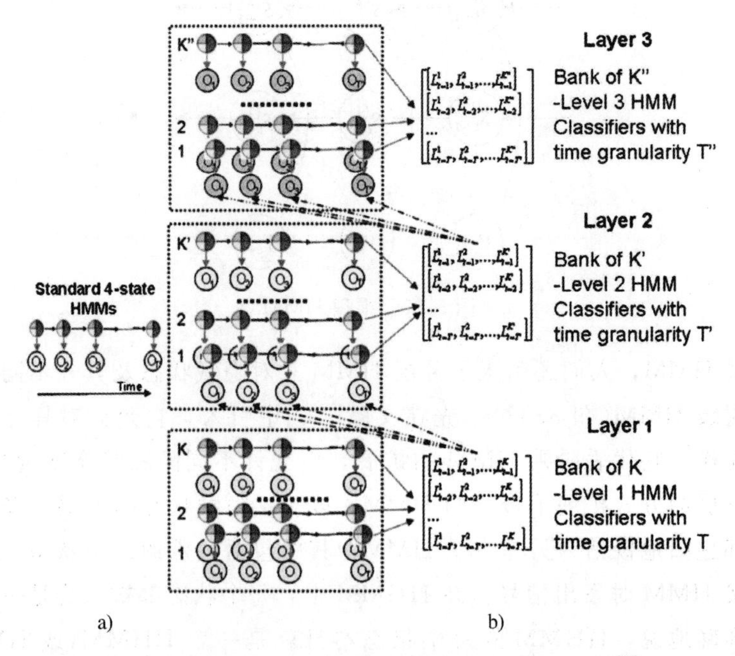

图 3.39　具有三个不同时间粒度级别的分层 HMM[4]

HMM 的其他扩展包括远程 HMM(其中放宽了一阶马尔可夫假设)，转换 HHM[80](引入了一个额外的转换变量以允许 HMM 模型刻画不同种动态)和分层 HMM[75]。

3.7.3.2　线性动态系统(LDS)

DBN 的另一种特殊情况是线性动态系统(LDS)，其中节点形成如图 3.40 所示的两级链结构，与 HMM 中的情况非常相似。HMM 的顶层是离散且隐藏的，而 LDS 的顶层可以是连续的也可以是离散的，并且通常不假定其是隐藏的。

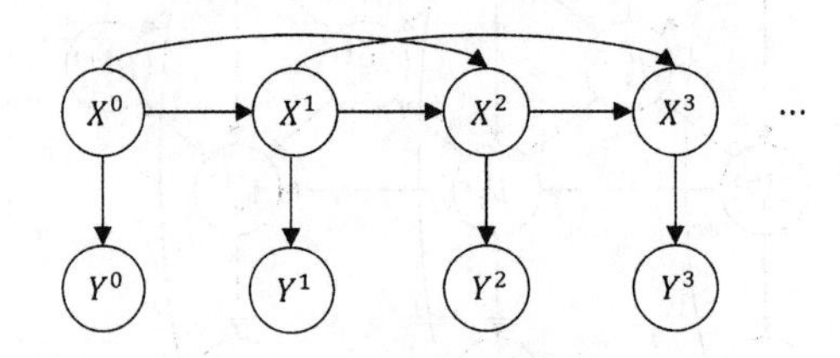

图 3.40　二阶线性动态系统的图示

此外，与传统的 DBN 和 HMM 通常假设一阶马尔可夫状态转换不同，LDS 在状态转换中可以为 p 阶，如图 3.40 所示。

111

这表示出一个二阶 LDS 模型。在 DBN 参数化之后，LDS 可以由先验网络、转移网络和观测模型指定。先验网络只有一个节点，即图 3.40 中的节点 X^0。先验概率分布可以被指定为

$$p(X^0) = \mathcal{N}(\mu_0, \Sigma_0) \tag{3.152}$$

第 p 阶转移模型可由 $p(X^t|X^{t-1}, X^{t-2}, \cdots, X^{t-p})$ 指定。它通常通过回归函数来指定，其中当前节点值 X^t 被生成为先前值的线性组合(线性高斯)，

$$X^t = A_1 X^{t-1} + A_2 X^{t-2} + \cdots A_p X^{t-p} + \epsilon \tag{3.153}$$

其中$\epsilon \sim \mathcal{N}(0, I^d)$是白噪声向量，$p$ 是模型的阶数，回归矩阵$A_i \in \mathbb{R}^{d\times d}$，$i=1,2,\cdots,p$ 是参数，

$$p(X^t|X^{t-1}, X^{t-2}, \cdots, X^{t-p}) \sim \mathcal{N}(\mu_t, \Sigma_t) \tag{3.154}$$

$\mu_t = A_1 X_{t-1} + A_2 X_{t-2} + \cdots$，$A_p X_{t-p}$是 X^t 的均值，Σ_t是其协方差矩阵。

最后，观测概率分布如下

$$p(Y_t|X_t) \sim \mathcal{N}(\mu_t, \Sigma_t), t \geqslant 1 \tag{3.155}$$

给定参数，一个 LDS 的所有节点的联合分布可写作如下形式：

$$\begin{aligned} & p(X^0, X^1, \cdots, X^T, Y^0, Y^1, \cdots, Y^T) \\ &= p(X^0)p(Y^0|X^0)p(X^1|X^0)p(Y^1|X^1)\cdots p(X^p|X^{p-1}, \cdots, X^0)p(Y^p|X^p) \\ &= \prod_{t=p+1}^{T} p(X^t|X^{t-1}, X^{t-2}, \cdots, X^{t-p})p(Y^t|X^t) \end{aligned} \tag{3.156}$$

可以很容易地证明联合概率分布服从高斯分布。通过假设转移是一阶线性的，并且系统和观测扰动都遵循高斯分布，LDS 变成卡尔曼滤波[81]，该模型将动态过程建模为单峰线性高斯系统。通过假设顶层中的节点是潜在 LDS，则成为潜在 LDS。通过删除底层，LDS 成为自回归动态模型，该模型通过假设当前状态变量线性依赖于其自身先前的值来描述时变过程。用于对多个动态过程进行建模的其他状态空间动态模型(例如切换状态空间模型)也可以被视为 LDS 的扩展。DBN 概括 LDS，允许任意结构而不是将结构限制为两层链。

112

3.8 分层贝叶斯网络

分层模型是指具有多层节点的图模型。与人类视觉皮层的组织相似，分层模型在许多应用中都表现出优于现有平面模型的性能。尽管它们的重要性越来越高，但是分层图模型还没有统一的定义。根据我们的理解，可以将分层图模型分为具有超参数节点的模型和具有隐藏节点层的模型。第一种类型的分层模型由随机变量，变量的参数和超参数组成。它们通常被称为分层贝叶斯模型(HBM)。第二种类型由多层隐藏的随机节点组成。它们通常被称为深度模型。另外，基于将隐藏层与超参数组合的混合分层模型也存在。在本节中，我们简要介绍每种类型的分层模型。

3.8.1 分层贝叶斯模型

对许多实际应用而言，通常存在较大的类内变化。例如，对于人类动作/手势识别，每个人在时间和空间范围方面可能会以不同的方式执行相同动作。即使是同一个人，也可能在不同时间以不同的方式执行相同动作。单个模型可能没有能力充分刻画所有对

象/群体之间的较大的类内差异。或者，我们可以为每组开发一个单独的模型。但是，这种方法需要事先确定组的数量以及数据与组的关联。更重要的是，它忽略了来自不同组的数据之间的固有依赖性，并且需要更多的数据用于训练，因为它需要为每个组训练一个单独的模型。为了克服这些限制，引入了 HBM。

作为 BN 的一般化，HBM 将 BN 的参数视为附加的随机变量，并且参数的分布由超参数控制。随机变量、参数和超参数共同形成一个分层结构。具体而言，设 X 为 BN $\mathcal{G}$的节点，$\boldsymbol{\Theta}$ 为刻画 X 的联合概率分布的 $\mathcal{G}$ 参数。分层的 BN 刻画 X 和 $\boldsymbol{\Theta}$ 的联合分布 $p(X,\boldsymbol{\Theta}|\boldsymbol{\alpha})$，其中 $\boldsymbol{\alpha}$ 代表超参数。根据贝叶斯规则，联合变量和参数分布可以进一步分解为 $p(X|\boldsymbol{\Theta})$和 $p(\boldsymbol{\Theta}|\boldsymbol{\alpha})$。$p(X|\boldsymbol{\Theta})$刻画给定参数 $\boldsymbol{\Theta}$ 的 X 的联合分布，而 $p(\boldsymbol{\Theta}|\boldsymbol{\alpha})$刻画 $\boldsymbol{\Theta}$ 的先验分布，其中 $\boldsymbol{\alpha}$ 代表控制先验分布的超参数。这些超参数通常是人为指定的或是从数据中习得的。与传统的 BN 相比，如果我们将 $p(X|\boldsymbol{\Theta})$解释为 $\boldsymbol{\Theta}$ 的似然，则分层 BN 确实是贝叶斯，因为它们刻画了参数 $\boldsymbol{\Theta}$ 的后验分布。此外，它们允许 BN 参数发生变化，因此可以更好地对数据的可变性建模。

113

HBM 可以用如图 3.41 所示的板图简明地刻画，其中板图代表复制品(组)，即矩形内的数量应重复给定的次数。具体来说，X 和 Y 分别代表输入和输出变量。它们位于最里面的平板中，该平板刻画了所有组中所有样品(N)的关系，并且随每个样品的不同而不同。参数 $\boldsymbol{\Theta}$ 控制 X 和 Y 的联合分布，它们位于第二块板中，以刻画 $\boldsymbol{\Theta}$ 的变化，因为 X 和 Y 属于不同的组(K)。它们随每个组而变化。超参数 α 确定 $\boldsymbol{\Theta}$ 的先验概率分布$p(\boldsymbol{\Theta}|\boldsymbol{\alpha})$。超超参数 γ 控制 α 的先验分布。超参数和超超参数都在板的外部，因此在所有组中都是固定的，并由 X 和 Y 共享。超超参数通常不提供信息甚至被忽略。

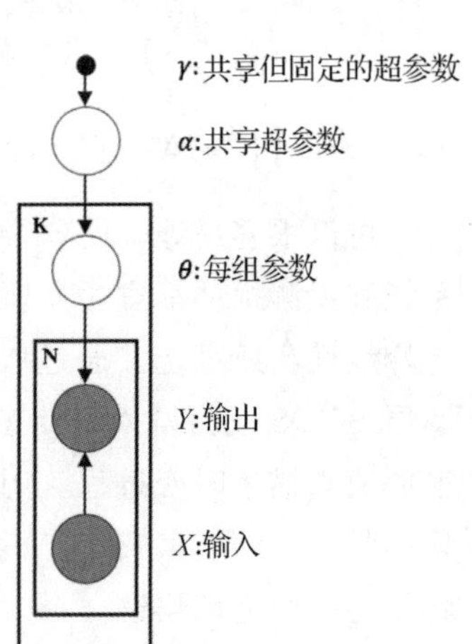

图 3.41 分层 BN

在给定一个分层贝叶斯模型的情况下，可以采用自顶向下的祖先采样方法，通过以下步骤生成数据。

第 1 步：从 $p(\boldsymbol{\alpha}|\boldsymbol{\gamma})$中获取样本$\hat{\boldsymbol{\alpha}}$。

第 2 步：从 $p(\boldsymbol{\theta}|\hat{\boldsymbol{\alpha}})$中获取样本$\hat{\boldsymbol{\theta}}$。

第 3 步：从 $p(\boldsymbol{X},\boldsymbol{Y}|\hat{\theta})$中获取样本$\hat{x}$和$\hat{y}$。

第 4 步：重复步骤 1—3，直到收集到足够的样本。

114

HBM 的学习更具挑战性。它包括学习超参数。给定训练数据 $\mathcal{D}=\{\boldsymbol{x}^1,\boldsymbol{x}^2,\cdots,\boldsymbol{x}^M\}$，超参数 α 可以通过最大化对数边际似然来学习：

$$\begin{aligned}\boldsymbol{\alpha}^* &= \underset{\boldsymbol{\alpha}}{\operatorname{argmax}} \log p(\mathcal{D}|\boldsymbol{\alpha}) \\ &= \underset{\boldsymbol{\alpha}}{\operatorname{argmax}} \log \int_{\boldsymbol{\theta}} p(\mathcal{D}|\boldsymbol{\theta}) p(\boldsymbol{\theta}|\boldsymbol{\alpha}) \mathrm{d}\boldsymbol{\theta}\end{aligned} \tag{3.157}$$

由于对数积分项，直接优化式(3.157)具有挑战性。应用詹森不等式，我们可以转而最大化 $\log p(\mathcal{D}|\boldsymbol{\alpha})$的下界：

$$\begin{aligned}\boldsymbol{\alpha}^* &= \underset{\boldsymbol{\alpha}}{\operatorname{argmax}} \log p(\mathcal{D}|\boldsymbol{\alpha}) \\ &\approx \underset{\boldsymbol{\alpha}}{\operatorname{argmax}} \int_{\boldsymbol{\theta}} p(\boldsymbol{\theta}|\boldsymbol{\alpha}) \log(\mathcal{D}|\boldsymbol{\theta}) \mathrm{d}\boldsymbol{\theta}\end{aligned} \tag{3.158}$$

式(3.158)可通过梯度上升求解。α 的梯度可计算为

$$\nabla\boldsymbol{\alpha} = \int_{\boldsymbol{\theta}} p(\boldsymbol{\theta}|\boldsymbol{\alpha}) \frac{\partial \log p(\boldsymbol{\theta}|\alpha)}{\partial \alpha} \log p(\mathcal{D}|\boldsymbol{\theta}) \mathrm{d}\boldsymbol{\theta} \tag{3.159}$$

式(3.159)中的积分很难精确计算。一种解决方案是用 $\boldsymbol{\theta}$ 样本的和来代替它。通过从 $p(\boldsymbol{\theta}|\boldsymbol{\alpha})$中取样 $\boldsymbol{\theta}$ 以获得 $\boldsymbol{\theta}^S$ 的样本，α 的梯度可近似如下：

$$\nabla\boldsymbol{\alpha} \approx \sum_{s=1}^{S} \frac{\partial \log p(\boldsymbol{\theta}^s|\boldsymbol{\alpha})}{\partial \boldsymbol{\alpha}} \log p(\mathcal{D}|\boldsymbol{\theta}^s) \tag{3.160}$$

给定$\nabla\alpha$，我们可以使用梯度上升迭代更新 α 直到收敛。算法 3.13 总结了该方法的伪代码。

算法 3.13　用于超参数学习的梯度上升

Input: $\mathcal{D} = \{x^m\}_{m=1}^M$: observations
Output: $\boldsymbol{\alpha}$: hyperparameters
1: Initialization of $\boldsymbol{\alpha}^{(0)}$
2: $t \leftarrow 0$
3: **repeat**
4: Obtain samples of $\boldsymbol{\theta}^s$ from $p(\boldsymbol{\theta}|\boldsymbol{\alpha}^t)$
5: Compute $\nabla\boldsymbol{\alpha}$ using Eq. (3.160)
6: $\boldsymbol{\alpha}^{t+1} = \boldsymbol{\alpha}^t + \eta\nabla\boldsymbol{\alpha}$ //update α
7: t ← t+1
8: **until** convergence or reach maximum iteration number
9: **return** $\boldsymbol{\alpha}^{(t)}$

115

或者，我们也可以用最大化运算代替式(3.157)中的积分运算来近似估计 $\boldsymbol{\alpha}$：

$$\begin{aligned}\boldsymbol{\alpha}^* &\approx \underset{\boldsymbol{\alpha}}{\operatorname{argmax}} \log \max_{\boldsymbol{\theta}} p(\mathcal{D}|\boldsymbol{\theta}) p(\boldsymbol{\theta}|\boldsymbol{\alpha}) \\ &= \underset{\boldsymbol{\alpha}}{\operatorname{argmax}} \log p(\boldsymbol{\theta}^*|\boldsymbol{\alpha},\mathcal{D})\end{aligned} \tag{3.161}$$

其中$\boldsymbol{\theta}^*$ 是给定当前 $\boldsymbol{\alpha}$ 时 $\boldsymbol{\theta}$ 的 MAP 估计值，

$$\boldsymbol{\theta}^* = \underset{\boldsymbol{\theta}}{\operatorname{argmax}} \log p(\boldsymbol{\theta}|\boldsymbol{\alpha},\mathcal{D}) \tag{3.162}$$

使用当前 $\boldsymbol{\alpha}$，$\boldsymbol{\theta}^*$ 也可以通过最大化 $\boldsymbol{\theta}$ 的对数后验概率来估计：

$$\boldsymbol{\theta}^* = \underset{\boldsymbol{\theta}}{\operatorname{argmax}} \{\log p(\mathcal{D}|\boldsymbol{\theta}) + \log p(\boldsymbol{\theta}|\boldsymbol{\alpha})\} \tag{3.163}$$

算法 3.14 总结了该方法的伪代码。

算法 3.14　超参数估计的 Max-out

Input: $\mathcal{D}=\{x^m\}_{m=1}^M$: observations
Output: $\boldsymbol{\alpha}$: hyperparameters
1: Initialization of $\boldsymbol{\alpha}^{(0)}$
2: $t \leftarrow 0$
3: **repeat**
4:　Obtain $\boldsymbol{\theta}^{*(t)}$ by solving Eq. (3.163)
5:　Obtain $\boldsymbol{\alpha}^{(t+1)}$ by solving Eq. (3.161) given $\boldsymbol{\theta}^{(*t)}$
6:　$t \leftarrow t+1$
7: **until** convergence or reach maximum iteration number
8: **return** $\boldsymbol{\alpha}^{(t)}$

最后，我们也可以运用 EM 方法通过将 $\boldsymbol{\theta}$ 视为潜在变量来解决经验贝叶斯学习。

HBM 的推理可分为经验贝叶斯推理和完全贝叶斯推理。对于经验贝叶斯推理，目标是在给定查询输入 $\boldsymbol{x}'$、训练数据 $\mathcal{D}$ 和超参数 $\boldsymbol{\alpha}$ 的情况下推理 $\boldsymbol{y}^*$：

$$\boldsymbol{y}^*=\max_{\boldsymbol{y}} p(\boldsymbol{y}\mid\boldsymbol{x}',\mathcal{D},\boldsymbol{\alpha}) \tag{3.164}$$

其中，$p(\boldsymbol{y}\mid\boldsymbol{x}',\mathcal{D},\boldsymbol{\alpha})$可改写成

$$p(\boldsymbol{y}\mid\boldsymbol{x}',\mathcal{D},\boldsymbol{\alpha})=\int_{\boldsymbol{\theta}} p(\boldsymbol{y}\mid\boldsymbol{x}',\boldsymbol{\theta})p(\boldsymbol{\theta}\mid\mathcal{D},\boldsymbol{\alpha})\mathrm{d}\boldsymbol{\theta} \tag{3.165}$$

式(3.165)要求对参数进行积分。它很难计算，而且不存在解析解。它只能通过采样，也就是通过从 $p(\boldsymbol{\theta}\mid\mathcal{D},\boldsymbol{\alpha})$获得$\boldsymbol{\theta}^S$ 的样本，然后用$\boldsymbol{\theta}^S$ 的和近似$\boldsymbol{\theta}^S$ 上的积分来进行数值计算：

116

$$p(\boldsymbol{y}\mid\boldsymbol{x}',\mathcal{D},\boldsymbol{\alpha})=\frac{1}{S}\sum_{s=1}^{S}p(\boldsymbol{y}\mid\boldsymbol{x}',\boldsymbol{\theta}^s) \tag{3.166}$$

由于 $\boldsymbol{\theta}$ 可能是高维的，可以使用 MCMC 或重要性采样来构造 $p(\boldsymbol{\theta}\mid\mathcal{D},\boldsymbol{\alpha})$的采样。或者，变分贝叶斯可以应用于近似带有一个简单的因式分布的 $p(\boldsymbol{\theta}\mid\mathcal{D},\boldsymbol{\alpha})$，以解决式(3.165)中的积分问题。

完全贝叶斯推理仅在给定查询输入 $\boldsymbol{x}'$和训练数据 $\mathcal{D}$ 的情况下推理 $\boldsymbol{y}^*$，即，

$$\boldsymbol{y}^*=\max_{\boldsymbol{y}} p(\boldsymbol{y}\mid\boldsymbol{x}',\mathcal{D}) \tag{3.167}$$

其中 $p(\boldsymbol{y}\mid\boldsymbol{x}',\mathcal{D})$可改写成

$$\begin{aligned}p(\boldsymbol{y}\mid\boldsymbol{x}',\mathcal{D})&=\int_{\boldsymbol{\alpha}}\int_{\boldsymbol{\theta}}p(\boldsymbol{y}\mid\boldsymbol{x}',\boldsymbol{\theta})p(\boldsymbol{\theta}\mid\mathcal{D},\boldsymbol{\alpha})p(\boldsymbol{\alpha}\mid\mathcal{D})\mathrm{d}\boldsymbol{\theta}\mathrm{d}\boldsymbol{\alpha}\\&=\int_{\boldsymbol{\theta}}p(\boldsymbol{y}\mid\boldsymbol{x}',\boldsymbol{\theta})\left[\int_{\boldsymbol{\alpha}}p(\boldsymbol{\theta}\mid\mathcal{D},\boldsymbol{\alpha})p(\boldsymbol{\alpha}\mid\mathcal{D})\mathrm{d}\boldsymbol{\alpha}\right]\mathrm{d}\boldsymbol{\theta}\end{aligned} \tag{3.168}$$

式(3.168)中的二重积分更难以计算。它只能通过双重采样来近似，即，首先从 $p(\boldsymbol{\alpha}\mid\mathcal{D})$采样$\alpha^{S_a}$，用 $\boldsymbol{\alpha}$ 采样平均值来近似$\boldsymbol{\alpha}$ 积分，然后从 $p(\boldsymbol{\theta}\mid\mathcal{D})$采样 θ^{S_t}，用 θ 样本平均值近似 θ 积分，最后用样本平均值近似式(3.168)如下：

$$p(\boldsymbol{\theta} \mid \mathcal{D}) = \frac{1}{S^a} \sum_{s_a=1}^{S_a} p(\boldsymbol{\theta} \mid \mathcal{D}, \boldsymbol{\alpha}^{s_a}), \text{ 其中 } \boldsymbol{\alpha}^{s_a} \sim p(\boldsymbol{\alpha} \mid \mathcal{D})$$

$$p(\boldsymbol{y} \mid \boldsymbol{x}', \mathcal{D}) = \frac{1}{S^t} \sum_{s_t=1}^{S_t} p(\boldsymbol{y} \mid \boldsymbol{x}', \boldsymbol{\theta}^{s_t}), \text{ 其中 } \boldsymbol{\theta}^{s_t} \sim p(\boldsymbol{\theta} \mid \mathcal{D}) \tag{3.169}$$

HBM 可有效刻画数据变化。他们假设数据是由不同的组(集群)生成的，每个组可以由不同的参数集建模，并且不同组的参数集是由超参数控制的参数分布的样本。分层建模类似于混合模型，例如高斯混合(MoG)，但是它与 MoG 的不同之处在于，它不需要组数的先验知识(高斯分量的数量)。但是，它要求每个组的参数遵循相同的分布。有关 HBM 的更多信息，请参见文献[82,83]。

117

3.8.2 分层深层模型

分层深层模型(HDM)是多层图模型，其底层有一个输入，顶层有一个输出，还有多个隐藏节点的中间层。每个隐藏层代表特定抽象级别的输入数据。具有潜在层或变量的模型(例如 HMM，MoG 和潜在 Dirichlet 分配(LDA))比没有潜在变量的模型具有更好的性能。此外，已证明具有多层潜在节点的深层模型显著优于传统的“浅层”模型。图 3.42 将传统的 BN(图 3.42a)与分层深层 BN(图 3.42b)进行了对比，其中 X 代表输入变量，Y 代表输出变量，$Z^1, Z^2, \cdots, Z^n$ 代表中间隐藏层。

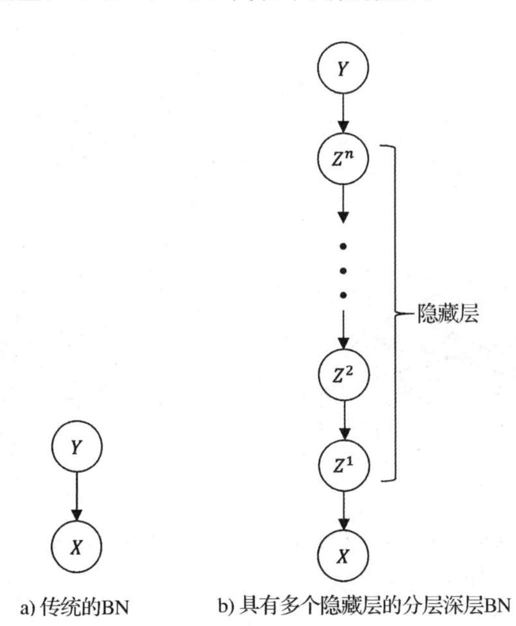

图 3.42 BN 与深层 BN 的比较

通过多个隐藏层，HDM 可以在多个抽象级别上表示数据。它可以通过中间隐藏层更好地刻画输入和输出之间的关系。图 3.43 显示了使用深层模型通过不同级别的几何实体(边缘，零件和对象)来表示输入图像。

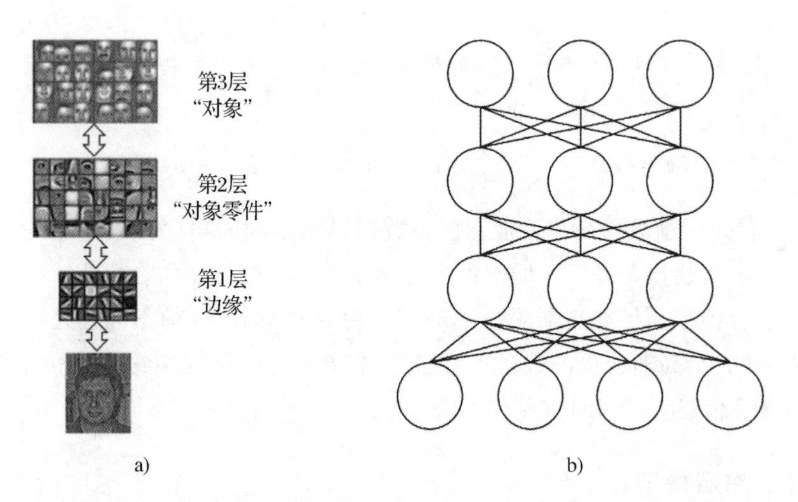

图 3.43 通过不同隐藏层对输入数据进行分层表示的图示，图 a 改编自文献[5]

具体来说，我们可以构建一个深层回归 BN[84]，如图 3.44b 所示。它由多层组成，最底层代表可见变量。连接从上层指向下层，并且每一层内的节点之间都不允许连接。它的构造包括首先确定一个构造块，即图 3.44a 中的回归 BN，然后将构造块逐层堆叠在一起，如图 3.44b 所示。如 3.2.3.5 节所述，回归 BN 是一种 BN，其 CPD 由链路权重的线性回归指定。因此，CPD 参数的总数仅随每个节点的参数数量线性增加。

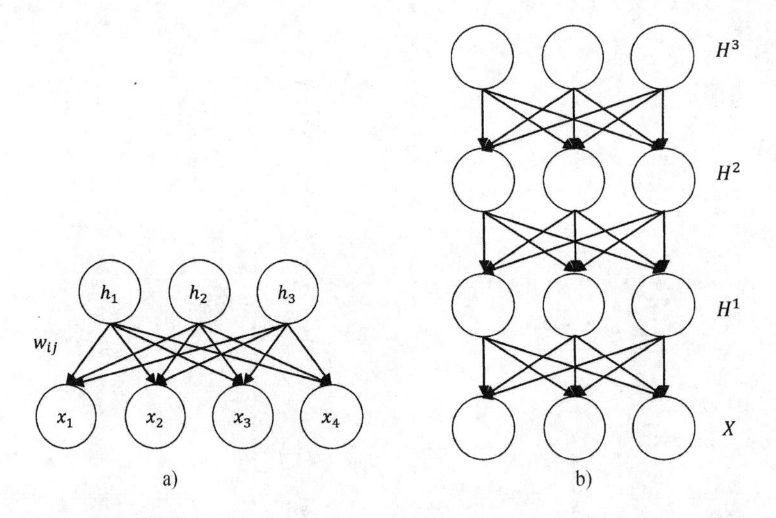

图 3.44 深度贝叶斯网络：图 a 作为构建块的回归 BN(RBN)，图 b 为通过层层叠加 RBN 产生的深层回归 BN(DRBN)

根据变量的类型，可以将深层定向模型分为具有二元潜在变量和可见变量的 S 型信念网络(SBN)[85]，具有连续潜在变量和可见变量的深层因子分析器(DFA)[86]，以及具有离散潜在变量和连续可见变量的深层高斯混合模型(DGMM)[87]。图 3.45 给出了不同的深层有向图模型。

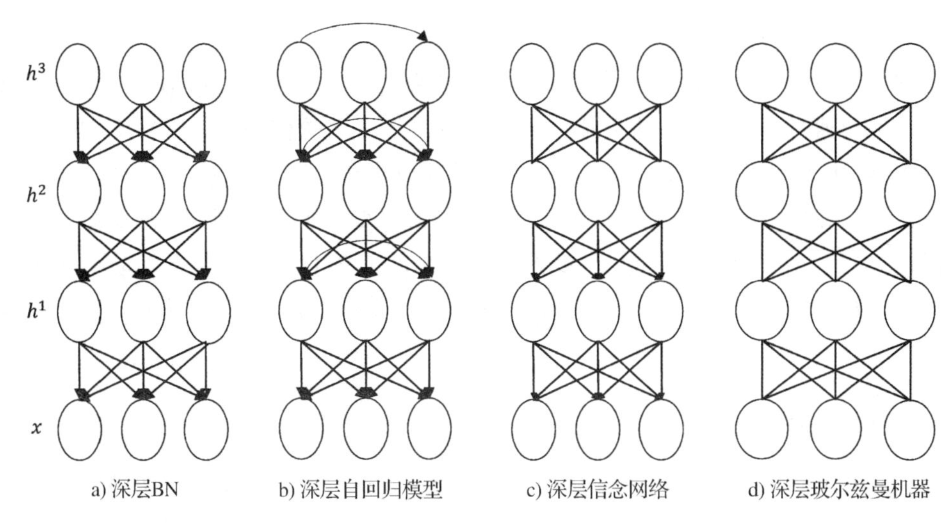

图 3.45 不同的深层图模型

除了有向的 HDM，我们还可以构造无向的 HDM，例如图 3.45d 中的深层玻尔兹曼机(DBM)，它是通过将受限玻尔兹曼机(RBM)的各个层堆叠在彼此的顶部而构造的㊀。DBM 曾经是主要的深度学习架构。与无方向的 HDM 相比，有向的 HDM 具有许多优势。首先，可以通过直接的祖先采样轻松获得样本。其次，没有分割函数问题，因为联合分布是通过将所有局部条件概率相乘而获得的，因此不需要进一步的归一化。最后但最重要的是，有向模型可以通过“解释”原理(V 型结构)自然地刻画给定观测值的潜在变量之间的依赖性。因此，潜在变量可以相互协调以更好地解释数据中的模式。另一方面，潜在节点之间的依赖性在学习和推理中计算起来有挑战。由于隐藏节点独立于给定观测节点的每一层，因此 DBM 的推理成本更低。

除了有向和无向的 HDM，还有混合的 HDM，例如图 3.45c 所示的深层置信网络。深层置信网络由定向层组成，但顶层是无向的。通过设计一个特殊的先验条件来使潜变量有条件地独立，例如互补先验[88]，引入了该无向顶层以减轻定向深层模型的难处理的后验推理，其中每个潜在变量的后验概率可以单独计算。关于不同类型的 HDM 的详细比较，参见文献[84]。

120

深层模型的结构通常是固定的。因此，深层模型学习涉及学习每个可观测和隐藏节点的参数。深层模型学习通常包括两个阶段，即预训练和细化。在预训练阶段，分别学习每一层的参数。然后，在细化阶段，通过共同学习所有参数来细化每一层的参数。细化阶段可以以无监督或有监督的方式进行。监督学习既可以生成性地进行，也可以区别性地进行。由于存在潜在节点，因此要么通过直接最大化边际似然来使用梯度上升方法，要么通过最大化期望边际似然来使用 EM 方法，来进行预训练和细化的学习。此外，由于每层中都有大量隐藏节点，因此以梯度上升方法精确计算梯度或以 EM 方法精

㊀ 读者可以参考第 4 章关于无向图模型的讨论。4.2.4 节具体介绍 RBM。

确计算期望值变得很难。

给定一个被学习的深层模型，推理通常涉及为给定的输入观测值估计顶层隐藏节点的值。这可以通过MAP推理来完成。由于潜在节点之间的依赖性，针对有向深层模型的精确MAP推理是不可行的。可以替代使用近似推理，例如坐标上升算法或变分推理。通常，与相应的确定性深层模型(例如深层神经网络)相比，HDM的学习和推理更具挑战性。它们没有很好地扩展，这解释了为什么尽管HDM具有强大的概率表示能力，却并未被深度学习广泛采用。关于深层BN的学习和推理的更多信息，参见文献[84]。

3.8.3 混合分层模型

最后，我们将简要讨论混合分层模型(HHM)，该模型将HBN与HDM结合起来以发挥各自的优势。如图3.46所示，HHM通常由观测层，一个或多个隐藏层，参数层和一个超参数层组成。隐藏层使在不同的抽象级别上表示输入数据变得可行。参数层允许每个隐藏层的参数发生变化，以刻画每个隐藏层的变化。超参数刻画隐藏层参数的分布。

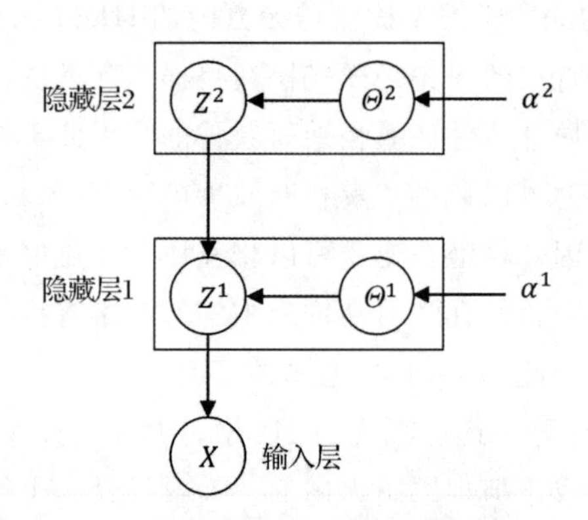

图3.46 混合分层图模型的示例，该模型由一个输入观测层X、两个隐藏层Z^1和Z^2、隐藏层的参数θ^1和θ^2以及控制隐藏层参数的超参数α^1和α^2组成

与HDM相比，HHM可以使用更少的隐藏节点来表示输入数据中的变化。另外，HHM并没有像HDM那样经常假设每个节点的参数都是独立的，而是通过超参数刻画了隐藏节点的参数之间的依存关系。最后，HHM需要学习的参数数量要少得多，因为它们只需要学习超参数，超参数数量通常比参数数量少得多。

HHM的一个很好的例子是潜在的狄利克雷分配模型(LDA)[6]。它由一个观测层，一个潜在变量层，参数层和超参数层组成。潜在变量刻画了数据中的潜在主题，而超参数则用潜在变量的参数提供了可变性。具体来说，如图3.47所示，LDA模型由观测变量w，潜在变量z，潜在变量的参数θ以及超参数α和β组成。潜在变量z是离散的，通常表示数据中的集群(或主题)。z的基数通常通过交叉验证凭经验确定。超参数α和β分别针对θ和每个主题的单词的狄利克雷先验。LDA假定文档(数据)由潜在主题(集

121

群)z 的混合组成，而每个主题又反过来由单词(特征)w 的混合组成。因此，LDA 可以视为分层混合模型。

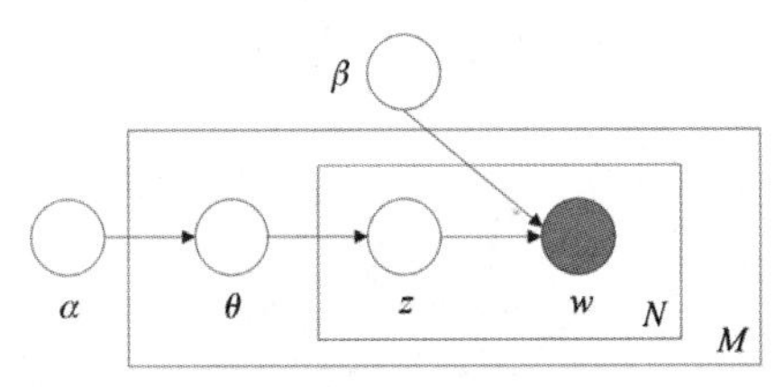

图 3.47 一个 LDA 模型，其中 z 代表潜在主题，θ 参数化 z 的分布，α 是指定 θ 先验分布的超参数，β 参数化每个主题的单词分布，M 表示文档数量，N 表示文档中的字数。图来自文献[6]

给定训练数据，我们可以使用 3.8.1 节中讨论的方法来学习超参数。利用习得的超参数 α 和 β，LDA 推理计算 z，即 $z^* = arg\ \max_z p(z|w, \alpha, \beta)$，这是观测到的单词 w 的最可能话题。有关 LDA 的更多信息，请参见文献[6]。

LDA 代表了概率潜在语义分析(pLSA)的概括[89]。pLSA 是一个潜在主题模型，广泛用于计算机视觉和自然语言处理中。与 LDA 一样，它假定文档由混合的潜在主题组成，而潜在主题又由混合的特征(单词)组成。与 LDA 假设主题参数遵循狄利克雷分布不同，pLSA 不会将其参数视为随机变量。因此，pLSA 严格来说不是分层贝叶斯模型。另外，pLSA 需要学习每个文档的混合权重。因此，参数的数量随训练样本的数量线性增加。最后，对于 pLSA 来说，没有一种自然的方法来为一个新的检验观测分配一个概率。 122

3.9 附录

3.9.1 式(3.63)证明

$$\begin{aligned}
\frac{\partial \mathrm{LL}(\boldsymbol{\theta}_{nj}:D)}{\partial \theta_{njk}} &= \frac{\partial \sum_{k=1}^{K} M_{njk} \log \theta_{njk}}{\partial \theta_{njk}} \\
&= \frac{\partial \left[\sum_{k=1}^{K-1} M_{njk} \log \theta_{njk} + M_{njk} \log \theta_{njK} \right]}{\partial \theta_{njk}} \\
&= \frac{\partial \left[\sum_{k=1}^{K-1} M_{njk} \log \theta_{njk} + M_{njK} \log \left(1 - \sum_{k=1}^{K-1} \theta_{njk}\right) \right]}{\partial \theta_{njk}} \\
&= \frac{M_{njk}}{\theta_{njk}} - \frac{M_{njK}}{1 - \sum_{k=1}^{K-1} \theta_{njk}} \\
&= \frac{M_{njk}}{\theta_{njk}} - \frac{M_{njK}}{\theta_{njK}} = 0
\end{aligned} \tag{3.170}$$

$$\frac{\theta_{njk}}{M_{njk}} = \frac{\theta_{njK}}{M_{njK}} \tag{3.171}$$

$$\theta_{njk}\, M_{njK} = M_{njk}\, \theta_{njK}$$

$$\sum_{k=1}^{K} \theta_{njk}\, M_{njK} = \sum_{k=1}^{K} M_{njk}\, \theta_{njK}$$

$$M_{njK} = M_{nj}\, \theta_{njK}$$

$$\theta_{njK} = \frac{M_{njK}}{M_{nj}}$$

3.9.2 高斯贝叶斯网络证明

设X_n为高斯 BN 的一个节点，$\pi(X_n)$是X_n的父节点，通过线性高斯的定义可得

$$X_n = \sum_{X_k \in \pi(X_n)} \alpha_n^k X_k + \beta_n + \epsilon_n \tag{3.172}$$

其中$\epsilon_n \sim \mathcal{N}(0, \sigma^2_{n|\pi_n})$是节点 n 的高斯噪声。由式(3.172)可得

123

$$\mu_n = E(X_n) = E\Big(\sum_{X_k \in \pi(X_n)} \alpha_n^k X_k + \beta_n + \epsilon_n\Big) = \sum_{X_k \in \pi(X_n)} \alpha_n^k \mu_k + \beta_n \tag{3.173}$$

$$\begin{aligned}
\sigma_n^2 &= E((X_n - \mu_n)^2) \\
&= E\Big[\Big(\sum_{X_k \in \pi(X_n)} \alpha_n^k (X_k - \mu_k) + \epsilon_n\Big)^2\Big] \\
&= E\Big[\Big(\sum_{X_k \in \pi(X_n)} \alpha_n^k (X_k - \mu_k)\Big)^2\Big] + \sigma^2_{n|\pi_n} \\
&= \sum_{X_k \in \pi(X_n)} (\alpha_n^k)^2 E\,((X_k - \mu_k))^2 \\
&\quad + 2 \sum_{\substack{X_k \in \pi(X_n) \\ X_m \in \pi(X_n) \\ X_n \neq X_m}} \alpha_n^k \alpha_n^m E[(X_k - \mu_k)(X_m - \mu_m)] + \sigma^2_{n|\pi_n} \\
&= \sum_{X_k \in \pi(X_n)} (\alpha_n^k)^2\, \sigma_k^2 + 2 \sum_{\substack{X_k \in \pi(X_n) \\ X_m \in \pi(X_n) \\ X_n \neq X_m}} \alpha_n^k \alpha_n^m\, \sigma^2_{X_k X_m} + \sigma^2_{n|\pi_n}
\end{aligned} \tag{3.174}$$

其中$\sigma^2_{X_k X_m}$是X_n的两个父节点的协方差。设 $\boldsymbol{x} = (X_1, X_2, \cdots, X_N)^\top$是表示 BN 中 N 个节点的向量，设 $\boldsymbol{\mu} = (\mu_1, \mu_2, \cdots, \mu_N)^\top$为平均向量。根据文献[11]10.2.5 节，我们可以计算 $\boldsymbol{x}$ 的联合协方差矩阵 $\boldsymbol{\Sigma}$

$$\boldsymbol{\Sigma} = E\,[(\boldsymbol{x} - \boldsymbol{\mu})(\boldsymbol{x} - \boldsymbol{\mu})^\top] \tag{3.175}$$

其中$(\boldsymbol{x} - \boldsymbol{\mu})$可算为

$$\boldsymbol{x}-\boldsymbol{\mu}=\boldsymbol{A}(\boldsymbol{x}-\boldsymbol{\mu})+\boldsymbol{\epsilon} \tag{3.176}$$

式中，$\boldsymbol{A}$ 是权重α_n^m矩阵[⊖]，且$\boldsymbol{\epsilon}=(\epsilon_1,\epsilon_2,\cdots,\epsilon_N)^{\top}$是所有节点的高斯噪声向量。根据式(3.176)，我们得到

$$\boldsymbol{x}-\boldsymbol{\mu}=(\boldsymbol{I}-\boldsymbol{A})^{-1}\boldsymbol{\epsilon} \tag{3.177}$$

将式(3.177)代入式(3.175)得

$$\begin{aligned}\boldsymbol{\Sigma}&=E[(\boldsymbol{x}-\boldsymbol{\mu})(\boldsymbol{x}-\boldsymbol{\mu})^{\top}]\\&=E[((\boldsymbol{I}-\boldsymbol{A})^{-1}\boldsymbol{\epsilon})((\boldsymbol{I}-\boldsymbol{A})^{-1}\boldsymbol{\epsilon})^{\top}]\\&=((\boldsymbol{I}-\boldsymbol{A})^{-1})E(\boldsymbol{\epsilon}\boldsymbol{\epsilon}^{z})((\boldsymbol{I}-\boldsymbol{A})^{-t})\\&=(\boldsymbol{I}-\boldsymbol{A})^{-1}\boldsymbol{S}(\boldsymbol{I}-\boldsymbol{A})^{-t}\end{aligned} \tag{3.178}$$

其中 $\boldsymbol{S}$ 是对角线上条件方差$\sigma_{i|\pi_n}^2$的对角矩阵。

给定由 $\boldsymbol{\mu}$ 和 $\boldsymbol{\Sigma}$ 刻画的联合分布，很容易证明变量$\boldsymbol{x}_S\subset\boldsymbol{x}$ 的任何子集的边际分布仍然是高斯分布，$p(\boldsymbol{x}_s)\sim\mathcal{N}(\boldsymbol{\mu}_s,\boldsymbol{\Sigma}_s)$。此外，$\boldsymbol{\mu}_s$和$\boldsymbol{\Sigma}_s$可以直接从 $\boldsymbol{\mu}$ 和 $\boldsymbol{\Sigma}$ 中的相应元素中提取。此外，这也适用于条件分布。设$\boldsymbol{x}_{s'}\subset\boldsymbol{x}$ 是 $\boldsymbol{x}$ 的另一个子集，那么 $p(\boldsymbol{x}_s|\boldsymbol{x}_{s'})$也遵循高斯分布，

$$p(\boldsymbol{x}_s|\boldsymbol{x}_{s'})=\mathcal{N}(\boldsymbol{\mu}_{s|s'},\boldsymbol{\Sigma}_{s|s'}) \tag{3.179}$$

124

$$\begin{aligned}\boldsymbol{\mu}_{s|s'}&=\boldsymbol{\mu}_s+\boldsymbol{\Sigma}_{ss'}\boldsymbol{\Sigma}_{s'}^{-1}(\boldsymbol{x}_{s'}-\boldsymbol{\mu}_{s'})\\\boldsymbol{\Sigma}_{s|s'}&=\boldsymbol{\Sigma}_s+\boldsymbol{\Sigma}_{ss'}\boldsymbol{\Sigma}_{s'}^{-1}\boldsymbol{\Sigma}_{s's}\end{aligned} \tag{3.180}$$

式中$\boldsymbol{\Sigma}_{ss'}=\boldsymbol{E}[(\boldsymbol{s}-\boldsymbol{\mu}_s)(\boldsymbol{s}'-\boldsymbol{\mu}_{s'})^{\top}]$是子集 s 和 s'的协方差矩阵。$\boldsymbol{\Sigma}_{ss'}$的元素可以直接从 $\boldsymbol{\Sigma}$ 的对应元素中提取出来。同理，$\boldsymbol{\Sigma}_{ss'}$是子集 s'和 s 的协方差矩阵，它是$\boldsymbol{\Sigma}_{ss'}$的转置。证明见文献[90]的 2.3.1 章和文献[7]的定理 7.4。以图 3.7 GBN 为例，其中 $\boldsymbol{x}=(X_1,X_2,X_3,X_4,X_5)^{\top}$。根据前面的方程，联合平均值为 $\boldsymbol{\mu}=(\mu_1,\mu_2,\mu_3,\mu_4,\mu_5)^{\top}$，其中$\mu_3=\alpha_3^1\mu_1+\alpha_3^2\mu_2+\beta_3,\mu_4=\alpha_4^3\mu_3+\beta_4,\mu_5=\alpha_5^3\mu_3+\beta_4$。协方差矩阵 $\boldsymbol{\Sigma}$ 可被计算为

$$\boldsymbol{\Sigma}=(\boldsymbol{I}-\boldsymbol{A})^{-1}S(\boldsymbol{I}-\boldsymbol{A})^{-t}$$

其中，$\boldsymbol{A}$ 和 $\boldsymbol{S}$ 可被计算如下

$$\boldsymbol{A}=\begin{pmatrix}0&0&0&0&0\\0&0&0&0&0\\\alpha_3^1&\alpha_3^2&0&0&0\\0&0&\alpha_4^3&0&0\\0&0&\alpha_5^3&0&0\end{pmatrix}$$

⊖ $\boldsymbol{A}$ 是下三角矩阵，如果节点按拓扑顺序排列。

$$S = \begin{pmatrix} \alpha_1^2 & 0 & 0 & 0 & 0 \\ 0 & \alpha_2^2 & 0 & 0 & 0 \\ 0 & 0 & \alpha_3^2 & 0 & 0 \\ 0 & 0 & 0 & \alpha_4^2 & 0 \\ 0 & 0 & 0 & 0 & \alpha_5^2 \end{pmatrix}$$

3.9.3　拉普拉斯近似

拉普拉斯近似的目标是用高斯分布近似复杂的概率分布。具体地说，给定在一组 N 维随机变量 $\boldsymbol{X}$ 上的联合分布 $p(\boldsymbol{x})$，拉普拉斯近似求得了以 $p(\boldsymbol{x})$ 模式为中心的高斯分布 $q(\boldsymbol{x})$ 来近似 $p(\boldsymbol{x})$。设 $\boldsymbol{x}_0$ 是 $p(\boldsymbol{x})$ 的一个模式。取 $\log p(\boldsymbol{x})$ 在 $\boldsymbol{x}_0$ 附近的二阶 Taylor 展开得到

125

$$\begin{aligned}\log p(\boldsymbol{x}) &\approx \log p(\boldsymbol{x}_0) + (\boldsymbol{x}-\boldsymbol{x}_0)^\top \frac{\partial \log p(\boldsymbol{x}_0)}{\partial \boldsymbol{x}} \\ &\quad + \frac{(\boldsymbol{x}-\boldsymbol{x}_0)^\top \frac{\partial^2 \log p(\boldsymbol{x}_0)}{\partial^2 \boldsymbol{x}}(\boldsymbol{x}-\boldsymbol{x}_0)}{2} \\ &= \log p(\boldsymbol{x}_0) + \frac{(\boldsymbol{x}-\boldsymbol{x}_0)^\top \frac{\partial^2 \log p(\boldsymbol{x}_0)}{\partial^2 \boldsymbol{x}}(\boldsymbol{x}-\boldsymbol{x}_0)}{2}\end{aligned} \tag{3.181}$$

对式(3.181)两侧取指数，得到

$$p(\boldsymbol{x}) \approx p(\boldsymbol{x}_0)\exp \frac{(\boldsymbol{x}-\boldsymbol{x}_0)^\top \frac{\partial^2 \log p(\boldsymbol{x}_0)}{\partial^2 \boldsymbol{x}}(\boldsymbol{x}-\boldsymbol{x}_0)}{2} \tag{3.182}$$

令 $A = -\left[\frac{\partial^2 \log p(\boldsymbol{x}_0)}{\partial^2 \boldsymbol{x}}\right]$，其中 $\frac{\partial^2 \log p(\boldsymbol{x}_0)}{\partial^2 \boldsymbol{x}}$ 是 $\log p(\boldsymbol{x})$ 的黑塞矩阵，代入到式(3.182)可得，

$$p(\boldsymbol{x}) \approx p(\boldsymbol{x}_0)\exp - \frac{(\boldsymbol{x}-\boldsymbol{x}_0)^\top A(\boldsymbol{x}-\boldsymbol{x}_0)}{2} \tag{3.183}$$

$p(\boldsymbol{x}_0)$ 是归一化常数，等于 $\frac{|A|^{1/2}}{(2\pi)^{N/2}}$，所以可得

$$q(\boldsymbol{x}) = \frac{|A|^{1/2}}{(2\pi)^{N/2}}\exp - \frac{(\boldsymbol{x}-\boldsymbol{x}_0)^\top A(\boldsymbol{x}-\boldsymbol{x}_0)}{2} = \mathcal{N}(\boldsymbol{x}_0, A^{-1}) \tag{3.184}$$

参考文献

[1] N. Friedman, D. Koller, Tutorial on learning Bayesian networks from data, in: NIPS, 2001 [online], available: http://www.cs.huji.ac.il/~nirf/NIPS01-Tutorial/Tutorial.pps.
[2] R.E. Neapolitan, et al., Learning Bayesian Networks, 2004.
[3] Variational inference, http://www.cs.cmu.edu/~guestrin/Class/10708/recitations/r9/VI.ppt.

[4] N. Oliver, E. Horvitz, A. Garg, Layered representation for human activity recognition, Computer Vision and Image Understanding (2004).
[5] H. Lee, R. Grosse, R. Ranganath, A.Y. Ng, Convolutional deep belief networks for scalable unsupervised learning of hierarchical representations, in: Proceedings of the 26th Annual International Conference on Machine Learning, ACM, 2009, pp. 609–616.
[6] D.M. Blei, A.Y. Ng, M.I. Jordan, Latent Dirichlet allocation, The Journal of Machine Learning Research 3 (2003) 993–1022.
[7] D. Koller, N. Friedman, Probabilistic Graphical Models: Principles and Techniques, MIT Press, 2009.
[8] H. Hu, Z. Li, A.R. Vetta, Randomized experimental design for causal graph discovery, in: Advances in Neural Information Processing Systems, 2014, pp. 2339–2347.
[9] C. Meek, Strong completeness and faithfulness in Bayesian networks, in: Proceedings of the Eleventh Conference on Uncertainty in Artificial Intelligence, Morgan Kaufmann Publishers Inc., 1995, pp. 411–418.
[10] J. Pearl, T.S. Vermal, Equivalence and synthesis of causal models, in: Proceedings of Sixth Conference on Uncertainty in Artificial Intelligence, 1991, pp. 220–227.
[11] K.P. Murphy, Machine Learning: A Probabilistic Perspective, MIT Press, 2012.
[12] P.P. Shenoy, Inference in hybrid Bayesian networks using mixtures of Gaussians, arXiv preprint, arXiv: 1206.6877, 2012.
[13] N. Friedman, D. Geiger, M. Goldszmidt, Bayesian network classifiers, Machine Learning 29 (2–3) (1997) 131–163.
[14] C. Bielza, P. Larrañaga, Discrete Bayesian network classifiers: a survey, ACM Computing Surveys (CSUR) 47 (1) (2014) 5.
[15] R.M. Neal, Connectionist learning of belief networks, Artificial Intelligence 56 (1) (1992) 71–113.
[16] S. Srinivas, A generalization of the noisy-or model, in: Proceedings of the Ninth International Conference on Uncertainty in Artificial Intelligence, Morgan Kaufmann Publishers Inc., 1993, pp. 208–215.
[17] G.F. Cooper, The computational complexity of probabilistic inference using Bayesian belief networks, Artificial Intelligence 42 (2) (1990) 393–405.
[18] C. Cannings, E. Thompson, H. Skolnick, The recursive derivation of likelihoods on complex pedigrees, Advances in Applied Probability 8 (4) (1976) 622–625.

126

[19] J. Pearl, Reverend Bayes on inference engines: a distributed hierarchical approach, in: AAAI Conference on Artificial Intelligence, 1982, pp. 133–136.
[20] J. Pearl, Probabilistic Reasoning in Intelligent Systems: Networks of Plausible Inference, Elsevier, 1998.
[21] Y. Weiss, W.T. Freeman, On the optimality of solutions of the max-product belief-propagation algorithm in arbitrary graphs, IEEE Transactions on Information Theory 47 (2) (2001) 736–744.
[22] S.L. Lauritzen, D.J. Spiegelhalter, Local computations with probabilities on graphical structures and their application to expert systems, Journal of the Royal Statistical Society. Series B (Methodological) (1988) 157–224.
[23] P.P. Shenoy, G. Shafer, Axioms for probability and belief-function propagation, in: Classic Works of the Dempster-Shafer Theory of Belief Functions, Springer, 2008, pp. 499–528.
[24] F.V. Jensen, An Introduction to Bayesian Networks, vol. 210, UCL Press, London, 1996.
[25] F.V. Jensen, S.L. Lauritzen, K.G. Olesen, Bayesian updating in causal probabilistic networks by local computations, Computational Statistics Quarterly (1990).
[26] V. Lepar, P.P. Shenoy, A comparison of Lauritzen–Spiegelhalter, Hugin, and Shenoy–Shafer architectures for computing marginals of probability distributions, in: Proceedings of the Fourteenth Conference on Uncertainty in Artificial Intelligence, Morgan Kaufmann Publishers Inc., 1998, pp. 328–337.
[27] A.P. Dawid, Applications of a general propagation algorithm for probabilistic expert systems, Statistics and Computing 2 (1) (1992) 25–36.
[28] P. Dagum, M. Luby, Approximating probabilistic inference in Bayesian belief networks is NP-hard, Artificial Intelligence 60 (1) (1993) 141–153.
[29] K.P. Murphy, Y. Weiss, M.I. Jordan, Loopy belief propagation for approximate inference: an empirical study, in: Proceedings of the Fifteenth Conference on Uncertainty in Artificial Intelligence, Morgan Kaufmann Publishers Inc., 1999, pp. 467–475.
[30] S.C. Tatikonda, M.I. Jordan, Loopy belief propagation and Gibbs measures, in: Proceedings of the Eighteenth Conference on Uncertainty in Artificial Intelligence, Morgan Kaufmann Publishers Inc., 2002, pp. 493–500.
[31] M. Henrion, Propagating uncertainty in Bayesian networks by probabilistic logic sampling, in: Uncertainty in Artificial Intelligence 2 Annual Conference on Uncertainty in Artificial Intelligence, UAI-86, Elsevier Science, Amsterdam, NL, 1986, pp. 149–163.
[32] R. Fung, K.C. Chang, Weighing and integrating evidence for stochastic simulation in Bayesian networks, in: Annual Conference on Uncertainty in Artificial Intelligence, UAI-89, Elsevier Science, New

York, N. Y., 1989, pp. 209–219.
[33] A. Darwiche, Modeling and Reasoning With Bayesian Networks, Cambridge University Press, 2009.
[34] S. Geman, D. Geman, Stochastic relaxation, Gibbs distributions, and the Bayesian restoration of images, IEEE Transactions on Pattern Analysis and Machine Intelligence 6 (1984) 721–741.
[35] D. Lunn, D. Spiegelhalter, A. Thomas, N. Best, The bugs project: evolution, critique and future directions, Statistics in Medicine 28 (25) (2009) 3049–3067.
[36] B. Carpenter, A. Gelman, M. Hoffman, D. Lee, B. Goodrich, M. Betancourt, M.A. Brubaker, J. Guo, P. Li, A. Riddell, Stan: a probabilistic programming language, Journal of Statistical Software (2016).
[37] W.K. Hastings, Monte Carlo sampling methods using Markov chains and their applications, Biometrika 57 (1) (1970) 97–109.
[38] M.I. Jordan, Z. Ghahramani, T.S. Jaakkola, L.K. Saul, An introduction to variational methods for graphical models, Machine Learning 37 (2) (1999) 183–233.
[39] L.K. Saul, T. Jaakkola, M.I. Jordan, Mean field theory for sigmoid belief networks, Journal of Artificial Intelligence Research 4 (1) (1996) 61–76.
[40] G.E. Hinton, R.S. Zemel, Autoencoders, minimum description length, and Helmholtz free energy, in: Advances in Neural Information Processing Systems, 1994, p. 3.
[41] A. Mnih, K. Gregor, Neural variational inference and learning in belief networks, arXiv preprint, arXiv: 1402.0030, 2014.
[42] S. Nie, D.D. Maua, C.P. de Campos, Q. Ji, Advances in learning Bayesian networks of bounded treewidth, in: Advances in Neural Information Processing Systems 27, 2014.
[43] D. Heckerman, M.P. Wellman, Bayesian networks, Communications of the ACM 38 (3) (1995) 27–31.
[44] D. Heckerman, A tutorial on learning with Bayesian networks, in: Learning in Graphical Models, Springer, 1998, pp. 301–354.
127 [45] G. Schwarz, et al., Estimating the dimension of a model, The Annals of Statistics 6 (2) (1978) 461–464.
[46] R.E. Kass, A.E. Raftery, Bayes factors, Journal of the American Statistical Association 90 (430) (1995) 773–795.
[47] W. Buntine, Theory refinement on Bayesian networks, in: Proceedings of the Seventh Conference on Uncertainty in Artificial Intelligence, Morgan Kaufmann Publishers Inc., 1991, pp. 52–60.
[48] G.F. Cooper, E. Herskovits, A Bayesian method for the induction of probabilistic networks from data, Machine Learning 9 (4) (1992) 309–347.
[49] D. Heckerman, D. Geiger, D.M. Chickering, Learning Bayesian networks: the combination of knowledge and statistical data, Machine Learning 20 (3) (1995) 197–243.
[50] Bayesian structure learning scoring functions, http://www.lx.it.pt/~asmc/pub/talks/09-TA/ta_pres.pdf.
[51] D. Heckerman, A. Mamdani, M.P. Wellman, Real-world applications of Bayesian networks, Communications of the ACM 38 (3) (1995) 24–26.
[52] C. Chow, C. Liu, Approximating discrete probability distributions with dependence trees, IEEE Transactions on Information Theory 14 (3) (1968) 462–467.
[53] C.P. De Campos, Q. Ji, Efficient structure learning of Bayesian networks using constraints, The Journal of Machine Learning Research 12 (2011) 663–689.
[54] M. Bartlett, J. Cussens, Advances in Bayesian network learning using integer programming, arXiv preprint, arXiv:1309.6825, 2013.
[55] X. Zheng, B. Aragam, P.K. Ravikumar, E.P. Xing, DAGs with no tears: continuous optimization for structure learning, in: Advances in Neural Information Processing Systems, 2018, pp. 9491–9502.
[56] D.M. Chickering, Optimal structure identification with greedy search, The Journal of Machine Learning Research 3 (2003) 507–554.
[57] C. Yuan, B. Malone, X. Wu, Learning optimal Bayesian networks using A* search, in: Proceedings – International Joint Conference on Artificial Intelligence, vol. 22, no. 3, Citeseer, 2011, p. 2186.
[58] M. Schmidt, A. Niculescu-Mizil, K. Murphy, et al., Learning graphical model structure using L1-regularization paths, in: AAAI Conference on Artificial Intelligence, vol. 7, 2007, pp. 1278–1283.
[59] G.F. Cooper, A simple constraint-based algorithm for efficiently mining observational databases for causal relationships, Data Mining and Knowledge Discovery 1 (2) (1997) 203–224.
[60] M. Scutari, Bayesian network constraint-based structure learning algorithms: parallel and optimised implementations in the bnlearn R package, arXiv preprint, arXiv:1406.7648, 2014.
[61] D. Geiger, D. Heckerman, Learning Gaussian networks, in: Proceedings of the Tenth International Conference on Uncertainty in Artificial Intelligence, Morgan Kaufmann Publishers Inc., 1994, pp. 235–243.
[62] S. Huang, J. Li, J. Ye, A. Fleisher, K. Chen, T. Wu, E. Reiman, A.D.N. Initiative, et al., A sparse structure learning algorithm for Gaussian Bayesian network identification from high-dimensional data, IEEE Transactions on Pattern Analysis and Machine Intelligence 35 (6) (2013) 1328–1342.

[63] A.L. Yuille, A. Rangarajan, The concave–convex procedure (CCCP), in: Advances in Neural Information Processing Systems, 2002, pp. 1033–1040.
[64] A.P. Dempster, N.M. Laird, D.B. Rubin, Maximum likelihood from incomplete data via the EM algorithm, Journal of the Royal Statistical Society. Series B (Methodological) (1977) 1–38.
[65] P. Dagum, A. Galper, E. Horvitz, Dynamic network models for forecasting, in: Proceedings of the Eighth International Conference on Uncertainty in Artificial Intelligence, Morgan Kaufmann Publishers Inc., 1992, pp. 41–48.
[66] V. Mihajlovic, M. Petkovic, Dynamic Bayesian Networks: A State of the Art, 2001.
[67] K.P. Murphy, Dynamic Bayesian Networks: Representation, Inference and Learning, Ph.D. dissertation, University of California, Berkeley, 2002.
[68] Z. Ghahramani, Learning dynamic Bayesian networks, in: Adaptive Processing of Sequences and Data Structures, Springer, 1998, pp. 168–197.
[69] A.J. Viterbi, Error bounds for convolutional codes and an asymptotically optimum decoding algorithm, IEEE Transactions on Information Theory 13 (2) (1967) 260–269.
[70] L.E. Baum, T. Petrie, G. Soules, N. Weiss, A maximization technique occurring in the statistical analysis of probabilistic functions of Markov chains, The Annals of Mathematical Statistics 41 (1) (1970) 164–171.
[71] L.R. Rabiner, A tutorial on hidden Markov models and selected applications in speech recognition, Proceedings of the IEEE 77 (2) (1989) 257–286.

128

[72] Y. Bengio, P. Frasconi, An input output HMM architecture, in: Advances in Neural Information Processing Systems, 1995, pp. 427–434.
[73] M. Brand, N. Oliver, A. Pentland, Coupled hidden Markov models for complex action recognition, in: IEEE Computer Society Conference on Computer Vision and Pattern Recognition, 1997, pp. 994–999.
[74] Z. Ghahramani, M.I. Jordan, Factorial hidden Markov models, Machine Learning 29 (2–3) (1997) 245–273.
[75] S. Fine, Y. Singer, N. Tishby, The hierarchical hidden Markov model: analysis and applications, Machine Learning 32 (1) (1998) 41–62.
[76] Z. Ghahramani, An introduction to hidden Markov models and Bayesian networks, International Journal of Pattern Recognition and Artificial Intelligence 15 (01) (2001) 9–42.
[77] T. Xiang, S. Song, Video behavior profiling for anomaly detection, IEEE Transactions on Pattern Analysis and Machine Intelligence (2008).
[78] Z. Ghahramani, M.I. Jordan, Factorial hidden Markov models, in: Advances in Neural Information Processing Systems, 1996, pp. 472–478.
[79] A.D. Brown, G.E. Hinton, Products of hidden Markov models, in: AISTATS, 2001.
[80] V. Pavlovic, J.M. Rehg, J. MacCormick, Learning switching linear models of human motion, in: Advances in Neural Information Processing Systems, 2001, pp. 981–987.
[81] R.E. Kalman, A new approach to linear filtering and prediction problems, Journal of Basic Engineering 82 (1) (1960) 35–45.
[82] G.M. Allenby, P.E. Rossi, R.E. McCulloch, Hierarchical Bayes model: a practitioner's guide, Journal of Bayesian Applications in Marketing (2005) 1–4.
[83] Hbc: Hierarchical Bayes compiler, http://www.umiacs.umd.edu/~hal/HBC/.
[84] S. Nie, M. Zheng, Q. Ji, The deep regression Bayesian network and its applications: probabilistic deep learning for computer vision, IEEE Signal Processing Magazine 35 (1) (2018) 101–111.
[85] Z. Gan, R. Henao, D.E. Carlson, L. Carin, Learning deep sigmoid belief networks with data augmentation, in: AISTATS, 2015.
[86] Y. Tang, R. Salakhutdinov, G. Hinton, Deep mixtures of factor analysers, arXiv preprint, arXiv:1206.4635, 2012.
[87] A. van den Oord, B. Schrauwen, Factoring variations in natural images with deep Gaussian mixture models, in: Advances in Neural Information Processing Systems, 2014, pp. 3518–3526.
[88] G.E. Hinton, S. Osindero, Y.-W. Teh, A fast learning algorithm for deep belief nets, Neural Computation 18 (7) (2006) 1527–1554.
[89] T. Hofmann, Probabilistic latent semantic indexing, in: Proceedings of the 22nd Annual International ACM SIGIR Conference on Research and Development in Information Retrieval, ACM, 1999, pp. 50–57.

129

[90] C.M. Bishop, Pattern Recognition and Machine Learning, Springer, 2006.

第4章

Probabilistic Graphical Models for Computer Vision

无向概率图模型

4.1 引言

如第1章中所讨论的，有两种类型的图模型，分别是有向的和无向的概率图模型，这两种概率图模型都广泛应用于计算机视觉领域。事实上，马尔可夫随机场(MRF)和条件随机场(CRF)等无向概率图模型已广泛应用于图像去噪、分割、运动估计、立体目标识别和图像编辑等视觉任务。按照第3章行文模式，我们将首先讨论无向概率图模型的定义和性质，然后讨论它们的主要学习和推理方法。此外，我们将首先介绍基本的无向概率图模型，即马尔可夫网络(MN)。然后我们将讨论它们的变种，包括条件随机场(CRF)和受限玻尔兹曼机(RBM)。我们还将对比有向概率图模型和无向概率图模型，也会讨论它们的共性。

4.1.1 定义和性质

无向概率图模型是由节点和无向链路组成的图，其中节点表示RV，链路刻画它们的依赖关系。与有向概率图模型中的链路不同，无向概率图模型中的链路表示相连的RV之间的相互作用关系。与有向概率图模型一样，无向概率图模型可以压缩编码一组随机变量的联合概率分布。

4.1.1.1 定义

马尔可夫网络(MN)也称为马尔可夫随机场(MRF)，是满足马尔可夫性质的无向图。形式上，马尔可夫网络可以定义为：令$\boldsymbol{X}=\{X_1,X_2,\cdots,X_N\}$表示一组$N$个随机变量。马尔可夫网络是联合概率分布$p(X_1, X_2,\cdots,X_N)$的图形表示。$\boldsymbol{X}$的MN可以定义为二元组$\mathcal{M}=\{\mathcal{G},\boldsymbol{\Theta}\}$，其中$\mathcal{G}$定义了MN的定性(结构)部分，而$\boldsymbol{\Theta}$定义MN的定量部分。$\mathcal{G}$可以进一步表示为$\mathcal{G}=\{\mathcal{E},\mathcal{Y}\}$，其中$\mathcal{Y}$表示对应于$\boldsymbol{X}$中变量的$\mathcal{G}$的节点，而$\mathcal{E}=\{E_{ij}\}$表示节点$i$和$j$之间的无向边(链路)，它们刻画由节点$i$和$j$表示的变量之间的概率依赖性。与BN的有向链路不同，MN中的链路刻画了两个连接变量之间的相互依赖或相互作用。节点X_i的邻点N_{Xi}为直接连接到X_i的节点。模型的参数$\boldsymbol{\Theta}$共同表征了链路的强度。无向图$\mathcal{M}$只有在满足马尔可夫条件时才是MN，即，

$$X_i \perp X_j \mid N_{Xi}\ \forall X_j \in \boldsymbol{X} \setminus N_{Xi} \setminus X_i \tag{4.1}$$

马尔可夫条件表明，给定其相邻节点，一个节点独立于其他所有节点。图4.1给出了一个有五个节点的MN，根据马尔可夫条件，给定节点A的两个相邻节点B和C，则节点A独立于节点E。

130 ~ 131

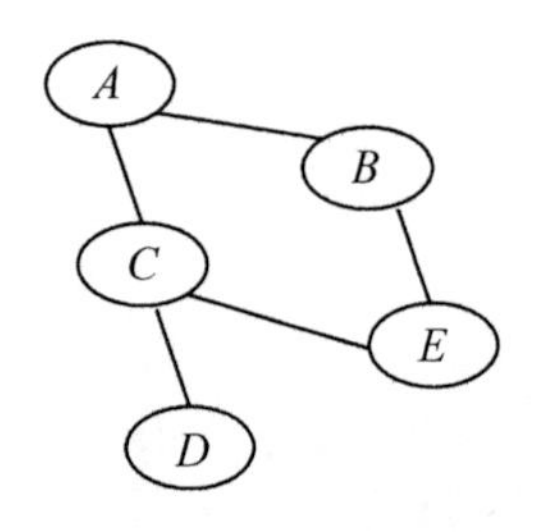

图 4.1 一个马尔可夫网络的示例

根据图论，团被定义为一个完全连通的子图，即子图中每对节点之间都有一个链路。每个团的节点数量可能不同。图 4.2 给出了不同大小的团的示例。图的最大团对应于覆盖所有节点的最小团数，它们具有唯一性。对于图 4.3 中的 MN，其最大团为 $\{X_1, X_2\}$，$\{X_2, X_3, X_4\}$，$\{X_4, X_5\}$和 $\{X_6\}$。

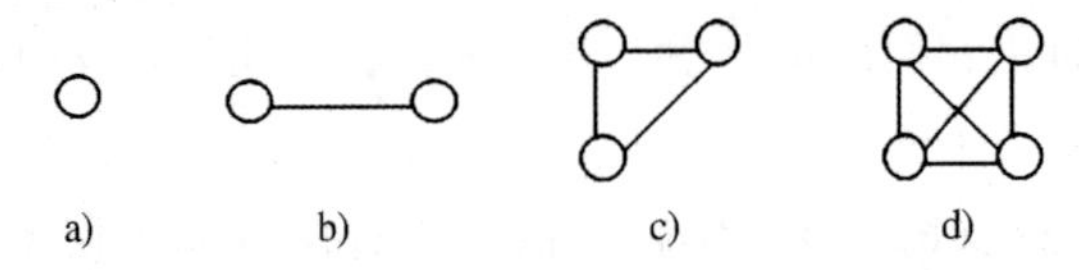

图 4.2 图 a 为一个节点，图 b 为两个节点，图 c 为三个节点，图 d 为四个节点的团示例

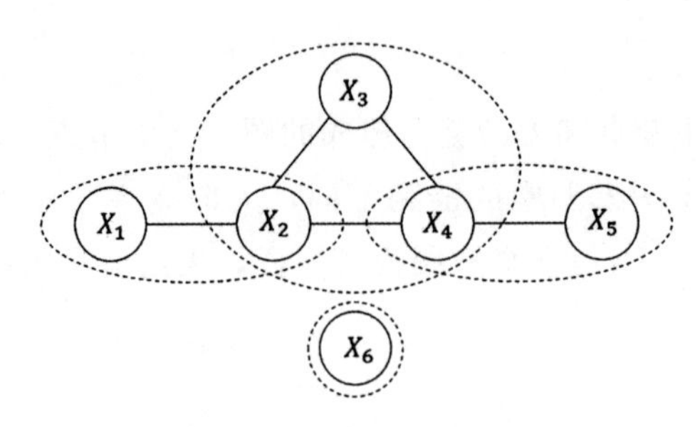

图 4.3 最大团示例

根据 Hammersley-Clifford(HC)定理[1]，MN 所有节点的联合概率分布等于其最大团的归一化势函数的乘积：

132

$$p(x_1, x_2, \cdots, x_N) = \frac{1}{Z} \prod_{c \in C} \psi_C(\boldsymbol{x}_c) \tag{4.2}$$

其中 C 代表最大团的集合，c 是最大团，$\boldsymbol{x}_c$是团 c 中的节点，$\psi_C(\boldsymbol{x}_c)$是团 c 的势函数，Z 是将式(4.2)右侧归一化为 0 到 1 之间的配分函数。对于离散 MN，$Z = \sum_{x_1, x_2, \cdots, x_N} \prod_{c \in C} \psi_c(\boldsymbol{x}_c)$ 请注意虽然 HC 定理用极大团的势函数乘积的指定了 MN 的联合分布，但实际上，MN 的联合分布可以由覆盖所有节点的任何一组团参数化，尽管这种参数化可能并不唯一。

对于图 4.3 中的例子，根据 HC 定理，其节点在最大团的联合概率可以写成

$$p(x_1, x_2, \cdots, x_6) = \frac{1}{Z}\psi_{12}(x_1, x_2)\psi_{234}(x_2, x_3, x_4)\psi_{45}(x_4, x_5)\psi_6(x_6) \tag{4.3}$$

其中 $Z = \sum_{x_1, x_2, \cdots, x_6} \psi_{12}(x_1, x_2)\psi_{234}(x_2, x_3, x_4)\psi_{45}(x_4, x_5)\psi_6(x_6)$。

与用 CPD 参数化的 BN 不同，MN 由势函数 $\psi()$参数化。它衡量变量之间的相容性：势值越高，各变量之间的相容性就越强。与 CPD 相比，势函数是一种更加对称的参数化。此外，势函数可以是灵活的，实际上它可以是任何非负函数。势函数规范的一个问题是它是非归一化的。事实上，它不一定是概率。一种广泛使用的势函数是对数线性函数，

$$\psi_c(\boldsymbol{x}_c) = \exp(-\boldsymbol{w}_c E_c(\boldsymbol{x}_c)) \tag{4.4}$$

其中 $E_c(\boldsymbol{X}_c)$被称为团 c 的能量函数，$\boldsymbol{w}_c$是它的参数。由于负号的存在，势函数的高值对应着能量函数的低值。这种对数线性表示可以推广到任何势函数。给定对数线性势函数，MN 的联合概率分布可以写为吉布斯分布

$$p(x_1, x_2, \cdots, x_N) = \frac{1}{Z}\exp\left[-\sum_{c \in C}\boldsymbol{w}_c E_c(\boldsymbol{x}_c)\right] \tag{4.5}$$

4.1.1.2 性质

像 BN 一样，由于马尔可夫条件，MN 也具有局部和全局独立性。局部独立性包括马尔可夫性质和成对独立性。如式(4.1)中所定义的，马尔可夫性质表明，一个节点 X_i 在给定其相邻节点的条件下，独立于其他所有节点，即 X_i的相邻节点将 X_i与其他所有节点完全隔离开来。对于 MN 来说，一个节点的马尔可夫毯(MB)由离它最近(临近)邻节点组成，即 $MB_{X_i} = N_{X_i}$。对于图 4.4b 中的例子，节点 C 的相邻节点(或其 MB)由节点$\{A, D, E\}$组成。根据马尔可夫性质，我们有

133

$$C \perp B \mid \{A, D, E\}$$

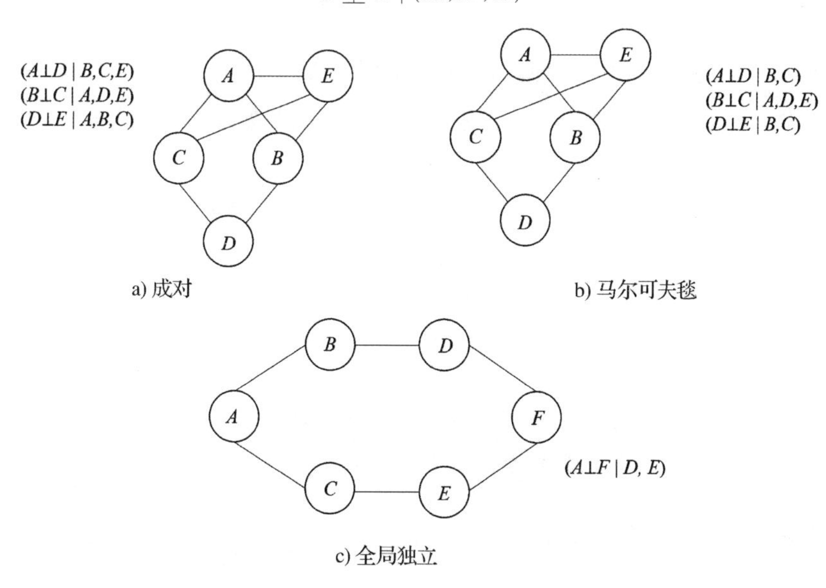

图 4.4 局部和全局独立性的例子

马尔可夫性质可以扩展到局部成对独立性，即任何两个不相连的节点在给定其他所有节点的情况下都是相互独立的。形式上，给定两个不相连的节点 X_i 和 X_j，成对独立性可以写成

$$X_i \perp X_j \mid \boldsymbol{X} \setminus X_i \setminus X_j$$

对于图4.4a中的MN例子，给定节点 A、B、C，节点 D、E 是相互独立的。

根据D分离原理，MN除了具有局部独立性外，还具有全局独立性。如果两个节点之间的所有路径都被阻塞，那么这两个节点就是相互独立的。两个节点 X_i 和 X_j 之间的路径是它们之间的节点序列，这样任何连续的节点都通过无向边连接，并且序列中没有节点出现两次。如果路径中的一个节点被给定，则路径被阻塞。如图4.4c所示，给定节点 D 和 E，节点 A 和 F 是相互独立的。这是因为在给定节点 D 和 E 的情况下节点 A 和 F 之间的两条路径 A-B-D-F 和 A-C-E-F 都被阻塞了。

4.1.1.3　*I* 映射

像BN一样，MN和分布 p 之间也存在忠实性的问题。如果 $I(\mathcal{M}) \subseteq I(p)$，则MN$\mathcal{M}$ 是分布 p 的 I 映射；如果 $I(\mathcal{M}) = I(p)$，则它是完美的 I 映射，其中 $I()$ 表示独立性。

134

4.2　成对马尔可夫网络

最常用的MN是成对MN，其中最大团大小为2。成对MN因其表达简单高效，而得到广泛应用。离散成对MN的参数数量与节点数量成二次关系。每个团的势函数只涉及两个相邻的节点，X_i 和 X_j，而 X_j 是 X_i 的近邻点之一。遵循HC定理，成对MN的联合概率可以写成

$$p(x_1, x_2, \cdots, x_n) = \frac{1}{Z} \prod_{(x_i, x_j) \in \mathcal{E}} \psi_{ij}(x_i, x_j) \tag{4.6}$$

其中 $\psi_{ij}(x_i, x_j)$ 是节点 X_i 和 X_j 之间的成对势函数。除了成对势函数之外，在实践中还经常添加一个偏差（先验）势函数 $\phi(x_i)$ 来表示每个节点的偏差（先验概率）。带有偏差项的成对MN的联合概率可以写成

$$p(x_1, x_2, \cdots, x_n) = \frac{1}{Z} \prod_{(x_i, x_j) \in \mathcal{E}} \psi_{ij}(x_i, x_j) \prod_{x_i \in \mathcal{V}} \phi_i(x_i) \tag{4.7}$$

对于对数线性势函数，联合概率可以写成

$$p(x_1, x_2, \cdots, x_n) = \frac{1}{Z} \exp\left[-\sum_{(x_i, x_j) \in \mathcal{E}} w_{ij} E_{ij}(x_i, x_j) - \sum_{x_i \in \mathcal{V}} \alpha_i E_i(x_i)\right] \tag{4.8}$$

其中 $E_{ij}(x_i, x_j)$ 和 $E_i(x_i)$ 分别是成对和偏差（先验）能量函数，而 w_{ij} 和 α_i 是它们的参数。成对MN可进一步分为离散和连续成对MN，如下文所示。

4.2.1　离散成对马尔可夫网络

对于一个离散的成对MN，所有的节点代表离散的RV。最常用的成对MN之一是

波茨模型。根据该模型，定义成对能量函数 $E_{ij}(x_i, x_j)$如下：

$$E_{ij}(x_i,x_j) = 1 - \delta(x_i,x_j) \tag{4.9}$$

更一般的是

$$E_{ij}(x_i,x_j) = \begin{cases} -\xi, & x_i = x_j \\ \xi, & \text{其余情况} \end{cases} \tag{4.10}$$

其中 ξ 是一个正常数，δ 是克罗内克函数，每当它的自变量相等时 δ 等于 1，否则等于 0。能量函数衡量两个节点之间的相互作用强度，并促进局部一致性。当 X_i 和 X_j 相同时，它变为 0，否则为 1。先验能量函数通常被参数化为 135

$$E_i(x_i) = -x_i \tag{4.11}$$

根据这些定义，$\boldsymbol{X}$ 的联合概率分布可以写成：

$$p(x_1,x_2,\cdots,x_N) = \frac{1}{Z}\exp\Big\{-\sum_{(x_i,x_j)\in\mathcal{E}} w_{ij}[1-\delta(x_i,x_j)] + \sum_{x_i\in\mathcal{V}} \alpha_i x_i\Big\} \tag{4.12}$$

离散 MN 的一个特例是二元 MN，其中每个节点代表一个二元 RV。一个常见的二元成对 MN 模型是伊辛模型，它是以物理学家恩斯特·伊辛(Ernst Ising)命名的，因其在统计物理学方面做出贡献。伊辛模型是由二元变量组成的，可以是+1 或−1 两种状态之一，也就是，$X_i \in \{+1,-1\}$。成对能量函数可以写成

$$E_{ij}(x_i,x_j) = -x_i x_j \tag{4.13}$$

当 X_i 和 Y_j 相等时，它们在−1 的能量贡献最小，不相等时则在+1 的能量贡献最小。对于具有伊辛模型的二元成对 MN 的联合概率分布可以写成

$$p(x_1,x_2,\cdots,x_N) = \frac{1}{Z}\exp\Big[\sum_{(x_i,x_j)\in\mathcal{E}} w_{ij} x_i x_j + \sum_{x_i\in\mathcal{V}} \alpha_i x_i\Big] \tag{4.14}$$

4.2.2 标记观测马尔可夫网络

一种特殊的成对 MN 是标记观测马尔可夫网络。标记观测马尔可夫网络在计算机视觉领域也被称为公制 MRF[2]，专门用于执行标记任务。它将节点划分为标记节点 $\boldsymbol{X}=\{X_i\}$ 和观测节点 $\boldsymbol{Y}=\{Y_i\}$，标记节点 X_i 与观测节点 Y_i 是一一对应的。标记节点 X_i 必须是离散的(或整数)，而观测节点 Y_i 可以是离散的或连续的。标记观测 MN 通常按照图 4.5 所示的网格(格架)格式排列。每个观测节点 Y_i 连接到对应的标记节点 X_i，观测节点之间不存在连接。因此，标记观测 MN 定义 $\boldsymbol{X}$ 在给定 $\boldsymbol{Y}$ 的条件下的条件随机场，由条件分布 $p(\boldsymbol{X}|\boldsymbol{Y})$ 量化。

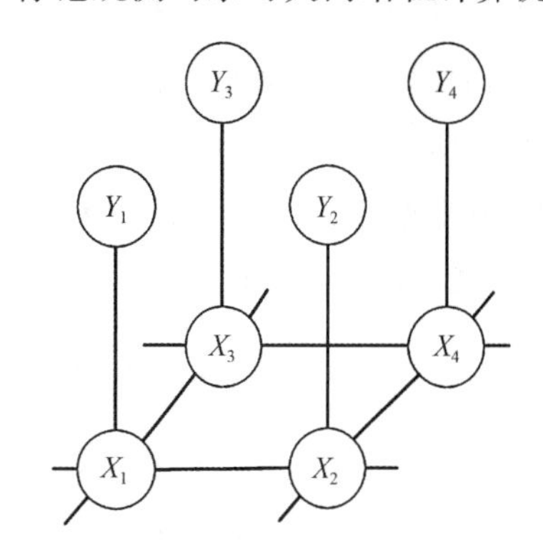

图 4.5 一个标记观测 MN 的例子，其中 X_i 和 Y_i 之间的链路通常用从 X_i 到 Y_i 的有向边表示，从而形成一个混合模型

给定标记观测 MN 的结构，能量函数可分为两个标记节点 X_i 和 X_j 之间的成对能量函数 $E_{ij}(x_i,$

x_j)和标记节点 X_i 与其观测节点 Y_i 之间的一元能量函数(也称为似然能量)$E_i(y_i|x_i)$。

136

经过对数线性势参数化后，后验标签分布可写为

$$
\begin{aligned}
& p(x_1,x_2,\cdots,x_N|y_1,y_2,\cdots,y_N) \\
& =\frac{1}{Z}p(x_1,x_2,\cdots,x_N)p(y_1,y_2,\cdots,y_N|x_1,x_2,\cdots,x_N) \\
& =\frac{1}{Z}\exp[\sum_{i\in\mathcal{V}_x}-\alpha_i E_i(y_i|x_i)-\sum_{(i,j)\in\mathcal{E}_x}w_{i,j}E_{ij}(x_i,x_j)]
\end{aligned}
\tag{4.15}
$$

其中 $\mathcal{V}_x$ 和 $\mathcal{E}_x$ 分别表示所有的 X 节点和 X 节点之间的所有链路。x_i 和 x_j 之间的成对能量函数 $E_{ij}(x_i,x_j)$ 衡量附近 X 节点的标签兼容性。由于标签兼容性定义了标签之间的默认先验关系，因此它可能因任务而异。一般来说，标签兼容性通常用于在两个相邻节点 X_i 和 X_j 之间施加局部平滑性。当它们的标签互相兼容时，它的值应该很小，反之值则很大。一个这样的参数化是波茨模型，如果标记节点是二元的，则是伊辛模型。伊辛模型的一个简单变体是当 $x_i= x_j$ 时 $E_{ij}(x_i,x_j)=0$，否则为1。一元能量函数 $E_i(y_i|x_i)$ 通过标签似然度量标记节点与其观测值之间的兼容性。因此它被称为似然能。在计算机视觉中，一元能量函数在给定标签的观测值时通常等于标签的(负)对数似然值，即 $E_i(y_i|x_i)=-\log p(y_i|x_i)$。如果 y_i 是连续的，那么 $p(y_i|x_i)$ 对于一元 Y_i 遵循高斯分布，对于多元 Y_i 遵循多元高斯分布。另一方面，如果 Y_i 是离散的(甚至是二元的)，那么 $p(y_i|x_i)$ 遵循伯努利分布、分类分布或整数分布。

标记观测 MN 广泛应用于计算机视觉和用于图像去噪或分割图像的处理中。给定一个 MN，图像去噪或分割的目标是在给定 $\boldsymbol{y}$ 值的情况下，通过 MAP 推理最大化 $p(\boldsymbol{x}|\boldsymbol{y})$ 的条件概率求得 $\boldsymbol{X}$ 的值，也就是 $\boldsymbol{x}^*=\arg\max_{\boldsymbol{x}} p(\boldsymbol{x}|\boldsymbol{y})$。关于 MRF 应用于图像标记的细节将在5.2.3节中讨论。

137

4.2.3 高斯马尔可夫网络

在前几节中，我们讨论了离散的成对 MN。在本节，我们将讨论高斯 MN，这是最常用的连续的成对 MN，也被称为高斯图模型(GGM)或高斯马尔可夫随机场(GMRF)。高斯 MN 假设所有节点 $\boldsymbol{X}=(X_1, X_2,\cdots,X_N)^\top$ 的联合概率遵循带有平均向量 $\boldsymbol{\mu}$ 和协方差矩阵 $\boldsymbol{\Sigma}$ 的多元高斯分布，即

$$
p(x_1,x_2,\cdots,x_N)+\frac{1}{Z}\exp\left[-\frac{1}{2}(\boldsymbol{x}-\boldsymbol{\mu})^\top\boldsymbol{\Sigma}^{-1}(\boldsymbol{x}-\boldsymbol{\mu})\right]
\tag{4.16}
$$

其中 Z 是归一化常数。将 $\boldsymbol{W}=\Sigma^{-1}$ 定义为精度矩阵，式(4.16)中的指数表达式可以改写为

$$
(\boldsymbol{x}-\boldsymbol{\mu})^\top\boldsymbol{W}(\boldsymbol{x}-\boldsymbol{\mu})=\boldsymbol{x}^\top\boldsymbol{W}\boldsymbol{x}-2\boldsymbol{x}^\top\boldsymbol{W}\boldsymbol{\mu}+\boldsymbol{\mu}^\top\boldsymbol{W}\boldsymbol{\mu}
$$

其中最后一项是常数，因此可以折叠成归一化常数。联合概率可以改写成

$$
p(x_1,x_2,\cdots,x_N)\ \frac{1}{Z}\exp\left[-\left(\frac{1}{2}\boldsymbol{x}^\top\boldsymbol{W}\boldsymbol{x}-\boldsymbol{x}^\top\boldsymbol{W}\boldsymbol{\mu}\right)\right]
\tag{4.17}
$$

通过将指数中的表达式分解为偏差项和成对项，我们得到

$$p(x_1, x_2, \cdots, x_N) = \frac{1}{Z}\exp\Big[-\frac{1}{2}\Big(\sum_{i \in \mathcal{V}} w_{ii}x_i^2 + 2\sum_{(i,j) \in \mathcal{E}} w_{ij}x_ix_j\Big) + \Big(\sum_{i \in \mathcal{V}} w_{ii}x_i\mu_i + \sum_{(i,j) \in \mathcal{E}} w_{ij}x_i\mu_j\Big)\Big] \tag{4.18}$$

其中 w_{ii} 和 w_{ij} 是 $\boldsymbol{W}$ 的元素。在对式(4.18)的元素进行重新排列之后，我们得到

$$p(x_1, x_2, \cdots, x_N) = \frac{1}{Z}\exp\Big[-\Big(\frac{1}{2}\Big(\sum_{i \in \mathcal{V}} w_{ii}x_i^2 - \sum_{i \in \mathcal{V}} w_{ii}x_i\mu_i - \sum_{(i,j) \in \mathcal{E}} w_{ij}x_i\mu_j\Big) - \Big(\sum_{(i,j) \in \mathcal{E}} w_{ij}x_ix_j\Big)\Big] \tag{4.19}$$

前 3 项产生了偏差(先验)能量项 $E_i(x_i)$，而第 4 项产生了成对的能量项 $E_{ij}(x_i, x_j)$，即，

$$E_i(x_i) = \frac{1}{2}w_{ii}x_i^2 - w_{ii}x_i\mu_i - w_{ij}x_i\mu_j$$

$$E_{ij}(x_i, x_j) = w_{ij}x_ix_j$$

因此，一个高斯 MN 有一个线性的成对能量函数和一个二次的偏差能量函数。 138

与高斯贝叶斯网络一样，GMN 的一个重要性质是独立性。给定一个 GMN 的 Σ 和 $\boldsymbol{W}$，如果 $\sigma_{ij} = 0$(σ_{ij} 是 Σ 的一个元素)，这意味着 X_i 和 X_j 是边际独立的，即 $X_i \perp X_j$。如果 $w_{ij} = 0$ (w_{ij} 是 $\boldsymbol{W}$ 的一个元素)，那么给定所有其他节点，X_i 和 X_j 是条件独立的，即 $X_i \perp X_j | X_{-i}$，$i \neq j$。此外，$w_{ij} = 0$ 被称为结构零，这意味着节点 X_i 和 X_j 之间没有链路。在 GMN 结构学习过程中，我们经常使用这个性质，通过在 W 上合并 ℓ_2 范数来得到稀疏连接的 GMN。

4.2.4 受限玻尔兹曼机

玻尔兹曼机(BM)是一种特殊的成对二元 MN，每个节点的值为 0 或 1。一个通用 BM 是全连接的。它的势函数由对数线性模型指定，能量函数由伊辛模型加上一个偏差项指定，即，

$$E_{ij}(x_i, x_j) = -x_ix_j$$
$$E_i(x_i) = -x_i \tag{4.20}$$

只有当 $x_i = x_j = 1$ 时，能量函数最小。BM 的联合概率分布可以写成

$$p(x_1, x_2, \cdots, x_N) = \frac{1}{Z}\exp\Big[\sum_{(x_i, x_j) \in \mathcal{E}} w_{ij}x_ix_j + \sum_{x_i \in \mathcal{V}} \alpha_i x_i\Big] \tag{4.21}$$

尽管一般 BM 具有强大的表示能力，但它的学习和推断是不切实际的。受限玻尔兹曼机(RBM)是一种特殊的 BM。如图 4.6a 所示，RBM 由两层构成分别是：由节点 X_i 组成的观测层和由隐藏节点 H_j 组成的隐藏层，每个可见节点 X_i 也连接到每个隐藏节点 H_j，每个隐藏节点 H_j 也连接到每个可见节点 X_i。可见节点之间和隐藏节点之间没有直接连接。 139

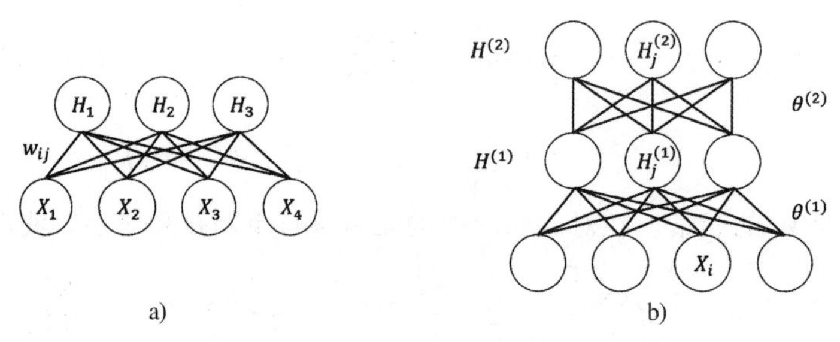

图 4.6 图 a 受限玻尔兹曼机和图 b 深度玻尔兹曼机的示例

根据 BM 的参数化，RBM 的能量函数可以参数化为：

$$E_{ij}(x_i,h_j)=-x_ih_j$$

$$E_i(x_i)=-x_i$$

$$E_j(h_j)=-h_j \tag{4.22}$$

其中，第 1 个方程是可见节点和隐藏节点之间的成对能量项，第 2 个和第 3 个方程分别是可见节点和隐藏节点的偏差项。给定这些能量函数，RBM 的联合概率分布可以写成

$$p(x_1,x_2,\cdots,x_N,h_1,h_2,\cdots,h_M)=\frac{1}{Z}\exp\left[\sum_i\sum_j w_{ij}x_ih_j+\sum_i\alpha_ix_i+\sum_j\beta_jh_j\right] \tag{4.23}$$

给定图 4.6 中的 RBM 拓扑，我们可以表明 $p(\boldsymbol{h}|\boldsymbol{x})$ 和 $p(\boldsymbol{x}|\boldsymbol{h})$ 都可以因式分解，即，$p(\boldsymbol{h}|\boldsymbol{x})=\prod_{j=1}^{M}p(h_j|\boldsymbol{x}),p(\boldsymbol{x}|\boldsymbol{h})=\prod_{i=1}^{N}p(x_i|\boldsymbol{h})$。此外，运用式(4.23)我们有

$$p(h_j=1|\boldsymbol{x})=\sigma(\beta_j+\sum_i w_{ij}x_i)$$

$$p(x_i=1|\boldsymbol{h})=\sigma(\alpha_i+\sum_j w_{ij}h_j)$$

其中，σ 是 S 型函数，$\boldsymbol{h}=(h_1,h_2,\cdots,h_M)$，$\boldsymbol{x}=(x_1,x_2,\cdots,x_N)$。RBM 可以根据离散的 X_i 和连续的 X_i 进行扩展。具有连续 X_i 的 RBM 称为高斯伯努利 RBM。RBM 是构建深层概率模型的主要构件类型之一。如图 4.6b 所示，可以通过将 RBM 的层相互堆叠以形成深度玻尔兹曼机(DBM)[3] 来构建深层无向生成式模型。

4.3 条件随机场

传统的 BN 和 MN 都是生成式模型，它们刻画联合分布，也可以构造一个 MN 来编码条件联合分布。事实上，刻画条件联合分布的模型更适用于许多分类和回归问题。此外，传统的标记观测 MRF 模型假设局部标签平滑，而不管它们的观测值。它们进一步假设每个标记节点只连接它自己的观测节点，因此给定它们的标签，不同标记节点的观测节点彼此独立。这些假设对于许多现实问题来说是不现实的。为了克服 MRF 的局限性，引入了条件随机场(CRF)模型[27]。作为一个判别式模型，给出目标变量 $\boldsymbol{X}$ 的观测节点 $\boldsymbol{Y}$，CRF 直接模拟了目标变量 $\boldsymbol{X}$ 的后验概率分布。因此，CRF 编码 $p(\boldsymbol{X}|\boldsymbol{Y})$，而不编码 MRF 中的联合概率。图 4.7a 给出了一个 CRF 模型的示例。

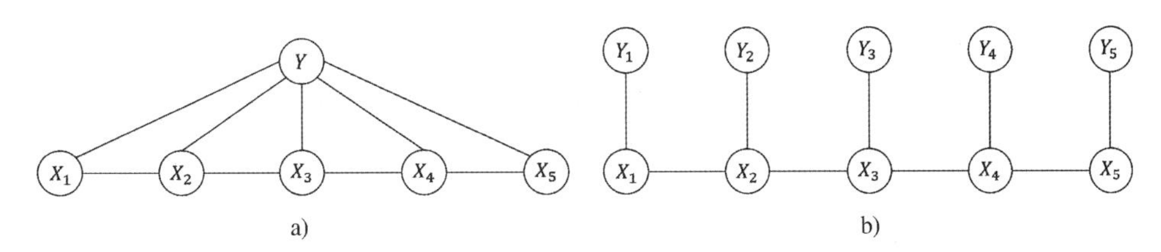

图 4.7 图 a 为 CRF 模型，图 b 为一个相似的标记观测 MN 的示例

与图 4.7b 中的标记观测 MN 相比，CRF 的目标节点 $\boldsymbol{X}$ 以所有观测节点 $\boldsymbol{Y}$[⊖] 为条件而不是以单个局部观测节点 Y_i 为条件。因此，一个 CRF 遵循局部条件马尔可夫性质。设 X_i 和 X_j 是 $\boldsymbol{X}$ 中的两个节点，则

$$X_i \perp X_j \mid N_{X_i}, \boldsymbol{Y} \, \forall X_j \in \boldsymbol{X} \setminus N_{X_i} \setminus X_i$$

它指出，给定 X_i 的邻点，当且仅当仅给定 $\boldsymbol{Y}$ 时，X_i 独立于 X_j。例如，在图 4.7a 中，根据 CRF，当且仅当仅给定 X_2 和 $\boldsymbol{Y}$，X_1 和 X_3 相互条件独立。另一方面，对于图 4.7b 中的 MN，当且仅当给定 X_2 时，X_1 和 X_3 相互条件独立。与 MN 的马尔可夫性质相比，CRF 的局部条件独立性更受限制，所以更弱。因此，它可以刻画局部观测节点之间的相关性，而不是像 MRF 那样假设它们的独立性。

以观测节点 $\boldsymbol{Y}$ 为条件，基于随机变量 $\boldsymbol{X}=\{X_1,\cdots,X_N\}$ 的 CRF 模型的定义如下：

$$p(x_1,x_2,\cdots,x_n \mid \boldsymbol{y}) = \frac{1}{Z(\boldsymbol{y})} \prod_{(x_i,x_j)\in\mathcal{E}} \psi_{ij}(x_i,x_j \mid \boldsymbol{y}) \prod_{x_i\in\mathcal{V}} \phi_i(x_i \mid \boldsymbol{y}) \tag{4.24}$$

其中 $Z(\boldsymbol{y})$ 是配分函数。一元势函数 $\phi_i(x_i \mid \boldsymbol{y})$ 和成对势函数 $\phi_{ij}(x_i,x_j \mid \boldsymbol{y})$ 均以 $\boldsymbol{Y}$ 为条件。对于对数线性势函数，联合概率可以写成

$$p(x_1,x_2,\cdots,x_n \mid \boldsymbol{y}) = \frac{1}{Z(\boldsymbol{y})} \exp(-E(\boldsymbol{x} \mid \boldsymbol{y})) \tag{4.25}$$

对于成对 CRF 模型，后验能量函数 $E(\boldsymbol{x} \mid \boldsymbol{y})$ 可定义为

$$E(\boldsymbol{x} \mid \boldsymbol{y}) = \sum_{x_i\in\mathcal{V}} -\alpha_i E_i(x_i \mid \boldsymbol{y}) - \sum_{(x_i,x_j)\in\mathcal{E}} w_{ij} E_{ij}(x_i,x_j \mid \boldsymbol{y})$$

其中 $E_i(x_i \mid \boldsymbol{y})$ 和 $E_{ij}(x_i,x_j \mid \boldsymbol{y})$ 分别表示条件一元和成对能量函数，两者都以观测值 $\boldsymbol{y}$ 为条件。

141

CRF 一元势函数代表目标后验，因此与 $p(x_i \mid \boldsymbol{y})$ 成比例。因此，一元能量函数与 $-\log p(x_i \mid \boldsymbol{y})$ 成比例。在计算机视觉中，一元势函数的构造可以是灵活的，取决于具体的任务。它通常由判别分类器或回归器的输出构成。成对势函数表示条件目标先验 $p(x_i,x_j \mid \boldsymbol{y})$，成对能量函数与 $-\log p(x_i,x_j \mid \boldsymbol{y})$ 成比例。在计算机视觉中，为了简化计算，不以全部观测节点 $\boldsymbol{Y}$ 为条件，成对的能量函数通常以 Y_i 和 Y_j 为条件，即 X_i 和 X_j 的观测节点。此外，成对能量函数 $E_{ij}(x_i,x_j \mid y_i,y_j)$ 通常表示为标签兼容性函数和惩罚项的乘积。标签兼容性函数衡量 X_i 和 X_j 之间的一致性，例如离散节点的 Potts 模型，而惩罚项通常是 Y_i 和 Y_j 之间差异的核函数。这种成对能量函数促使附近的节点根据它

⊖ 实际上，为了提高计算效率，$\boldsymbol{Y}$ 可能不是所有点的完整观测节点，而仅是附近点的观测节点。

们相似的观测结果有相似的标签。然而，与 MN 兼容函数一样，CRF 兼容函数并不局限于局部光滑性。它刻画附近标签之间的先验默认关系，它的确切定义因任务而异。5.2.4 节讨论了用于图像分割的特定 CRF 一元和成对能量函数。CRF 模型通常应用于图像标记，其中目标变量 $\boldsymbol{X}$ 与标记相对应。图像标记是通过 MAP 执行的，即

$$\boldsymbol{x}^* = \arg\max_{\boldsymbol{x}} p(\boldsymbol{x} \mid \boldsymbol{y})$$

虽然 CRF 和标记观测 MRF 都刻画条件标签分布，但他们对一元和成对势函数的定义不同。对于 CRF，一元势函数刻画标签后验，而对于标记观测 MRF，一元势函数刻画标记似然。CRF 模型的成对势函数以标记观测为条件，而标记观测 MRF 的成对势函数不依赖于标记观测。除了前面提到的优点外，CRF 模型只对 $\boldsymbol{X}$ 的条件分布建模，因此需要较少的训练数据。此外，与标记观测 MN 模型相比，CRF 不假设 $\boldsymbol{Y}$ 在给定 $\boldsymbol{X}$ 时是独立的，而且它们允许观测节点之间存在任意关系，这在现实中显然更自然。另一方面，由于 CRF 模拟 $p(\boldsymbol{X} \mid \boldsymbol{Y})$，所以无法得到联合概率分布 $p(\boldsymbol{X},\boldsymbol{Y})$ 或边际概率分布 $p(\boldsymbol{X})$。而且 CRF 模型不能处理在推理过程中 $\boldsymbol{Y}$ 不完整的情况。生成模型却没有这些限制。表 4.1 总结了 CRF 和 MRF 的异同。

表 4.1　CRF 和 MRF 的异同

项	MRF	CRF
模型	(1)模型 $p(\boldsymbol{X},\boldsymbol{Y})$。 (2)生成模型。	(1)模型 $p(\boldsymbol{X} \mid \boldsymbol{Y})$ (2)判别模型。
假设	(1)$\boldsymbol{X}$ 和 $\boldsymbol{Y}$ 遵循马尔可夫条件。 (2)给定 $\boldsymbol{X}$,$\boldsymbol{Y}$ 独立。	(1)给定 $\boldsymbol{Y}$,$\boldsymbol{X}$ 遵循马尔可夫条件。 (2)$\boldsymbol{Y}$ 是独立的
参数化	(1)一元势只依赖于局部观测。 (2)成对势不依赖于观测。	一元势和成对势都依赖于所有(或附近的)观测。

4.4　高阶长程马尔可夫网络

标准的成对 MN 假设最大团大小为 2，且每个节点只连接到它的近邻点。尽管其参数化很有效，但是它们只能刻画相对简单的数据统计性质。在实践中，为了考虑额外的场景信息也要刻画数据的复杂性质，标准的 MN 经常在两个方向上被扩展。首先，扩展邻域使其包括不位于近邻的节点，从而得到所谓的长程 MN。例如，可以将邻域扩展为以当前节点为中心的 $K \times K (K>2)$ 的正方形，使正方形中的每个节点都是中心节点的邻点。如果我们扩展正方形使其包括整个 MN 域，这就得到了所谓的完全连接的 MRF，其中每个节点都是其他每个节点的邻点。关于使用完全连接的 MRF/CRF 进行图像分割上的最近的文献[4-6]，表明其比标准的成对 MN 有更好的性能。

142

另一个扩展是在能量函数中添加高阶项，以刻画数据的复杂性质，因此，得到高阶 MRF[7-10]。额外的 n 方向势函数涉及 n 阶(>2)团(而不是仅成对团)，例如 3 阶项 $\psi_{ijk}(x_i, x_j, x_k)$ 或甚至更高阶项。高阶势函数的数学定义如下：

$$\psi_c(\boldsymbol{x}_c) = \exp(-w_c E(\boldsymbol{x}_c)) \tag{4.26}$$

其中 $\boldsymbol{x}_c$ 表示大小大于 2 的团 c 中的节点集。高阶能量函数 $E_c(\boldsymbol{x}_c)$ 有不同的定义。高阶能量函数的一种形式是 $\mathcal{P}^n$ 波茨模型[7]，其定义如下：

$$E_c(\boldsymbol{x}_c)=\begin{cases}0, & \text{如果 } x_i=x_j \quad \forall i,j\in c\\ \alpha|c|^{\beta}, & \text{其余情况}\end{cases} \tag{4.27}$$

式中，$|c|$ 表示 c 中节点的数量，α 和 β 为能量函数的参数。

高阶 MRF 越来越多地用于各种计算机视觉任务，包括图像分割[7]和图像去噪[11]，它们的性能优于一阶 MRF。虽然高阶长程 MN 有更强的表达能力，但它们也带来了复杂的学习和推理挑战。计算机视觉最近致力于开发先进的方法来克服这些挑战，我们将在 5.2.3.5 节中讨论其中一些方法。

143

4.5 马尔可夫网络推理

MN 可以执行与 BN 相同类型的推理，包括后验概率推理、MAP 推理和似然推理。最常见的 MN 推理是后验概率推理和 MAP 推理。给定观向量 $\boldsymbol{y}$，后验概率推理计算 $p(\boldsymbol{x}|\boldsymbol{y})$，而 MAP 推理是为所有非证据变量 $\boldsymbol{x}$ 求得使 $p(\boldsymbol{x}|\boldsymbol{y})$ 最大化的最佳配置，即

$$\boldsymbol{x}^*=\arg\max_{\boldsymbol{x}} p(\boldsymbol{x}|\boldsymbol{y}) \tag{4.28}$$

对于对数线性势函数，最大化后验概率和最小化能量函数是一样的，即

$$\boldsymbol{x}^*=\arg\max_{\boldsymbol{x}} E(\boldsymbol{x},\boldsymbol{y}) \tag{4.29}$$

与 BN 一样，MN 的推理方法包括精确方法和近似方法。由于 BN 和 MN 推理方法有很强的相似性，我们将在后文中对其进行简要总结。

4.5.1 精确推理方法

对于后验概率推理和 MAP 推理，我们可以使用与 3.3.1 节中讨论的 BN 精确推理方法完全相同的推理方法。具体来说，精确推理方法包括变量消除法、置信度传播法和联结树法。此外，MN 中 MAP 推理的一种常用方法是图切割法。下面几节中，我们将简要讨论变量消除法、置信度传播法、联结树法和图切割法。

4.5.1.1 变量消除法

对于小的稀疏连接的 MN，变量消除法可应用于 MN 的后验概率推理和 MAP 推理。我们在 3.3.1.1 节中介绍的变量消除算法可以直接应用到 MN 推理中。具体来说，算法 3.1 可用于 MN 后验概率推理，而算法 3.2 可用于 MN 的 MAP 推理。文献[2]的 9.3.1.2 节和 13.2.2 节介绍了关于变量消除法的更多细节。

4.5.1.2 置信度传播法

对于后验概率推理，MN 的置信度传播法与 BN 非常相似。每个节点首先从其邻点收集信息，然后更新它的置信度。然后它将信息传递给它的邻点。实际上，MN 的置信度传播要比 BN 的简单，因为我们不需要将邻近节点划分为子节点和父节点，也不需要使用不同的方程来计算它们传递给节点的信息。相反，所有相邻节点都以同样的方式处

144

理，且对所有节点应用相同的方程。具体而言，MN 中的置信度更新只涉及两个方程。首先，每个节点需要计算它从邻近节点接收到的信息。设 X_i 是一个节点，X_j 是 X_i 的邻点。X_j 发传递给 X_i 的信息可以计算如下：

$$m_{ji}=\sum_{x_j}\phi_j(x_j)\psi_{ij}(x_i,x_j)\prod_{k\in N_{x_j}\setminus x_i}m_{kj} \tag{4.30}$$

其中，$\phi_j(x_j)$ 是 X_j 的一元势，而 $\phi_{ij}(x_i, x_j)$ 是 X_i 和 X_j 之间的成对势，X_k 是 X_i 的另一个邻点。给定 X_i 从它的邻点接收到的信息，它可以按照如下方式更新它的置信度：

$$\mathrm{Bel}(X_i)=k\phi_i(X_i)\prod_{j\in N_{X_i}}m_{ji} \tag{4.31}$$

在更新了置信度后，X_i 可以使用式(4.30)将信息传递给它的邻点。这个过程对每个节点重复，直到收敛。就像对于 BN 的置信度传播一样，如果模型包含循环，那么简单的置信度传播法可能无法很好地运行。在这种情况下，我们可以使用联结树法。

对于 MAP 推理，将式(4.30)中的求和操作替换为最大化操作。在接收到所有邻点的信息后，每个节点仍然使用式(4.31)更新置信度。这个过程对每个节点重复，直到收敛。收敛后，每个节点都包含最大边际概率。然后我们可以遵循与算法 3.2 中的 MAP 变量消除法相同的追溯过程，来识别每个节点的 MAP 分配。

4.5.1.3 联结树法

对于复杂 MN 中的后验概率推理，特别是带有循环的后验概率推理，可以采用联结树法。我们可以使用与 3.3.1.3.2 节中讨论的 BN 推理的联结树法相同的方法。唯一的区别是，MN 的联结树法不遵循 BN 的 5 个步骤，而是只涉及 4 个步骤：三角剖分、团识别、联合构造和联结树参数化。对于联结树参数化，我们使用势函数来参数化联结树，而不是使用 CPT。具体而言，一个集群 C 的势可以计算为它的组成变量的势的乘积减去它的分隔符(S_c)中的变量，即，

145

$$\psi_c(c)=\prod_{x_i\in c\setminus S_c}\psi_i(x_i)$$

联合概率可以计算为集群节点的势的乘积，

$$p(\boldsymbol{x})=\frac{1}{Z}\prod_{c\in\boldsymbol{C}}\psi_c(c) \tag{4.32}$$

其中，$\boldsymbol{C}$ 表示集群节点的集，Z 是确保 $p(\boldsymbol{X})$ 和为 1 的归一化常数(注意 BN 不需要这个常数，因为 BN 的参数就是概率)。给定一个参数化的联结树，我们就可以应用式(3.29)和(3.30)进行信息计算和置信度更新。关于联结树法的更多细节可以参见 Shafer-Shenoy 算法[12]。

对于 MAP 推理，我们可以遵循与后验概率推理相同的置信度更新过程。唯一的区别在于计算信息。具体来说，在计算要传递的信息时，要将式(3.29)中的求和操作替换为最大化操作。然后信息传递和置信度更新可以以同样的方式执行，直到收敛。在收敛时，每个集群节点包含其最大边际概率。然后，我们可以进行跟踪过程，为每个集群中的节点求得最佳分配。关于联结树中的 MPA 推理的更多细节可以参见文献[2]的 13.3 节。

4.5.1.4 图切割法

由于 MN 的 MAP 推理可以表述为能量最小化问题，因此可以用图切割法来解决 MAP 推理。图切割技术由 Greig，Porteous 和 Seheult[13]首先引入计算机视觉，已被证明能保证在多项式时间内为二元 MRF 生成最优解，条件是能量函数是子模的。图切割法简单易行，被计算机视觉研究人员广泛应用于低级计算机视觉任务，包括图像分割、去噪和立体点匹配。

根据图像分割算法，能量最小化问题可以转化为图中的最小割/最大流问题。在图论中，切割将图分成两个不相交的子集 $\boldsymbol{S}$ 和 $\boldsymbol{T}$。切割穿过的边集被称为切边。如图 4.8 所示，每个切边的一个端点在 $\boldsymbol{S}$ 中，另一个端点在 $\boldsymbol{T}$ 中。

146

图 4.8 图切割算法的图示，其中虚线表示切割，两条深灰色边是切边。切割线左侧的节点的标签为 0，而右侧的节点的标签为 1。图来源于维基百科

切割的总成本是所有切边的权重之和。对于一个所有边权重相等的无向图，总成本是割集中边数之和。最小分割是将图分成两个不相交的集合且使分割成本最小。对于二元 MN，每个节点的 MAP 分配可以通过最小分割来获得，最小分割将节点分成 $\boldsymbol{S}$(其中节点标签为 0)或 $\boldsymbol{T}$(其中节点标签为 1)。给定一个已定义的能量函数，如式(4.15)，Edmonds-Karp 算法[14]可用于识别最小切割，从而在多项式时间内识别每个节点的 MAP 标签分配。更多关于 MN 的 MAP 推理的图切割算法的信息，参见文献[2]中的 13.6 节。

对于非二元 MN，图像分割法不再能够提供最佳解决方案，并且即使具有子模能量函数，时间复杂度也是 NP 难题。在这种情况下，可以使用近似图切割法，例如 move-making 算法。从初始标签分配开始，move-making 算法通过使用贪婪爬山策略迭代地改进标签分配来执行优化。最受欢迎的两种方法是交换移动算法和扩展移动算法[15]。对于一对标签 α、β，交换移动算法取当前给定标签 α 的节点子集，并给它们分配标签 β，反之亦然。该算法继续交换操作，直到没有交换移动产生较低的能量标记。相比之下，扩展移动算法扩展标签 α 以增加给定该标签的节点集。当所有标签的进一步扩展都没有产生较低的能量函数时，算法停止。

4.5.1.5 连续 MN 的推理

与连续高斯贝叶斯网络的推理一样，高斯图模型(GGM)的精确推理可以直接由模型的联合协方差矩阵进行，如 3.3.3 节所述。事实上，对于高斯 MN，后验概率推理和 MAP 推理都存在闭型解。但其推理复杂度为 $\boldsymbol{O}(N^3)$，其中 N 为节点数。此外，一般的

离散 MN 方法可以推广到 GBN。对于精确推理，变量消去法和置信度传播法都可以推广到 GGM 中[16-18]。对于近似推理，采样和变分方法也可以推广到 GGM[19]中。

4.5.2　近似推理方法

当 $\boldsymbol{X}$ 包含许多变量时，精确后验推理和 MAP 推理的计算成本都很大。为了克服计算上的挑战，人们引入了各种近似推理方法。

4.5.2.1　条件迭代模式算法

人们提出了条件迭代模式(ICM)算法[20]，以获得局部 $\boldsymbol{X}$ 的近似 MAP 估计。应用条件链式法则和马尔可夫条件，我们有

147

$$p(\boldsymbol{x}|\boldsymbol{y}) \approx \prod_{i=1}^{N} p(x_i|x_{-i},\boldsymbol{y})$$
$$= \prod_{i=1}^{N} p(x_i|N_{x_i},\boldsymbol{y}) \tag{4.33}$$

式(4.33)表明，$\boldsymbol{X}$ 的条件概率近似因式分解了 X_i 的条件概率。通过这种分解，我们可以对每个 X_i 单独进行 MAP 估计，即，

$$x_i^* = \arg\max_{x_i} p(x_i|N_{x_i},\boldsymbol{y}) \tag{4.34}$$

其中 $p(x_i|N_{x_i}, \boldsymbol{y})$可以通过联合概率 $p(x_i,x_{-i},\boldsymbol{y})$局部或全局计算。给定 X_i 的 MAP 估计为 x_i^*，可以获得 $\boldsymbol{X}$ 的 MAP 估计为

$$\boldsymbol{x}^* = \{x_1^*, x_2^*, \cdots, x_N^*\}$$

ICM 方法是迭代进行的。首先初始化所有节点，然后应用式(4.34)根据其他节点的当前值分别更新每个节点的值。这个过程迭代直到 $\boldsymbol{X}^*$ 收敛。算法 4.1 提供了 ICM 方法的伪代码。

算法 4.1　ICM 算法

```
Input: y and X = {X_1, X_2, ··· , X_N}
Initialize X to x^0
t=0
while not converging do
  for i=1 to N do
    x_i^{t+1} = argmax_{x_i} p(x_i|y, N^t_{x_i})
    x^{t+1} = {x^t_1, x^t_2, ··· , x_i^{t+1}, ··· , x^t_N}
    t=t+1
  end for
end while
Output x^t
```

ICM 方法的性能取决于初始化 $\boldsymbol{x}^0$。

4.5.2.2 吉布斯采样

吉布斯采样(Gibbs samping)既可用于后验推理，也可用于 MAP 推理。给定 $\boldsymbol{x}^0$ 的初始值，吉布斯采样是在给定其他节点的当前值的情况下，每次采样一个节点，即

$$x_i^t \sim p(x_i \mid x_{-i}^{t-1}, \boldsymbol{y}) \tag{4.35}$$

148

算法 4.2 用于后验推理和 MAP 推理的吉布斯采样

Input: y and $\boldsymbol{X}=\{X_1, X_2, \cdots, X_N\}$
Initialize $\boldsymbol{X}$ to $\boldsymbol{x}^0$
t=0
while $t < t_0$ **do** {t_0 is the burn-in period}
  for i=1 to N **do**
    $x_i^{t+1} \sim p(x_i|\boldsymbol{x}_{-i}^t, y)$ //obtain a sample
    $\boldsymbol{x}^{t+1}=\{x_1^t, x_2^t, \cdots, x_i^{t+1}, \cdots, x_N^t\}$
    t=t+1
  end for
end while
while $t < T$ **do** {T is the total number of samples to collect.}
  for i=1 to N **do**
    $x_i^{t+1} \sim p(x_i|\boldsymbol{x}_{-i}^t, y)$
    $\boldsymbol{x}^{t+1}=\{x_1^t, x_2^t, \cdots, x_i^{t+1}, \cdots, x_N^t\}$
    t=t+1
  end for
end while
For posterior inference, $p(\boldsymbol{x}|y)$ can be estimated from samples $\{\boldsymbol{x}^t\}_{t=t_0+1}^T$.
For MAP inference with continuous $\boldsymbol{X}$, $\boldsymbol{x}^*=\frac{1}{T-t_0}\sum_{t=t_0+1}^T \boldsymbol{x}^t$ or $\boldsymbol{x}^*=$ sample mode.
For MAP inference with discrete $\boldsymbol{X}$, $\boldsymbol{x}^*$ corresponds to the configuration of $\boldsymbol{x}$ with the most counts.

其中 $p(x_i \mid x_1^{t-1}, x_2^{t-1}, \cdots, x_{i-1}^{t-1}, \cdots, x_N^{t-1}, \boldsymbol{y})$ 可以通过归一化后的联合概率 $p(x_i, x_1^{t-1}, x_2^{t-1}, \cdots, x_{i-1}^{t-1}, \cdots, x_N^{t-1}, \boldsymbol{y})$ 来估算。应用马尔可夫条件，我们有 $p(x_i \mid x_1^{t-1}, x_2^{t-1}, \cdots, x_{i-1}^{t-1}, \cdots, x_N^{t-1}, \boldsymbol{y}) = p(x_i \mid N_{xi}, \boldsymbol{y})$。这表明，$p(x_i \mid x_1^{t-1}, x_2^{t-1}, \cdots, x_{i-1}^{t-1}, \cdots, x_N^{t-1}, \boldsymbol{y})$ 可以从 X_i 的相邻节点中计算，如文献[2]中式 12.23 所示。对每个变量重复这个过程，经过一段老化期 t_0 后，我们可以收集 $t=t_0+1, t_0+2, \cdots, T$ 的样本 $\boldsymbol{x}^t$。

给定收集的样本 $\boldsymbol{x}^t$，后验推理可以直接从样本中计算出来。也可以通过查找与样本分布的模态对应的 $\boldsymbol{x}^*$ 的值来近似地执行 MAP 推理。特别地，对于连续的 $\boldsymbol{X}$，$\boldsymbol{x}^*$ 可以被估计为 $\boldsymbol{x}^t$ 的样本均值，$\boldsymbol{x}^* = \frac{1}{T}\sum_{t=t_0+1}^{T} \boldsymbol{x}^t$ 或多模态分布的样本模式。对于离散 $\boldsymbol{X}$，$\boldsymbol{x}^*$ 可以作为计数最多的配置。算法 4.2 为吉布斯采样方法提供了一个伪代码。

4.5.2.3 环路置信度传播法

像 BN 推理一样，环路置信度传播也可以应用到 MN 推理中。对于后验推理，我们可以按照 3.3.2.1 节的步骤进行。对于 MAP 推理，置信度传播和更新过程相同。唯一

149

的区别是在计算每个节点发送给它的相邻节点的信息时，将求和操作替换为最大化操作。收敛后，我们就可以按照所讨论的MAP变量消除算法的追溯过程来识别每个节点的最大后验概率分配。正如3.3.2.1节所述，对于带循环的模型，LBP不能保证收敛。但是如果它收敛，那么它就给出了足够好的解。

4.5.2.4 变分法

与BN推理相似，变分法也可用于MN的后验和MAP推理。过程是相同的，即通过最小化q和p之间的KL散度寻找一个代理分布$q(\boldsymbol{X}|\boldsymbol{\beta})$来近似$p(\boldsymbol{X}|\boldsymbol{y})$，即，

$$q^*(\boldsymbol{x}|\boldsymbol{\beta}) = \arg\min_{\boldsymbol{\beta}} KL(q(\boldsymbol{x}|\boldsymbol{\beta}) \parallel p(\boldsymbol{x}|\boldsymbol{y})) \tag{4.36}$$

给定q^*，可以很容易地通过使用$q^*(\boldsymbol{x}|\boldsymbol{\beta})$完成后验推断。$\boldsymbol{X}$的MAP估计也可以用$q$近似得到，即，

$$\boldsymbol{x}^* = \arg\max_{\boldsymbol{x}} q(\boldsymbol{x}|\boldsymbol{\beta}) \tag{4.37}$$

由于$q()$是典型的因式分解，所以式(4.37)可以单独求解每个元素或$\boldsymbol{X}$的一个小子集。最简单的变分法是平均场法，其中我们假设$\boldsymbol{X}$中的所有变量都是独立的，从而得到一个完全因式分解的函数$q()$。关于平均场方法的详细信息，请参见3.3.2.3节。唯一的变化是计算$p(\boldsymbol{X}|\boldsymbol{Y})$的方式。对于MN，我们可以使用式(4.15)来计算$p(\boldsymbol{X}|\boldsymbol{Y})$。对于CRF，我们可以直接使用式(4.25)。

4.5.3 其他MN推理方法

除了讨论的推理方法外，MN推理，特别是MN-MAP推理，在计算机视觉中通常被表述为：运用成熟的组合优化方法的离散能量最小化问题。这些方法包括通过整数规划的全局最优方法和近似却有效的线性规划松弛算法，它可以提供最优的下界。整数规划将MAP推理问题定义为一个整数线性规划，该规划在一组受线性约束的整数变量上优化一个线性目标函数。尽管整数规划公式不能解决MAP推理的NP难题，但它允许利用现有的整数规划求解器。近似解决线性整数规划问题的常用方法之一是线性规划松弛，它可以将离散线性优化问题转换为连续线性规划(LP)优化，并为此找到有效的解决方案。更多关于求解MN-MAP推理的LP方法的信息参见文献[2]中13.5节。Andres等人[21]详细介绍了针对不同计算机视觉任务的24种最新的能量最小化技术，他们的评估得出结论，对于各种计算机视觉任务，无论标签数量是多是少，高级线性规划和整数线性规划求解器在推理准确性和效率上均具有竞争力。

150

另一种解决大规模组合最优化问题的方法是模拟退火方法[22]。S. Geman和D. Geman[23]提出了一种基于模拟退火的MRF-MAP推理。算法4.3为模拟退火的伪代码(改编自文献[24])。

最后，基于动态规划的方法也可用于求解大型组合最优化问题。动态规划(也称为动态优化)使用分治策略来递归地解决优化问题。它从解决一个较简单或较小的问题开始，然后递归地解决更大的问题。具体来说，如果能将全局能量(目标)函数递归地分解

为较小的能量函数的和，那么通过递归地求解较小的能量函数，就可以实现全局能量函数的最小化。应用于 MAP 推理的动态规划的最佳示例之一是 3.7.3.1.2 节中介绍的 Viterbi 算法。它递归地解决了解码问题(最大乘积推理)，即通过递归地识别每次的最佳状态，从 $t=1$ 开始直到 $t=T$，为 T 个时间片寻找最佳的隐藏状态配置。

算法 4.3 模拟退火算法[24]

(1) Choose an initial temperature T
(2) Obtain an initial $\boldsymbol{x}^*$ by maximizing $p(\boldsymbol{y}|\boldsymbol{x})$
(3) Perturb $\boldsymbol{x}^*$ to generate $\boldsymbol{z}^*$
(4) Compute the potential difference $\Delta=\psi(\boldsymbol{z}^*|\boldsymbol{y})-\psi(\boldsymbol{x}^*|\boldsymbol{y})$
if $\Delta>0$ **then**
  replace $\boldsymbol{x}^*$ by $\boldsymbol{z}^*$
else
  replace $\boldsymbol{x}^*$ by $\boldsymbol{z}^*$ with probability $e^{\frac{\Delta}{T}}$
end if
(5) Repeat (3) N times
(6) Replace T by $\phi(T)$, where ϕ is a decreasing function
(7) Repeat (3)–(6) K times.

4.6 马尔可夫网络学习

像 BN 学习一样，MN 学习也包括学习 MN 的参数和它的结构。MN 的参数是势函数的参数。MN 的结构学习涉及学习节点之间的链路。在本节中，我们首先关注参数学习的方法，然后讨论 MN 结构学习的方法。

151

4.6.1 参数学习

MN 参数学习可以进一步分为完整数据下的参数学习和缺失数据下的参数学习。

4.6.1.1 完整数据下的参数学习

与完整数据下的 BN 参数学习一样，我们将首先研究给定完整数据的情况，即每个训练样本都没有缺失值。在这种情况下，MN 参数学习可以表述如下。给定一组 M 个独立同分布训练样本 $\boldsymbol{D}=\{D_1,D_2,\cdots,D_M\}$，其中 $D_m=\{x_1^m,x_2^m,\cdots,x_N^m\}$表示由每个节点的值向量组成的第 m 个训练样本。参数学习的目标是估计参数 $\boldsymbol{\Theta}=\{\boldsymbol{\Theta}_i\}$，使得由 MN 表示的联合分布与估计的 $\boldsymbol{\Theta}$ 能够最大近似训练数据的分布。对于成对 MN 学习，$\boldsymbol{\Theta}_i$是第 i 个节点的参数，包括成对和一元势的参数，即 $\boldsymbol{\Theta}_i=\{w_{ij},\alpha_i\}$。注意，附加参数可能存在于一元和成对能量函数中。这些参数是一元函数和能量函数固有的，因此通常在估计 MN 参数 $\boldsymbol{\Theta}$ 之前分别对它们进行估计，但是也有可能与 MN 参数一起学习它们。与 BN 参数学习一样，MN 的参数学习可以通过最大化给定数据 $\boldsymbol{D}$ 的参数的某些目标函数来完成。最常用的目标函数是似然函数和后验概率函数，这将在下文进行讨论。

4.6.1.2 极大似然估计

与 BN 参数学习一样，MN 参数的 MLE 可以表示为

$$\boldsymbol{\theta}^* = \arg\max_{\boldsymbol{\theta}} \mathrm{LL}(\boldsymbol{\theta} : \boldsymbol{D}) \tag{4.38}$$

其中 $\mathrm{LL}(\boldsymbol{\theta}:\boldsymbol{D})$表示给定数据 $\boldsymbol{D}$ 的 $\boldsymbol{\theta}$ 的联合对数似然。在完整数据下，联合对数似然是凹的，具有一个唯一的全局最大值。给定独立同分布样本 D_m，联合对数似然可以写成

$$\mathrm{LL}(\boldsymbol{\theta} : \boldsymbol{D}) = \log\prod_{m=1}^{M} p(x_1^m, x_2^m, \cdots, x_N^m \mid \boldsymbol{\theta}) \tag{4.39}$$

152

对于由式(4.8)确定联合概率分布的离散的成对 MN，式(4.39)可以改写为

$$\begin{aligned}
\mathrm{LL}(\theta : \boldsymbol{D}) &= \log\prod_{m=1}^{M} p(x_1^m, x_2^m, \cdots, x_N^m \mid \theta) \\
&= \log\prod_{m=1}^{M} \frac{1}{Z}\exp\left\{-\sum_{(x_i^m, x_j^m)\in\mathcal{E}} w_{ij}E_{ij}(x_i^m, x_j^m) - \sum_{x_i^m\in\mathcal{V}} \alpha_i E_i(x_i^m)\right\} \\
&= \sum_{m=1}^{M}\left[-\sum_{x_i^m, x_j^m\in\mathcal{E}} w_{ij}E_{ij}(x_i^m, x_j^m) - \sum_{x_i^m\in\mathcal{V}} \alpha_i E_i(x_i^m)\right] - M\log Z
\end{aligned} \tag{4.40}$$

其中 Z 是配分函数，它是所有参数 $\boldsymbol{\theta}=\{w_{ij}, \alpha_i\}$的函数，可以写成

$$Z(\boldsymbol{\theta}) = \sum_{x_1, x_2, \cdots, x_N} \exp\left[-\sum_{(x_i, x_j)\in\mathcal{E}} w_{ij}E_{ij}(x_i, x_j) - \sum_{x_i\in\mathcal{V}} \alpha_i E_i(x_i)\right] \tag{4.41}$$

给定目标函数，我们可以使用梯度上升法迭代估计参数：

$$\boldsymbol{\theta}^t = \boldsymbol{\theta}^{t-1} + \eta\frac{\partial\,\mathrm{LL}(\boldsymbol{\theta} : \boldsymbol{D})}{\partial\,\boldsymbol{\theta}} \tag{4.42}$$

其中

$$\frac{\partial\,\mathrm{LL}(\boldsymbol{\theta} : \boldsymbol{D})}{\partial\,\boldsymbol{\theta}} = \frac{\partial\sum_{m=1}^{M}\left[-\sum_{x_i^m, x_j^m\in\mathcal{E}} w_{ij}E_{ij}(x_i^m, x_j^m) - \sum_{x_i^m\in\mathcal{V}} \alpha_i E_i(x_i^m)\right]}{\partial\,\boldsymbol{\theta}} - M\frac{\partial\log Z}{\partial\boldsymbol{\theta}} \tag{4.43}$$

具体来说，为了更新每个链路的参数 w_{ij}，我们有

$$w_{ij}^t = w_{ij}^{t-1} + \eta\frac{\partial\,\mathrm{LL}(\boldsymbol{\theta} : \boldsymbol{D})}{\partial\,w_{ij}} \tag{4.44}$$

根据式(4.43)，$\frac{\partial\,\mathrm{LL}(\boldsymbol{\theta} : D)}{\partial\,w_{ij}}$可以如下计算

$$\frac{\partial\,\mathrm{LL}(\boldsymbol{\theta} : \boldsymbol{D})}{\partial\,w_{ij}} = -\sum_{m=1}^{M} E_{ij}(x_i^m, x_j^m) - M\frac{\partial\log Z}{\partial\,w_{ij}} \tag{4.45}$$

将 Z 代入式(4.41)，可以进一步推出第二项$\frac{\partial\log Z}{\partial\,w_{ij}}$：

$$\frac{\partial\log Z}{\partial\,w_{ij}} = \sum_{x_1, x_2, \cdots, x_N} \frac{1}{Z}\exp\left[-\sum_{(x_i, x_j)\in\mathcal{E}} w_{ij}E_{ij}(x_i, x_j) - \sum_{x_i\in\mathcal{V}} \alpha_i E_i(x_i)\right][-E_{ij}(x_i, x_j)]$$

$$= \sum_{x_1, x_2, \cdots, x_N} p(x_1, x_2, \cdots, x_N)[-E_{ij}(x_i, x_j)]$$
$$= \sum_{\boldsymbol{x}} p(\boldsymbol{x})[-E_{ij}(x_i, x_j)]$$
$$= E_{\boldsymbol{x} \sim p(\boldsymbol{x})}[-E_{ij}(x_i, x_j)] \tag{4.46}$$

153

将式(4.45)与式(4.46)结合，得：

$$\frac{\partial \mathrm{LL}(\boldsymbol{\theta}:\boldsymbol{D})}{\partial w_{ij}} = -\sum_{m=1}^{M} E_{ij}(x_i^m, x_j^m) + M E_{\boldsymbol{x} \sim p(\boldsymbol{x})}[E_{ij}(x_i, x_j)] \tag{4.47}$$

给定 w_{ij} 梯度，可以通过梯度上升法迭代估计 w_{ij}：

$$w_{ij}^{t+1} = w_{ij}^{t} + \eta \frac{\partial \mathrm{LL}(\boldsymbol{\theta}:\boldsymbol{D})}{\partial w_{ij}}$$

我们可以使用类似的推导来迭代估计 α_i。

由式(4.47)可知，w_{ij} 不能独立估计，因为第二项(配分函数 Z 的导数)涉及所有参数。这是 MN 学习面临的一个主要挑战，尤其是当节点数量很大时。已经提出了各种近似解决方案来解决这种计算困难。我们将进一步讨论三种近似法：对比散度法、伪似然法和变分法。

4.6.1.2.1 对比散度法

对比散度(CD)法[25]在训练样本上最大化平均对数似然(MLL)来估计 $\boldsymbol{\theta}$，而不是最大化对数似然。MLL 可以写成

$$\mathrm{MLL}(\boldsymbol{\theta}:\boldsymbol{D}) = \frac{\mathrm{LL}(\boldsymbol{\theta}:\boldsymbol{D})}{M}$$

因此，根据式(4.47)，我们有

$$\frac{\partial \mathrm{MLL}(\boldsymbol{\theta}:\boldsymbol{D})}{\partial w_{ij}} = -\frac{1}{M}\sum_{m=1}^{M} E_{ij}(x_i^m, x_j^m) + E_{\boldsymbol{x} \sim p(\boldsymbol{x})}[E_{ij}(x_i, x_j)] \tag{4.48}$$

其中第一项为 $E_{ij}(x_i, x_j)$ 的样本均值，第二项为 $E_{ij}(x_i, x_j)$ 的当前模型均值。从训练样本中可以很容易地计算出样本均值。第二项的模型均值很难计算，因为它需要对所有变量求和。如第 3 章的式(3.104)，通过吉布斯采样，可以用样本均值近似。根据目前的模型参数 θ^t，可以从 $p(x_1, x_2, \cdots, x_N)$ 中得到吉布斯样本。给定样本，用样本均值代替模型均值，如下式所示：

$$\frac{\partial \mathrm{MLL}(\boldsymbol{\theta}:\boldsymbol{D})}{\partial w_{ij}} = -\frac{1}{M}\sum_{m=1}^{M} E_{ij}(x_i^m, x_j^m) + \frac{1}{|\boldsymbol{S}|}\sum_{x_i^s, x_j^s \in \boldsymbol{S}} [E_{ij}(x_i^s, x_j^s)] \tag{4.49}$$

其中 x_i^s 是采样 $p(\boldsymbol{X}|\boldsymbol{\theta}^t)$ 得到的第 s 个样本。事实上，文献[26]表明一个样本($s=1$)常常足以近似第二项。同理，我们可以用同样的步骤来得到 α_i 的梯度，如下：

154

$$\frac{\partial \mathrm{MLL}(\boldsymbol{\theta}:\boldsymbol{D})}{\partial \alpha_i} = -\frac{1}{M}\sum_{m=1}^{M} E_i(x_i^m) + \frac{1}{|\boldsymbol{S}|}\sum_{x_i^s \in \boldsymbol{S}} E_i(x_i^s) \tag{4.50}$$

给定式(4.49)和式(4.50)中的梯度，我们可以使用梯度上升迭代更新 w_{ij} 和 α_i。随着迭代的继续，样本均值和模型均值变得更接近，因此在收敛前梯度更小。基于这一认识，

我们在算法 4.4 中对 CD 算法进行了总结。

算法 4.4 CD 算法

Input: Training data $\boldsymbol{D}=\{D_m\}_{m=1}^M$ and initial parameters $\boldsymbol{\theta}^0=\{w_{ij}^0,\alpha_i^0\}$
t=0
while not converging **do**
  for $\forall X_i\in\mathcal{V}$ **do**
    for $\forall(X_i,X_j)\in\mathcal{E}$ **do**
      Sample x_i and x_j from $p(\boldsymbol{X}|\boldsymbol{\theta}^t)$
      Compute $\frac{\partial \mathrm{LL}(\boldsymbol{\theta}:\boldsymbol{D})}{\partial w_{ij}}$ and $\frac{\partial \mathrm{LL}(\boldsymbol{\theta}:D)}{\partial \alpha_i}$ using Eq. (4.49) and Eq. (4.50)
      $w_{ij}^{t+1}=w_{ij}^t+\eta\frac{\partial \mathrm{LL}(\boldsymbol{\theta}:\boldsymbol{D})}{\partial w_{ij}}$
      $\alpha_i^{t+1}=\alpha_i^t+\zeta\frac{\partial \mathrm{LL}(\boldsymbol{\theta}:\boldsymbol{D})}{\partial \alpha_i}$
    end for
  end for
  t=t+1
end while

关于对比散度法的进一步信息，请参阅文献[2]的 20.6.2 节。

4.6.1.2.2 伪似然法

另一种求解难解配分函数的方法是伪似然法[28]，该方法假设联合似然可以写成

$$p(x_1,x_2,\cdots,x_N|\boldsymbol{\theta})\approx\prod_{i=1}^N p(x_i|\boldsymbol{x}_{-i},\boldsymbol{\theta}) \tag{4.51}$$

其中 $\boldsymbol{x}_{-i}$表示除节点 X_i之外的所有节点。在计算节点 X_i的参数时，它假设给定了其他所有节点的参数。给定训练数据 $\boldsymbol{D}$，联合对数伪似然可以写成

155

$$\begin{aligned}\mathrm{PLL}(\boldsymbol{D}:\boldsymbol{\theta})&=\log\prod_{m=1}^M\prod_{i=1}^N p(x_i^m|\boldsymbol{x}_{-i}^m,\boldsymbol{\theta}_i)\\&=\sum_{m=1}^M\sum_{i=1}^N\log\ p(x_i^m|\boldsymbol{x}_{-i}^m,\boldsymbol{\theta}_i)\end{aligned} \tag{4.52}$$

对于成对离散 MN，$p(x_i|\boldsymbol{X}_{-i},\boldsymbol{\theta}_i)$可表示为

$$\begin{aligned}p(x_i|\boldsymbol{x}_{-i},\boldsymbol{\theta}_i)&=p(x_i|\boldsymbol{x}_{N_{x_i}},\boldsymbol{\theta}_i)\\&=\frac{p(x_i,\boldsymbol{x}_{N_{x_i}},\boldsymbol{\theta}_i)}{p(\boldsymbol{x}_{N_{x_i}},\boldsymbol{\theta}_i)}\\&=\frac{p(x_i,\boldsymbol{x}_{N_{x_i}},\boldsymbol{\theta}_i)}{\sum_{x_i}p(x_i,\boldsymbol{x}_{N_{x_i}},\boldsymbol{\theta}_i)}\\&=\frac{\frac{1}{Z}\exp(-\sum_{j\in N_{x_i}}w_{ij}E_{ij}(x_i,x_j)-\alpha_iE_i(x_i))}{\sum_{x_i}\frac{1}{Z}\exp(-\sum_{j\in N_{x_i}}w_{ij}E_{ij}(x_i,x_j)-\alpha_iE_i(x_i))}\end{aligned}$$

$$=\frac{\exp(-\sum_{j\in N_{x_i}} w_{ij}E_{ij}(x_i,x_j)-\alpha_i E_i(x_i))}{\sum_{x_i}\exp(-\sum_{j\in N_{x_i}} w_{ij}E_{ij}(x_i,x_j)-\alpha_i E_i(x_i))} \tag{4.53}$$

这种计算更容易执行，因为分母的求和只涉及 X_i。给定式(4.52)中的伪对数似然，我们可以计算它相对于 w_{ij} 和 α_i 的梯度，如下所示：

$$\frac{\partial \mathrm{PLL}(\boldsymbol{\theta}:\boldsymbol{D})}{\partial w_{ij}}=-\sum_{m=1}^{M}E_{ij}(x_i^m,x_j^m)+M\sum_{x_i}p(x_i|N_{x_i},\boldsymbol{\theta})E_{ij}(x_i,x_j)$$

$$\frac{\partial \mathrm{PLL}(\boldsymbol{\theta}:\boldsymbol{D})}{\partial \alpha_i}=-\sum_{m=1}^{M}E_i(x_i^m)+M\sum_{x_i}p(x_i|N_{x_i},\boldsymbol{\theta})E_i(x_i) \tag{4.54}$$

其中 $p(x_i|\boldsymbol{x}_{N_{x_i}},\boldsymbol{\theta})$ 可以用式(4.53)计算。给定梯度，我们可以用如下公式更新 w_{ij} 和 α_i：

$$w_{ij}^{t+1}=w_{ij}^t+\eta\frac{\partial \mathrm{PLL}(\boldsymbol{\theta}:\boldsymbol{D})}{\partial w_{ij}}$$

$$\alpha_i^{t+1}=\alpha_i^t+\xi\frac{\partial \mathrm{PLL}(\boldsymbol{\theta}:\boldsymbol{D})}{\partial \alpha_i} \tag{4.55}$$

算法 4.5 总结了伪似然法。

伪似然法的一个问题是最终联合概率的和可能不等于 1。

4.6.1.2.3 变分法

除了 CD 法和伪似然法，变分法也可以用来解决有关配分函数的挑战。这是通过将式(4.47)第二项中的 $p(\boldsymbol{x})$ 分配给可因式变分分布 $q(\boldsymbol{x},\boldsymbol{\beta})$ 来实现的，其中 β 为变分参数。通过最小化 $p(\boldsymbol{x})$ 和 $q(\boldsymbol{x})$ 之间的 KL 散度，可以求出变分参数。$q(\boldsymbol{x},\boldsymbol{\beta})$ 的一种选择是使它对 $\boldsymbol{x}$ 完全可因式分解，$q(\boldsymbol{x},\boldsymbol{\beta})=\prod_{n=1}^{N}p(x_i,\beta_i)$。这就引出了众所周知的平均场近似。通过将式(4.47)第二项中的 $p(\boldsymbol{x})$ 替换为 $q(\boldsymbol{x})$，可以很容易地求出期望。 156

算法 4.5 伪似然算法

Input: Training data $\boldsymbol{D}=\{D_m\}_{m=1}^M$ and initial parameters $\boldsymbol{\theta}^0=\{w_{ij}^0,\alpha_i^0\}$
t=0
while not converging **do**
  for $\forall X_i\in\mathcal{V}$ **do**
    for $\forall(X_i,X_j)\in\mathcal{E}$ **do**
      Compute $\frac{\partial \mathrm{PLL}(\boldsymbol{\theta}^t:\boldsymbol{D})}{\partial w_{ij}}$ and $\frac{\partial \mathrm{PLL}(\boldsymbol{\theta}^t:\boldsymbol{D})}{\partial \alpha_i}$ using Eq. (4.54)
      Update w_{ij}^t and α_i^t using Eq. (4.55)
    end for
  end for
  t=t+1
end while

4.6.1.3 MN 参数的贝叶斯估计

像 BN 参数学习一样，我们也可以通过最大化参数的后验概率来进行贝叶斯参数学习：

$$\boldsymbol{\theta}^* = \arg\max_{\boldsymbol{\theta}} p(\boldsymbol{\theta}|\boldsymbol{D}) \tag{4.56}$$

其中 $\log p(\boldsymbol{\theta}|\boldsymbol{D})$ 可近似为

$$\log p(\boldsymbol{\theta}|\boldsymbol{D}) = \log p(\boldsymbol{D}|\boldsymbol{\theta}) + \log p(\boldsymbol{\theta}) \tag{4.57}$$

其中第一项是对数似然项，可以用式(4.40)计算，第二项是参数的对数先验概率。由于潜在参数 θ 不如BN参数(CPD)有意义，因此很难提出一个合理的先验，例如BN对潜在参数的共轭先验。MN参数最广泛使用的先验是零均值的拉普拉斯分布或零均值的高斯分布。对于零均值拉普拉斯分布，

$$p(\boldsymbol{\theta}|\beta) = \frac{1}{2\beta}\exp\left(-\frac{|\boldsymbol{\theta}|_1}{\beta}\right)$$

将先验代入式(4.57)，忽略常数，会得到

$$\log p(\boldsymbol{\theta}|\boldsymbol{D}) = \log p(\boldsymbol{D}|\boldsymbol{\theta}) - |\boldsymbol{\theta}|_1 \tag{4.58}$$

其中第二项是对数似然的正则项，作为 ℓ_1 范数，对 θ 施加稀疏性约束。同样，如果我们假设 $p(\boldsymbol{\theta})$ 服从零均值高斯分布，就会导致 ℓ_2 正则化。ℓ_2 正则化导致参数值较小，而 ℓ_1 正则化导致稀疏参数化，即许多参数值为零。因此，用 ℓ_1 正则化方法学习MN可能会得到一种稀疏的MN结构。

157

无论是 ℓ_1 还是 ℓ_2 正则化，目标函数都是凹的。梯度(次梯度)上升法可用于求解参数。具体来说，在正则化的情况下，参数梯度 $\nabla\boldsymbol{\theta}$ 由数据项和正则化项组成。数据项梯度可以用式(4.48)CD法计算求得，也可以用公式(4.54)伪似然法计算求得。对于 ℓ_1 范数，正则化梯度可以计算为 $\text{sign}(\boldsymbol{\theta})$，其中sign是sign函数，如果参数大于0其等于1，反之则等于-1。当 $\boldsymbol{\theta}$ 为零时，它的梯度可以用一个小的正常数近似，或者用次梯度法近似。对于平方 ℓ_2 范数，正则化梯度就是 $2\boldsymbol{\theta}$。给定 $\nabla\boldsymbol{\theta}$ 的条件下，可以采用梯度上升方法迭代更新参数 $\boldsymbol{\theta}$。

4.6.1.4　判别式学习

极大似然估计和贝叶斯估计都是生成式的，因为它们试图求得最大化联合概率分布的参数。正如我们在3.4.1.3节中讨论的，对于分类任务，判别式学习可能产生更好的性能。按照我们在3.4.1.3节中为BN判别式学习定义的惯例，我们可以将 $\boldsymbol{X}$ 分为 $\boldsymbol{X}_t$ 和 $\boldsymbol{X}_F$，即 $\boldsymbol{X}=\{\boldsymbol{X}_t, \boldsymbol{X}_F\}$，其中 $\boldsymbol{X}_t$ 表示我们想要估计的MN中的一组节点，$\boldsymbol{X}_F$ 是MN中表示特征的剩余节点。MN判别式学习可以表述为通过最大化对数条件似然来寻找参数 θ：

$$\boldsymbol{\theta}^* = \arg\max_{\boldsymbol{\theta}} \sum_{m=1}^{M} \log p(\boldsymbol{x}_t^m | \boldsymbol{x}_F^m, \boldsymbol{\theta}) \tag{4.59}$$

我们可以根据3.4.1.3节的推导和4.6.1.5节的CRF学习，推导出判别式MN学习的方程。

判别式学习的另一种方法是基于边际的方法，其目标是通过最大化定义如下的概率边际 δ 来求得参数

$$\delta(\boldsymbol{\theta},m)=\log p(\boldsymbol{x}_t^m|\boldsymbol{x}_F^m,\boldsymbol{\theta})-\max_{\boldsymbol{x}_{t'},\boldsymbol{x}_{t'}\neq\boldsymbol{x}_t^m}\log p(\boldsymbol{x}_{t'}|\boldsymbol{x}_F^m,\boldsymbol{\theta}) \tag{4.60}$$

给定边界定义，基于边际的方法通过最大化所有样本的总边际来求得 $\boldsymbol{\theta}$，即

$$\boldsymbol{\theta}^*=\arg\max_{\boldsymbol{\theta}}\sum_{m=1}^{M}\delta(\boldsymbol{\theta},m) \tag{4.61}$$

基于边际方法的一个主要优点是它不需要处理配分函数。通过边际定义中的减法，配分函数被有效地减去。关于基于边际的方法的进一步信息可以参见文献[2]的 20.6.2.2 节。 158

4.6.1.5 CRF 参数学习

MN 参数学习是通过最大化对数似然估计生成的，而 CRF 参数学习是通过最大化条件对数似然判别的。设 $\boldsymbol{X}$ 为未知标记节点，$\boldsymbol{y}$ 为观测节点。给定训练数据 $\boldsymbol{D}=\{\boldsymbol{x}^m,\boldsymbol{y}^m\}_{m=1}^M$，CRF 学习可以表述为通过最大化对数条件似然来求其参数 $\boldsymbol{\theta}$：

$$\boldsymbol{\theta}^*=\arg\max_{\boldsymbol{\theta}}\sum_{m=1}^{M}\log p(\boldsymbol{x}^m|\boldsymbol{y}^m,\boldsymbol{\theta}) \tag{4.62}$$

对于具有对数线性势函数的成对 CRF，式(4.62)中的 $\log p(\boldsymbol{x}^m|\boldsymbol{y}^m,\boldsymbol{\theta})$ 可以改写为

$$\begin{aligned}\log p(\boldsymbol{x}^m|\boldsymbol{y}^m,\boldsymbol{\theta})=&-\sum_{m=1}^{M}\sum_{(x_i,x_j)\in\mathcal{E}}w_{ij}E_{ij}(x_i^m,x_j^m|\boldsymbol{y}^m)\\&-\sum_{m=1}^{M}\sum_{x_i\in\mathcal{V}}\alpha_iE_i(x_i^m|\boldsymbol{y}^m)-M\log Z\end{aligned} \tag{4.63}$$

对数条件似然仍然是凹的。因此，它允许 $\boldsymbol{\theta}$ 有一个唯一的最优解。我们可以用梯度上升法迭代估计 $\boldsymbol{\theta}$。剩下的挑战是计算配分函数的梯度。我们可以用 CD 或伪似然法来解决这个问题。MRF 的 CD 和 CRF 的 CD 的一个关键区别是，$E_{ij}(x_i,x_j|\boldsymbol{y})$ 的样本平均值会随着 CRF 的 $\boldsymbol{y}$ 值的变化而变化。

4.6.1.6 缺失数据下 MN 参数学习

在这一节中，我们简要讨论了训练数据缺失时的 MN 参数学习。与缺失数据下的 BN 参数学习一样，可以有两种方式，一是直接最大化对数边际似然，二是通过 EM 方法最大化对数边际似然的下界。对于基于梯度的方法，挑战仍然是配分函数 Z，我们可以使用 CD 或伪似然法来解决这一挑战。EM 方法的公式与 BN 相同。然而，对于 MN，M 步骤的解不允许像 BN 那样的闭式解，它需要通过单独的梯度上升迭代解决。因此，在 MN 学习中，EM 相对于梯度上升方法的优势并不像在 BN 学习中那么明显。最后，由于对数边际似然不再是凹的，存在局部极大值。这两种方法的性能都依赖于初始化。关于缺失数据下 MN 参数学习的细节可以参见文献[2]的 20.3.3 节。 159

4.6.2 结构学习

和 BN 结构学习一样，MN 结构学习是学习节点之间的链路。给定 MN 中 N 个节点相关的随机变量 $\boldsymbol{X}=(X_1,X_2,\cdots,X_N)$，MN 结构学习就是从 M 个独立同分布样本 $\boldsymbol{D}=(x_1^m,x_2^m,\cdots,x_N^m)$，$m=1,2,\cdots,M$ 中估计底层图 $\mathcal{G}$(链路)。

与BN结构学习一样，MN结构学习可以通过基于约束的方法或基于评分的方法来完成。基于约束的方法通过条件独立性测检验来确定链路的存在与否。链路表征了两个变量之间的依赖关系。基于评分的方法定义了评分函数，并找到了使评分函数最大化的结构 $\mathcal{G}$。我们将重点讨论基于评分的方法。

4.6.2.1 基于评分的方法

基于评分的方法定义了一个评分函数。其中一个评分是边际似然函数，如式(3.90)，

$$\mathcal{G}^* = \arg\max_{\mathcal{G}} p(\boldsymbol{D}|\mathcal{G}) \tag{4.64}$$

根据3.4.2.1.1节的推导，边际似然评分可以写成BIC评分

$$S_{BIC}(\mathcal{G}) = \log p(\boldsymbol{D}|\mathcal{G},\hat{\boldsymbol{\theta}}) - \frac{\log M}{2}\mathrm{Dim}(\mathcal{G}) \tag{4.65}$$

其中，$\hat{\boldsymbol{\theta}}$ 是 $\boldsymbol{\theta}$ 对 $\mathcal{G}$ 的极大似然估计，$\mathrm{Dim}(\mathcal{G})$ 是 $\mathcal{G}$ 的自由度，即 $\mathcal{G}$ 的独立参数数量。第一项是联合似然，确保 $\mathcal{G}$ 符合数据，而第二项是更适合简单结构的惩罚项。除了BIC评分，人们还提出了其他评分函数(详见3.4.2.1.1节)。

根据评分函数的定义，可以通过在MN结构空间中组合搜索得到最大化评分函数的结构来进行MN结构学习。尽管可以对特殊的MN结构(如树)进行强搜索，但是对于一般的MN来说，由于一般MN的结构空间是指数级的，所以它就变得难以计算。对于一般的结构，可以采用启发式贪婪搜索，在给定当前结构的条件下，改变每个节点的局部结构，以求得使评分提高的最大的变化。重复这个过程，直到收敛。这里可以使用类似的搜索方法，如BN结构学习的爬山方法。与BN结构学习不同的是，由于配分函数 Z 的存在，MN结构学习中每个节点的分数计算代价可能会大得多。因此，在MN结构学习中，大量的工作集中在降低评分函数的计算成本上。

160

全局评分的计算是很难。MN结构也可以通过单独学习每个节点的局部结构来进行局部学习。每个节点的局部结构由它的邻点构成，即它的MB，我们使用相同的评分函数来学习局部结构。虽然局部方法在计算上不那么复杂，但它不能产生最优结构，因为它假设结构学习是可分解的，而我们知道这是不可分解的。

4.6.2.2 通过参数正则化进行结构学习

另一种常见的MN结构学习方法是参数正则化。它将结构学习表示为参数学习，并对参数进行 ℓ_1 正则化，如式所示

$$\boldsymbol{\theta}^* = \arg\max_{\boldsymbol{\theta}} \log p(\boldsymbol{D}|\boldsymbol{\theta}) - |\boldsymbol{\theta}|_1 \tag{4.66}$$

其中第一项是对数似然，第二项是 ℓ_1 正则化项(也称为图形套索)。通过添加 ℓ_1 正则化，参数学习受到成对参数的稀疏性约束。ℓ_1 正则化迫使许多成对参数 $w_{ij}=0$，这间接意味着节点 X_i 和 X_j 之间没有链路。注意式(4.66)与式(4.58)相同，且仍为凹式，我们可以通过次梯度上升迭代地求解。

对于连续的MN，例如高斯BN，我们可以使用精度矩阵 $\boldsymbol{W}$(或权重矩阵)来确定结构。零项填充的 $\boldsymbol{W}$ 对应于 $\mathcal{G}$ 中边不存在。

4.7 马尔可夫网络与贝叶斯网络

BN 和 MN 都用来图形化地刻画一组随机变量之间的联合概率分布。由于它们的内在条件独立性，它们可以紧凑地表示联合概率分布。它们具有相似的局部和全局独立性属性。特别是，马尔可夫条件是这两种模型的关键。由于马尔可夫条件，所有节点的联合概率分布可以被分解为局部函数的乘积(对于 BN 是 CPD，对于 MN 是势函数)。两者都是生成式模型。

尽管它们有相似之处，但它们也有很大的不同。第一，BN 主要用于建模随机变量之间的因果依赖关系，而 MN 主要用于建模随机变量之间的相互依赖关系。因此，MN 可以刻画更广泛的关系。MN 已广泛用于许多计算机视觉任务。另一方面，由于具有复杂的全局和非模块化耦合，MN 很难从中生成数据。相比之下，具有清晰的因果关系和模块化语义的 BN 易于从中生成数据。BN 适用于变量之间的交互具有自然方向性的领域，例如时间序列数据，其中自然存在时间因果关系。此外，解释性关系(V 型结构)只存在于 BN 中，并且它们可以表示 MN 无法刻画的变量之间的依赖性。另一方面，BN 无法刻画由 MN 表示的循环依赖性。图 4.9 说明了它们在表示方式上的差异。 161

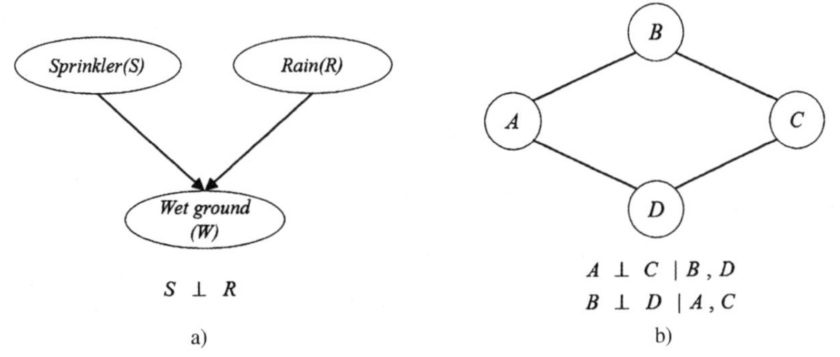

图 4.9 对 BN 和 MN 的建模限制的说明：图 a 为一个经典的 BN 示例，它刻画了“解释”关系。MN 不能模拟这样的关系。图 b 为一个简单的 MN 例子，它的循环依赖性不能完全由 BN 表示

第二，BN 由条件概率局部指定，而 MN 由势函数局部指定。与条件概率相比，势函数更加灵活。但是需要一个归一化来确保联合分布是一个概率。由于标准化是所有潜在函数参数的函数，因此在推理和学习过程中，归一化可能会导致重大问题。因此，MN 有不同的学习和推理方法来专门处理配分函数。第三，由于 BN 具有很强的独立性，BN 的学习和推理与 MN 相比相对容易。表 4.2 比较了 BN 和 MN。

表 4.2 BN 与 MN 对比

项目	BN	MN
图	有向无环图(DAG)	无向图
允许循环	无定向循环	允许无向循环
关系	因果/单向	相互/相关

（续）

项目	BN	MN
局部区域	马尔可夫毯	邻点
局部函数	条件概率分部	势函数
参数学习	MLE、MAP 和 EM	伪似然、CD、MAP、EM
推理	VE、BP、联结树、吉布斯、变分	ICM、图分割、吉布斯、变分等
计算成本	高	高
联合概率	$p(\boldsymbol{X})=\prod_{i=1}^{N}p(X_i\mid\pi(X_i))$	$p(\boldsymbol{X})=\frac{1}{Z}\prod_{c\in C}\psi_c(X_c)$

BN 和 MN 也是可转换的。我们可以把 BN 转换成它对应的 MN，反之亦然。将 BN 转换成 MN 的一种方法是生成 BN 的道德图。BN 道德图是一个无向图，其方法是将 BN 中的所有链路改为无向链路，并将无向链路添加到配偶节点，也就是如 3.3.1.3.2 所述共享同一子节点的节点。

162

参考文献

[1] J. Besag, Spatial interaction and the statistical analysis of lattice systems, Journal of the Royal Statistical Society. Series B (Methodological) (1974) 192–236.
[2] D. Koller, N. Friedman, Probabilistic Graphical Models: Principles and Techniques, MIT Press, 2009.
[3] R. Salakhutdinov, G. Hinton, Deep Boltzmann machines, in: Artificial Intelligence and Statistics, 2009, pp. 448–455.
[4] P. Krähenbühl, V. Koltun, Efficient inference in fully connected CRFs with Gaussian edge potentials, in: Advances in Neural Information Processing Systems, 2011, pp. 109–117.
[5] P. Krähenbühl, V. Koltun, Parameter learning and convergent inference for dense random fields, in: International Conference on Machine Learning, 2013, pp. 513–521.
[6] V. Vineet, J. Warrell, P. Sturgess, P.H. Torr, Improved initialization and Gaussian mixture pairwise terms for dense random fields with mean-field inference, in: BMVC, 2012, pp. 1–11.
[7] P. Kohli, M.P. Kumar, P.H. Torr, P3 & beyond: solving energies with higher order cliques, in: IEEE Conference on Computer Vision and Pattern Recognition, 2007, pp. 1–8.
[8] A. Fix, A. Gruber, E. Boros, R. Zabih, A graph cut algorithm for higher-order Markov random fields, in: IEEE International Conference on Computer Vision, ICCV, 2011, pp. 1020–1027.
[9] V. Vineet, J. Warrell, P.H. Torr, Filter-based mean-field inference for random fields with higher-order terms and product label-spaces, International Journal of Computer Vision 110 (3) (2014) 290–307.
[10] Z. Liu, X. Li, P. Luo, C.-C. Loy, X. Tang, Semantic image segmentation via deep parsing network, in: Proceedings of the IEEE International Conference on Computer Vision, 2015, pp. 1377–1385.
[11] B. Potetz, T.S. Lee, Efficient belief propagation for higher-order cliques using linear constraint nodes, Computer Vision and Image Understanding 112 (1) (2008) 39–54.
[12] P.P. Shenoy, G. Shafer, Axioms for probability and belief-function propagation, in: Uncertainty in Artificial Intelligence, 1990.
[13] D.M. Greig, B.T. Porteous, A.H. Seheult, Exact maximum a posteriori estimation for binary images, Journal of the Royal Statistical Society. Series B (Methodological) (1989) 271–279.
[14] T.H. Cormen, Introduction to Algorithms, MIT Press, 2009.
[15] Y. Boykov, O. Veksler, R. Zabih, Fast approximate energy minimization via graph cuts, in: Proceedings of the Seventh IEEE International Conference on Computer Vision, vol. 1, IEEE, 1999, pp. 377–384.
[16] Y. Weiss, W.T. Freeman, Correctness of belief propagation in Gaussian graphical models of arbitrary topology, Neural Computation 13 (10) (2001) 2173–2200.
[17] D.M. Malioutov, J.K. Johnson, A.S. Willsky, Walk-sums and belief propagation in Gaussian graphical models, Journal of Machine Learning Research 7 (Oct 2006) 2031–2064.
[18] Gaussian belief propagation resources [online], available: http://www.cs.cmu.edu/~bickson/gabp/index.html.
[19] M.J. Wainwright, M.I. Jordan, Graphical models, exponential families, and variational inference, Foun-

dations and Trends® in Machine Learning 1 (1–2) (2008) 1–305.
[20] J. Besag, On the statistical analysis of dirty pictures, Journal of the Royal Statistical Society. Series B (Methodological) (1986) 259–302.
[21] J. Kappes, B. Andres, F. Hamprecht, C. Schnorr, S. Nowozin, D. Batra, S. Kim, B. Kausler, J. Lellmann, N. Komodakis, et al., A comparative study of modern inference techniques for discrete energy minimization problems, in: Proceedings of the IEEE Conference on Computer Vision and Pattern Recognition, 2013, pp. 1328–1335.
[22] P.J. Van Laarhoven, E.H. Aarts, Simulated annealing, in: Simulated Annealing: Theory and Applications, Springer, 1987, pp. 7–15.
[23] S. Geman, D. Geman, Stochastic relaxation, Gibbs distributions, and the Bayesian restoration of images, IEEE Transactions on Pattern Analysis and Machine Intelligence 6 (1984) 721–741.
[24] R. Dubes, A. Jain, S. Nadabar, C. Chen, MRF model-based algorithms for image segmentation, in: 10th International Conference on Pattern Recognition, vol. 1, 1990, pp. 808–814.
[25] M.A. Carreira-Perpinan, G. Hinton, On contrastive divergence learning, in: AISTATS, vol. 10, Citeseer, 2005, pp. 33–40.
[26] G.E. Hinton, Training products of experts by minimizing contrastive divergence, Neural Computation 14 (8) (2002) 1771–1800.
[27] J. Lafferty, A. McCallum, F. Pereira, Conditional random fields: probabilistic models for segmenting and labeling sequence data, in: International Conference on Machine Learning, 2001, pp. 282–289.
[28] J. Besag, Efficiency of pseudolikelihood estimation for simple Gaussian fields, Biometrika (1977) 616–618.

163 ~ 164

计算机视觉应用

5.1 引言

计算机视觉(CV)指通过图像或视频来解读、理解世界。计算机视觉任务可以按其等级分为低、中、高级别。低级计算机视觉任务侧重于图像处理，用于图像增强和信息提取；中级任务包括估计图像目标的属性，比如几何属性、运动和目标类别；高级计算机视觉任务侧重于解释并理解图像/视频中的事件或活动。PGM已被广泛用于处理各个级别的计算机视觉任务，包括如特征提取和图像分割这样的低级计算机视觉任务，目标检测、跟踪和识别在内的中级计算机视觉任务，以及人类活动识别在内的高级计算机视觉任务。

在本章中，我们将总结主要的代表性成就，而非提供一份详尽的PGM在计算机视觉领域的应用的清单。为了使后面的讨论结构更加清晰，我们将把计算机视觉任务分为三个级别：低、中、高。在每个级别中，我们给出典型的任务，然后讨论PGM在每个任务中的应用。对于每个任务，我们将首先描述问题的一般定义以及其输入和输出变量；然后我们将给出用于解决任务的基本PGM模型，包括模型架构和相关的学习和推理方法；最后，我们将讨论从不同方面改进基本模型的相关代表性成就。

5.2 用于低级计算机视觉任务的PGM

低级别的计算机视觉任务通常分析图像和视频，以增强图像或提取基本信息来表示原始图像。典型的低级别任务包括图像分割、图像去噪和特征提取。

5.2.1 图像分割

图像分割包括将图像分割成对应于场景不同部分的同类区域，就图像属性而言，每个区域在某些方面是相似的。分割后的图像可以用来简明地表示原始图像。图像分割可以进一步分为二值分割和多类分割：二值分割又称图形-背景分割，将图像分为前景和背景。而多类图像分割将每个像素分配给表示场景中不同类型对象(如天空、道路、树等)的对象标记，这种图像分割也称为语义分割或语义标记。图5.1就是图像分割的示例，包括图形-背景图像分割图5.1a和图5.1b以及多类语义图像分割图5.1c和图5.1d。

图像分割是应用PGM最早、最成功的计算机视觉任务之一。与其他方法相比，用PGM进行图像分割具有一些天然优势，因为PGM可以自然地表示图像的二维布局以

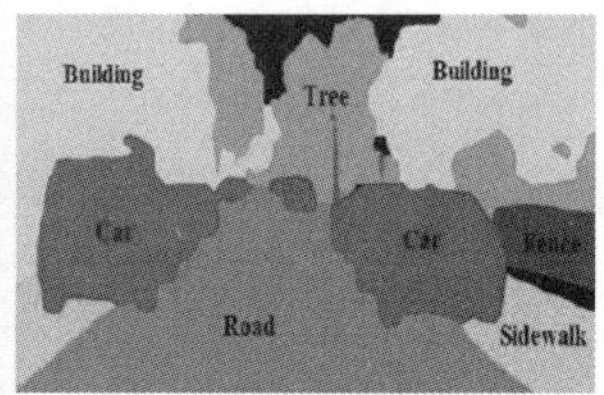

a) 原始图像　　b) 图形-背景分割　　c) 原始图像　　d) 多类分割

图 5.1　图像分割示例。图 a 和图 b 改编自文献[1]，图 c 和图 d 改编自文献[2]

及图像像素之间的空间关系。在不同的 PGM 模型中，马尔可夫随机场(MRF)(即马尔可夫网络(MN))长期以来一直被用于图像分割[5,81-84]。多年来，PGM 在图像分割中的应用不断发展。MRF 最早由 S. Geman 和 D. Geman[85] 于 1984 年推出，为之后使用 MRF 进行图像分析的研究奠定了基础。早期的 MRF 推理方法局限于局部方法，包括 ICM 方法、吉布斯采样方法和模拟退火方法。21 世纪初，MRF 推理引入了如图切割和归一化切割的基于图的方法，可以实现 MRF 某些类型的全局最优性。此后的进一步发展侧重于高阶/远程的复杂 MRF 模型的开发，以获取更多的场景信息。最近，人们一直致力于研究推理方法，比如基于深度学习的方法，以便在复杂的 MRF 模型中进行有效的推理。

5.2.2　图像去噪

图像去噪的重点是通过降低噪声来恢复有噪声的图像。具体来说，对于图像去噪，我们观测一个损坏的图像，该图像中一定百分比的图像像素强度受到随机噪声的干扰。图像去噪的目标是恢复成原始的无噪声图像。图 5.2 给出了图像去噪的示例。

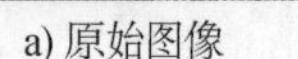

a) 原始图像　　b) 噪声图像　　c) 恢复图像

图 5.2　图像去噪示例，图例改编自文献[3]

5.2.3　用 MRF 标记图像

图像分割和图像去噪都可以表述为多标签图像标记问题。图像标记问题可以用数学描述如下。给定输入向量 $\boldsymbol{X}=\{X_n\}_{n=1}^{N}, n\in\mathcal{V}=\{1,2,\cdots,N\}$，其中 X_n 代表一个图像像素或一组图像像素的强度(或颜色)或特征，$\mathcal{V}$ 表示图像域，即二维图像网格；给定输出向量 $\boldsymbol{Y}=\{Y_n\}_{n=1}^{N}$，其中 Y_n 是 X_n 的标签，它假设 K 的可能值之一，即 $Y_n\in\mathcal{L}=\{l_1,l_2,\cdots,l_K\}$。对于图像分割，$\mathcal{L}$ 表示每个图像像素可以取的一组对象标签；对于图像去噪，$\mathcal{L}$

166

表示图像像素可以取的强度值集。此外，边检测可以表示为图像标记的一个特殊情况：标签具有两个值——边或非边。图像标记的目的是给定 $\boldsymbol{X}$ 的条件下推理 $\boldsymbol{Y}$ 的最可能值。具体而言，对于图像分割，输入 $\boldsymbol{X}$ 为图像，输出 $\boldsymbol{Y}$ 为分割后的图像，其中每个像素取其标记值。对于图像去噪，给定所观测的图像 $\boldsymbol{X}$，目标是恢复原始的未损坏的图像，$\boldsymbol{Y}=\{Y_1,Y_2,\cdots,Y_N\}$。对于图像分割和图像去噪，潜在的假设是输出标签局部平滑。

用 PGM 标记图像时，在最简单的情况中，我们可以使用双层二维点阵图，如图 5.3 所示。顶层是标记层，其中每个节点 Y_n 代表每个像素或一组像素(超像素)的输出标签。底层是图像层，其中每个节点 X_n 表示一个或一组图像像素的强度或特征。链路表示节点间的相互依赖关系，该图刻画了 $\boldsymbol{X}$ 和 $\boldsymbol{Y}$ 的联合概率分布。使用该图，用 PGM 标记图像的目标可以表示为学习将 $\boldsymbol{X}$ 映射到 $\boldsymbol{Y}$ 的 PGM $\mathcal{G}$，即 167

$$\mathcal{G}:\boldsymbol{X}\mapsto\boldsymbol{Y},\forall n\in\mathcal{N}$$

这在数学上可以表示为一个 MAP 推理问题，通过求得最大化后验概率的标记层的值进行，即

$$\boldsymbol{y}^{*}=\arg\max_{\boldsymbol{y}}p_{G}(\boldsymbol{y}|\boldsymbol{x}) \tag{5.1}$$

其中，p_G 表示由 $\mathcal{G}$ 确定的 $\boldsymbol{X}$ 和 $\boldsymbol{Y}$ 的联合概率。

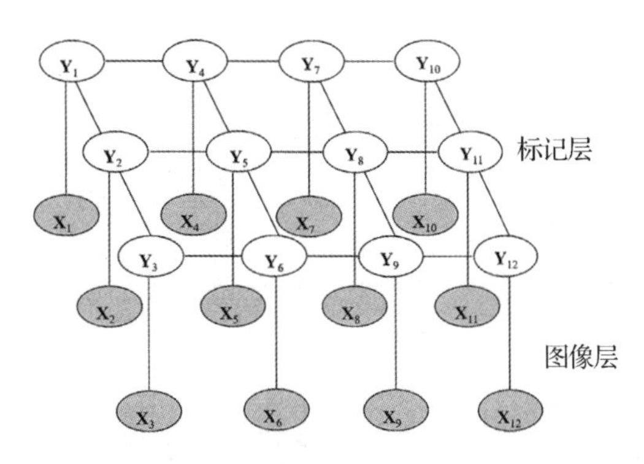

图 5.3 用于图像分割的双层图模型。图例改编自文献[4]中图 11.2

最常用于图像标记的 PGM 是 4.2.2 节中介绍的成对标记观测 MRF。MRF 具有许多特征，对图像标记很有用。根据 MRF 的成对势函数，MRF 可以刻画相邻像素之间的交互，并将其预期的相互依赖关系编码。整个图像上的局部平滑性和区域连续性等属性可以通过局部邻点间的依赖关系来系统执行。MRF 还可以通过其一元势函数刻画像素标签与其图像特征之间的依赖关系。关于用 MRF 进行图像分析的详细讨论，可参考文献[86]。

用成对标记观测 MRF 法标记图像被表示为 MAP-MRF 推理问题，通常包括以下几个步骤。第一步，定义一个局部邻域，邻域定义标记节点之间的连接；给定邻域，第二步是定义 MRF 模型的架构；第三步是学习 MRF 模型的参数，包括一元和成对势函数的参数；最后，采用优化方法对图像标记进行 MAP 推理。用于图像标记的 MRF 法在

这些步骤中有所不同，我们下面将详细讨论每一步。

5.2.3.1　邻域

对于用MRF进行图像标记，随机场通常遵循与二维图像对应的二维点阵图，其中每个节点可对应于一个图像像素。对于点阵随机场，节点最简单的MRF邻域由位于目标节点旁边的节点组成。图5.4给出了白色目标节点的邻域节点。邻域可进一步划分为四邻域(一阶，深灰色节点)或八邻域(二阶，浅灰色节点)。

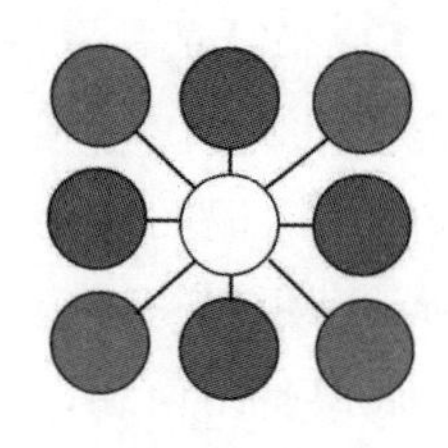

图5.4　目标节点(白色)的一阶邻域(深灰色节点)和二阶邻域(浅灰色节点)。图片改编自维基百科

传统的MRF是成对MRF，其中最大团大小为2，每个像素只直接连接到其相邻邻域。这些MRF只能刻画图像相对简单的一阶统计属性，因为它们以像素之间的成对关系为基础。在实践中，为了顾及额外的场景信息，简单邻域通常在空间上扩展，进而包括较远像素，从而产生所谓的长程MRF[87]。例如，我们可以扩展邻域到以当前像素为中心的$K \times K$的正方形，使其中每个像素都是目标像素的邻点。将正方形碎片扩展到包含整个图像，产生最终的长程MRF，即全连接MRF，其中一个像素是所有其他像素的邻点。

5.2.3.2　MRF架构

用于图像标记的最简单的MRF架构是双层MRF，如图5.5所示。其中顶层$\mathbf{Y}$表示标记层，底层$\mathbf{X}$表示图像测量值。用于图像去噪时，X_n表示噪声像素强度(或特征)，Y_n表示相应的未扰动强度。用于图像分割时，为减少计算复杂度，X_n经常代表一组像素的特征，Y_n代表小组中全部像素的标记。首先对图像进行过分割来完成像素分组，每段过分割图像称为超像素。每个X节点表示每个超像素的特征，每个Y节点表示其标签(假设每个超像素中所有像素的标签是相同的)。

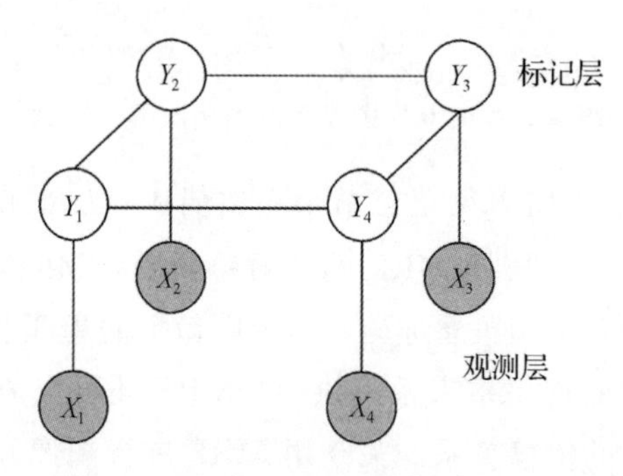

图5.5　用于图像标记的基本双层MRF

基础的双层MRF模型已经扩展到更复杂的结构。文献[5,88]提出了一种多尺度分层模型，其中不同尺度的多个标记层以由粗到精的方式相互叠加，形成四叉树结构(金字塔)，如图5.6所示，相邻两层的随机变量形成马尔可夫链。这种多尺度分层模型可以加强不同尺度上标记的交互，往往比基础双层MRF模型有更好的性能。

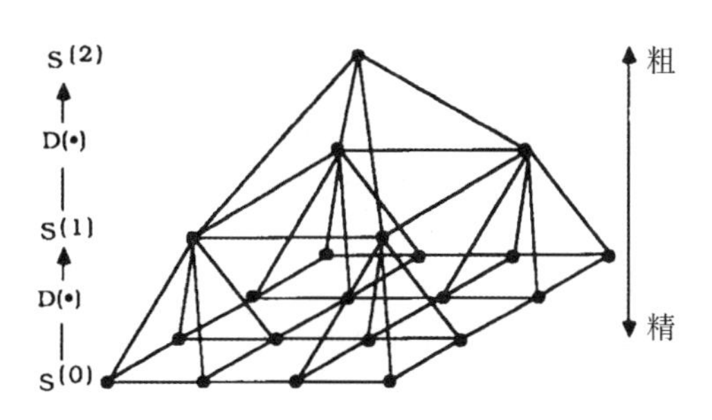

图5.6 用于图像分割的多尺度四叉树 MRF[5]

四叉树多尺度随机场的固定结构会导致块状分割[89,90]。Irving 等人[91]弥补了这一缺点，他们并未假设同一层的节点是不重叠的，而是提出了一个重叠树模型，其中每个层的位点对应于图像中的重叠部分。这种方法可以使空间相邻的位点更有可能在下一个更粗的层拥有共同的父节点。

5.2.3.3 势函数

给定架构，我们需要确定标准的成对标记观测 MRF 的势函数，包括标记节点的成对势函数和标记节点与相应图像节点之间的一元势函数。一元势函数(亦称数据保真度项)刻画标记与其图像特征之间的关系，而成对势函数通常刻画局部一致性和平滑性。此外，由于 MRF 刻画标记及其观测值的联合概率分布，所以成对势函数刻画标签的先验分布，而一元势函数刻画标记似然。

依据 4.2.2 节中标记观测 MRF 的势函数定义，标记层的成对势函数可以由对数线性模型指定

$$\psi_{ij}(y_i, y_j) = \exp(-w_{i,j}E_{ij}(y_i, y_j))$$

其中成对能量函数 $E_{ij}(y_i, y_j)$可以通过用于二元标签的伊辛模型或用于多值标记的波茨模型来确定。标记差的其他非递减函数[92]，如 $E_{ij}(y_i, y_j) = \min(|y_i - y_j|^k, \alpha)$，也被用于指定成对能量函数，以惩罚局部平滑性违规，其中 α 是正常数，$k=1,2$。事实上，成对能量函数往往是精心选择的，具有一定的性质(如子模性)，这样就可以用图切割法得到精确的推理。

对于图像标记任务，在给定标记观测值的条件下，一元能量函数通常等于标记的负对数似然，即 $E_i(x_i|y_i) = -\log p(x_i|y_i)$。因此，对于对数线性模型，一元势函数等于类条件概率 $p(x_i|y_i)$。根据图像特征的类型，如果 X_i是连续特征，则一元势函数可能是一元高斯函数；如果 X_i代表向量的特征，则一元势函数可能是多元高斯函数。图像特征通常描述对象的形状、颜色和位置。对于一元连续图像特征 X_i，标记 l 的一元势函数写作

170

$$\phi_i(x_i|y_i) = p(x_i|y_i = l) = \frac{1}{\sqrt{2\pi}\sigma_l}\exp\left(-\frac{(x_i - \mu_l)^2}{2\sigma_l^2}\right)$$

其中一元能量函数 $E_i(x_i|y_i=l)$可以用二次项表示：

$$E_i(x_i|y_i = l) = \frac{(x_i - \mu_l)^2}{2\sigma_l^2} + \frac{1}{2}\log\sigma_l^2$$

同理，一元势可以表示为图像特征 $\boldsymbol{X}_i$ 的一个向量的多元高斯。如果 X_i 是离散的，那么标记 l 的一元势函数 $\varphi_i(x_i|Y_i=l)$ 可以通过对于一元 X_i 的二项分布或对于多元 X_i 的多项分布来确定。给定这些定义，依据标记观测成对 MRF 的式(4.15)，$\boldsymbol{X}$ 和 $\boldsymbol{Y}$ 的联合概率分布可以写为

$$p(\boldsymbol{x},\boldsymbol{y})=\frac{1}{Z}\exp\Big(-\sum_{i\in\mathcal{V}_y}\alpha_i E_i(x_i|y_i)-\sum_{i,j\in\mathcal{E}_y}w_{i,j}E_{ij}(y_i,y_j)\Big) \tag{5.2}$$

其中 Z 是配分函数，$\mathcal{V}_y$ 和 $\mathcal{E}_y$ 分别代表 Y 的全部节点和 Y 节点间的链路，注意，在图像标记任务中，式(4.15)的偏置项往往忽略不计。

除了标准的一元和成对能量函数外，高阶能量函数正越来越多地被用来刻画自然图像的重要性质，从而产生高阶 MRF[93]。如 4.4 节所讨论的，高阶 MRF 包括高阶项(如三阶项 $\psi_{ijk}(y_i,y_j,y_k)$)甚至更高阶项。最近有研究表明，与一阶 MRF 相比，高阶 MRF 表现更佳。

5.2.3.4 MRF 学习方法

给定一元势函数和成对势函数的规范，就可以使用 4.6 节中讨论的 MRF 学习方法，包括对比散度法和 4.6.1.2 节中引入的伪似然估计法，来学习势函数的参数，包括成对参数 $w_{i,j}$ 和一元参数 α_i 了。在我们学习参数 $w_{i,j}$ 和 α_i 之前，可以先分别学习每个节点 X_i 和 Y_i 的一元能量参数，如 μ_l、σ_l 和 α_{kl}。这些是能量函数固有的，因此也是所有节点固有的。这些参数可以用极大似然估计方法来学习。

171

5.2.3.5 推理方法

给定学习的 MRF 模型，就可以通过 MAP 推理来完成查询图像的图像标记。在 4.5 节中，我们介绍了不同的 MRF-MAP 推理方法，包括精确的方法，如变量消除、置信度传播法、联结树方法和图切割法；而对于近似 MAP 推理，我们可以采用环路置信度传播法、ICM 方法、吉布斯采样和变分法。此外，MRF-MAP 推理也可以表述为一个组合优化问题，可以使用现有的整数规划、线性规划和动态规划方法。Dubes 等人[94]回顾了基于 MRF 的图像分割的不同 MRF 推理方法，并对其简单噪声图像的处理性能进行了实证评价。

在文献[95,92]中，作者对用于不同计算机视觉任务的不同 MRF 推理方法进行了评价。Szeliski 等人[92]评估了四种经典的 MRF 推理方法，即图切割法、环路置信度传播法、信息传递，以及用于立体分割、图像拼接和交互分割的 ICM 算法。他们的评估研究表明，三种能量最小化方法，即图切割、环路置信度传播法和消息传递，显著优于 ICM 方法。最近，Kappes 等人[95]对不同的能量最小化方法进行了更深入的比较。通过应用 20 种不同的计算机视觉任务，他们在准确性和效率方面对 24 种最先进的 MRF 推理方法进行了实证比较，包括多面体、信息传递和最大流量方法。他们的评估表明，对于多类模型，多面体方法和整数规划求解器在运行时间和求解质量方面更具竞争力。多面体方法通过一组线性不等式近似表示出一个离散能量最小化问题，然后将该问题作为线性规划问题来有效地求解。

随着高阶和长程 MRF 的使用越来越多，最近的研究[93]集中在开发高阶或长程 MRF 的有效推理方法，因为之前讨论的标准推理方法由于计算复杂而不能直接应用。在文献[93]中，作者引入了一种用于高阶二元 MRF 推理的图切割方法。通过将高阶能量项联合转化为一阶项，该方法改进了以往高阶 MRF 的推理方法，给立体视觉和分割任务带来了更好的结果。

5.2.4 用 CRF 进行图像分割

MRF 模型假设邻近像素不论值如何，其标记都具相似性。这个假设在分段区域内有效，但对于位于不同区域边界附近的像素来说作用不大。此外，MRF 模型假设给定图像标记，图像观测是独立的。引入 CRF 模型是为了克服这些限制，使标签平滑的假设条件是其图像测量值，即图像测量值不再是变量，而是观测结果。正如 4.3 节所讨论的，CRF 对图像标记的条件概率分布 $p(\boldsymbol{Y}|\boldsymbol{X})$ 进行了建模，其中 $\boldsymbol{X}$ 表示整个图像。因此，CRF 可以刻画局部图像观测之间的依赖关系，而不是像 MRF 一样假设其独立性。此外，与 MRF 模型相比，CRF 模型在训练过程中需要较少的标记图像，因为它们只对条件标签分布进行建模。最后，CRF 模型得出的结果通常比 MRF 模型得出的更准确，因为 CRF 模型的学习准则与标记推理的任务关联性更强。因此，CRF 模型在计算机视觉中得到了广泛的应用。图 5.7 给出了一个用于图像分割的简单双层 CRF 模型。 172

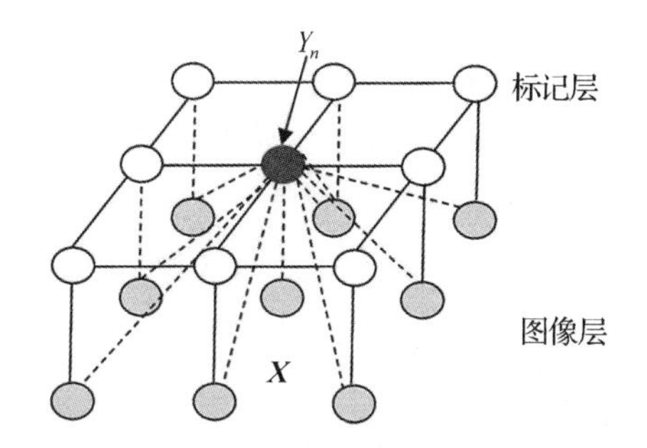

图 5.7 用于图像分割的简单 CRF 模型，其中，标记节点 $\boldsymbol{Y}_n$ 的图像观测 $\boldsymbol{X}$ 由图像层中的所有阴影节点组成

在 4.3 节的讨论之后，以图像 $\boldsymbol{X}$[⊖] 为条件的随机变量 $\boldsymbol{Y}=\{Y_1,\cdots,Y_N\}$ 的 CRF 模型可以如下定义。我们假设，存在关联图像 $\mathcal{V}=\{1,\cdots,N\}$ 中每个像素的随机变量，$\boldsymbol{Y}$ 中每个随机变量的值都取自标记组 $\mathcal{L}=\{l_1,\cdots,l_L\}$，那么，成对 CRF 可以表示为

$$p(\boldsymbol{y}|\boldsymbol{x})=\frac{1}{Z(\boldsymbol{x})}\exp(-E(\boldsymbol{y}|\boldsymbol{x}))$$

$$E(\boldsymbol{y}|\boldsymbol{x})=\sum_{i\in\mathcal{V}}w_iE_i(y_i|\boldsymbol{x})+\sum_{(i,j)\in\mathcal{E}}w_{ij}E_{ij}(y_i,y_j|\boldsymbol{x}) \tag{5.3}$$

其中，$E(\boldsymbol{y}|\boldsymbol{x})$是 $\boldsymbol{X}$ 条件下配置 $\boldsymbol{Y}$ 的关联能量，$E_i(y_i|\boldsymbol{x})$和 $E_{ij}(y_i,y_j|\boldsymbol{x})$分别是条件一

⊖ 注意：与 4.3 节相比，$\boldsymbol{X}$ 和 $\boldsymbol{Y}$ 互换了。

元函数和成对能量函数。成对能量促进具有相似强度值的像素的局部平滑性，其形式通常为标记兼容函数和观测差异的距离函数的乘积，如下所示：

$$E_{ij}(y_i, y_j | \boldsymbol{x}) = \mu(y_i, y_j)\mathrm{d}(\boldsymbol{x}_i, \boldsymbol{x}_j) \tag{5.4}$$

其中 μ 是任意标记兼容函数(例如波茨模型)，也可以使用其他可行的标记兼容函数，甚至可以从数据中习得。$\mathrm{d}(\boldsymbol{x}_i, \boldsymbol{x}_j)$是距离函数，测量附近观测数据之间的差异。MRF 成对函数只包含一个标记兼容函数，而 CRF 成对能量函数既包含标记兼容函数也包含标记观测差异函数。因此，CRF 成对能量函数鼓励对附近具有相似外观的像素使用相同或兼容的标记。最常用的距离函数是加权高斯核函数之和：

173

$$\mathrm{d}(\boldsymbol{x}_i, \boldsymbol{x}_j) = \sum_{m=1}^{M} w^{(m)} G^{(m)}(\boldsymbol{x}_i, \boldsymbol{x}_j)$$

其中 $G^{(m)}$是第 m 个类型的观测结果中第 m 个高斯内核(也称 RBF 内核)，可定义为

$$G^{(m)}(\boldsymbol{x}_i, \boldsymbol{x}_j) = \exp\left(-\frac{1}{2}(\boldsymbol{x}_i - \boldsymbol{x}_j)^\top \Lambda^{(m)}(\boldsymbol{x}_i - \boldsymbol{x}_j)\right)$$

其中，$\Lambda^{(m)}$是精确矩阵(协方差逆矩阵)，定义核的形状。具体来说，如果 $\boldsymbol{x}_i$包括外观特征 $\boldsymbol{I}_i$和位置特征 $\boldsymbol{p}_i$，那么高斯核距离函数可以写作

$$\mathrm{d}(\boldsymbol{x}_i, \boldsymbol{x}_j) = w^{(I)}\exp\left(-\frac{1}{2}(\boldsymbol{I}_i - \boldsymbol{I}_j)^\top \Lambda^{(I)}(\boldsymbol{I}_i - \boldsymbol{I}_j)\right) + w^{(p)}\exp\left(-\frac{1}{2}(\boldsymbol{p}_i - \boldsymbol{p}_j)^\top \Lambda^{(p)}(\boldsymbol{p}_i - \boldsymbol{p}_j)\right)$$

除了高斯核距离函数外，也可以使用其他距离函数，如简单平方差 $\| \boldsymbol{x}_i - \boldsymbol{x}_j \|_2^2$。

一元能量函数和标记观测 MRF 一样，用于建立像素标记与图像观测结果(形状、纹理、位置)的关联。然而，用于标记观测 MRF 模型的一元函数通常刻画给定图像标记的图像观测分布(标记似然)，而 CRF 的一元函数通常刻画给定图像观测结果的标记分布，即标记后验。通常由一个分类器独立计算每个像素的一元函数，该分类器在给定图像特征 X_i的条件下，生成标签分配 Y_i的分布。因此，一个普遍使用的 CRF 一元函数就是给定观测结果的负对数标记后验概率，即 $E_i(y_i | \boldsymbol{x}) = -\log p(y_i | \boldsymbol{x})$，这可以用不同的判别分类器生成，比如逻辑回归[96]、SVM 和 boosting 方法。例如，文献[97]使用 TextonBoost 分类器生成一元能量函数。最近，研究人员利用深度学习的最新发展生成了功能更强大的一元能量函数，例如 Chen 等人[98]用深层 CNN 模型作为一元势函数。

174

给定一个定义 $p(\boldsymbol{Y}|\boldsymbol{X})$的 CRF 模型，图像分割可以通过 CRF 模型的 MAP 推理来进行：

$$\boldsymbol{y}^* = \arg\max_{\boldsymbol{y}} p(\boldsymbol{y} | \boldsymbol{x})$$

许多研究已经证明了 CRF 模型的成功及其在图像分割中相对于 MRF 模型的优势。二者在所使用的图像特征类型、一元和成对能量函数的定义以及学习和推理方法上有所不同。Kumar 和 Hebert[96]提出在自然图像建模和二值分类中应用 CRF 模型。广义线性逻辑回归用于生成一元能量函数；伊辛模型叠加图像特征向量用于刻画成对相互作用；最大伪似然法用于学习 CRF 模型的参数；图切割法用于实行 MAP 推理。在合成图像和真实图像上的实验表明，与相应的 MRF 模型相比，CRF 模型的性能有所提高。

Shotton 等人[99]提出使用 CRF 模型将外观、形状和背景信息结合起来进行联合图像分割和目标识别。基于形状、位置和颜色信息的组合，使用增强的分类器进行特征选择并生成一元势函数。成对势函数利用波茨模型将相邻像素的边缘兼容性乘以像素颜色特征的高斯核。为了克服在大型数据集上训练 CRF 模型的计算挑战，Shotton 等人[100]提出遵循分段训练方法独立训练每个 CRF 分量(核参数、一元函数参数和成对函数参数)。采用 α 展开图切割法[101]，进行 MAP 推理。为了获取更多的背景信息，Ren 等人[102]通过整合在不同的层次上的边缘和区域特征，采用 CRF 模型进行图形/地面标记。他们的 CRF 模型由边缘和区域标签组成。基于不同层次的图像线索，包括纹理、亮度和边能量，生成一元能量函数，以刻画对象的相似性、连续性和熟悉性。利用波茨模型乘以区域图像差函数构造区域标记的成对能量函数。用简单的指示函数来刻画区域标记和相应的边缘标记之间的成对兼容性。利用梯度上升的极大似然来学习模型参数。用环路置信度传播法来近似执行 MAP 推理。

复杂的 CRF 模型也被引入图像标记和分割中。He 等人[105,103]引入了一种用于分割静态图像的多尺度 CRF 模型，通过 RBM 模型增加了一个隐藏层，以获取区域和全局背景信息(例如场景信息)。他们通过实验证明，CRF 模型通常优于相应的 MRF 模型。Awasthi 等人[6,104]引入了分层树结构 CRF 模型，该模型包含额外的隐藏变量层，以刻画标记关系并在不同的尺度上对图像标记施加一致性约束。如图 5.8 所示，他们的 CRF 模型包含三个隐藏层 H_3、H_2 和 H_1，来刻画像素、区域和全局层面上的标记关系。

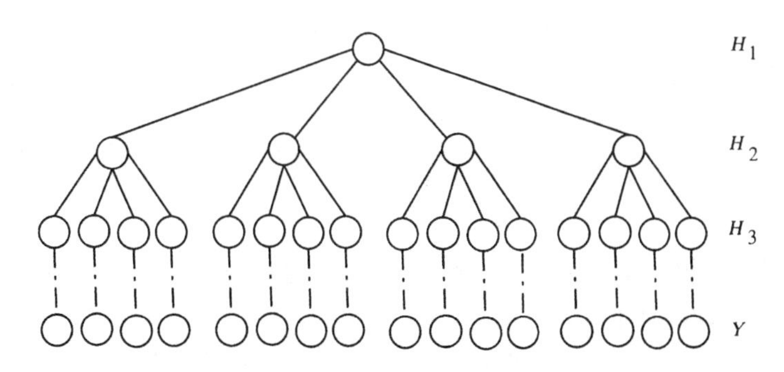

图 5.8 树 CRF 模型[6]，其中 Y 是标记层，H_3、H_2 和 H_1 是不同层次的隐藏层，用以刻画像素、区域和全局层面的标记关系

Wang 和 Ji[7]展示了一种用于图像序列中目标分割的动态条件随机场(DCRF)模型，通过条件随机场的动态概率框架，来统一切割过程中空间和时间的依赖关系。具体来说，$\boldsymbol{Y}^t$ 和 $\boldsymbol{X}^t$ 分别表示第 t 个时帧的图像标记和图像观测结果，时间上的图像分割可以看作滤波问题：

$$\boldsymbol{y}^{*t} = \arg\max_{\boldsymbol{y}^t} p(\boldsymbol{y}^t \mid \boldsymbol{x}^{1:t}) \tag{5.5}$$

根据贝叶斯滤波导数，$p(\boldsymbol{y}^t \mid \boldsymbol{x}^{1:t})$ 可以递归地计算为

$$p(\boldsymbol{y}^t \mid \boldsymbol{x}^{1:t}) = p(\boldsymbol{x}^t \mid \boldsymbol{y}^t)\int p(\boldsymbol{y}^t \mid \boldsymbol{y}^{t-1}) p(\boldsymbol{y}^{t-1} \mid \boldsymbol{x}^{1:t-1}) \mathrm{d}\boldsymbol{y}^{t-1}$$

其中 $p(\boldsymbol{y}^t|\boldsymbol{x}^t)$是标记观测或者似然模型，$p(\boldsymbol{y}^t|\boldsymbol{x}^{t-1})$是标记转换模型，使用对数线性模型的转换模型参数化如下：

$$p(\boldsymbol{y}^t|\boldsymbol{y}^{t-1}) \propto \exp\Big(-\sum_i \Big(\sum_{j\in N_i} E_{ij}(y_i^t, y_j^t) + \sum_{k\in M_i} E_i(y_i^t|y_k^{t-1})\Big)\Big)$$

其中 i 表示图像中第 i 个像素，N_i是第 i 个像素在时间 t 的空间邻点，M_i定义第 i 个像素在时间 $t-1$ 到时间 t 的时间邻点。图 5.9 给出了 Wang 和 Ji 定义的 5 像素时间邻域和 4 像素空间邻域。$E_{ij}(Y_i^t, Y_j^t)$和 $E_i(Y_i^t|Y_k^{t-1})$两项是成对标记能量函数，刻画图像标记之间的空间和时间依赖关系。

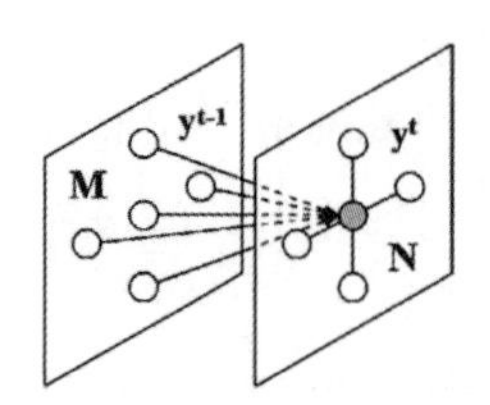

图 5.9　DCRF 模型[7]的 5 像素时间邻域(M)和 4 像素空间邻域(N)

同理，观测模型 $p(\boldsymbol{x}^t|\boldsymbol{y}^t)$可参数化如下：

$$p(\boldsymbol{x}^t|\boldsymbol{y}^t) \propto \exp\Big(-\sum_i (w_i E_i(x_i^t|y_i^t) + \sum_{j\in N_i} w_{ij} E_{ij}(x_i^t, x_j^t|y_i^t, y_j^t))\Big)$$

其中，$E_i(Y_i{}^t|Y_i^t)$是一元能量函数，测量在给定图像观测 x_i的条件下，y_i的标记似然，$E_{ij}(x_i^t, x_j^t|y_i^t, y_j^t)$是成对能量函数，给定图像观测，以此函数确定两个相邻标记之间的相互作用。通过式(5.5)，其模型采用强度和运动线索，并结合观测数据的动态信息和空间相互作用。他们给出了此式，引入了一种基于平均场近似的滤波算法来有效地求解式(5.5)，进行时间图像分割。实验结果表明，他们的模型有效地融合了视频序列中的背景约束，提高了对象分割的准确度。严格地说，他们的 DCRF 模型不是动态 CRF 模型，而是动态 MRF 模型，因为标记依赖 $p(\boldsymbol{y}^t|\boldsymbol{y}^{t-1})$模型独立于图像观测 $\boldsymbol{x}$，观测模型 $p(\boldsymbol{x}^t|\boldsymbol{y}^t)$刻画标记似然而非标签后验。

176

与 MRF 一样，为了提高标记准确度，一阶成对 CRF 模型也被扩展到高阶 CRF 模型，以刻画额外的图像信息[105-107,97]。与式(4.27)类似，高阶 CRF 模型的构建不仅包括能量函数的成对项还包括高阶项(如三阶项)。最近的研究[108-109]证明，引入高阶项可以显著增强 CRF 模型的表现力，提高其性能。具体来说，高阶信息在图像分割[110]和图像去噪[111]中的重要性已经得到了证明。除了高阶 CRF 外，还引入了长程 CRF(即全连接的 CRF)[112-113,97]以及高阶和长程 CRF 模型的组合。

高阶和长程 CRF 也显著增加了推理复杂度，因此它们的应用仅限于数百个或更少的图像区域。为了克服这一挑战，最近的研究[97,114-115,108,116]专注于为高阶和长程 CRF 模型开发有效的推理方法。平均场方法的变体，特别是基于滤波器的平均场推理，有着广阔的前景。Krähenbühl 和 Koltun[97]为全连接的 CRF 模型推理引入了一种基于平均场近似的近似推理方法。他们表明，在全连接的 CRF 中，所有变量的平均场更新可以通过一系列信息更新步骤在特征空间中使用高斯滤波来执行，每个步骤通过聚合来自所有其他变量的信息来更新单个变量，从而得到次线性推理算法。针对目标类分割[97]、去噪[117]、立体视觉和光流[118]等问题，已有人提出了一系列基于交叉双边高斯滤波器的方法，使这些问题的推理大大加快，并比竞争方法带来更多性能增益。此外，基于深度学习的方法在近似 CRF 推理方面前景广阔。Zheng 等人[8]表明，平均场 CRF 推理可以重新定义为递归神经网络(RNN)，如图 5.10 所示，其中对平均场函数 Q 的每次迭代，估计被实现为具有多个 CNN 层的 RNN 的单个阶段。可以通过重复每个 RNN 阶段来实现多次平均场迭代，这样每次迭代都取上一次迭代估计的 Q 值。

177

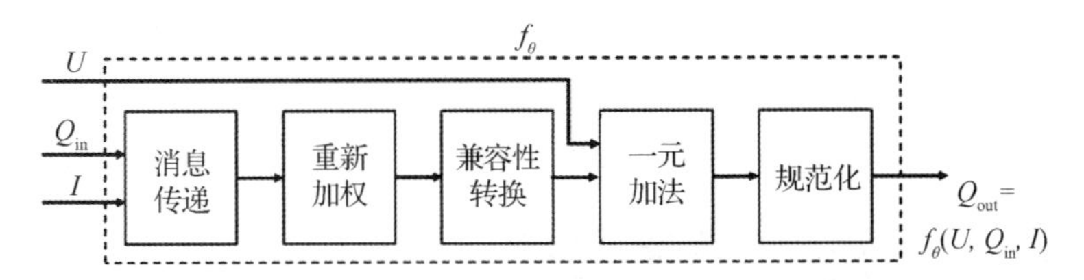

图 5.10 作为 RNN[8] 的一个阶段的平均场迭代。平均场算法的单迭代 f_θ 可以建模为一堆常见的 CNN 层，其中 I 是输入图像，U 是一元函数，Q 是平均场函数

5.2.5 用贝叶斯网络进行图像分割

虽然 MRF 和 CRF 模型广泛应用于基于区域的图像分割，但由于图像实体之间存在自然因果关系，BN 也可以用于进行图像分割。图 5.11 中的双层 BN 相当于图 5.3 中的双层 MRF。与 MRF 模型一样，BN 模型也刻画联合概率 $p(\boldsymbol{X},\boldsymbol{Y})$。与 MRF 模型不同的是，BN 模型中的链路由定向链路所取代，链路势函数参数由条件概率所取代。给定 BN，我们可以使用 3.4 节中讨论的方法从数据中学习它的参数。给定习得的 BN，我们可以使用 3.3 节中讨论的 BN 推理方法，在给定 $\boldsymbol{X}$ 的条件下，对 $\boldsymbol{Y}$ 的最可能值进行 MAP 推理。

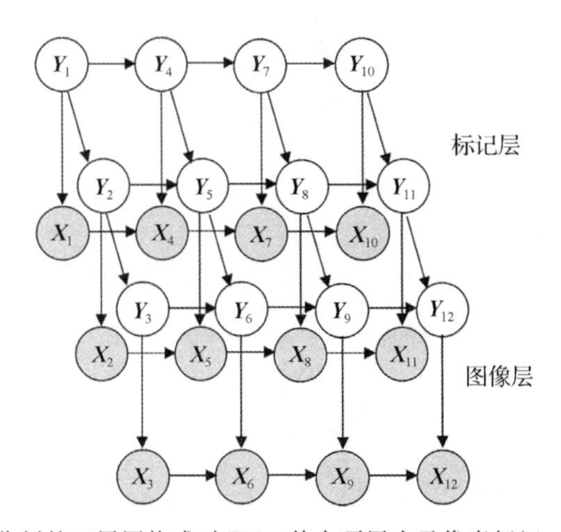

图 5.11 用于图像分割的双层网格成对 BN，其中顶层表示像素标记，底层表示图像观测/特征。图例改编自文献[4]

虽然图 5.11 中的 BN 就是对图 5.3 中 MRF 模型的直接改造，但 BN 的有向链路却是随机的，并没有因果关系。为了将 BN 充分用于图像分割，我们需要使用 BN 来直接刻画图像元素之间的自然因果关系。为此，Zhang 和 Ji[1]引入多层 BN，用于基于边缘的图像分割，构建该 BN，来表示超分割边缘图中的图像实体。具体来说，超分割图像包括超像素区域$\{y_i\}$、代表超像素边界的边缘段$\{e_j\}$以及代表边缘段交汇的顶点$\{v_k\}$。这些图像实体之间存在自然因果关系：图像局部区域相交产生(导致)边缘边界，边缘边界相交反过来产生(导致)顶点。因此，BN 可以刻画这种因果关系来进行图像分割。

178

我们以图 5.12 为例来说明 BN 的这种应用，其中图 5.12a 表示由超像素组成的超分割图像，图 5.12b 是与图 5.12a 中注释区域对应的合成边缘图。边缘图包括 6 个超像素区域$\{\boldsymbol{y}_i\}_{i=1}^{6}$、7 个边缘段$\{\boldsymbol{e}_j\}_{j=1}^{7}$和 2 个顶点$\{\boldsymbol{v}_k\}_{k=1}^{2}$。图 5.12c 给出了 BN 模型，该模型刻画图 5.12b 中不同图像实体之间的关系。BN 模型包含三层：区域层、边缘层和顶点层。

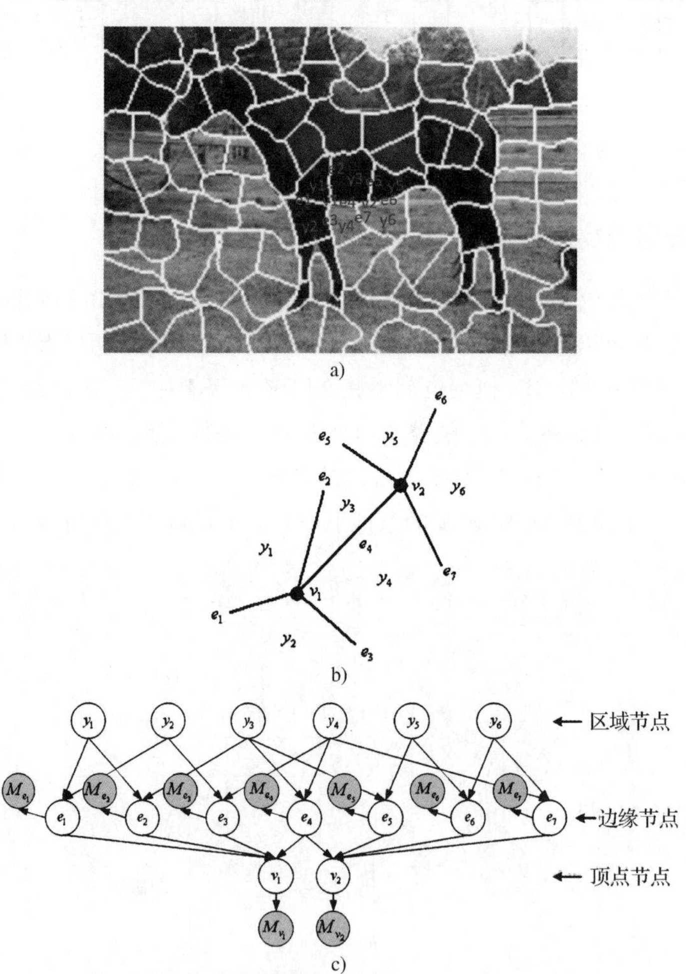

图 5.12 图 a 为具有局部标记区域的超分割图像；图 b 为与图 a 中标记区域对应的边缘图；图 c 为以图 b 中超像素区域($\boldsymbol{y}$)、边缘段($\boldsymbol{e}$)、顶点($\boldsymbol{v}$)及其测量值(M)之间的统计关系建模的 BN。数据来自文献[1]

区域层包含所有超像素区域节点 $\boldsymbol{y}$，边缘层包含所有边缘段 $\boldsymbol{e}$，顶点层包含所有顶点 $\boldsymbol{v}$，所有节点都是离散的。区域节点 y_i取一个不同的值来表示对象标记，边缘节点和顶点节点都用二进制值表示其存在或不存在，链路刻画图像实体间的因果关系。例如，边缘节点(如 e_1) 和两个邻域节点 (如 y_1和 y_2) 间的链路刻画其因果关系，即，两个邻域节点 y_1和 y_2的交互形成了边缘 e_1。同样，边缘和顶点节点也有因果链路关系，顶点节点的父节点是相交形成的顶点的边缘。例如，边缘节点 e_1 和 e_2 相交形成了顶点节点 v_1。

所有节点都有相应的图像测量节点，我们用 M_{yi} 表示区域节点 y_i的测量节点，用 M_{ej} 表示边缘节点 e_j的测量节点，用 M_{vt} 表示顶点节点 v_t的测量节点。区域/边缘/顶点节点都通过定向链路与测量节点形成因果关系。区域节点的测量节点可以是像素强度或提取的图像特征；边缘的测量节点可以是复杂的边缘特征(例如边缘集)、边缘概率或只是平均梯度；对于顶点的测量节点，我们可以使用 Harris 角点检查算法[119]的输出结果来衡量顶点成为角的可能性。

通常，给定一个超分割的边缘图像，设 $\boldsymbol{e}$ 表示所有的边缘节点$\{e_j\}_{j=1}^{m}$，$\boldsymbol{y}$ 表示所有区域节点$\{y_i\}_{i=1}^{n}$，$\boldsymbol{v}$ 表示所有顶点节点$\{v_k\}_{k=1}^{l}$。设 $\boldsymbol{M}_y$ 代表所有区域节点的测量向量，$\boldsymbol{M}_e$代表所有边缘节点的测量向量，$\boldsymbol{M}_v$代表所有顶点节点的测量向量。

使用超分割边缘图，可以人为构建一个 BN 来表示区域、边缘、顶点及其测量值之间的因果关系。给定 BN 的结构，其参数可以人为指定，也可以从数据中习得。例如，可以统一每个区域节点 y_i的先验概率，即 $p(y_i=k)=\frac{1}{K}$，其中 K 是可能的切割标记的个数。对于边缘节点 e_j及其父区域节点，其 CPT $p(e_j|\pi(e_j))$可以表示为

179～180

$$P(e_j = 1|\pi(e_j)) = \begin{cases} 0.8 & \text{父区域标记不同} \\ 0.2 & \text{其余情况} \end{cases} \tag{5.6}$$

对于每个顶点节点 v_t，同理，我们可以确定其 $p(v_t|\pi(v_t))$。测量节点的条件概率可以使用高斯分布确定。例如，对于测量节点 M_{ej}，其条件概率 $P(M_{ej}|e_j)$由具有一个平均值 $\boldsymbol{\mu}_e$ 和协方差矩阵 $\boldsymbol{\Sigma}_e$的多元高斯分布参数化，这可以从训练数据中习得。同样，对于区域测量节点 M_{yi}，其条件概率 $p(M_{yi}|y_i)$可以通过平均值 $\boldsymbol{\mu}_y$和协方差矩阵 $\boldsymbol{\Sigma}_y$ 的高斯分布来确定，这也可以从数据中学得。最后，对于顶点测量节点 M_{vk}，我们可以首先派生 Harris 角点矩阵 A(结构张量)，然后用角点响应函数来测量角的强度 $R=\det(A)-k\cdot\mathrm{trace}(A)^2$。给定角点响应，我们可以用 S 型函数 $p(M_{vt}|v_t=1)=\sigma(R)$来确定顶点节点的条件概率，其中 σ 是 S 型函数。

给定一个完全确定的 BN 和测量向量 $\boldsymbol{M}_y$、$\boldsymbol{M}_e$和 $\boldsymbol{M}_v$，可以通过执行 MAP 推理得到区域、边缘和顶点节点的最可能的值来进行图像分割：

$$(\boldsymbol{e}^*, \boldsymbol{y}^*, \boldsymbol{v}^*) = \arg\max_{\boldsymbol{e},\boldsymbol{y},\boldsymbol{v}} P(\boldsymbol{e}, \boldsymbol{y}, \boldsymbol{v}|\boldsymbol{M}_y, \boldsymbol{M}_e, \boldsymbol{M}_v) \tag{5.7}$$

关于 BN 模型和实验结果的细节，参见文献[1]。

人们也已经提出其他类似的BN模型来执行基于边缘的图像分割。Mortensen等人[9]提出了一种如图5.13所示基于双层BN的半自动分割技术，其中顶层节点表示边分割，底层节点表示相应的顶点节点。由此，BN刻画了边缘段和顶点之间的关系。BN参数包括边缘节点的先验概率和顶点节点的条件概率。顶点节点的条件概率是人为指定的，以强化边界上的简单性和闭环约束，而边缘节点的先验概率是根据其邻域的图像测量由启发式算法得出的。给定BN和边缘段的图像测量值(梯度和曲率)，Mortensen等人利用MAP推理求出最有可能形成图像中对象边界的边缘段序列，采用最小路径生成树图搜索方法执行MAP推理。

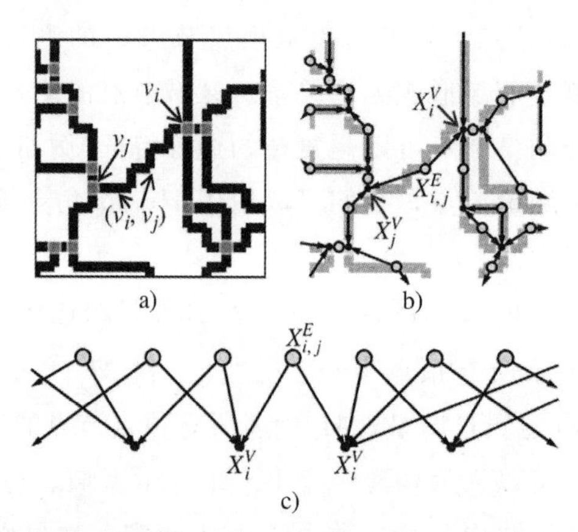

图5.13　文献[9]中用于基于边缘图像分割的双层BN。图a为边缘图的一部分；图b为边缘图相应的有向图；图c为相应的双层BN，其中$X_{i,j}^E$表示顶点X_i^V和X_j^V之间的边缘段

Alvarado等人[120]使用BN模型来刻画所有关于场景的真实结构的可用信息，用于分割手持对象。他们的BN模型结合了高层次的线索，如手在图像中的可能位置，以及低层次的图像测量，来推断属于手部区域的概率。Feng等人[10]提出了一个固定的多尺度BN四叉树模型，如图5.14所示，刻画了不同的尺度上的标记依赖关系，类似于图5.6中的多尺度MRF模型。使用神经网络生成标记图像的测量值，使用EM方法学习模型参数。给定图像测量值，利用BN模型的MAP推理推断像素标记。

181

为了克服图5.14所示那种四叉树BN模型中的固定结构，Todorovic等人[90,121]开发了一种动态多尺度树BN模型，该模型同时引入最优结构(相邻层上的节点之间的链路)和随机变量状态。他们的实验证明了这种方法前景广阔。然而，他们的模型很复杂，需要对大量的随机变量进行推理。

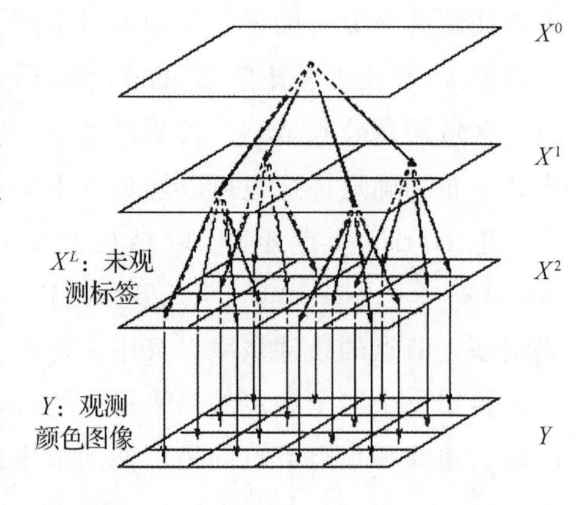

图5.14　用于图像分割的多尺度四叉树结构BN模型[10]，其中Y表示图像观测值，X表示不同尺度的图像标记

这些研究都证明了 BN 模型能够整合多个信息源和约束，来为图像标记问题消除歧义。182

5.3 用于中级计算机视觉任务的 PGM

在本节中，我们将重点介绍 PGM 在中级计算机视觉任务中的应用。典型的中级计算机视觉任务包括目标检测和跟踪、目标识别、三维重建和目标姿态估计。以人脸为例：人脸检测将在图像中定位人脸；而人脸识别则确定被检测人脸的身份；三维人脸重建包括从二维图像中重建三维人脸模型；人脸姿态估计则涉及确定人脸相对于摄像机坐标系的三维位置和方向。

5.3.1 目标检测与识别

和低级分割任务一样，PGM 已成功地应用于目标检测和识别。目标检测和识别是计算机视觉中最重要的任务。目标检测旨在检测图像中已知目标的实例，并确定其位置和空间范围。另一方面，目标识别涉及将检测到的目标分类为预定义的目标类。目标检测通常先于目标识别。目标检测可以看作是一个二元分类问题(目标与非目标)，而目标识别通常被看作一个多元分类问题。尽管二者之间存在差异，但目标检测和识别通常是可互换的。当目标检测的目的是检测目标的具体类别，就变成了二元目标识别。因此，目标检测和识别的方法可以是相似的。在本节中，我们将重点讨论目标检测技术，并将在必要时讨论目标识别技术。

多年来，目标检测和识别已取得了很大进展。事实上，由于深度学习的最新发展，自动目标识别技术在一些基准数据集上，正在接近甚至超过人类的能力。对于目标识别的最新发展的回顾，请读者参考文献[122]。目标检测开始于一组训练示例构建目标模型，目标模型应同时刻画不同图像采集条件下的目标外观和形状变化。目标模型可以是基于外观的、基于形状的或混合的。基于外观的模型刻画目标的光度特性；基于形状的模型则刻画其几何特性；混合目标模型同时刻画目标的外观和形状属性。此外，目标模型可以是整体的，也可以是局部的。整体方法使用整个图像来构造目标模型，而局部(基于部分的)方法通过其基元部分或局部关键点(特征)来再现目标。给定目标模型，可以通过整体或局部完成目标检测。整体目标检测包括人为枚举所有可能的目标位置(例如，在图像上滑动一个窗口)或使用离散优化来识别最匹配目标模型的图像位置。与整体化方法不同，局部目标检测从初始目标位置开始，搜索附近区域以找到与目标模型最匹配的图像位置。初始目标位置通常由目标提议者生成，该目标提议者根据包含目标对象的概率生成图像候选区域。183

目标检测方法可分为确定性方法和概率方法。确定性方法使用一组固定的图像特征来表示目标，并将目标检测表述为确定性分类问题。基于局部特征的方法是目前主要的方法。提取不同类型的局部特征来表示目标。在不同的图像采集条件和遮挡条件下，局部特征都具鲁棒性，其在视点变化和仿射变换下可以保持不变。最常用的局部特征包括多尺度 Harris 特征、HoG 特征、LBP 特征和 Lowe 的 SIFT 特征。作为对局部特征的扩展，基于特征包的方法[123]是一种主要的目标检测和识别的局部方法，其中目标模型是通过构建局部特征代码本来学习的。每个代码本由一个单词词汇表(特征集群)组成，这种方法在许多基准数据集上实现了最先进的性能。尽管特征包方法取得了成功，但其忽略了图像特征之间的空间信息，因此，不属于目标的特征也会被纳入目标模型，从而导致过度拟合。所以，此方法在处理带噪声图像和有遮挡的图像时不那么合适。利用提取的局部特征，确定性方法通常将目标检测描述为二值分类问题，据此构造二值分类器，以区分包含目标实例的子图像和不包含目标实例的子图像。大多数现有的目标检测方法都属于这一类。一个广泛使用的鉴别方法基于 AdaBoost[124]，其选择了少量的鉴别视觉特征，生成有效的分类器，实现了优异的人脸检测性能。确定性方法虽然实现了最先进的性能，但需要大量的训练集，并且很难将先验或背景信息纳入学习过程。

另一方面，概率方法用图像特征的概率分布表示目标。我们将重点讨论基于部分的概率目标模型，即通过目标各部分及其概率关系来表示目标。具体而言，基于部分的概率方法刻画目标各部分外观变化的概率分布和目标各部分之间空间配置的变化。给定概率目标模型，目标检测被描述为每个图像位置的概率推理问题，据此计算目标模型的似然，并与背景的似然进行比较，据此决定图像块是否包含目标实例。与确定性模型相比，概率模型可以更好地刻画大量的目标形状和外观的变化。这些变化是由目标姿态变化、光照变化、相机参数变化和非刚性目标形变引起的。与整体表示方法相比，基于部分的目标表示方法可以更有效地给目标外观编码，并刻画目标各部分之间的空间关系。空间关系不仅有助于有效定位目标部分，也使在某些部分被遮挡的情况下的目标检测成为可能。事实上，在计算机视觉中，基于部分的目标表示方法由来已久，包括图结构模型、星座模型和最近的基于属性的目标表示方法。

184

在下面的几节中，我们将重点讨论一个基于部分的概率目标模型。设一个目标由 K 个部分(或关键点)组成，目标部分可以人为指定或从数据中自动习得。具体来说，设 $\boldsymbol{X}=\{X_1,X_2,\cdots,X_K\}$为形状向量，代表 K 个目标部分的相对位置，$\boldsymbol{X}$ 表示目标的轮廓、等高线或者中轴(骨架)。根据每个部分的表示方式，X_K可以指定第 k 个部分中心的图像坐标，也可以是代表每部分几何属性(包括位置、尺寸、方向和范围(边界框))的向量。为了让 $\boldsymbol{X}$ 在平移和旋转中保持不变，可以将 $\boldsymbol{X}$ 归一化，方法是将其从所有点的形心中减去，并围绕点的主轴旋转。设 $\boldsymbol{I}=\{\boldsymbol{I}_1,\boldsymbol{I}_2,\cdots,\boldsymbol{I}_K\}$是表示部分外观的外观向量，其中 $\boldsymbol{I}_k$代表相应的图像特征，刻画第 k 个部分 X_k的外观。注意：$\boldsymbol{I}$ 并不使用原始像素强度，而是代表从图像块中提取的图像特征，包括如 SIFT 和 LBP 这样的人为制造的特征，以及从深度模型中学习的特征。然后，我们可以构建一个混合概率目标模型 $p(\boldsymbol{X},\boldsymbol{I}|\boldsymbol{\Theta})$，既刻画目标的形状，也刻画目标的外观变化，其中 $\boldsymbol{\Theta}$ 是模型参数，可以从训练数据中学习。基于部分的目标模型结合了各部分的外观特征和各部分间的结构关系，功能强大，应用灵活，可以代表不同类型的目标，包括刚性目标和非刚性目标。

给定目标模型，可以通过 MAP 推理执行目标检测，以确定每个主体部分的位置，将 $p(\boldsymbol{x}|\boldsymbol{i},\boldsymbol{\Theta})$最大化：

$$\boldsymbol{x}^* = \arg\max_x p(\boldsymbol{x}|\boldsymbol{i},\boldsymbol{\Theta}) \tag{5.8}$$

对于目标识别，我们可以为每个类开发一个目标模型，并使用每个目标模型执行目标检测。我们将进一步讨论两种主要的局部概率目标模型：图结构模型和星座模型。

5.3.1.1 图结构模型

Fischler 和 Elschlager[125]介绍了用于目标检测与识别的图结构(PS)模型。目标的 PS 模型由可变形配置中的空间上排列的目标部分集合给出，以刻画图像中的全局目标形状分布。以由两只眼睛、一个鼻子和嘴巴组成的人脸为例，这些局部图像出现在可变序列中，取决于面部几何、姿态、表情和使用者的视角。PS 模型用各部分表示目标，给定图像，刻画目标形状的条件概率分布 $p(\boldsymbol{X}|\boldsymbol{I},\boldsymbol{\Theta})$，其中 $\boldsymbol{X}=\{X_1,X_2,\cdots,X_K\}$代表 K 个目标部分的图像位置，$\boldsymbol{I}=\{\boldsymbol{I}_1,\boldsymbol{I}_2,\cdots,\boldsymbol{I}_K\}$代表 K 个目标部分对应的图像特征。在数学上，$p(\boldsymbol{X}|\boldsymbol{I},\boldsymbol{\Theta})$可以通过图 5.15 所示双层成对标记观测 MN 来执行，其中顶层的节点表示每个部分的位置，底层的节点表示每个相应目标部分的外观。

185

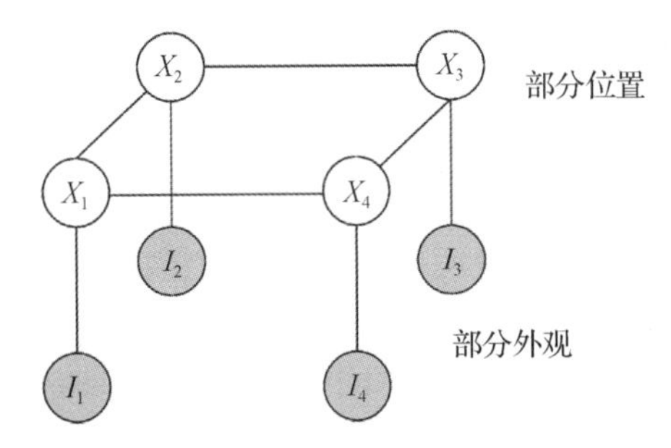

图 5.15 用于基于部分的目标表示方法的双层标记观测 MRF 模型

给定这样的模型，所有节点的联合概率可以表示为

$$p(\boldsymbol{x}|\boldsymbol{i},\boldsymbol{\Theta}) = \frac{1}{Z}\exp\Big(\sum_{k=1}^{K} -\alpha_k E_k(\boldsymbol{i}_k|x_k) - \sum_{(k,j)\in\mathcal{E}} w_{k,j} E_{kj}(x_k,x_j)\Big) \tag{5.9}$$

其中 $\mathcal{E}$表示 MRF 模型中的所有边。一元能量函数 $E_k(\boldsymbol{i}_k|x_k)$给位于位置 x_k的第 k 个部分的外观负对数似然函数编码，而成对能量函数 $E_{kj}(x_k,x_j)$则分别刻画第 j 个和第 k 个部分位于位置 x_k和 x_j的负对数联合概率。这些能量函数可以写作

$$E_k(\boldsymbol{i}_k|x_k) = -\log p(\boldsymbol{i}_k(x_k))$$
$$E_{kj}(x_k,x_j) = -\log p(x_k,x_j) \tag{5.10}$$

其中似然概率和联合概率可以用高斯分布参数化：

$$p(\boldsymbol{i}_k) = \mathcal{N}(\boldsymbol{\mu}_k,\Sigma_k)$$
$$p(x_k,x_j) = \mathcal{N}(\boldsymbol{\mu}_{kj},\Sigma_{kj}) \tag{5.11}$$

其中，$p(\boldsymbol{i}_k)$刻画第 k 个主体部分的外观分布，$p(x_k,x_j)$刻画 k 和 j 两部分的相对空间分布，即 x_k-x_j的分布。各目标部分的部分外观参数$(\boldsymbol{\mu}_k,\Sigma_k)$和部分间关系参数$(\boldsymbol{\mu}_{kj}$，

Σ_{kj})可以通过 MLE 分别学习。一元和成对能量函数的模型参数 $\boldsymbol{\Theta}=\{\alpha_k, w_{k,j}\}$，可以用

186

4.5 节中所介绍的方法从训练数据中学习。给定模型和测试图像 $\boldsymbol{I}$，可以通过确定最大化 $p(\boldsymbol{x}|\boldsymbol{I},\boldsymbol{\Theta})$ 的目标部分的位置(目标分配)，执行 MAP 推理来进行图像中的目标检测

$$\boldsymbol{x}^* = \arg\max_{\boldsymbol{x}} p(\boldsymbol{x}|\boldsymbol{i},\boldsymbol{\Theta}) \tag{5.12}$$

这可以通过最小化能量函数来等效实现：

$$\boldsymbol{x}^* = \arg\min_{\boldsymbol{x}}\Big[-\sum_{k=1}^{K}\alpha_k E_k(\boldsymbol{i}_k|x_k) - \sum_{(j,k)\in\varepsilon} w_{k,j}E_{kj}(x_k,x_j)\Big]$$

MAP 推理的挑战是 $\boldsymbol{X}$ 搜索空间范围很大，即每个目标部分的可能空间位置很大，最终计算将取图像中的每个像素。可以用下面的方法减少这种计算的复杂性：限制每个目标部分的可能位置(如在最优位置附近初始化部分位置)，以及将 MRF 模型限制于某些特殊结构(例如树结构)。

Felzenszwalb 和 Huttenlocher[11]采用 PS 模型进行人脸检测。他们引入了一个成对的 MRF，由 9 个人脸关键点组成(如图 5.16a 所示)，包括 4 个眼角、2 个眼睛中心、2 个嘴角和 1 个鼻子点。为了降低 MAP 推理的计算复杂度，通过学习树 MRF 模型来刻画关键点之间的关系，如图 5.16b 所示。其中节点表示关键点，节点之间的链路刻画相邻两个人脸关键点之间的相对空间关系。一元和成对能量函数与式(5.10)和(5.11)的高斯模型一样被参数化。使用 MLE 方法收集训练数据，以学习一元和成对能量函数的参数以及模型结构参数。他们在检测过程中，在初始目标位置附近，不执行局部搜索来解决式(5.12)中的 MAP 推理，而是引入一种类似于维特比的动态规划算法，对整个图像

187

进行有效的全局搜索，以确定每个局部目标的最佳位置。他们用成对能量函数表示两部分间的马氏距离，他们的搜索算法可以得出可能的部分位置数的线性时间。

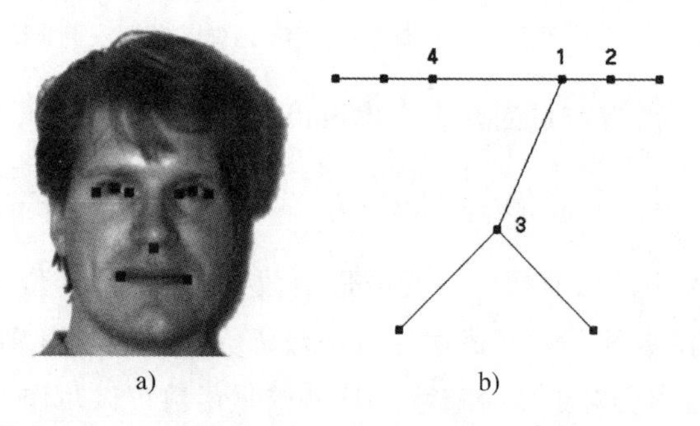

图 5.16 图面模型[11]。图 a 为人脸图像和 9 个关键点，其中数字表示指向关键点的索引；图 b 为树结构图形模型，刻画 9 个关键点之间的空间关系。注意：为了清晰起见，这里省略了每个关键点的图像测量数据

为了进一步证明他们的模型，Felzenszwalb 和 Huttenlocher 将其面部 PS 模型扩展到人体检测。如图 5.17 所示，人体模型由十个身体部分表示，分别对应躯干，头部，每条臂两部分，每条腿两部分。每个身体部分 X_k 由一个矩形盒表示，矩形盒特征包括位置、尺寸以及方向，$\boldsymbol{X}_k=(x_k, y_k, s_k, \theta_k)$，相邻人体部位由关节连接。

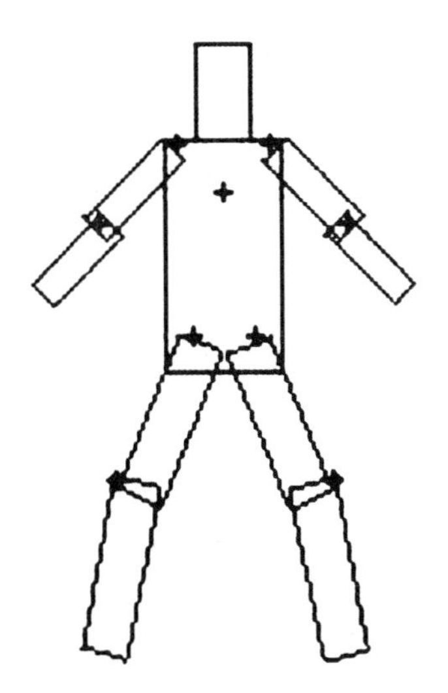

图 5.17 人体部分建模和检测的 PS 模型[11]

与人脸模型相似，一元能量函数 $E_k(\boldsymbol{I}_k|x_k)$刻画每个身体部位的外观，而成对能量函数 $E_{jk}(x_j,x_k)$刻画相邻的两个身体部位之间的相对空间关系，这两个函数都用高斯概率指定。在训练过程中，使用 MLE 方法来学习模型的参数和结构(成对连接)。在检测中，为提高检测效率并得出身体部位的大致位置，采用背景减法技术生成包含人体的二值图像，然后从 $p(\boldsymbol{x}|\boldsymbol{i},\boldsymbol{\Theta})$获取目标部位位置 $\boldsymbol{X}$ 的样本，根据倒角距离[⊖]，选取最适合人体二值图像的样本，作为人体的最终位置。

在文献[126]中，Kumar 和 Torr 扩展了文献[125]中的 PS 模型，将目标外观和目标形状都包含在一元函数中，并将模型从树结构扩展到全连接图。此外，它们还利用波茨模型放宽了马氏距离对成对能量函数的要求。在检测过程中，他们首先执行目标部分检测，这可以大大减少可能的部分位置，然后，他们使用最大积环路置信度传播在检测到的部分位置附近搜索，以找到最终的部分位置。实验表明，该方法对 PS 模型在目标检测准确度和效率方面都进行了改进。PS 模型通常假设各部分并不(部分地)相互遮挡，这使得 PS 模型不适用于目标部分有遮挡的图像。为了克服这一限制，Kumar 等人[127]通过引入分层图形结构(LPS)模型来扩展传统的 PS 模型，以解决部分遮挡和外观变化。除了形状和外观外，还为每个部分分配一个层数来表示其相对深度。

188

5.3.1.2 星座模型

除了 PS 模型，星座模型[128]也被应用于目标检测/识别。与 PS 模型一样，星座模型假设一个目标由刚性部分组成，这些部分空间上排列为可变形配置。图像中部分空间配置的变形可能是由于目标本身(例如可变形的物体)或姿态、视角和摄像机参数的变化。属于同一类的目标共享相似的目标部分外观和空间配置。与 PS 模型不同的是，星座模型从目标部分外观这一角度刻画目标外观分布。此外，对于星座模型，目标部分通

⊖ 倒角距离是鲁棒性距离度量，用于测量目标的平均失配。

常被视为潜在变量，从未分割的训练图像中自动学习，而不像在PS模型中被人为指定。所给出的唯一监控信息，是图像包含目标类别的一个实例。因此，EM学习方法经常被用于星座模型。此外，星座模型明确地考虑了形状的变化以及由于遮挡和检测器误差而存在/不存在特征的随机性。

Burl等人[128]引入了一种用于目标检测/识别的概率方法。他们假设目标由具有独特外观的部分组成，以某种可变形的配置排列。他们提出使用PGM对目标的外观分布$p(\boldsymbol{i}|\boldsymbol{\Phi})$进行建模，其可以进一步分解为目标部分的外观分布$p(\boldsymbol{i}|\boldsymbol{x},\boldsymbol{\Phi})$以及部分之间的空间分布$p(\boldsymbol{x}|\boldsymbol{\Theta})$

$$p(\boldsymbol{i}|\boldsymbol{\Theta},\boldsymbol{\Phi})=\sum_{\boldsymbol{x}}p(\boldsymbol{i}|\boldsymbol{x},\boldsymbol{\Phi})p(\boldsymbol{x}|\boldsymbol{\Theta})$$

给定图像块$\boldsymbol{I}$，可以通过识别最大化$p(\boldsymbol{I}|\boldsymbol{\Theta},\boldsymbol{\Phi})$的图像块来执行目标检测。为了避免对$\boldsymbol{X}$的所有可能配置进行求和，Burl等人采用赢家通吃策略，假设求和由一个对应于特定配置$\boldsymbol{x}^*$的项所主导，用最大算子替换求和算子。因此，$p(\boldsymbol{I}|\boldsymbol{\Theta})$可以近似为

189

$$p(\boldsymbol{i}|\boldsymbol{\Theta},\boldsymbol{\Phi})\approx p(\boldsymbol{i}|\boldsymbol{x}^*,\boldsymbol{\Phi})p(\boldsymbol{x}^*|\boldsymbol{\Theta}) \tag{5.13}$$

它们进而假设部分外观是独立的，所以

$$p(\boldsymbol{i}|\boldsymbol{x}^*,\boldsymbol{\Phi})=\prod_{k=1}^{K}p(\boldsymbol{i}_k|\boldsymbol{x}_k^*,\boldsymbol{\Phi})$$

其中$\boldsymbol{I}_k$是建模第k个部分外观的图像特征向量，$p(\boldsymbol{i}_k|\boldsymbol{x}_k^*,\boldsymbol{\Phi})$被建为第$k$个目标部分和背景的似然比。为了使平移、旋转和尺度不变，关于基线成对部分，他们提出，把$\boldsymbol{X}$在几何上归一化。假定归一化$\boldsymbol{X}$遵循多元高斯分布，同样，假设每个部分的外观$p(\boldsymbol{i}_k|\boldsymbol{x}_k)$也遵循多元高斯分布。给定这样的参数化，式(5.13)的联合目标外观分布$p(\boldsymbol{i}|\boldsymbol{\Theta})$可以由双层成对高斯MN实现，其中顶层由对应人体部位$\boldsymbol{X}_k$的节点组成，并且全连接；底层由对应部分外观$\boldsymbol{I}_k$的节点组成，并与对应的$\boldsymbol{X}_k$相连。通过独立的部分检测器给定$\boldsymbol{x}^0$的初始检测，通过梯度上升方法使$p(\boldsymbol{i}|\boldsymbol{\Theta},\boldsymbol{\Phi})$最大化，由此找到$\boldsymbol{x}^*$。Burl等人证明他们的方法适用于人脸关键点检测。但是，这一方法要求在训练数据中人为识别并标记目标部分。

Weber等人[129]将文献[128]中的研究扩展到目标分类。他们将目标表示为刚性部分构成灵活星座模型，其中目标类被定义为共享特征的部分的集合，或者视觉上相似并出现在相似的空间配置的部分的集合。他们并未像文献[128]这样人为识别和标记目标部分，而是提出了一种无监督学习方法，通过对未分割的图像进行聚类分析来自动学习目标部分。具体来说，部分学习始于兴趣点探测技术，然后是向量量化，将少量的鉴别图像块识别为潜在的目标部分。之后对候选目标部分执行EM学习和模型验证，贪婪地选择少数(<10)最具鉴别性的部分，作为目标类的最终表示部分，并学习目标形状分布$p(\boldsymbol{X})$作为目标类模型。然后给定学习的目标类模型，他们使用与文献[128]相同的似然比准则来执行目标类检测。Weber等人的方法表明了从未分割的图像中自动学习目标部分模型的可行性，并将所学习的模型应用于目标检测。Fergus等人[130]进一步扩展了文

献[129]中的研究，学习同时刻画目标形状、外观和尺度变化的目标类模型。在训练过程中，首先对每个训练图像进行特征检测，以检测兴趣区域(ROI)、尺度和外观特征。之后进行EM学习，将检测到的ROI与目标部分关联起来，然后学习目标类形状、外观和尺度的联合概率分布。给定目标模型，通过计算似然比来执行目标检测，以确定图像中目标存在与否。他们的方法假设特征检测器输出ROI的稀疏集，每个ROI只与一个目标部分相关联。另外，可能需要模型验证来确定每个目标类的部分数量。Li等人[12]提出了一种贝叶斯方法，从少数训练图像中学习目标类别分类的星座模型，他们将目标形状和外观参数作为随机变量，并通过超参数对其分布进行建模。其目标类别模型由 P 个潜在部分组成，每个潜在部分以其外观和形状为特征，如图5.18所示。

190

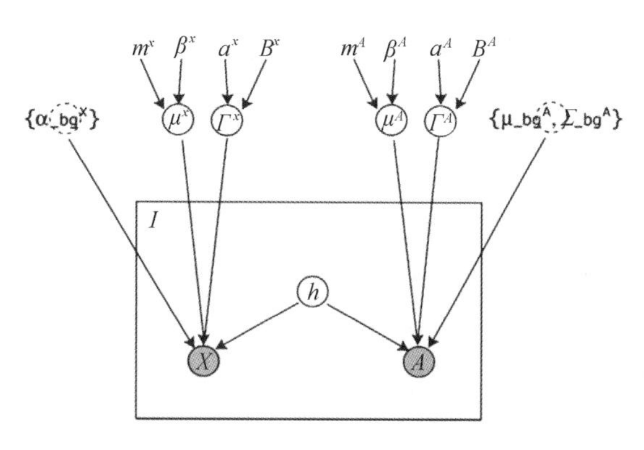

图5.18 表示一个目标部分的星座模型的图形模型，其中 A 表示部分外观，X 表示目标形状，h 表示潜在目标部分[12]，它们遵循具有平均值 μ、协方差矩阵 $\boldsymbol{T}$ 和超参数(m,α,β,B)的高斯分布

他们引入了一种基于变分贝叶斯方法分批处理和增量相结合的方法，来学习目标模型超参数，基于该超参数，在目标检测过程中应用相同的似然比准则。经典星座模型并没有显式地对部分结构关系进行建模。他们通常假设部分与模型 $p(\boldsymbol{X})$ 全连接。此外，全连接图由于部分数量变得庞大，可能会导致训练和推理成本较高。因此，许多现有星座模型的局部目标数量仅限于少数(<10)，这限制了其表示能力。为了克服这个问题，人们提出了各种探索法来减少图模型的连通性或简化问题的其他方面。Fergus等人[13]提出了一种用于目标类别识别的“部分和结构”模型。他们并未假设全连接图，而是使用稀疏图来表示目标。具体来说，他们把图5.19a中的全连接图模型，替换为图5.19b中的星型模型，即深度1的树结构。星型模型的根是关键点部分，其他节点代表非关键点部分。非关键点部分的节点之间没有直接连接。因此，非关键点部分彼此独立，给定关键点部分，可以把联合目标形状模型分解为每部分的乘积。

具体来说，设 X、D 和 S 分别表示目标形状、外观和尺度。目标模型可以写作

$$\begin{aligned} p(x,d,s|\boldsymbol{\Theta}) &= \sum_h p(x,d,s,h|\boldsymbol{\Theta}) \\ &= \sum_h p(x|s,h)p(d|s,h)p(s|h)p(h) \end{aligned} \tag{5.14}$$

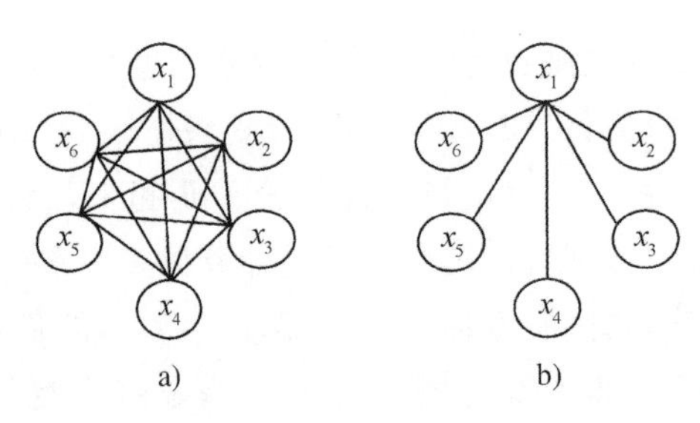

图5.19 图a为六部分的全连接图形模型；图b为相应的星型模型[13]

其中 h 是表示特征和部分分配的潜在二元向量。星型模型将目标形状模型 $p(X|S,h)$ 简化为：

191

$$p(x|s,h)=p(x_L|h_L)\prod_{j\neq L}p(x_j|x_L,s_L,h_j) \tag{5.15}$$

其中 X_L 和 s_L 代表关键点部分的位置和尺度，x_j 代表第 j 个非关键点部分的形状。该模型可以用半监督方式，从含有类别实例的例子中有效学习，并不需要从背景杂波中切割。此外，由于模型的简化，推理复杂性从 $O(NP)$ 减少到 $O(N^2P)$，其中 P 是部分的数量。给定星型模型，使用与似然比类似的方式进行识别。

Loeff 等人[131]提出了一个类似的想法，以提高星座模型的学习效率，并增加每个部分的特征数量。具体来说，他们假设对于每个目标都存在一个未观测到的中心。给定中心，检测到的目标特征点彼此独立。他们进一步引入了一个二维部分特征分配变量，使其能够将多个特征分配给一个目标部分。为了显著加快模型学习和推理的速度，他们采用变分 EM 法学习模型参数，对查询图像应用相同的似然比准则进行目标检测。他们的模型能够处理特征提取中的遮挡和误差，并使模型部分对数量和图像中特征数量的推断线性化。

5.3.1.3 其他图形模型

除了 PS 和星座模型，标准的 PGM 模型，如 MRF 和 CRF，也被应用于目标检测。利用 MRF，可以将目标检测和识别表述为图像标记问题[86]。Gupta 等人[132]提出了一种基于 MRF 的方法，对模糊图像同时进行图像恢复和数字识别。MRF 对模糊图像及其对应的无模糊图像的联合分布进行建模。一元势函数被参数化为高斯混合，其参数是从训练数据中学习的。采用基于吉布斯采样的非参数置信度传播方法，从模糊图像中推断出每个像素最可能的无模糊值。随后，使用 k 最邻近法对无模糊图像进行数字识别。这项研究的一个新颖之处是，提出了基于吉布斯采样和随机积分的非参数置信度传播。另一个贡献是在图像恢复和识别之间交替进行的迭代过程，使得图像识别产生的置信度评分可以用来帮助选择相关的训练图像，以学习一元势函数参数。因此，这个迭代过程改善了图像恢复和识别。MRF 的主要用途是图像恢复(一种图像标记)，图像识别是基于整个恢复的图像。该模型缺乏显式的目标形状模型，因此容易受到图像恢复误差的影响。

192

Kumar 等人[14]在关于目标切割的研究中，提出了一种贝叶斯方法，同时进行图像标记(图形-背景分割)和目标类别识别。具体而言，如图5.20所示，他们的模型包括一个顶部用于图像标记的MRF模型，和底部基于分层图形结构(LPS)模型的全局形状先验模型。该模型刻画图像标记的联合条件概率分布和给定图像的目标形状：

$$E(\boldsymbol{m},\boldsymbol{\Theta}) = \sum_{x}[\phi(\boldsymbol{D}|m_x)+\phi(m_x|\boldsymbol{\Theta})+\sum_{y}(\phi(\boldsymbol{D}|m_x,m_y)+\phi(m_x,m_y))] \tag{5.16}$$

具体来说，式(5.16)是模型能量函数，其中第一项是强度约束的一元能量项，第二项是形状约束的一元能量项，第三项和第四项分别是强度依赖项和独立成对能量项。通过第二个一元能量项，LPS模型通过目标部分及其空间配置刻画目标全局形状，通过一个额外的一元势函数与MRF模型建立联系，该势函数检测给定像素标记的全局形状模型的似然概率。分别学习MRF和LPS模型，在学习MRF模型的同时，在式(5.16)中的LPS模型参数 $\boldsymbol{\Theta}$ 被视为潜在变量，并通过EM框架边缘化。用文献[127]讨论的方法学习LPS模型。在给定图像的分割和识别过程中，对于每个目标类别，其LPS模型参数 $\boldsymbol{\Theta}$ 的样本是从其后验分布中得到的。然后，可以通过最小化加权能量函数之和(式(5.16))，按每个LPS模型参数样本的似然加权，使用最小切割算法[133]来执行图形-背景分割。通过将分割偏置于特定目标类别，他们的模型实现了同时进行目标分割和目标类别识别。虽然形状先验可以帮助减少分割误差，但当目标偏离标准形状模型时，刚性形状模型也会带来误差。

193

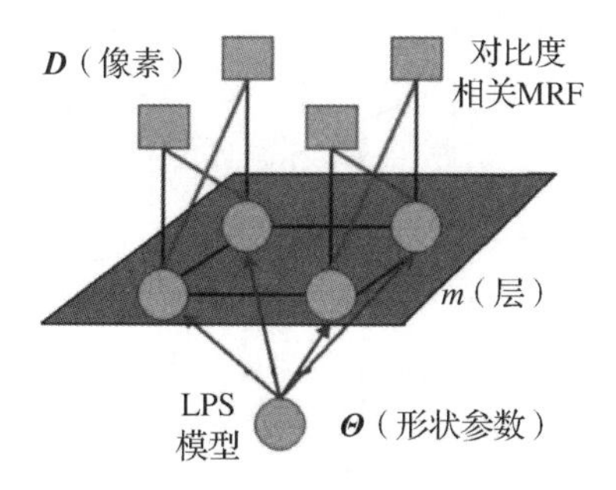

图5.20 目标类别特定的MRF的图形模型表示[14]，其中顶部代表成对MRF，底部表示用LPS模型对全局形状先验进行参数化

为了刻画目标和部分的背景层次，3.8.1节中介绍的分层贝叶斯模型也被用于目标检测和识别。Sudderth等人[15]提出了一个具有潜在变量和超参数分层贝叶斯模型，如5.21图所示，用于杂乱场景中的目标检测和识别。该模型本质上是一个包含对象和部分层次的贝叶斯潜在主题模型。如图5.21所示，根节点 O 表示目标类别，其值表示 K 个目标类别之一。其根节点的值在训练过程中给出，有两个潜在的子节点，r 和 z。潜在节点 r 代表目标的图像位置；潜在节点 z 代表目标部分，表示为在相似位置出现并具有相似外观的特征集群。将 z 的基数(部分数)固定为 P。在训练和测试过程中，r 和 z 都是未知的。节点 z 有两个观测到的子节点 w 和 x，分别表示相对于目标位置 r 的部分的外观和位置。给定 z，假设它们在条件上独立。用一组SIFT描述符生成外观检测 w

和位置检测 x。在该模型的图中，节点 O、z 和 w 是离散的，被 θ 和 ϕ 参数化，反过来，θ 和 ϕ 又被超参数 α 和 β 参数化。节点 r 和 x 是连续的，分别遵循由 $\{\zeta,\Phi\}$ 和 $\{\mu,\Lambda\}$ 参数化的高斯分布，反过来，又被超参数 v_o，Δ_o，v_p 和 Δ_p 参数化。通过引入目标类别节点 O，该模型使不同类别的目标能够共享身体部分和图像特征。在训练过程中，所有超参数都是固定的。对于每个训练图像，给定当前模型参数，目标类别标记 o，以及其图像测量 x 和 w，运用吉布斯采样，通过采样似然概率 $p(z|w,x,o)$，为潜在变量 z 的每个可能赋值生成样本。对于 z 的每个候选赋值 P 重复吉布斯采样。然后将生成的 z 样本与训练数据 x 和 w 相结合，并通过贝叶斯估计，用其学习模型参数 Θ 和 Φ。之后 Sudderth 等人扩展他们的吉布斯采样方法，推断目标位置潜在变量 r。对此，他们假设 r 遵循高斯分布，然后应用 EM 方法获得其分布参数 ξ 和 Φ。给定 r 的当前分布参数，可以将其合并到似然模型 $p(z|w,x,o)$ 中。给定更新的似然模型，吉布斯采样可以像之前一样为 z 生成样本。给定图像及其观测值 w 和 x，在其检测和识别过程中，评估每个目标类别的似然性，即 $p(w,x|o)$，对应于极大似然的目标类别为识别的目标标记。

194

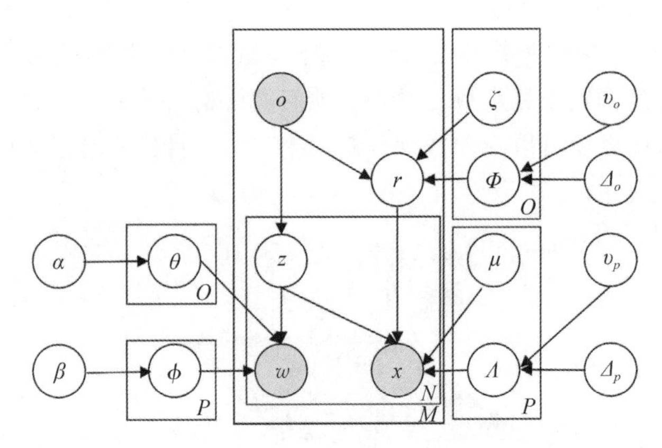

图 5.21 Sudderth 等人[15]提出的分层概率模型，用于描述目标和部分的层次结构以用于目标检测和识别

除了生成式模型，CRF 等判别式 PGM 模型也成功地应用于目标检测和识别。Kumar 和 Hebert[134]引入判别式随机场(DRF，与 CRF 模型相同)，给标记间的高层背景建模，用于检测图像中的人造结构。他们提出使用逻辑回归函数来表示一元势函数。为了明确地解释相邻位点之间的观测和交互，成对势函数是以下两个项的加权和，即数据独立的成对势函数(伊辛模型)和数据相关的成对势函数(表示为相邻位点标记及其图像观测的逻辑函数)。数据相关项充当不连续自适应模型，当来自两个位点的数据“不同”时，调节平滑。这种交互形式有利于标记的分段常数平滑，同时明确地考虑观测数据的不连续性。参数学习是通过伪似然方法进行的。给定该模型，通过 ICM 方法利用局部 MAP 推理，进行目标检测和识别。

Murphy 等人[16]使用条件树结构模型，来同时对目标进行检测和分类。具体来说，他们引入了树结构的混合图模型，如图 5.22 所示，用于联合目标检测和场景分类。给定图像特征，他们的模型刻画场景、目标类存在和目标类位置的联合分布。通过推进分类器，生成场景的条件先验概率，用 S 型函数生成目标位置的条件概率，由计数表指定场景标记和目标类存在标记之间的成对势函数，由此对联合条件概率分布参数化。采用 MLE 方法学习模型参数。给定模型和查询图像，Murphy 等人的模型可以同时进行目标检测和场景分类。他们的模型显示了如何使用全局场景信息来改进目标类检测，反过来也可以。

195

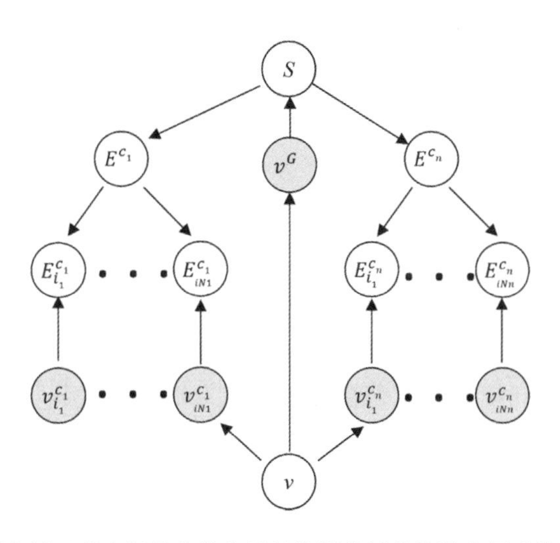

图 5.22　文献[16]中用于联合场景分类和目标检测的树结构混合图形模型，其中 S、E、O 和 v 分别表示场景、目标存在、目标位置和图像特征。该模型采用场景节点 S 与目标存在节点 E 之间的无向连接，以及目标存在节点 E 与目标位置节点 O 之间的定向连接

引入隐藏 CRF 模型的变形，用于基于部分的目标识别。这些模型通常包括一个隐藏层来表示目标部分。它们不是人为地指定目标部分，而是从数据中自动习得。因此，这些隐藏的 CRF 模型代表了星座模型的判别式版本。Szummer 等人[17]提出了一个扩展的 CRF 模型，以无监督的方式学习目标部分标记，用于对手绘图进行分类。与图 5.7 中所示的双层 CRF 模型不同，他们引入了一个带有隐藏层 $\boldsymbol{h}$ 的 CRF 模型，将每个像素与相应的目标部分关联起来。具体而言，如图 5.23 所示，隐藏层 $\boldsymbol{h}$ 中的节点表示所有像素的部分标记；$\boldsymbol{x}$ 表示输入图像；$\boldsymbol{y}$ 表示所有像素的目标标记。给定输入图像，该模型刻画目标标记和目标部分标记的联合条件分布。给定输入图像，该模型由以下函数参数化：刻画目标标记后验的一元势函数 $\phi_i(h_i,\boldsymbol{x})$；刻画相邻目标部分标记间交互的二元势函数 $\psi_{ij}(h_i,h_j,\boldsymbol{x})$；以及刻画目标标记和目标部分标记间交互的另一个二元势函数 $\psi_{hy}(h_i,y_i,\boldsymbol{x})$。他们并未使用 EM

196

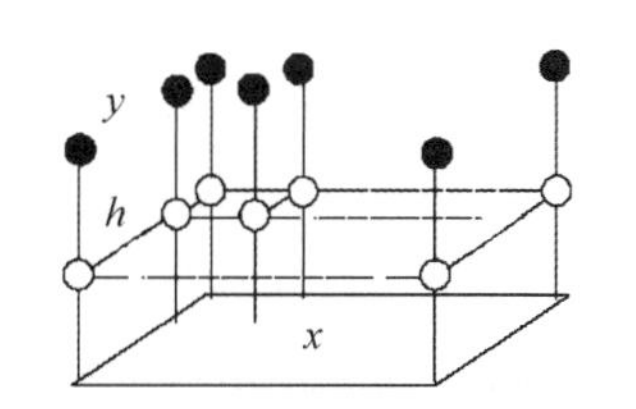

图 5.23　用于基于部分目标识别的隐藏随机场(HRF)[17]，其中 $\boldsymbol{x}$ 表示图像，$\boldsymbol{h}$ 表示部分标记，$\boldsymbol{y}$ 表示目标标记

方法，而是使用BFGS准牛顿方法，通过直接最大化目标标记的条件边际似然的对数，来学习模型参数。使用联结树算法，对每个像素单独执行边际MAP推理，来估计其目标标记。

Quattoni等人[135]引入了一种类似的具有隐藏层的CRF模型，用于基于部分的目标识别。除了目标标记和输入图像，该模型还包括一个隐藏层 $\boldsymbol{h}$，刻画每个像素的目标部分标记。为了精确推理和有效学习，他们假设 $\boldsymbol{h}$ 的边缘形成一个树结构。他们的CRF模型以图像为条件，刻画目标标记和隐藏目标部分的联合条件分布。模型总能量函数 $\psi(\boldsymbol{y},\boldsymbol{h},\boldsymbol{x};\theta)$ 刻画目标标记、部分标记和图像的联合分布，包括每个目标部分及其图像观测的一元能量函数 $\theta(x_j,h_j)$，刻画目标标记与部分标记间兼容的成对能量函数 $\theta(y,h_j)$，以及刻画目标标记和两个相邻部分标记的三元能量函数 $\theta(y,h_j,h_k)$。与文献[17]不同，他们引入一个三元能量项，来刻画部分标记对与其目标标记之间的交互。利用共轭梯度上升，通过最大化受限于 ℓ_2 范数的参数的对数似然，来学习模型参数。然后给定图像，进行具有置信度传播的MAP推理，以推断目标标记(目标前景、背景)的后验概率，这是通过将隐藏的部分标记从目标标记和目标部分的联合后验中边缘化来获得的。由于树结构，学习和推理都可以有效地执行。

Kapoor和Winn[18]为了提供关于目标部分的进一步背景信息，通过引入定位隐藏随机场(LHRF)，扩展了文献[17]的中隐藏CRF模型，如图5.24所示，用于同时进行基于部分的标记和目标检测。

197

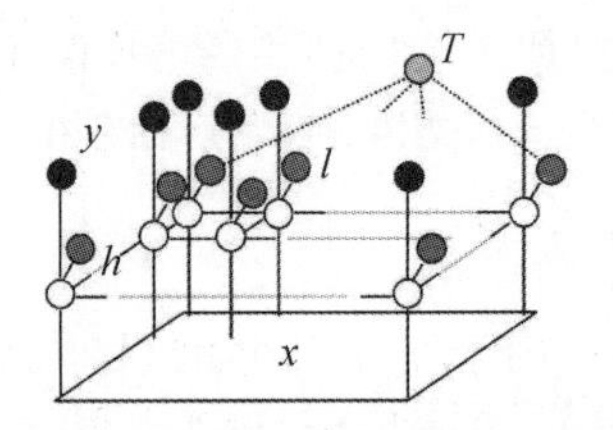

图5.24　文献[18]中的定位隐藏随机场，其中图像 $\boldsymbol{x}$ 和阴影顶点是在训练时间内观测到的。用未填充的白色圆圈表示的部分标记 $\boldsymbol{h}$，在训练中未被观测学习，其与位置 $\boldsymbol{l}$ 和目标标记 $\boldsymbol{y}$ 相连。目标位置变量 T 连接到所有部分位置 $\boldsymbol{l}$

LHRF是一个三层的分层CRF模型，包括一个隐藏层 $\boldsymbol{h}$ 表示目标部分标记。然而，与文献[17]不同的是，隐藏的目标部分层不仅连接到目标标记 $\boldsymbol{y}$，而且连接到部分位置 $\boldsymbol{l}$。此外，还引入了目标位置变量 $\boldsymbol{T}$，来约束目标部分位置。给定图像 $\boldsymbol{x}$，LHRF刻画目标部分标记 $\boldsymbol{h}$、目标标记 $\boldsymbol{y}$、部分位置 $\boldsymbol{l}$ 和目标位置 $\boldsymbol{T}$ 的联合条件概率分布 $p(\boldsymbol{h},\boldsymbol{y},\boldsymbol{l},T\mid\boldsymbol{x})$。与文献[17]不同的是，LHRF引入了两个另外的势函数 $\psi_{hl}(h_i,l_i)$ 和 $\delta(l_i,T)$，来分别刻画部分标记与其位置间的交互，以及部分位置与目标位置间的交互。LHRF通过引入目标的全局位置作为潜在变量，为其部分及局部交互的远程空间配置建模。给定一组具备目标兴趣分割掩膜(目标层标记)的训练图像，LHRF自动学习一组能够识别外观和目标位置信息方面的部分。给定包括目标标记和部分位置的训练图像，使用梯度上升方法，通过最大化模型参数的后验概率(高斯参数先验)，来学习模型参数。给定图像，之后通过环路置信度传播法，对每个像素的目标标记执行 MAP 推理。在基准数据集上的实验显示，使用判别式部分可以提高检测和分割性能，并有益于获得目标部分的标记。Winn 等人[136,137]基于与文献[18]相似的模型，进一步展示部分间的布局一致性关系，用于二维和三维情况下部分遮挡目标的识别与分割。

最后，Zhang 等人[19]引入了一种用于视频中人脸聚类和命名的耦合隐藏 CRF (cHCRF)。给定一组人脸轨迹 F 和从输入视频中提取的一组名称 N，它们需要执行两个任务，即人脸聚类和人脸命名。人脸聚类将人脸轨迹分组为集群 X，使每个集群对应于一个人的脸，而人脸命名将每个人脸轨迹与特定的名称 Y 相关联。Zhang 等人提出利用隐条件随机场模型来解决这一问题。HCRF 模型由潜在的标记层和观测层组成。每个任务可以用一个 HCRF 来制定，其中隐藏层对应于人脸轨迹聚类和人脸轨迹命名任务的人脸聚类标记。为了刻画这两个任务之间的相关性，他们通过标记层连接两个 HCRF 模型，形成如图 5.25 所示的 cHCRF，其中人脸聚类标记 X 和人脸命名标记 Y 之间的链路刻画两个任务之间的依赖关系。因此，cHCRF 对给定 F 和 N 的 X 和 Y 的联合概率分布 $p(X,Y|F,N)$ 进行了建模。指定一元和成对势函数来参数化 $p(X,Y|F,N)$。Zhang 等人提出，给定一个视频序列，通过交替优化这两个任务，用优化方法同时估计模型参数及其标记。

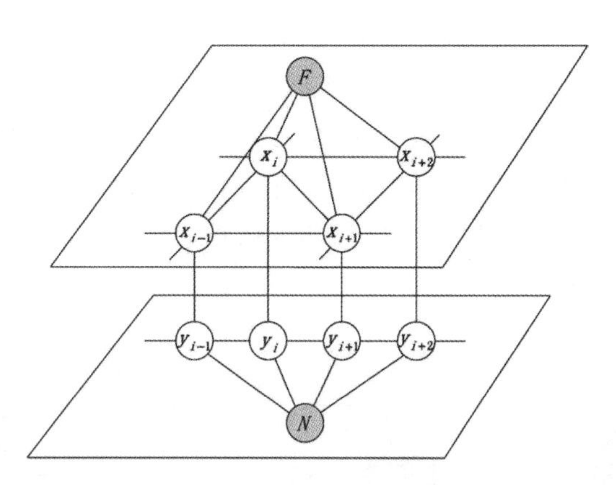

图 5.25 同时进行人脸聚类和命名的耦合隐条件随机场模型[19]。灰色节点表示可观测变量，而白色节点表示隐藏变量。顶层代表人脸聚类，底层代表名称分配。隐藏节点是全连接的。为了清晰起见，图中省略了一些链路

5.3.1.4 多目标检测

到目前为止，我们的讨论一直侧重检测和识别单个目标。我们可以扩展技术，来执行多个目标的联合检测。可以用 PGM 刻画不同目标之间的空间和时间关系。其中一个例子是人脸关键点检测。如图 5.26a 所示，人脸关键点代表面部组成部分周围的主要图像点，可以用来简洁地表示人脸形状。人脸关键点检测包括自动定位图像中的每个人脸关键点，如图 5.16b 所示。人脸关键点检测是许多人脸分析任务的先决条件，包括人脸

198

识别、人脸表情识别和人脸姿态估计。

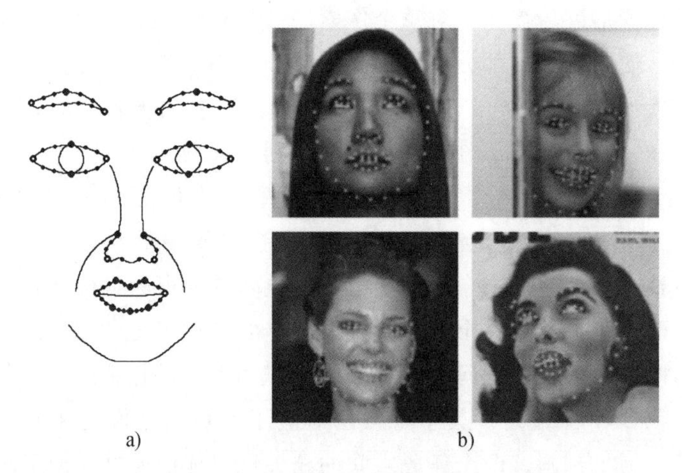

图5.26　图a为人脸关键点；图b为检测结果。由文献[20]改编

人脸关键点可以独立或集体完成。PGM通过刻画关键点之间的空间关系，被广泛应用于执行联合人脸关键点检测。事实上，与图5.15所示相似的概率目标形状和外观模型，也可以用于联合人脸关键点检测。然而，外观和形状的联合建模很复杂，会导致算法的计算成本很高。大多数的人脸关键点检测方法都是单独进行建模，而不是对外观和形状的联合分布进行建模。通常，他们使用基于局部外观的方法首先独立地执行关键点检测。然后构建PGM模型，来刻画关键点之间的空间关系。使用PGM模型，独立检测的关键点输入到PGM模型以进一步细化关键点位置。在人脸关键点检测文献中，这种方法通常被称为约束局部模型(CLM)方法。如图5.27所示，给定面部图像，CLM方法首先根据每个关键点周围的独立局部外观信息，独立地对每个关键点进行局部检测。然后，通过全局面部形状模型对检测到的关键点进行细化，以获得最终的关键点位置。

199

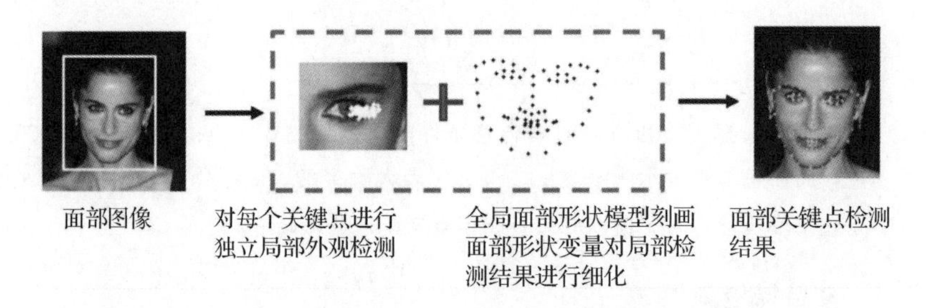

图5.27　人脸关键点检测的局部约束模型。图例改编自文献[20]

具体来说，设$\boldsymbol{Z}=\{Z_1,Z_2,\cdots,Z_K\}$表示独立检测到的人脸关键点，$\boldsymbol{X}=\{X_1,X2,\cdots,X_K\}$表示实际的关键点位置。我们可以构造生成概率人脸关键点模型$p(\boldsymbol{X},\boldsymbol{Z}|\boldsymbol{\Theta})$，可以用PGM模型代表$p(\boldsymbol{X},\boldsymbol{Z}|\boldsymbol{\Theta})$。或者，也可以构造判别PGM模型$p(\boldsymbol{X}|\boldsymbol{Z}|\boldsymbol{\Theta})$。生成和识别模型都可以从训练数据中学习。在检测过程中，给定$\boldsymbol{Z}^*$，可以执行MAP推理来

找到每个关键点的最终位置，即：

$$x^* = \arg\max_{x} p(x | z^*, \Theta) \tag{5.17}$$

这种方法本质上是PS模型的一个特殊情况，其中图像观测 $\boldsymbol{I}$ 被检测结果 $\boldsymbol{Z}$ 所取代。因此，在部分外观方面(即式(5.9)中的一元能量项)的部分似然 $p(I|X)$，被部分检测结果 Z 的似然 $p(Z|X)$ 所取代。在文献[138-139]中，作者提出使用成对 MRF，结合支持向量回归(SVR)，来检测 22 个人脸关键点。基于每个人脸关键点的局部外观，SVR 提供初始关键点位置。MRF 模型刻画关键点之间的相对空间关系，以确保可行的空间配置。在检测过程中，给定通过 SVR 检测到的初始人脸关键点，之后用 MRF 模型细化初始关键点位置，通过具有置信度传播的 MAP 推理，来产生最终关键点位置。 200

为了解决在大头姿态和面部表情变化下检测人脸关键点的挑战，人们提出了更复杂的 PGM 模型。Wu 和 Ji[21-22]提出了一种基于三向 RBM 的判别式人脸形状模型。该模型通过将人脸形状解耦为头部姿态相关部分和表情相关部分，显式处理人脸姿态和表情变化。与其他概率人脸形状模型相比，三向 RBM 可以更好地在统一模型中，处理大的面部表情和姿态变化。具体而言，如图 5.28 所示，人脸形状模型由三层节点组成，其中 $\boldsymbol{x}$ 表示我们想要推断的地面真实人脸点位置，$\boldsymbol{m}$ 是其从局部点检测器检测的结果。在中间层，节点 $\boldsymbol{y}$ 表示具有相同面部表情的 $\boldsymbol{x}$ 相应额脸形。在顶层，有两组二元隐藏节点，包括 $\boldsymbol{h}^1$ 和 $\boldsymbol{h}^2$。通过潜因子节点 $\boldsymbol{f}$(黑方节点)有效地刻画 $\boldsymbol{x}$ 和 $\boldsymbol{y}$ 之间的交互，使 $\boldsymbol{x}$、$\boldsymbol{y}$ 和 $\boldsymbol{h}^1$ 间的三方交互可以分解为三个双向交互的和。该模型刻画两个级别的信息。第一个信息级别指的是，在两个顶层的节点中刻画的人脸形状模式，包括 $\boldsymbol{x}$、$\boldsymbol{y}$、$\boldsymbol{h}^1$ 和 $\boldsymbol{h}^2$；第二个信息级别指的是来自测量结果 $\boldsymbol{m}$ 的输入。该模型结合了来自人脸形状模式的自顶向下的信息，和来自测量结果的自底向上的信息。从定量上，该模型刻画联合条件分布 $p(\boldsymbol{x},\boldsymbol{y},\boldsymbol{h}^1,\boldsymbol{h}^2|\boldsymbol{m},\boldsymbol{\theta})$。遵循式(4.23)中 RBM 的参数化方式，指定联合条件分布，可以通过 $\boldsymbol{x}$、$\boldsymbol{y}$、$\boldsymbol{h}^1$ 和 $\boldsymbol{h}^2$ 的一元能量函数 $\boldsymbol{x}$ 和 $\boldsymbol{h}^2$ 之间的成对能量函数以及 $\boldsymbol{x}$、$\boldsymbol{y}$ 和 $\boldsymbol{h}^1$ 之间的三向成对能量函数： 201

$$\begin{aligned} p(\boldsymbol{x},\boldsymbol{y},\boldsymbol{h}^1,\boldsymbol{h}^2|\boldsymbol{m},\boldsymbol{\theta}) = \frac{1}{Z(\boldsymbol{\theta})}\exp\{ & \boldsymbol{\alpha}_x^\top E_x(\boldsymbol{x},\boldsymbol{m}) + \boldsymbol{\alpha}_y^\top E_y(\boldsymbol{y},\boldsymbol{m}) + \boldsymbol{\alpha}_{h^1}^\top E_{h^1}(\boldsymbol{h}^1,\boldsymbol{m}) \\ & + \boldsymbol{\alpha}_{h^2}^\top E_{h^2}(\boldsymbol{h}^2,\boldsymbol{m}) + E_x^\top(\boldsymbol{x},\boldsymbol{m})\boldsymbol{W}_{xh^2}E_{h^2}(\boldsymbol{h}^2,\boldsymbol{m}) \\ & + \sum_{\boldsymbol{f}} E_x^\top(\boldsymbol{x},\boldsymbol{m})\boldsymbol{W}_{xf}E_f(\boldsymbol{f},\boldsymbol{m}) + \boldsymbol{y}^\top \boldsymbol{W}_{yf}E_f(\boldsymbol{f},\boldsymbol{m})) \\ & + E_{h^1}^\top(\boldsymbol{h}^1,\boldsymbol{m})\boldsymbol{W}_{h^1f}E_f(\boldsymbol{f},\boldsymbol{m})\} \end{aligned} \tag{5.18}$$

其中，需要每一项的能量函数 $E_*(^*,\boldsymbol{m})$，使变量 $\boldsymbol{z}$ 成为 $\boldsymbol{m}$ 的函数。另外，因为 $\boldsymbol{x}$ 和 $\boldsymbol{y}$ 都是连续的，可以用高斯函数指定其一元和成对能量函数。使用训练数据，通过 4.6.1.2.1 节中的对比散度方法，最大化 $\boldsymbol{x}$ 和 $\boldsymbol{y}$ 的联合对数条件似然概率(通过把隐藏变量 $\boldsymbol{h}^1$ 和 $\boldsymbol{h}^2$ 边缘化)，学习该模型的参数 $\boldsymbol{\theta}$。给定图像的模型和关键点测量值 $\boldsymbol{m}$，通过 MCMC 采样用 MAP 推理来执行关键点测量：

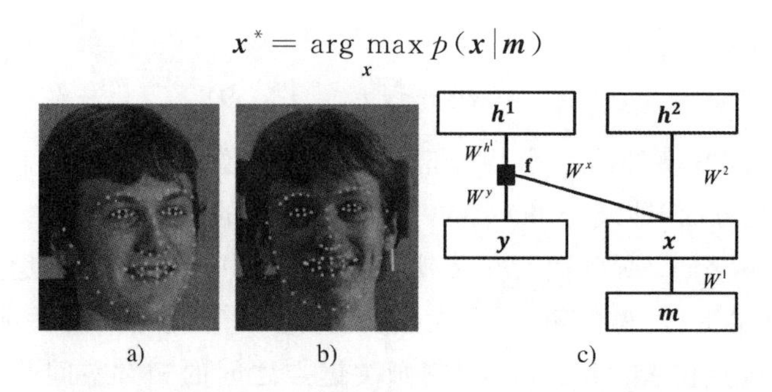

图 5.28　用于关键点检测的三向 RBM 模型[21-22]。图 a 为由 $\boldsymbol{x}$ 及其检测值 $\boldsymbol{m}$ 表示的姿态和表情的非额面图像；图 b 为由 $\boldsymbol{y}$ 表示的相同表情的对应额面图像；图 c 为三方 RBM 人脸形状模型，通过因子节点 $\boldsymbol{f}$ 给 $\boldsymbol{x}$、$\boldsymbol{y}$ 和 $\boldsymbol{h}^1$ 之间的交互有效编码。图像来自 Multi-PIE 数据集[23]

由于面部表情和头部姿态的变化，人脸形状发生巨大变化，为进一步应对这种情况对人脸关键点检测的挑战，Wu 和 Ji[24]引入了如图 5.29 所示的分层 BN。该模型由四层节点组成，最底层中的节点表示每个面部组成部分的人脸关键点位置的测量；第二层中的节点表示每个面部组成部分的真实人脸关键点位置；在第三层中，引入潜在节点来表示每个面部组成部分的状态；顶层包含两个离散节点，表示面部表情和面部姿态。

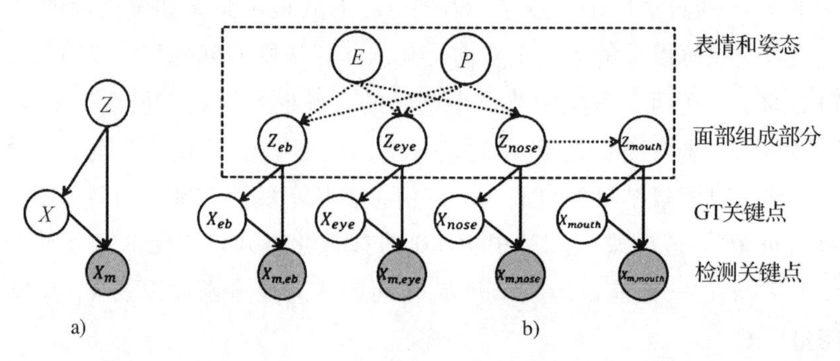

图 5.29　用于人脸关键点检测的分层 BN[24]。图 a 为组成部分模型。图 b 为提出的分层模式。标记为实线的节点连接是固定的，而带有虚线的节点连接是从数据中习得的

该模型通过面部组成部分、面部表情和姿态之间的联合关系，刻画两个层次的形状信息，包括每个面部成分的局部形状信息和整个面部的全局形状。局部形状信息由属于同一面部组成部分的节点刻画。基于混合模型，这些节点刻画每个面部组成部分的变化，包括眉毛、眼睛、鼻子和嘴，其中 Z 是离散的潜在变量，刻画每个面部组成部分的潜在状态。全局的面部形状是由虚线矩形内的全部节点刻画的，引入面部表情和面部姿态节点，刻画不同面部组成部分之间的空间依赖关系，作为表示面部表情和面部姿态变化的函数。模型由每个节点的 CPD 参数化。E、P 和 Z 节点是离散的，其 CPD 由 CPT 指定。$\boldsymbol{X}$ 和 $\boldsymbol{X}_m$ 都是连续向量。$\boldsymbol{X}$ 的 CPD 由多元高斯指定，而 $\boldsymbol{X}_m$ 的 CPD 由线性多元高

202

斯指定。给定训练数据，采用结构 EM 方法(由于潜在变量 Z 的存在)学习模型的结构和参数。所学的模型结构如图 5.29b 所示。给定所学习的模型和检测到的关键点位置 X_m，人脸关键点检测可以通过联合树方法，表示为 MAP 推理问题：

$$\boldsymbol{x}^* = \arg\max_{x} p(\boldsymbol{x} \mid \boldsymbol{x}_m)$$

与三向 RBM 判别式模型相比，生成式模型表现出更好的性能。然而，生成式模型在训练过程中，需要额外的信息(姿态和表情标记)。

Rabinovich 等人[140]引入一个全连接的 CRF 模型，来执行场景中多目标检测和识别(语义分割)。使用 CRF 模型刻画目标标记之间的语义关系。其一元函数是从一个独立的目标类别识别模型中导出的，该模型使用 BoW 特征；成对势函数刻画了目标标记之间的成对共现。给定标记图像，通过最大化每对标记的对数似然概率，来学习每对标记的成对势函数。Rabinovich 等人为了更好地将标记关系推广到其他数据集，使用 Google Sets 工具生成二元成对势函数，来刻画通用标记关系。给定参数化 CRF 模型和分割图像，可以执行 MAP 推理，来联合推理图像段的标记，从而也可以推理场景中存在的目标的标记。他们对两个基准数据集的经验评估表明，刻画的标记关系能够有助于提高目标检测和目标类别识别性能。

Galleguillos 等人[141]扩展文献[140]中的语义目标关系，以纳入目标的空间关系，还构建了一个全连接的 CRF 模型，以刻画目标之间的语义和空间关系。同样，在文献[140]中，由一个独立的识别模块提供一元势函数。成对势函数刻画目标标记之间的语义和空间关系。具体来说，成对势刻画目标在四个空间排列中(上面、下面、里面和四周)，每一个排列的目标共现。四个空间排列的成对势函数，通过最大化其联合对数似然概率，从乘法标记图像中联合学习。在相同的两个基准数据集上的实验表明，他们结合空间和语义目标关系的 CRF 模型，在性能上优于文献[140]中仅基于语义背景的 CRF 模型。严格来说，文献[141]和[140]中的 CRF 模型都不是 CRF 模型，因其成对势函数与图像测量无关。因此，这些模型应该是全连接的成对标记观测 MRF 模型。 203

5.3.2 场景识别

除了目标识别外，图像的场景识别也是近年来的一个主要研究课题。这个任务不同于目标识别，因为场景类通常由各种场景目标的布局来确定，而不是由研究单个目标来确定。典型的场景类与环境有关，包括海滩和街道等室外景观，办公室和厨房等室内景观。在更具通用性的设定中，场景识别还包括对其他语义环境的分类，如体育场馆和监视环境，以及语义事件的识别(如运动、徒步旅行、婚礼)，这些语义事件以图像中的各种元素为特征。PGM 所提供的各种工具能够描述场景目标及其共现和空间配置，所以适合场景识别。用于场景建模和识别的两组主要 PGM，是潜在主题模型和 CRF 模型。

5.3.2.1 潜在的主题模型

场景识别的两个主要潜在主题模型，是潜在狄利克雷分配(LDA)和概率潜在语义分析(pLSA)。Quelhas 等人[142]和 Bosch 等人[143]使用无监督的 pLSA 或 LDA 模型，

给定从查询图像中提取的图像特征 w 作为新特征，计算“隐藏主题”的分布 $p(z|w)$（图3.47中的 z），然后基于场景分类的隐藏主题，训练判别式模型（如SVM和KNN）。Li和Perona[25]没有训练单独的分类器，而是通过考虑图5.30中每幅图像的场景标记，将传统的无监督LDA模型扩展到有监督的LDA模型，图5.30中阴影 C 节点表示目标类别标记。潜在主题的先验分布参数现在由它们的超参数 θ 和场景标记 c 共同确定，因此，θ 依赖于场景类别，即 $\theta=\theta_c$。文件类别的先验分布由参数 η 指定。在训练过程中，给定图像特征 $\boldsymbol{x}$ 和文件标记 c，通过EM过程最大化参数的对数似然的下界，来学习模型参数 θ 和 β（η 是固定的）。给定学习的模型和 x 表示的查询图像，其标记是通过识别最大化 $p(c|\boldsymbol{x},\theta,\beta,\eta)$ 的文件标记 c 来确定的，$p(c|\boldsymbol{x},\theta,\beta,\eta)$ 可以通过变分推理近似求解。

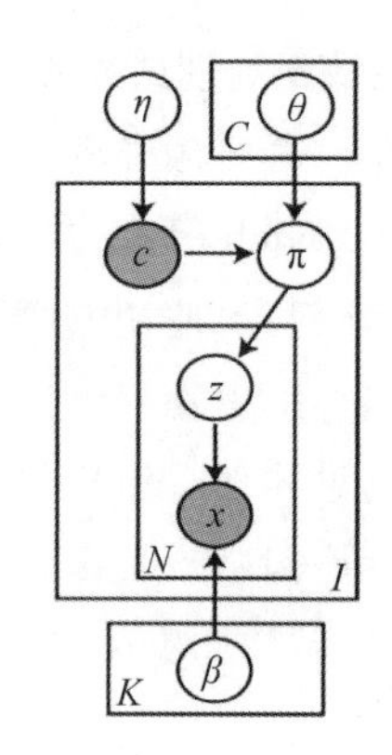

图5.30　文献[25]中的监督LDA模型，其中对象标记由阴影 c 节点表示

尽管pLSA和LDA模型取得了成功，但它们忽略了隐藏组件之间的空间关系，并要求预先指定组件（主题）的数量。为了解决这个问题，Sudderth等人[144-145]采用了分层狄利克雷过程（HDP），并为场景识别改变狄利克雷过程㊀。他们的模型自动学习组件的数量，并通过为多个分辨率之下目标部分之间的空间关系建模，扩展了传统的潜在主题模型。代价就是，这类模型的计算量比pLSA或LDA模型要高得多。

204

除了LDA模型外，Russell等人[26]引入了一个分层定向模型，来刻画场景目标、外观和空间位置的联合概率分布，如图5.31所示。联合分布可以分解为目标存在似然、目标位置似然和目标外观似然的乘积。目标存在的参数（θ_m）和目标位置似然的参数（$\phi_{l,m}$）从训练数据中在线学习；目标外观似然（$\eta_{m,l}$）通过SVM分类器线下学习。给定模型和输入图像，通过计算图像位置中特定目标类别的存在概率，来进行目标检测和识别。

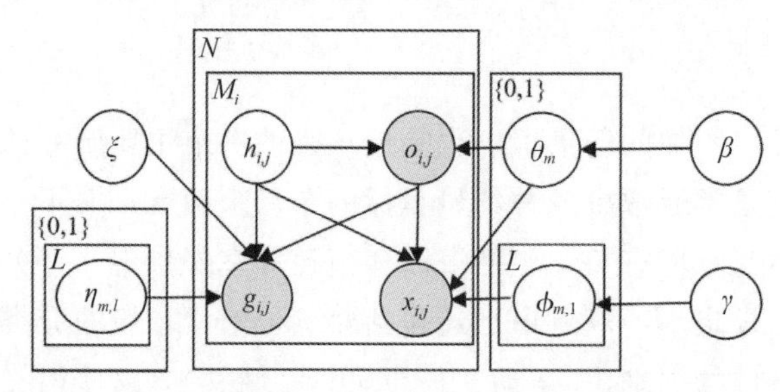

图5.31　用于建模场景目标及其空间外观分布的分层定向图形模型[26]，其中 o 表示图像，g 表示目标外观，x 表示目标位置，h 表示图像中存在或不存在目标。其余符号是 o、g、x 和 h 的参数及超参数

㊀　狄利克雷过程是一个随机过程，其实现为遵循狄利克雷分布的随机变量。

5.3.2.2 条件随机场模型

另一组常见的用于场景理解的 PGM 模型是 CRF 模型。CRF 模型在几个方面上，都与 LDA 和 pLSA 模型有很大的区别。第一，CRF 模型是判别式模型，而许多潜在主题模型(如 pLSA 和 LDA)是生成式的。第二，CRF 模型包含场景目标与观测数据之间的空间邻域交互，而 LDA 模型忽略了场景目标的空间布局。

205

Wang 和 Gong[27] 提出了一种以分类为导向的 CRF，用于自然场景识别。如图 5.32 所示，他们的模型由三层组成：顶层是类别标记；中间层代表场景主题；底层刻画图像观察。该模型可视为分层 CRF 模型。场景主题由 pLSA 模型生成。给定图像，该模型刻画场景和潜在主题的联合条件分布。Wang 和 Gong 的模型由两个一元势函数和一个成对势函数参数化。第一个一元势函数(外观势) 刻画场景标记下场景主题的外观兼容性，而第二个一元势函数(边缘势)刻画每个场景标记下，相邻场景块之间的边界交互(以边为单位)。成对势函数(空间布局势)刻画场景主题与场景标记的空间兼容性，即每个场景标记的场景主题的空间布局分布。成对势是与图像无关的。在训练过程中，采用准牛顿方法直接最大化模型参数的对数似然，来学习模型参数。给定学习的 CRF 模型，可以通过识别最大化其后验的场景标记，来推断查询图像的场景标记。然而，在训练和测试过程中，他们的方法要求首先应用 pLSA 来识别每个图像的主题。Jain 等人[146]提出了一种选择性隐藏 CRF，识别运动场景类别。这两种方法都可以看作是隐藏的 CRF 模型[147-148]的推广，即将隐藏变量引入到原始 CRF 模型中，以刻画图像的隐藏主题/状态。例如，如果场景主题节点 S 变为潜在，那么图 5.32 中的 CRF 模型就成为隐藏的 CRF 模型，即在训练和测试过程中，它们的值都是未知的。随后许多系统被提出，将上下文与场景识别结合起来。一些研究人员使用全局特征，来识别场景类别和局部特征，以进行目标分类，然后使用图模型来连接这两个任务。这样的图模型可以是生成式的[149-150]或者判别式的[151,140,152]。特别是 Murphy 等人[16]，提出了一种用于联合目标检测和场景分类的判别式树模型，如图 5.22 所示。他们的模型刻画场景标记、目标存在和目标位置的联合概率。

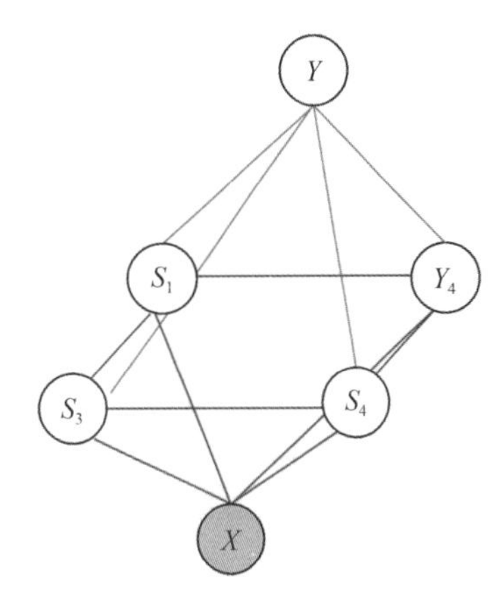

图 5.32 文献[27]中以分类为导向的 CRF 模型，其中 y 表示目标类，s 节点表示由 pLSA 模型生成的场景主题，x 节点表示图像观测

206

5.3.3 目标追踪

给定检测到的目标，目标跟踪估计随时间变化的目标的位置及其空间范围。目标跟踪需要在每个帧上检测目标，包括两个基本组件：目标(外观/形状)模型和动态模型。

目标模型决定如何表示目标，而动态模型刻画目标的动态，并决定在即将到来的图像帧中目标的搜索位置。对于目标(target)模型，与我们在上一节中讨论的目标模型相同，可以用于目标检测。动态模型描述了随时间变化的目标状态转换。具体来说，目标跟踪不是在每一帧上执行目标检测，而是利用目标状态随时间的动态转换。根据应用程序的不同，目标动态模型可以被人为指定或从训练数据中学习。人为指定的动态模型通常假定局部时间平滑，不发生突然变化。跟踪算法利用显式目标动态转换模型或局部平滑假设，来限制下一帧中的搜索空间。

对兴趣目标(如人脸)的视觉跟踪，在计算机视觉领域中得到了大量关注，已经被深入研究了几十年，并产生了许多算法。尽管取得了这些进展，但由于光照、物体姿态、物体形状、遮挡、摄像机参数和背景杂波的变化导致的目标外观的变化，精确、具鲁棒性和持久的目标跟踪仍然具有挑战性。关于这些问题的详情和解决方法，参见文献[153-154]。

与目标检测和识别一样，目标跟踪可以分为整体方法和基于部分的方法。整体方法假设，目标作为整体是一个刚性物体，目标的每一部分都经历相同的三维运动。与此相对，基于部分的目标跟踪通过其部分表示目标，每个部分可能经历不同的运动。基于部分的跟踪不仅跟踪所有主体部分，同时还保持其时空关系。我们将先讨论整体目标跟踪，然后在单独一节中讨论基于部分的目标跟踪。

5.3.3.1　整体目标跟踪

形式上，目标跟踪问题可以表述如下：设 $\boldsymbol{I}_t$ 和 $\boldsymbol{S}_t$ 分别表示时间 t 的图像特征和目标状态，$\boldsymbol{S}_t$ 能够广泛刻画目标的空间、几何和外观状态，这些随时间而变化，包括目标位置、大小、方向、速度等。初始状态 $\boldsymbol{S}_0$，人为地或由目标检测器提供。概率上，跟踪可以表述为时间滤波问题，对于 $t=1,2,\cdots,T$，估算 $\boldsymbol{s}_t^*$ via $\boldsymbol{s}_t^*=\arg\max_s P(\boldsymbol{s}_t|\boldsymbol{i}_{0:t})$。

207

基于PGM的方法通常代表$(\{\boldsymbol{I}_t\},\{\boldsymbol{S}_t\})_{t=0}^T$的联合分布，采用动态模型，如图5.33所示的线性动态系统(LDS)，由此减少状态空间模型推理中的跟踪问题。该LDS模型由两层构成：顶层的状态层和底层的检测层。LDS模型刻画联合概率分布$(\{\boldsymbol{I}_t\},\{\boldsymbol{S}_t\})_{t=1}^T$。假设一级马尔可夫条件，即，目标当前状态 $\boldsymbol{S}_t$ 只取决于其上一帧 $\boldsymbol{S}_{t-1}$ 的状态，LDS系统的联合概率$(\{\boldsymbol{I}_t\},\{\boldsymbol{S}_t\})_{t=1}^T$可以写作：

$$p(\boldsymbol{i}_0,\boldsymbol{i}_1,\cdots,\boldsymbol{i}_T,\boldsymbol{s}_0,\boldsymbol{s}_1,\cdots,\boldsymbol{s}_T)=p(\boldsymbol{s}_0)\prod_{t=0}^{T}p(\boldsymbol{i}_t|\boldsymbol{s}_t)\prod_{t=1}^{T}p(\boldsymbol{s}_t|\boldsymbol{s}_{t-1}) \tag{5.19}$$

该LDS模型由三个分量组成：先验概率 $p(\boldsymbol{S}_0)$、检测模型 $p(\boldsymbol{I}_t|\boldsymbol{S}_t)$ 和状态转换模型 $p(\boldsymbol{S}_t|\boldsymbol{S}_{t-1})$。先验模型刻画状态变量间的初始(静态)依赖关系；测量模型刻画目标在不同状态下的外观/形状；状态转换模型 $p(\boldsymbol{S}_t|\boldsymbol{S}_{t-1})$ 刻画目标动态。遵循DBN定义，先验模型可以表示 $p(\boldsymbol{S}_0)$，而转换模型可以用来表示 $p(\boldsymbol{I}_t|\boldsymbol{S}_t)$ 和 $p(\boldsymbol{S}_t|\boldsymbol{S}_{t-1})$。在没有关于目标动态的任何信息的情况下，我们可以采用局部时间平滑模型，这可以用简单的高斯平滑模型来指定，即

$$p(\boldsymbol{s}_t|\boldsymbol{s}_{t-1})\sim N(\boldsymbol{s}_{t-1},\Sigma_t)$$

其中协方差矩阵 Σ_t 可以从训练数据中学习，往往在时间推移中被假设是不变的。根据 3.7.2.1 节中的 DBN 学习方法，我们可以学习每个 DBN 分量的参数。

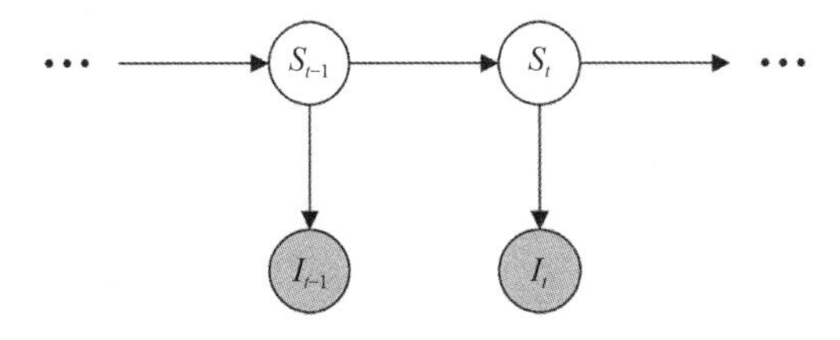

图 5.33 用于跟踪的一阶线性动态系统

给定 DBN 模型，单个目标的目标跟踪可以表示为滤波问题：

$$\boldsymbol{s}_t^* = \arg\max_{\boldsymbol{s}_t} p(\boldsymbol{s}_t | \boldsymbol{i}_{0:t}) \tag{5.20}$$

208

采用 3.7.2.2 节介绍的各种 DBN 推理方法，可以递归地解决滤波问题。特别是对于像 LDS 模型这样的简单链结构，可以使用算法 3.12 中的有效前向后向推理方法。

在线性、高斯动态和测量模型的情况下，LDS 系统成为卡尔曼滤波[155]。对于复杂状态转换和检测模型，分析推理方法可能是不可行的。近似推理方法，如基于采样的方法，通常用于目标跟踪。此外，基于采样的方法对于同时跟踪多个目标，也允许放宽状态分布的单峰性假设。尤其是顺序采样重要性，经常被用来近似地解决这个问题。它用 n 个加权粒子 $\{(w_{t-1}^{(i)}, \boldsymbol{S}_{t-1}^{(i)})\}_{i=1}^{n}$ 表示时间 $t-1$ 的条件密度 $P(\boldsymbol{S}_{t-1} | \boldsymbol{I}_{0\cdots t-1})$。给定时间 t 的图像 $\boldsymbol{I}_t$，估算时间 t 的目标状态，我们首先取样 $P(\boldsymbol{S}_t | \boldsymbol{I}_{0\cdots t-1})$ 来生成新的样本 $\boldsymbol{S}_t^{(i)}$，$i=1,2,\cdots,n$，之后我们计算其权值 w_t^i，通常是 $S_t^{(i)}$ 的归一化似然，即：

$$w_t^{(i)} = \frac{P(\boldsymbol{i}_t | \boldsymbol{s}_t^{(i)})}{\sum_{i=1}^{n} P(\boldsymbol{i}_t | \boldsymbol{s}_t^{(i)})} \tag{5.21}$$

在时间 t 的目标状态分布 $P(\boldsymbol{S}_t | \boldsymbol{I}_{0\cdots t})$ 可用一组 n 个加权粒子 $\{(w_t^{(i)}, \boldsymbol{S}_t^{(i)})\}_{i=1}^{n}$ 表示。随着跟踪进行，重复采样和再加权过程。在每个时间点 t，目标状态可以计算为粒子状态或其加权平均值：

$$\boldsymbol{s}_t = \sum_{i=1}^{n} w_t^{(i)} \boldsymbol{s}_t^{(i)}$$

这是所谓的粒子滤波(PF)方法，特别是众所周知的 condensation 算法[156]。尽管 PF 方法有其优点，但当状态的维数增加时，PF 方法会受到性能退化的影响，因为高维空间中的采样和搜索可能是低效的。解决这一挑战的方法包括变分法和 Blackwellization 法。文献[157]中引入变分近似方法，来近似状态变量的后验分布，通常具有可分解分布，从而得到一种有效的采样方法。无迹 PF 方法[158]和 Rao-Blackwellization 法[28,159-160]的目的是找到一个提案分布，减少粒子搜索空间。特别是对于 DBN 的有效推理，Doucet 等人[28]提出了 Rao-Blackwellization 算法，通过解析地边缘化变量子集，以减少粒子样本空间。具体而言，他们的方法假设状态变量可以分为两组，给定观测值和第二组状态变量，第一组状态变量的后验概率可以进行解析计算。因此，遵循链式法则，状态变量的后验概率可以写成两个项的乘积。第一项包含第一组状态变量的后验概率，可以进行解析计算；第二项是第二组状态变量的后验。可以先用 PF 通过采样，来计算第二组状态变量的后验概率。然后，给定第二组状态变量的样本，可以解析地计算第一组状态变量的后验概率。Doucet 等人为了评估其方法的性能，将其应用于具有阶乘 HMM 模型的机器人跟踪和定位，如图 5.34 所示，其中网格颜色状态变量 $M_t(i)$ 可以进行解析计算，而位置状态变量 L_t 可以通过粒子采样来计算。实验表明，该方法能较好地实现推理准确度，接近精确方法。

209

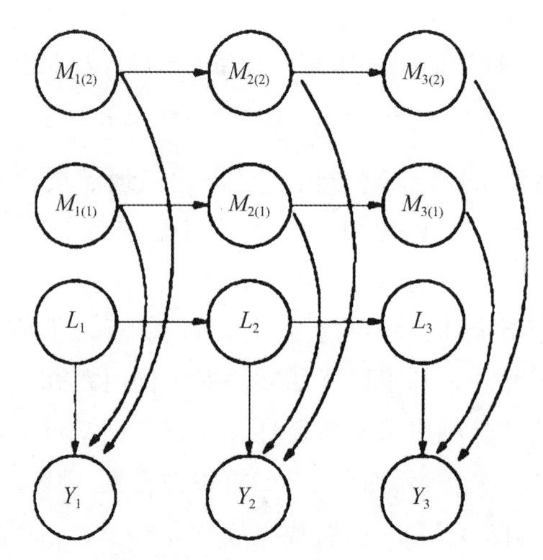

图 5.34 具有三个隐藏链的阶乘 HMM，用于机器人定位[28]，其中状态变量由颜色变量 $M_t(i)$ 和位置变量 L_t 组成。给定拓扑，$p(M_t, L_t|\boldsymbol{Y})$ 可分解为 $p(L_t|\boldsymbol{Y})$ 和 $p(M_t|L_t, \boldsymbol{Y})$ 的乘积，其中 $p(M_t|L_t, \boldsymbol{Y})$ 可执行解析计算，而 $p(L_t|\boldsymbol{Y})$ 可以用 PF 方法计算

除了如 LDS、卡尔曼滤波和 DBN 的生成式 PGM 模型，CRF 等判别式模型也被广泛应用于一般的动态建模，特别是目标跟踪。与生成式跟踪不同，判别式跟踪直接优化了跟踪器的预测准确度，即 $P(\boldsymbol{S}|\boldsymbol{I})$，这将是一种首选方法。图 5.35 给出了用于目标跟踪的 CRF 模型，其中第一层表示目标状态 S，第二层表示它们的图像观测 I。

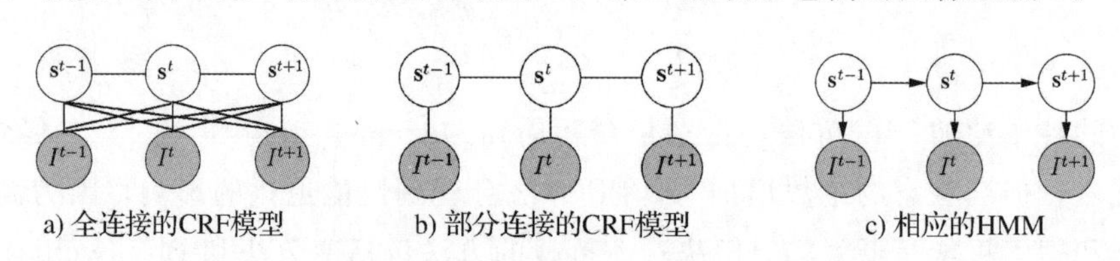

图 5.35 用于目标跟踪的 CRF 模型

图 5.35a 中全连接的 CRF 模型虽然在结构上与图 5.35c 中相应的 HMM 相似，但是，在两个方面不同于 HMM。首先，CRF 模型由无向图构造，而相应的 HMM 则由有向图构成。此外，观测层全连接到状态层，而对于 HMM，观测只连接到相应的状态。其次，CRF 模型的状态转换通过成对条件势函数 $\psi(S_t, S_{t-1}|\boldsymbol{I}_{1:t})$ 参数化，输出概

210

率通过条件一元势函数 $\Phi(\boldsymbol{S}_t|\boldsymbol{I}_{1:t})$量化。更重要的是，CRF 模型并不对状态 $\boldsymbol{S}_{1:T}$及其图像观测 $\boldsymbol{I}_{1:T}$的联合概率建模，而是给定图像观测，为状态的条件分布建模：

$$p(\boldsymbol{s}_{1:T}|\boldsymbol{i}_{1:T}) = \frac{1}{Z}\prod_{t=1}^{T}\Psi(s_t,s_{t-1}|\boldsymbol{i}_{1:t})\Phi(s_t|\boldsymbol{i}_{1:t}) \tag{5.22}$$

全连接的 CRF 模型在学习和推理方面是复杂的。在实践中，通常简化为图 5.35b 中的 CRF 模型，其中观测节点没有全连接到状态层。相反，每个观测节点只连接到相应的状态节点，有效地得出成对标记观测 CRF。因此，将成对和一元势函数改为 $\Psi(S_t,S_{t-1}|\boldsymbol{I}_t,\boldsymbol{I}_{t-1})$和 $\Phi(S_t|\boldsymbol{I}_t)$，得到简化的状态条件分布：

$$p(\boldsymbol{s}_{1:T}|\boldsymbol{i}_{1:T}) = \frac{1}{Z}\prod_{t=1}^{T}\Psi(s_t,s_{t-1}|\boldsymbol{i}_t,\boldsymbol{i}_{t-1})\Phi(s_t|\boldsymbol{i}_t) \tag{5.23}$$

其中一元势测量目标状态与其观测之间的兼容性，成对势函数刻画以目标观测为条件的目标转换或动态变化。给定式(5.23)中状态分布的定义，目标跟踪 $p(S_t|\boldsymbol{I}_{1:t})$可以递归执行：

$$p(s_t|\boldsymbol{i}_{1:t}) \propto \Phi(s_t|\boldsymbol{i}_t)\int\Psi(s_t,s_{t-1}|\boldsymbol{i}_t,\boldsymbol{i}_{t-1})p(s_{t-1}|\boldsymbol{i}_{1:t-1})\mathrm{d}s_{t-1}$$

对于带有 CRF 的目标跟踪，我们可以使用式(5.24)来进行滤波：

$$\boldsymbol{s}_t^* = \arg\max_{\boldsymbol{s}^t} p(\boldsymbol{s}_t|\boldsymbol{i}_{i:t}) \tag{5.24}$$

Taycher 等人[161]提出使用简化的 CRF 模型进行人类跟踪。他们使用保持相似性的二进制嵌入来建模一元势函数，并且在跟踪过程中使用基于网格的离散 PF。对合成数据和真实数据的评价表明，他们的 CRF 模型优于其他跟踪算法，包括 condensation 算法。 211

Ross 等人[162]提出了具有潜在变量(u 和 v)的 CRF 模型：

$$p(\boldsymbol{s}_{1:T}|\boldsymbol{i}_{1:T}) = \frac{1}{Z}\exp\Big(\sum_{t=1}^{T}\sum_{j=1}^{J}E(s_t,s_{t-1})u_{tj} + \sum_{t=1}^{T}\sum_{k=1}^{K}E(s_t|\boldsymbol{i}_{1:t})v_{tk}\Big) \tag{5.25}$$

他们每次并未用所有特征计算一元和成对势函数，而是引入潜在的二进制切换变量(u_{tj}和 v_{tk})，每次选择最相关特征的子集，来计算跟踪过程中的一元和成对函数，如式(5.25)所示，其中 $E(S_t,S_{t-1})$和 $E(S_t|\boldsymbol{I}_{1:t})$是成对和一元能量函数。因此，他们的模型可以在不同的时间灵活地打开和关闭特征，以便只选择不同时间的最相关特征进行跟踪。采用对比散度法，对切换变量进行边际化，来学习模型参数。在推理过程中，通过 MCMC 采样方法或信息传递方法，交替推断状态变量和切换变量。Ross 等人的方法最重要的优势之一是能够完全灵活地选择观测和动态特征来最大化跟踪性能。他们的模型适用于跟踪视频中轨迹复杂的篮球的位置。实验表明，他们的方法可以处理丢失和错误的数据，并且比传统的卡尔曼滤波器性能要好得多。

5.3.3.2 基于部分的目标跟踪

除了整体目标跟踪，基于部分的目标跟踪也被广泛应用于计算机视觉中。基于部分的目标跟踪按目标的部分表示目标，并跟踪所有部分的运动。基于部分的目标跟踪不仅需要跟踪每个目标部分，还需要刻画目标部分之间的动态依赖关系。与整体目标跟踪相比，基于部分的目标跟踪对目标遮挡具有更强的鲁棒性。此外，由于每个目标部分可能经历不同的三维运动，基于部分的目标跟踪可以应用于铰接式目标跟踪。

动态图形模型，如动态 BN(DBN)，通常用于来刻画目标部分之间的时空关系，用于基于部分的目标跟踪。设 $\boldsymbol{x}=\{X_i\}_{i=1}^{N}$代表 N 个目标部分，$\boldsymbol{I}=\{\boldsymbol{I}_i\}$ 代表其图像测量。如图 5.36 所示的 DBN 模式，DBN 模型可以由先验模型 G_0 和转换模型 $G_{\rightarrow}$ 构成。先验和转换模型中的每个节点 X_i代表目标部分的图像状态(其位置或方向)，$\boldsymbol{I}_i$代表目标部分 X_i的图像测量。先验模型中的链路刻画目标部分之间的空间依赖关系，而转换网络之间的链路表示每个目标部分的动态转换，和目标部分之间的动态依赖关系。

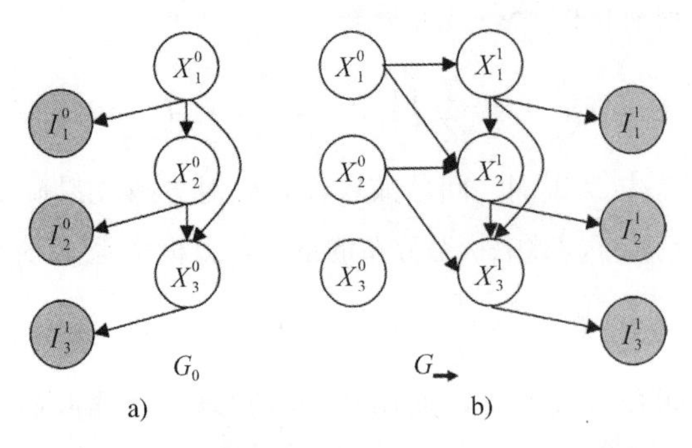

图 5.36　用于基于部分的目标跟踪的 DBN 模型，其中图 a 是先验模型，图 b 是转换节点。节点 X_i代表第 i 个主体部分，I_i代表其图像测量

遵循 3.7.2.1 节中讨论的 DBN 参数和结构学习方法，我们可以学习先验模型和转换模型的参数和结构。给定所学习的 DBN 模型，可以执行基于部分的目标跟踪：给定过去的图像测量，使用 DBN 滤波方法，来递归估计时间 t 的部分变量 $\boldsymbol{X}^t$。

212

$$\boldsymbol{x}^{*t} = \arg\max_{\boldsymbol{x}^t} p(\boldsymbol{x}^t \mid \boldsymbol{i}^{1:t})$$

在铰接式目标跟踪文献中，基于 PGM 的跟踪受到显著关注，例如对人的跟踪，特别是人体姿态跟踪。人体姿态跟踪的目标，是跟踪视频中随着时间变化的每个身体部分(关节)的位置(或关节角度)。因此，也被称为人体运动估计。已经提出各种 PGM 用于人体运动和姿态跟踪。这些模型在其 PGM 模型的架构、图像测量的类型以及执行二维或三维身体姿态跟踪方面都各有不同。不同的 PGM 结构包括运动树表示方法(2D[163]、2.5D[30]和 3D[164-165])、三维松肢模型[31]和三维运动刻画关节角度。所使用的图像特征类型，可能包括各种形状和纹理特征[166-168]、来自单个部分检测器的输出[169,32,170]以及最近的深度模型所学习的特征。

Zhang 和 Ji[29]提出了一种用于上身跟踪的 DBN 模型。基于上体部分之间的物理(拓扑)排列，首先人为构造树 BN(运动链)，如图 5.37 所示，其中白色圆节点表示每个身体部分的位置或关节角，阴影圆节点表示相应身体部分的图像测量。

为了刻画所有物理上可行的身体运动，而不仅仅是训练数据中存在的身体运动，Zhang 和 Ji 将人体各部分之间关系的各种物理、解剖和生物力学约束纳入其模型的参数中。因此，不同于现有的人体模型，他们的模型并不局限于训练数据中的典型运动，可以跟踪任何类型的身体运动。基于解剖知识和物理约束，可以人为指定 BN 结构和参数。然后，通过假设身体各部分之间随时间的平滑过渡，可以将 BN 模型扩展到 DBN 模型。接着运用标准 DBN 推理方法，通过贝叶斯滤波进行人体姿态跟踪。他们的模型可以用于二维和三维人体跟踪。

213

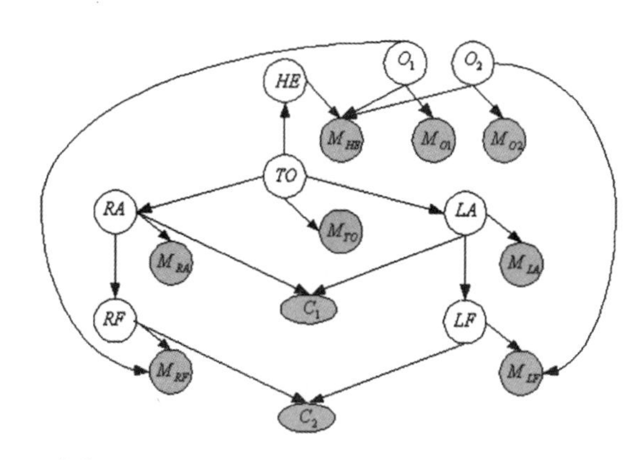

图 5.37　上半身 BN[29]，其中白色节点表示人体部分，阴影 M 节点表示其图像测量，阴影 C 节点表示上半身约束

在文献[30]中，Palovic 等人引入了一种基于 DBN 的开关线性动力系统(SLDS)，用于模拟复杂而丰富的动态行为，如人体运动。如图 5.38 所示，SLDS 模型由三层组成：顶层为开关变层 $\boldsymbol{H}=\{h_1,\cdots,h_T\}$，表示潜在动态类型(如慢跑或步行)；中间层是状态层，刻画随时间转变的人体位置；底层表示身体关节随时间推移的图像测量。下面两层形成 HMM，而顶层允许不同动态过程之间的状态切换。第二层的状态转换，现在由先前的状态和当前开关变量的值决定，即从 $p(\boldsymbol{S}_t|\boldsymbol{S}_{t-1})$ 到 $p(\boldsymbol{S}_t|\boldsymbol{S}_{t-1}, h_t)$的转换概率。状态转换变量使身体运动的不同类型可以自动切换，反过来，又在跟踪过程中提供更精确的动态建模。因此，Palovic 等人的模型克服了传统 HMM 的一元动力学假设，使该模型对由不同类型的简单动态过程组成的复杂动态过程进行建模。他们使用条件线性多元高斯来参数化状态转换，使用多元高斯来参数化图像观测。由于潜变量的存在，可以通过 EM 算法从图像数据中学习 SLDS 模型。为了推理，他们需要执行联合后验概率 $P(\boldsymbol{S},\boldsymbol{H}|\boldsymbol{X})$，对此而言精确推理变得棘手。他们引入了三种不同的近似方案。维特比近似方案将 $P(\boldsymbol{S},\boldsymbol{H}|\boldsymbol{X})$解耦为 $p(\boldsymbol{H}|\boldsymbol{S},\boldsymbol{X})$和 $p(\boldsymbol{S}|\boldsymbol{X})$的乘积。首先应用维特比译码求解 $p(\boldsymbol{S}|\boldsymbol{X})$，产生 $\boldsymbol{S}^*$；之后用维特比译码求解 $p(\boldsymbol{H}|\boldsymbol{S}^*,\boldsymbol{X})$。变分推理解耦 SLDS 模型为 HMM 模型(上层)和线性动态系统(下层)。最后，广义拟贝叶斯方案试图将模型折叠成组分数量减少(和固定)的混合物。与简单的动态模型相比，SLDS 具有更强的跟踪性能。另外，实验还表明，SLDS 模型在对包含由不同类型的原始动作(如慢跑和跑步)组成的视频的同时进行分割和动作分类方面优于 HMM。

214

除了 DBN，无向动态模型也被用于三维人体姿态估计和跟踪。遵循人体运动链，Sigal 等人[31]建议使用 MN 将身体表示为 10 个松散连接的身体部分的集合(包括头部、

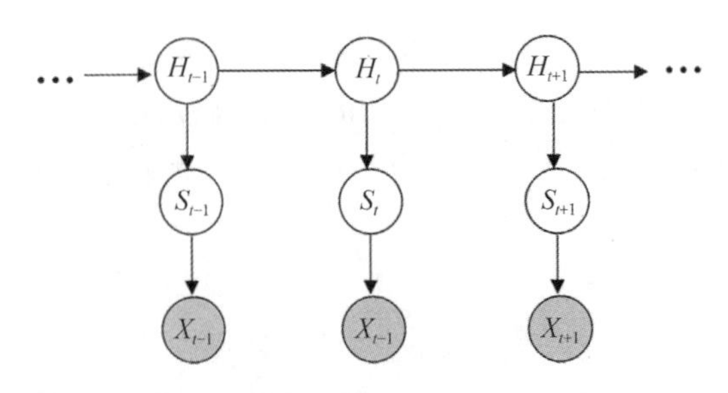

图 5.38　切换线性动态系统(SLDS)[30]，其中顶层节点表示状态切换变量，中间层节点表示隐藏状态变量，底层节点表示图像观测

躯干、大(小)臂(分左右)和大(小)腿(分左右))，如图 5.39 所示。其中，每个节点代表一个身体部分，每个身体部分的状态由 6 个空间参数测量，刻画几何维度及与相邻身体部分的空间关系。短的实线链路刻画身体部分之间的空间依赖关系，每个链路都是通过一个成对的势函数来量化的，用以测量两个身体部分的兼容性。给定相邻身体部分，成对势函数是由身体部分的条件概率量化的，指定为高斯混合。然后，通过在每个时间片上重复静态 MN 的结构，扩展静态 MN 到动态 MN，其中两个连续时间相应节点链路刻画每个身体部分的状态转换。提取每个身体部分各种低层次的图像特征，在此基础上构造了一元势函数，在给定其图像测量的情况下，该函数测量每个身体部分的似然概率。分别学习一元势函数和成对势函数的参数，通过最大熵学习从图像数据中学习一元势参数，而成对势函数则从运动刻画数据中学习。给定其测量，人体部分跟踪是通过每个身体部分的 MAP 推理来执行的。为了使推理便于理解，Sigal 等人采用非参数置信度传播(用采样粒子近似消息)[171]，通过 PF 方法结合一元和成对势函数，来估计每个帧中的三维身体部分姿态。这种方法的主要优点是，通过使用来自部分检测器的自底向上的信息，将搜索空间的复杂性降低到身体部分数量的线性。

215

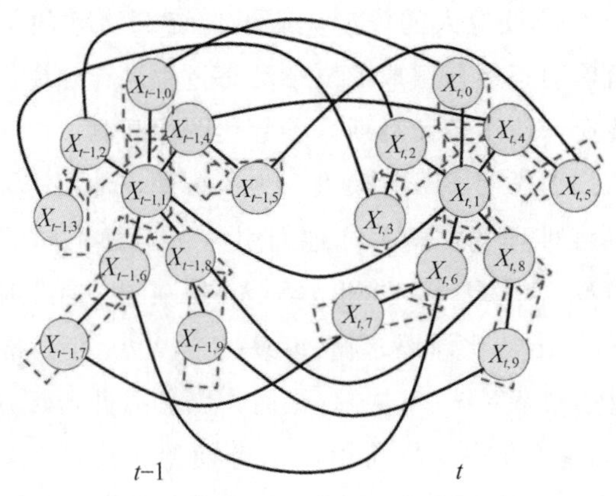

图 5.39　松肢人体模型的图形模型[31]，其中人体由 10 部分组成(头、躯干、大(小)臂(分左右)和大(小)腿(分左右))，由虚线矩形描绘。每个身体部分(灰色圆圈中的节点)由三维位置和方向的六维向量表示。短实线黑边刻画相邻部分之间的空间依赖性(空间关联)，长实线边刻画从时间 $t-1$ 到 t 部分之间的时间依赖性

Ramanan 和 Forsyth[32] 使用九段树马尔可夫模型，来刻画九个身体部分（由躯干和大（小）臂（分左右）和大（小）腿（分左右）组成）及其对二维身体姿态估计的运动学依赖关系，如图 5.40 所示。每个身体部分由以其取向和质心位置为特征的矩形形状表示，提取图像特征进行体段表征和检测。模型参数是人为指定的。使用通过循环置信度传播的 MAP 推理，来定位每个帧中的体段，而每个体段都受制于帧上的外观约束。该模型不涉及人体动态建模，因此，它对每个帧执行独立的人体部分检测。

除了人体模型的生成式学习外，人们还提出了判别式学习（最大条件似然）来改进跟踪。Kim 和 Pavlovic[172] 表明，即使使用线性 LDS 这样的简单模型，复杂的判别式学习目标也能显著提高跟踪准确度。他们引入了两种学习算法：条件极大似然法和分段条件极大似然法。他们评估了方法在单目视频三维人体姿态跟踪问题上的泛化性能。

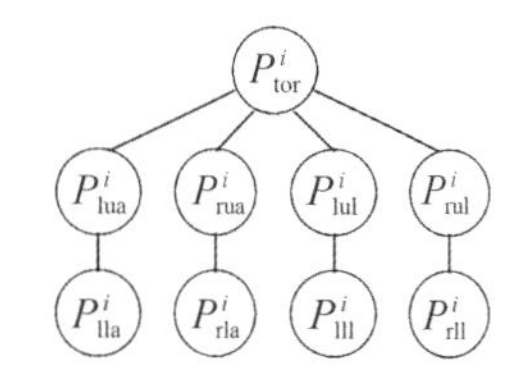

图 5.40　人体部位检测的树马尔可夫模型[32]

为了降低使用生成式三维模型进行推理的复杂性，Sminchisescu 等人[33] 提出将文献[173]的有向条件模型扩展到用于三维姿态估计的连续状态空间。如图 5.41 所示，通过将状态和观察之间的链路方向反转到从观察到状态，有向条件模型被 $p(\boldsymbol{x}_t|\boldsymbol{r}_t)$ 参数化进行图像观察，用 $p(\boldsymbol{x}_t|\boldsymbol{x}_{t-1},\boldsymbol{r}_t)$ 来参数化状态转换。观察和转换模型都以图像观察 $\boldsymbol{r}_t$ 为条件。

216

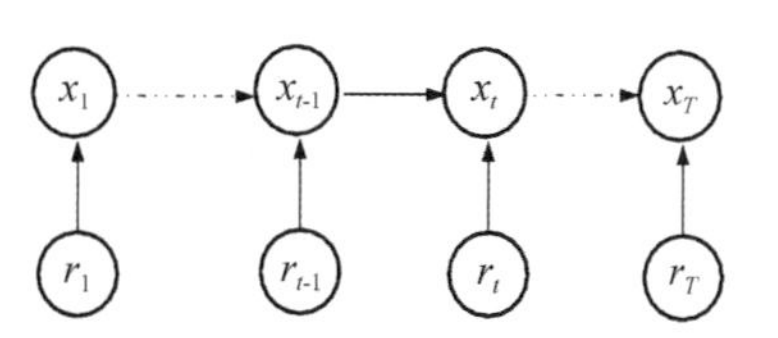

图 5.41　有向条件模型[33]

利用有向条件模型，很容易说明滤波密度函数可以递归地写成

$$p(\boldsymbol{x}_t|\boldsymbol{r}_{1:t})=\int_{\boldsymbol{x}_{t-1}}p(\boldsymbol{x}_t|\boldsymbol{x}_{t-1},\boldsymbol{r}_t)p(\boldsymbol{x}_{t-1}|\boldsymbol{r}_{1:t-1})\mathrm{d}\boldsymbol{x}_{t-1}$$

他们并未用线性高斯（如 3.2.3.2 节所讨论的）来对 $p(\boldsymbol{x}_t|\boldsymbol{x}_{t-1},\boldsymbol{r}_t)$ 和 $p(\boldsymbol{x}_{t-1}|\boldsymbol{r}_{t-1})$ 进行参数化，而是提出用专家贝叶斯混合（高斯混合）来将其参数化，用指定为 $\boldsymbol{r}$ 的函数混合加权。他们进一步提出贝叶斯 EM 方法，来近似学习专家贝叶斯混合。然后给定所学模型，利用滤波密度函数进行三维人体姿态跟踪。

全判别式模型也被用于多目标跟踪。Taycher 等人[161] 将类似 CRF 的判别式模型应用于人体姿态跟踪，将连续状态空间离散为网格。他们提出的网格滤波算法实现了几乎实时的精确跟踪。然而，这种基于网格的方法通常需要大量已知先验姿态，以获得良好近似。在文献[34]中，Kim 和 Pavlovic 提出了一种用于人体姿态跟踪的判别式无向图模型，称为条件状态空间模型（CSSM）。如图所 5.42 示，CSSM 模型与图 5.35a 中全连接 CRF 模型在结构和建模上都很相似。CSSM 模型以整个检测序列 $\boldsymbol{Y}$ 为状态 $\boldsymbol{X}$ 的条件，同时利用问题的顺序结构。通过直接建模条件分布 $p(\boldsymbol{X}|\boldsymbol{Y})$，其建模与预测（跟踪）任务

良好吻合。Kim 和 Pavlovic 提出用吉布斯分布表示 $p(\boldsymbol{X}|\boldsymbol{Y})$：

$$p(\boldsymbol{x}^{1:T}|\boldsymbol{y}^{1:T}) \propto \exp\left(-[\sum_{t=1}^{T}\boldsymbol{x}^t S \boldsymbol{x}^t + \boldsymbol{x}^t Q \boldsymbol{x}^{t-1} + \boldsymbol{x}^t E \phi(\boldsymbol{y}_t)\right)$$

其中指数中的第一项和第二项，一起构成成对能量函数，$\boldsymbol{X}^t \boldsymbol{S} \boldsymbol{X}^t$ 是空间能量函数，刻画元素 $\boldsymbol{X}^t$ 之间的空间依赖关系，$\boldsymbol{X}^t \boldsymbol{Q} \boldsymbol{X}^{t-1}$ 是时间能量函数，它假设线性高斯动态变化，刻画连续状态向量之间的时间依赖(转换)。$\boldsymbol{X}^t E\phi(\boldsymbol{Y}_t)$ 代表一元能量函数，$\phi(\boldsymbol{Y}_t)$ 是只在时间 t 观察的特征向量。一元能量函数测量状态向量 $\boldsymbol{X}^t$ 和观察 $\boldsymbol{Y}^t$ 之间的关系。注意：为简化计算，成对能量函数是独立于 $\boldsymbol{Y}$ 的，而一元能量函数只取决于 $\boldsymbol{Y}^t$，而非全部观察 $\boldsymbol{Y}$。这些简化方法，有效地使该 CRF 模型与图 5.35b 中简化的 CRF 模型相同。他们引入梯度下降方法，通过最小化其受密度可积性影响的负对数似然，来学习模型参数 S、Q 和 E。给定所学习的模型参数，他们引入了一种基于信息传递的递归推理方法，来执行解码推理：

$$\boldsymbol{x}^{*1:t} = \arg\max_{\boldsymbol{x}^{1:t}} p(\boldsymbol{x}^{1:t}|\boldsymbol{y}^{1:t})$$

由于递归，他们的推理算法比卡尔曼滤波快得多，因此它能够使模型具有大量的测量特征。他们将模型应用于三维人体姿态跟踪，其中 $\boldsymbol{X}$ 表示三维关节角度。实验表明，他们的判别式模型产生的估计误差明显低于相应的生成式模型。

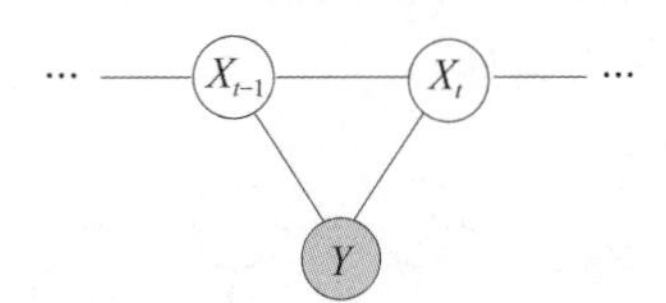

图 5.42 条件 SSM(CSSM)[34]

基于部分的目标跟踪可以进一步扩展到多目标跟踪，其中每个目标可以被视为刚性目标部分。与基于部分的单目标跟踪相比，多目标跟踪通常更具挑战性，因为我们没有对每个目标进行相应的检测，所以，我们需要同时估计目标的状态和目标测量关联。此外，目标部分之间的时空关系可能是随机的，而且更难刻画。在基于 PGM 的方法中，除了对跟踪状态和观测变量进行建模，模型还应该表示每个跟踪器的关联变量。设在时间 t，有 M 个跟踪器 $\boldsymbol{x}_t=(x_{1,t},\cdots,x_{M,t})$，其中第 i 个跟踪器在时间 t 具有跟踪状态 $X_{i,t}$；m_t 测量 $\boldsymbol{y}_t=(y_{1,t},\cdots,y_{mt,t})$，其中 $y_{k,t}$ 是时间 t 的第 k 个测量；潜在关联向量 $\boldsymbol{a}_t=(a_{1,t},\cdots,a_{M,t})$，其中变量 $a_{i,t}\in\{0,\cdots,m_t\}$ 建立跟踪器 i 与特定测量(0 表示目标消失)的关联。给定观察 $\boldsymbol{y}_t=(\boldsymbol{y}_1,\boldsymbol{y}_2,\cdots,\boldsymbol{y}_t)$，多目标跟踪可以表示为最大化后验(MAP)推理问题：

$$\begin{aligned}\boldsymbol{x}_t^* &= \arg\max_{\boldsymbol{x}_t} \log p(\boldsymbol{x}_t|\boldsymbol{Y}_t)\\ &= \arg\max_{\boldsymbol{x}_t} \log \sum_{\boldsymbol{a}_t} p(\boldsymbol{x}_t,\boldsymbol{a}_t|\boldsymbol{y}_t)\\ &= \arg\max_{\boldsymbol{x}_t} \log \sum_{\boldsymbol{a}_t} p(\boldsymbol{x}_t,|\boldsymbol{a}_t,\boldsymbol{y}_t)p(\boldsymbol{a}_t|\boldsymbol{y}_t) \end{aligned} \tag{5.26}$$

其中第一项 $p(\boldsymbol{x}_t, | \boldsymbol{a}_t, \boldsymbol{Y}_t)$ 可以作为传统的具有已知检测跟踪器关联的多目标跟踪。第二项刻画到目前为止给定观测的关联向量分布。求解式(5.26)，要求列举 $\boldsymbol{a}_t$ 的所有可能配置，这对大量的追踪器和检测来说可能会变得棘手。可以用 $\frac{1}{S}\sum_{s=1}^{S} p(\boldsymbol{x}_t, | \boldsymbol{a}_{s,t}, \boldsymbol{y}_t)$ 或 $p(\boldsymbol{x}_t, | \boldsymbol{a}_t^*, \boldsymbol{y}_t)$ 来替代 $\sum_{\boldsymbol{a}_t} p(\boldsymbol{x}_t, | \boldsymbol{a}_t, \boldsymbol{y}_t) p(\boldsymbol{a}_t | \boldsymbol{y}_t)$ 以近似求解，其中，$\boldsymbol{a}_{s,t}$ 从 $p(\boldsymbol{a}_t | \boldsymbol{y}_t)$ 中采样，$\boldsymbol{a}_t^*$ 是 $p(\boldsymbol{a}_t | \boldsymbol{y}_t)$ 的模。

Yu 等人[174]遵循相同的问题定义，将多目标跟踪表示为数据关联变量的 MAP 估计问题：

$$\boldsymbol{a}_t^* = \arg\max_{\boldsymbol{a}_t} \log p(\boldsymbol{a}_t | \boldsymbol{y}_t)$$

该模型可以分解为关联先验模型 $P(\boldsymbol{a}_t | \boldsymbol{x}_t)$ 和似然模型 $P(\boldsymbol{y}_t | \boldsymbol{x}_t, \boldsymbol{a}_t)$，用全连接成对 MRF 来表示 $P(\boldsymbol{a}_t | \boldsymbol{x}_t) \propto \prod_{i,j} \psi_{i,j}(a_{i,t}, a_{j,t} | \boldsymbol{x}_t)$。他们进一步假设，关联先验的成对势独立于跟踪器状态 $\boldsymbol{x}_t$，导致异或指示势函数，即 $\psi_{i,j}(a_{i,t}, a_{j,t} | \boldsymbol{x}_t) = \delta(a_{i,t} \neq a_{j,t})$。给定数据关联，似然模型进一步分解为单个跟踪器排放模型，即 $P(\boldsymbol{y}_t | \boldsymbol{x}_t, \boldsymbol{a}_t) = \prod_i P(y_{a_{i,t},t} | x_{i,t})$。他们在优化过程中，把 $\boldsymbol{x}_t$ 看作隐藏变量，通过(变分)似 EM 迭代，使 $\boldsymbol{a}_t$ 的 $P(\boldsymbol{a}_t | \boldsymbol{Y}_t)$ 最大化。这样，E 步骤的状态后验即 $P(\boldsymbol{x}_t | \boldsymbol{Y}_t)$，愈加成为跟踪中所需的数量。这一框架很具有计算吸引力，因为它允许以分布式的方式进行优化。

Khan 等人[175]使用联合 PF[176]，他们构建动态 MRF 模型，来给附近目标之间的空间交互建模。具体来说，他们不是假设跟踪器在空间上是独立的，而是假设跟踪器在每个时间都是相关的，他们用 $\psi_{i,j}(x_{i,t}, x_{j,t}) \propto \exp(-g(x_{i,t}, x_{j,t}))$ 来刻画两个跟踪器 i 和 j 在时间 t 的成对交互。其中，$g(x_{i,t}, x_{j,t})$ 来刻画两个跟踪器 i 和 j 在时间 t 上重叠的像素数，惩罚(或避免)折叠目标，即社会性主体(如昆虫)身上所观察到的性质。将成对交互势纳入跟踪器转换模型，并与跟踪过程中每个样本的权重测量一起使用。Khan 等人为了在所有跟踪器上进行有效的采样，引入了一种 MCMC 采样方法，该方法每次采样一个跟踪器的状态。

219

5.3.4　三维重建和立体视觉

三维重建包括从目标的二维图像中估计目标的三维几何性质。三维几何性质包括三维坐标、三维方向和每个三维点的深度。三维坐标(3 自由度)重建也被称为完全重建，因为它完全刻画目标的三维几何形状。三维方向估计也被称为三维形状重建，因为它只恢复目标上每个三维点的三维方向(2 自由度)。三维形状的大小尚不清楚。最后，深度重建是最简单的三维重建，因为它只恢复每个三维点的 z 坐标(1 自由度)。计算机视觉三维重建技术可分为三类：单目单图像的三维重建(形状来自 X)、两幅图像的三维重建(被动或主动立体)和序列图像的三维重建(结构来自运动)。PGM 已经应用于每种类型的三维重建，特别是被动立体(视觉)。虽然我们将重点讨论 PGM 在被动立体(视觉)中的应用，但也将讨论 PGM 在单目图像三维重建中的应用。

5.3.4.1　用于被动立体视觉的PGM

具有被动立体视觉三维重建通常包括两个步骤：点匹配和通过三角剖分对匹配点进行三维重建。挑战在于点匹配步骤：在两幅图像中识别相应的点。如果两幅图像中的两个点由相同的三维点生成，那么这两个点则匹配并成为对应的点。尽管点匹配使用了各种几何约束，如极线约束、空间顺序约束等，但是点匹配耗时并模糊，因为搜索空间往往很大，并且往往没有足够的信息来将两个点配成唯一的对。这一挑战的一个解决方法是，对所有图像点联合执行点匹配，而不是每次匹配一个，并对从匹配点恢复的几何形状施加局部或全局结构约束。通常用MN这样的PGM来执行联合点匹配并施加结构约束。

在计算机视觉中，点匹配通常被重新定义为视差估计。对于校正过的立体图像(即对应点位于同一图像行上)，视差被定义为两个匹配点之间的绝对水平(列)差。给定估计的视差，可以恢复每个像素的深度，因为视差与深度成反比。因此，视差通常被用作像素深度的替代测量。视差估计方法可分为局部方法和全局方法。局部方法分别估计每个像素的视差，而全局方法同时估计所有像素的视差。MRF等PGM模型广泛用于全局方法。

具体来说，给定同一场景的两幅图像(左边的参考图像和右边的匹配图像)，视差估计可以说明如下。设$\boldsymbol{X}=\{X_1,X_2,\cdots,X_N\}$代表参考图像上的$N$个像素，$\boldsymbol{D}=\{D_1,D_2,\cdots,D_N\}$代表$D_n\in[1,K]$的每个像素的相应视差图，其中$K$是一行像素的数量。我们可以进一步将$\boldsymbol{Y}=\{Y_1,Y_2,\cdots,Y_N\}$定义为匹配图像的像素。数学上，视差估计可以说明如下：给定$\boldsymbol{X}$和$\boldsymbol{Y}$，找到最匹配$\boldsymbol{X}$与$\boldsymbol{Y}$中像素的$\boldsymbol{D}$。我们可以将其表述为MAP推理问题：

$$\boldsymbol{d}^*\arg\max_{\boldsymbol{d}} p(\boldsymbol{d}\,|\,\boldsymbol{x},\boldsymbol{y}) \tag{5.27}$$

该问题可以表述为MAP-MRF推理问题。我们可以构造一个成对的网格状双层标记观测MRF模型，来刻画$\boldsymbol{X}$、$\boldsymbol{Y}$和$\boldsymbol{D}$之间的关系，如图5.43所示，其中标记层的每个节点d_n表示第n个像素的视差测量。底部观测层的对应节点是图像测量$I_n=f(X_n,Y_{n+D_n})$，来自参考图像的X_n和匹配图像的Y_{n+D_n}。标记节点间的链路刻画局部视差平滑。

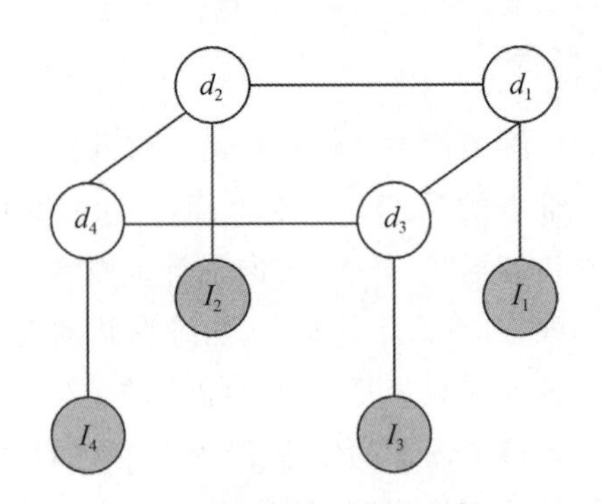

图5.43　用于图像视差估计的标记观测模型

给定MRF模型，$p(\boldsymbol{D}\,|\,\boldsymbol{X},\boldsymbol{Y})$可以改写如下

220

$$p(\boldsymbol{d}|\boldsymbol{x},\boldsymbol{y}) = p(d_1,d_2,\cdots,d_N|x_1,x_2,\cdots,x_N,y_1,y_2,\cdots,y_N)$$
$$\propto p(d_1,d_2,\cdots,d_N)p(x_1,x_2,\cdots,x_N,y_1,y_2,\cdots,y_N|d_1,d_2,\cdots,d_N)$$
$$= \prod_{n=1}^{N}\prod_{m\in\mathcal{N}_n} p(d_N,d_m)p(x_n,y_{n+d_n}|d_n) \quad (5.28)$$

其中，$\mathcal{N}_n$是像素n的邻点，全局视差先验$p(d_1,d_2,\cdots,d_N)$由局部成对视差先验$p(d_n,d_m)$的乘积近似求解。可以用局部先验来执行局部平滑约束。$p(x_n,y_{n+d_n}|d_n)$检测匹配图像中像素X_n和相应像素Y_n+d_n的似然d_n。在MRF框架中，$p(d_n,d_m)$可以由成对能量函数$E_{nm}(d_n,d_m)$指定，而$p(x_n,y_{n+d_n}|d_n)$可以由一元能量函数$E_n(x_n,y_{n+d_n},d_n)$指定。具体而言，成对能量函数$E_{nm}(d_n,d_m)$给局部视差平滑度编码。我们可以只使用波茨模型指定成对能量函数。在实际应用中，成对能量函数通常是匹配图像中相邻像素之间的视差的差函数，即$E_{nm}(d_n,d_m)=\rho(d_n-d_m)$，其中$\rho$是递增函数，如二次函数。

一元能量函数$E_n(x_n,d_n,Y_{dn+n})$通过匹配图像上$n+d_n$的相应像素的X_n和Y_m之间的负互相关量化

$$E_n(x_n,y_n+d_n,d_n) = -CC(x_n,y_{n+d_n})$$

除了负互相关外，其他匹配成本，包括平方差和绝对强度差之和，也可以用来量化一元能量函数。给定能量函数，我们就可以构造$p(d_n,d_m)$和$p(X_n,Y_{n+d_n}|d_n)$为吉布斯分布：

$$p(x_n,y_{n+d_n}|d_n) = \exp(-\alpha_n E_n(x_n,y_{n+d}))$$
$$p(d_n,d_m) = \exp(-w_{n,m}E_{nm}(d_n,d_m))$$

我们可以证明，最大化后验概率等同于最小化总能量函数

$$E(\boldsymbol{d}) = \sum_{n=1}^{N}\{\alpha_n E_n(d_n,x_n,y_{n+D_n}) + \sum_{m\in\mathcal{N}_n} w_{n,m}E_{nm}(d_n,d_m)\}$$

其中第一项测量视差与配对图像对的匹配程度。第二项编码局部平滑约束，并测量局部像素之间的视差。为了避免沿深度可能发生显著变化的目标边界施加平滑约束，人们提出了一种基于鲁棒统计的不连续保持平滑约束。其中一个解决方案是使局部平滑性约束，即成对能量项，取决于强度差异。例如，通常使用图像梯度方面的局部惩罚函数，来惩罚梯度较大的边界像素的局部平滑性假设。在被动立体视觉中使用MRF的优点是多重的。第一，通过MRF的成对能量函数，可以给局部结构平滑约束系统地编码。第二，通过MAP推理，可以共同推断所有同时受局部平滑约束的像素的视差。最后，它允许人们利用最新的MRF学习和推理方法。

然后，可以使用MRF学习，来学习MRF参数$(\alpha_n,w_{n,m})$。因此，我们可以采用各种MRF MAP推理方法，来求解式(5.27)，获得视差图$\boldsymbol{d}^*$。可以用4.6节中讨论的各种算法，来找到一个(局部)最小值，包括置信度传播、图切割、采样方法、变分方法和模拟退火。此外，离散优化方法，包括线性规划和动态规划，也被应用于立体匹配[177-178]。给定两个校正图像对应的两行，动态规划构造两行像素之间所有成对匹配成本的矩阵。然后，通过所有成对匹配成本的矩阵，递归地找到一个最小成本路径。虽然动态编

221
222

程可以在多项式时间内，找到独立行的全局最小值，但在执行行间一致性方面存在困难。

Tappen 和 Freeman[35]将上述公式应用于视差估计，他们使用 Birchfield-Tomasi 匹配成本来指定一元能量函数，用波茨模型的变体来指定成对能量函数，采用置信度传播和图切割的方法来执行 MAP 推理。对于置信度传播，他们使用同步 BP 和加速 BP 方法。他们的研究表明，图切割方法可以产生最好的结果。如图 5.44 显示由不同推理方法得到的估计视差图。

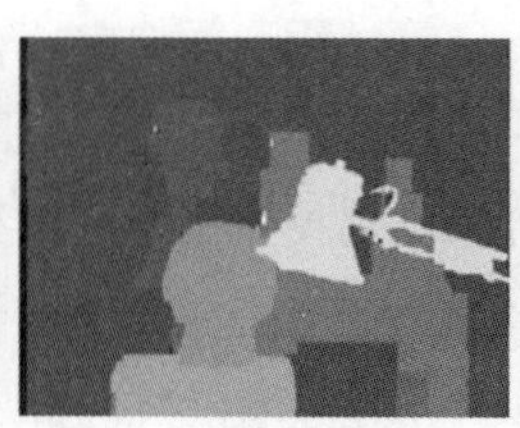
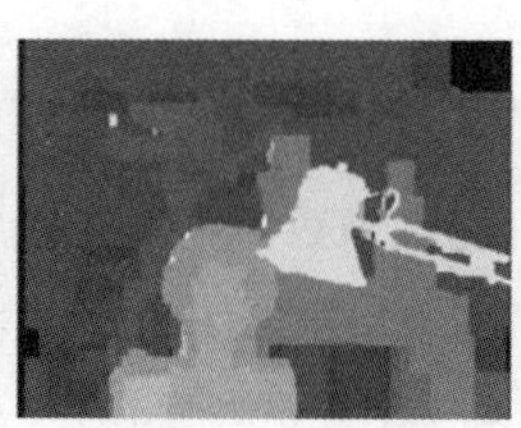
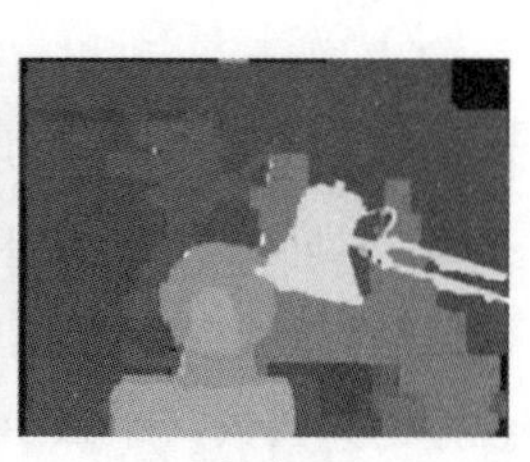

a) 筑波图像　b) 图形切割　c) 同步BP　d) 加速BP

图 5.44　不同方法得到的筑波图像的差异估计[35]

基于网格的 MRF 模型计算成本较高。引入不同的简化 MRF 模型，包括文献[178]中的树模型，文献作者采用最小生成树方法将全网格模型修剪成树，并采用动态规划对树模型进行 MAP 推理。他们的模型在 Middlebury 数据库进行了评估。虽然他们的模型在准确度上没有达到最先进的水平，但他们的方法工作得非常快(一幅图像不到 1 秒)，并在准确度和计算效率方面取得了很好的平衡。

Sun 等人[179]为了处理图像遮挡和不连续，提出使用三个具有置信度传播的耦合 MRF，来执行立体匹配。三个耦合的 MRF 建模一个光滑场用于深度/视差、一个线过程用于深度不连续，以及一个二元过程用于遮挡。在推理过程中，他们不进行联合优化，而是将优化分解为三个子优化。首先估计深度不连续性，然后估计二元遮挡。给定所估计的深度不连续性和遮挡，他们最后用置信度传播，来获得平滑视差图的 MAP 估计。他们还将来自分割、边和角的额外视觉线索纳入一元能量函数，以提高立体匹配。最后，他们将两帧立体匹配扩展到多视立体。Scharstein 和 Szeliski[180]对建立两帧立体对应的不同 MRF 推理技术进行了总结和评价。他们根据匹配成本、聚合方法和优化技术，对几个稠密两帧立体对应法进行了详尽的分类总结。他们还使用不同的性能度量，在 Middlebury 数据集上定量地评估了这些方法的性能。他们的评价结果表明，使用图切割或置信度传播，基于 MRF 公式的全局方法，通常优于其他方法。

223

5.3.4.2　单目图像的三维重建

在计算机视觉中，单目图像的三维重建统称为来自 X 的形状。这种类型的三维重建，包括来自阴影的形状、来自纹理的形状、来自焦点的形状、光度立体和来自几何的形状。单个图像的三维重建具有挑战性，是不适定问题，因为多个三维几何图形可以产生相同的图像，需要额外的线索来规范不适定问题。最常用的正则化方法涉及局部平滑的变体，这些变体都是局部的，无法刻画全局形状信息。一种可行的全局正则化方法是

使用 PGM 来刻画三维形状的先验分布。三维先验形状模型可以从训练数据中习得或人为指定。然后，在三维重建过程中，先验模型可以用作正则化项。Atick 等人[181]将这一理念应用于单个图像的三维人头重建。他们提出，首先从几百个激光扫描头的数据库中，构造一个三维变形的人头。然后从阴影方程将变形模型纳入形状。他们通过从阴影方程求解约束形状，可以导出变形模型的系数，从而从单个人脸图像中导出三维人脸。虽然他们的方法有趣新颖，但只使用几何形状模型，不涉及图模型。相比之下，Saxena 等人[36]提出了利用 MRF 模型，从单个静止图像中刻画物体三维形状，进行三维深度估计的方法。他们的模型在不同的尺度上，采用了分层的 MRF 先验模型，如图 5.45 所示，来刻画场景先验的全局形状。他们使用 3D 扫描仪收集训练数据，包括场景图像和相应的深度图。他们利用收集到的训练数据，学习多尺度的条件 MRF，来刻画给定相应图像特征的深度的条件分布。具体来说，对于深度估计，他们首先将图像划分为矩形面片，并估计每个面片的单个深度检测。在三个空间尺度上提取刻画纹理变化、纹理梯度和颜色的图像特征。为了刻画背景和全局信息，还提取了附近块的图像特征。将这些特征组合起来，为每个块形成一个 646 维的大特征向量。相对深度和绝对深度都被用来表征每个面片的深度。然后他们构建多尺度高斯 MRF 模型，如图 5.45 所示，刻画 $p(\boldsymbol{d}|\boldsymbol{x})$，其中 $\boldsymbol{d}$ 是图像的深度图，$\boldsymbol{x}$ 是图像特征。如式(5.29)所示，$p(\boldsymbol{d}|\boldsymbol{x})$由两项构成，第一项是从训练数据中学习的一元能量函数，通过线性回归刻画深度与图像特征之间的关系。第二项刻画不同尺度下深度的局部平滑度。 224

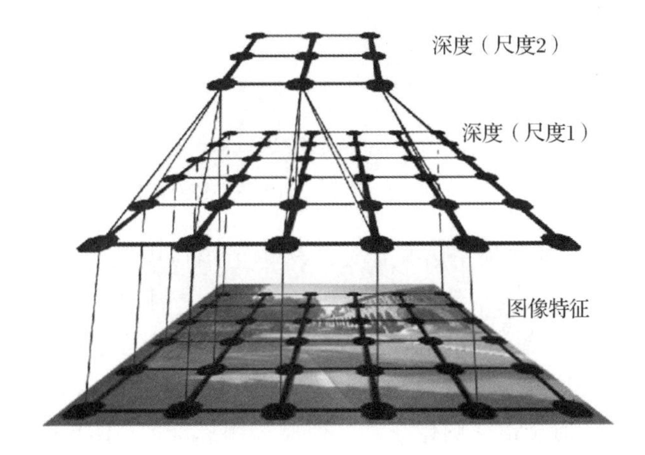

图 5.45 从单个图像进行深度估计的多尺度条件 MRF[36]。顶层刻画多尺度的三维深度，底层刻画三维深度与其图像观测之间的关系

$$p_G(\boldsymbol{d}|\boldsymbol{x},\theta,\sigma)=\frac{1}{Z_G}\exp\left(-\sum_{i=1}^{M}\frac{(d_i-\boldsymbol{x}_i^\top\theta_r)^2}{2\sigma_{1r}^2}-\sum_{s=1}^{2}\sum_{i=1}^{M}\sum_{j\in N_s(i)}\frac{(d_i(s)-d_j(s))^2}{2\sigma_{rs}^2}\right) \tag{5.29}$$

用极大似然方法来独立学习一元和成对能量函数的参数。给定 MRF 模型和图像，深度估计可以通过最大化式(5.29)，表示为 MAP 推理。由于 $p(\boldsymbol{d}|\boldsymbol{x})$在 $\boldsymbol{d}$ 中是二次的，其

最大值很容易在闭型中找到。他们除了将 $p(\boldsymbol{d}|\boldsymbol{x})$ 建模为高斯，还提出将 $p(\boldsymbol{d}|\boldsymbol{x})$ 建模为拉普拉斯分布，用于相对深度估计，因为比起高斯分布，相对深度分布更接近拉普拉斯分布。他们将模型应用于重建各种环境中不同的室外场景，并将该方法与立体方法进行了比较。结果表明，对于与训练图像相似的场景，该方法与立体重建方法相比，重建准确度有所提高。对于不同于训练图像的环境，立体方法仍然优于他们的方法。

Saxena 等人[182,37]提出了一种与之类似的、从单个图像中进行三维重建的学习方法，他们假设场景图像由超像素组成，而超像素是通过场景中三维平面表面的投影生成的。如图 5.46 所示，他们的方法首先将输入图像过度分割成超像素。然后，他们使用 MRF 对相应的三维平面的参数(三维位置和三维方向)、它们的空间关系以及三维平面与超像素之间的关系进行编码。具体来说，MRF 模型的一元势刻画从超像素中提取的图像特征与相应的三维平面参数之间的关系，而成对势对局部三维平面之间的局部连通性、共面性和共线性的信息进行编码。为了简化训练，他们采用多条件学习来训练其 MRF 模型。多条件学习[183]通过几个边际条件似然的乘积，近似联合似然。在给定输入图像及其过度分割的情况下，通过线性规划有效地进行 MAP 推理，以估计超像素的三维平面参数。

225

a) 原始图像

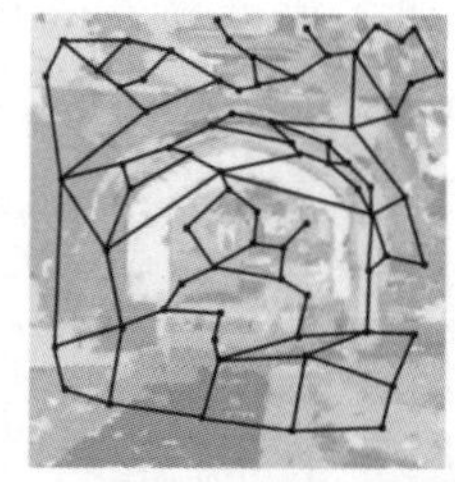

b) 背景中的过分割图像，以及相应的MRF模型（显示在覆盖的黑色边）

c) 原始图像的估计深度图

图 5.46　文献[37]中的超像素 MRF 模型

Liu 等人[184]提出了一种利用语义标记，从单个图像中进行三维深度估计的方法。与其他直接从图像中执行深度估计的方法不同，他们的方法首先执行语义图像分割，以获得场景中目标的标记。给定它们的语义标记，然后对每个像素的语义分割图像进行深度估计。将语义类标记信息纳入深度估计，这样可以使每个目标类型利用几何约束/先验，以改进深度估计。对于语义图像分割，他们采用标准的 MRF 模型，对每个图像像素进行多类(7 类)标记。在每个像素周围的一个小邻域中，计算的 17 个滤波器响应特征标准集上，使用增强的决策树分类器学习一元函数。成对势刻画相邻像素的颜色向量之间的平均平方差。对于深度估计，他们构造基于像素的和基于超像素的条件 MRF，其中一元和成对能量函数都取决于语义标记。式(5.30)显示基于像素的 MRF 的总能量函数，其中 p 指的是超像素。每个类单独学习一元函数。一元项(第一项)测量每个像素的深度与其逐点深度之间的兼容性，逐点深度由每个语义类的图像特征的对数线性函数估计。标准平滑先验(第二项)，用于对相邻超像素(p、q 和 r)施加共线性约束。Liu 等人还加入额外的能量项(第三、第四和第五项)，以刻画深度估计上特定于类的几何约束。这些几何约束分别为每个类导出，可以限制其深度估计范围和方向。所有约束都作为 Huber 损失函数[⊖]编码到能量项中，并将标准学习和推理方法应用于 MRF 模型，以学习模型参数，并对深度估计进行 MAP 推理。对室外场景的深度估计实验表明，由于使用语义信息，与相关方法相比，他们的方法的性能有所提高，这使得人们可以产生额外的几何约束，而其他方法是不可能实现这些的。

226

$$
\begin{aligned}
\boldsymbol{E}(\boldsymbol{D},\mathcal{I},\boldsymbol{L}) = & \underbrace{\sum_{p}\phi_{d}(D_{p})}_{\text{数据项}} + \underbrace{\sum_{pqr}\psi_{pqr}(D_{p},D_{q},D_{r})}_{\text{平滑度}} \\
& + \underbrace{\sum_{p}\psi_{pg}(D_{p},D_{g}) + \sum_{p}\psi_{pb}(D_{p},D_{b}) + \sum_{p}\psi_{pt}(D_{p},D_{t})}_{\text{几何约束}}
\end{aligned} \tag{5.30}
$$

Delage 等人[38]引入 DBN 模型，用于单一室内图像的自主三维重建。DBN 用于刻画有关场景的一些先验知识，并解决单目三维重建所固有的模糊性。他们的模型假设一个"地板墙"的几何形状，包括场景中水平的地板和垂直的墙壁，用于单一图像的三维重建。他们进一步假设相机的 Y 轴与地板平面正交，相机位于地板上方的已知高度。具体而言，如图 5.47 所示，为了更准确地检测地板边界，专门构造有条件的 DBN(更准确地说是扩展 BN)。给定地板颜色，该 DBN 刻画地板边界像素位置、图像方向以及图像特征的条件联合概率。DBN 的每个切片刻画图像列中的图像数据。给定人为构造的 DBN 模型，每个节点的条件概率被指定为高斯或高斯混合。通过极大似然估计，从训练数据中学习 DBN 模型参数。给定该模型，利用联结树算法进行 MAP 推理，找出最有可能的地板边界像素位置及其方向。然后，给定检测到的地板边界，应用投影模型附加几何约束(平面、垂直和平行线)，解析地恢复地板像素和垂直墙壁像素的三维坐标。对真实室内场景的实验，显示出该方法对单个图像重建三维室内场景的鲁棒性和准确性。但是，他们的方法有一些较强的假设，包括由水平地板和垂直墙壁组成的场景、校准的摄像机、已知的摄像机位置等。

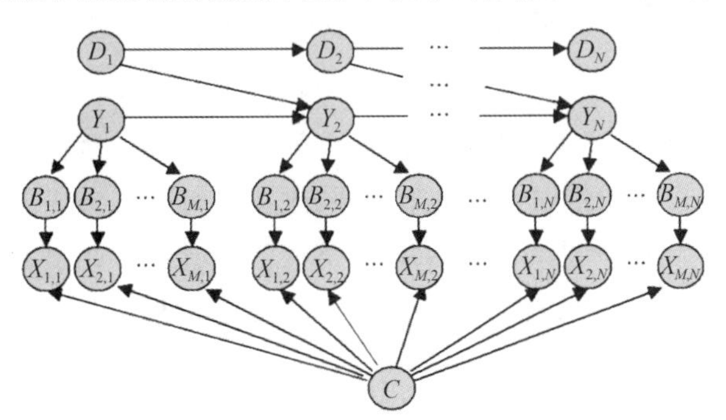

图 5.47 用于地板边界检测的 DBN 模型[38]，其中 C 表示地板强度，Y_i 表示图像第一列中的地板边界位置，D_i 表示第 i 个边界的图像方向，B_{ij} 是一个二进制变量，指示图像位置(i,j)处是否存在边界像素，$X_{i,j}$ 是图像特征

⊖ 一个稳健的、可以减少离群点效应的回归损失函数。

5.4 用于高级计算机视觉任务的 PGM

在本节中，我们将重点介绍 PGM 在高级计算机视觉任务中的应用。高级计算机视觉任务侧重于解释和理解图像/视频中的事件或活动。典型的高级计算机视觉任务包括227面部表情识别、人类动作/手势识别和复杂的人类活动识别。

5.4.1 面部表情识别

面部表情是由面部肌肉收缩形成的。根据面部动作编码系统(FACS)[185]，人类共有 44 块面部肌肉，这些肌肉的收缩产生不同的面部表情。面部表情识别可分为局部面部动作识别和全局面部表情识别。局部面部动作单元(AU)识别涉及检测面部成分(例如眼眉)附近的面部肌肉的存在(收缩)及其收缩程度(强度)，而全局面部表情识别则通常涉及识别由于多个 AU 的同时收缩产生的整个面部表情。面部表情通常包括 6 种原型面部表情，即快乐、惊讶、恐惧、悲伤、厌恶和愤怒。PGM 可用于刻画不同面部肌肉之间的依赖关系，进而用于面部动作和面部表情识别。

由于潜在的面部解剖和形成有意义的面部表情的需要，事实上多个 AU 彼此依赖，因此要利用 AU 间依赖关系，应该共同识别众多 AU，而不是单独识别。Tong 等人[39]引入 DBN，来刻画并编码这种 AU 依赖关系，并利用这些依赖关系来改进 AU 识别。如图 5.48 所示，其 DBN 模型的静态部分(图的右侧)刻画 AU 之间的空间依赖关系，其中节点表示 AU，定向链路刻画 AU 依赖关系。模型的动态部分(图的左侧)表示为在 t 和 $t-1$ 中自点箭头和节点之间的转换链路。动态部分刻画 AU 之间的动态依赖关系。使用算法 3.7 所引入的基于评分的爬山方法，学习 DBN 的结构和参数。为了结合对228AU 之间关系的人类知识，他们在贝叶斯信息准则(BIC)评分中添加了一个先验结构项，如式(5.31)所示，其中第一项为先验结构项，第二项为似然项，第三项为惩罚项：

$$\text{score}(\mathcal{G}) = \log p(\mathcal{G}^0) + \log p(\boldsymbol{D} \mid \mathcal{G}, \Theta^*) - \frac{d}{2}\log(N) \tag{5.31}$$

其中 d 是结构 $\mathcal{G}$ 的自由度，N 是训练样本的数目。先验结构项测量学习结构 $\mathcal{G}$ 与人为指定的先验结构 G^0 之间的相似性。然后使用基于外观的方法，执行单个 AU 检测以获得初始 AU 测量。然后，他们将图像测量附加到 DBN 中相应的 AU 节点，如图 5.48 中阴影节点所示。给定初始 AU 测量，然后用 DBN 模型执行 MAP 推理，以确定每个 AU 的最优状态。DBN 模型系统整合 AU 关联和 AU 测量，从而带来更具鲁棒性和精确性的 AU 识别。

文献[39]中的 DBN 模型刻画 AU 依赖关系。它们通常刻画局部成对依赖关系。此类模型无法刻画 AU 之间的远程和全局 AU 依赖关系。为了克服这一限制，Wang 等人[40]提出了一种分层的 RBM 模型，该模型在底部添加了另一个可见层，如图 5.49 所229示，其中底层表示 AU 图像测量，中间层表示真实数据 AU，顶层由二进制隐藏节点组成。顶部两层构成 RBM 模型，刻画 AU 之间的局部和全局关联。底部两层构成成对的

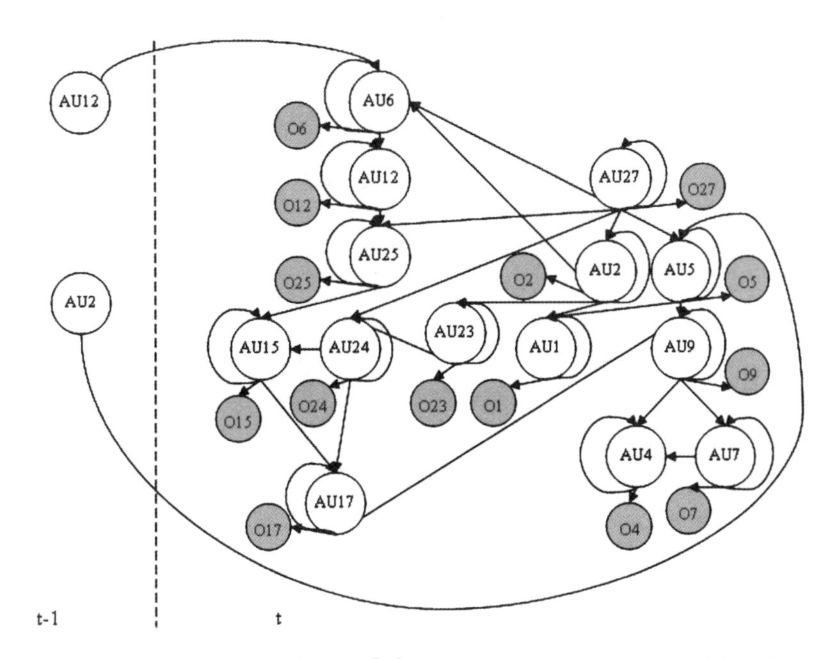

图 5.48 用于 AU 建模和识别的 DBN[39]。节点表示 AU，节点之间的定向链路刻画 AU 依赖关系。在时间 $t-1$ 和时间 t 的每个 AU 节点的自箭头和节点之间的转换链路，刻画 AU 的自时演化和不同 AU 之间的时间依赖性。阴影节点表示由独立的 AU 探测器产生的 AU 的图像测量

标记观测 MN，刻画真实数据 AU 与其测量之间的关系。因此，该模型结合了底层图像特征和顶层 AU 关联，以原则性方式联合识别 AU。分层模型的总能量函数，包含 RBM 模型的一元和成对能量项，还包含一个额外的成对项，以刻画 AU 检测层和 AU 真实数据层中节点之间的交互。由于存在潜在节点，通过对比散度法最大化边际对数似然，学习分层 RBM 模型的参数。在 AU 识别过程中，首先使用基于图像的方法进行 AU 测量。给定 AU 测量，之后通过模型进行 MAP 推理，推断出最优的 AU 值。在基准数据库上的实验结果证明，所提出的方法在建模复杂 AU 关联方面具有有效性，另外，相对于现有方法(包括基于 DBN 的方法)，该方法具有优越的 AU 识别性能。分层 RBM 模式的一个可能扩展是，将其改为有条件的 RBM，其中前两层以底层为条件。因此，条件 RBM 刻画 $p(\boldsymbol{h},\boldsymbol{a}|\boldsymbol{x})$而不是 $p(\boldsymbol{h},\boldsymbol{a},\boldsymbol{x})$。条件 RBM 可能比分层 RBM 性能更佳，因为其学习标准与分类标准更匹配。对于条件 RBM，一元和成对势函数都是 $\boldsymbol{x}$ 的函数。判别式函数(例如 S 型函数或柔性最大值函数)可用于指定一元 $\phi_i(a_i|\boldsymbol{x})$和成对势函数 $\psi_{ij}(a_i,a_j|\boldsymbol{x})$。

PGM 除了用于 AU 识别、刻画 AU 之间的依赖关系，还可以用于全局面部表情识别，刻画 AU 与面部表情之间的关系。Zhang 和 Ji[41] 引入了一种用于面部表情识别的分层 DBN。如图 5.50 所示，该模型由多级组成，顶层表示全局面部表情，中层代表局部面部动作，底层代表局部面部运动的图像测量。DBN 模型的结构，是基于 Ekman 的面部动作编码系统(FACS)[185] 人为指定的。具体而言，中层的 AU 进一步分为初级

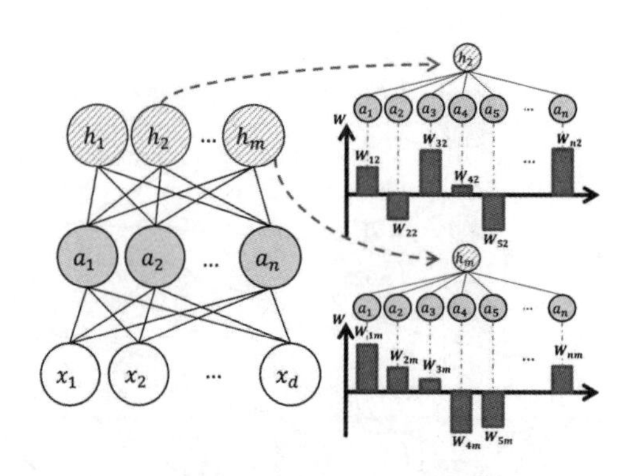

图 5.49　用于联合面部动作单元建模和识别的分层 RMB 模型[40]。左：模型的图形描述，其中第一层代表 AU 测量，第二层代表真实数据 AU，顶层包括刻画全局 AU 依赖关系的隐藏节点。右：所刻画的两个(由参数所暗示的)潜在单元的 AU 组合模式

AU 和腋部 AU，与顶层的相应面部表情相连，底层不同面部区域的图像测量连接到相应的 AU。由此，该模型编码全局面部表情、局部 AU 及其图像测量之间的时空关系。给定模型的结构，采用极大似然估计来学习模型参数。给定 DBN 模型，给定局部面部动作的图像测量，进行 MAP 推理以推断最有可能的面部表情。

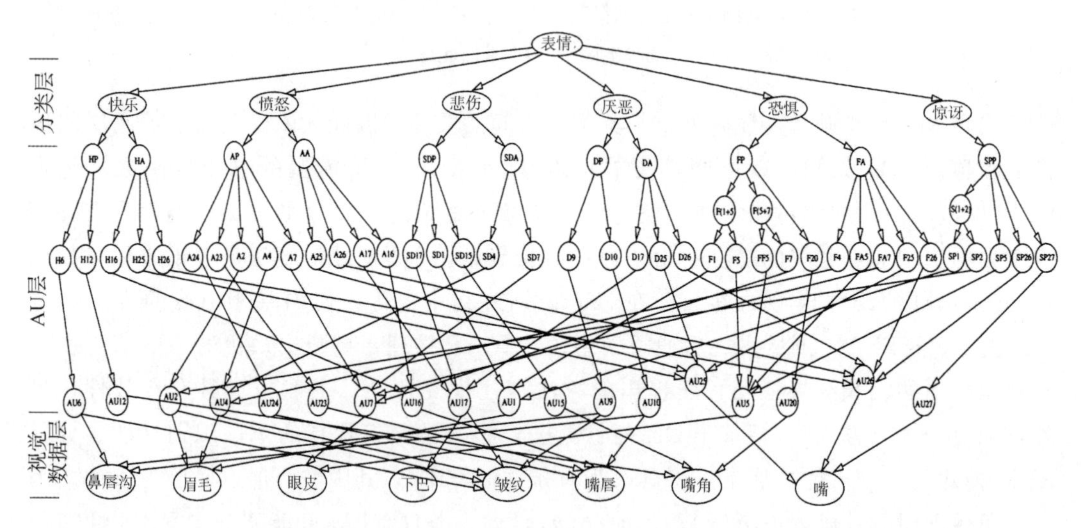

图 5.50　用于 6 种基本表情识别的 DBN 模型[41]。顶层代表六个原型面部表情，中间层代表与每个面部表情相关的局部面部动作单元，底层代表不同面部区域的图像测量

文献[42]提出了一种类似的分层 DBN 模型，用于联合面部活动建模、跟踪和识别。如图 5.51 所示，他们的 DBN 模型分为三个层次。顶层由 6 个节点组成，代表六种原型面部表情(恐惧、愤怒、惊讶、悲伤、厌恶和快乐)，每个节点都是二值的，表示面部表情的存在或不存在。他们的模型有 6 个二值节点而不是一个多值节点，如文献[41]，并不假设这六个表达式是相互排斥的，相反，它们是可以共存的。从而顶层刻画整体面部形状。中间层的节点表示 FACS 中定义的 AUS。每个节点都是二值的，表示 AU 是否

存在。AU 的存在代表相应的面部肌肉的收缩，如眼皮紧闭、眉毛扬起等。中间层的节点联合编码每个面部成分的面部形状，即眼睛、眉毛、嘴等。底层的节点表示人脸关键点的位置。阴影节点表示 AU 和人脸关键点测量。引入潜在节点(C 节点)，以减少每个面部组成的可能 AU 配置。该模型可以同时刻画局部、语义和全局层次的面部形状。为简化该模型的学习，部分模型结构是人为指定的，而其他部分则是从数据中学习的。具体来说，人为指定将表情与 AU、其真实数据关键点以及其关键点测量联系起来的结构，而 AU 之间的语义和动态关系是使用爬山法从数据中自动习得的。给定结构，通过分别最大化每个部分的似然，来学习参数。对于具有潜在节点的部分，采用 EM 法。在识别过程中，首先应用独立人脸关键点检测和 AU 检测，来获得人脸关键点的初始位置和初始 AU 测量。然后将检测到的人脸关键点位置和 AU 作为 DBN 模型的证据，对所有三个层次的面部活动进行联合 MAP 推理，识别面部表情、AU 和跟踪人脸关键点。

231

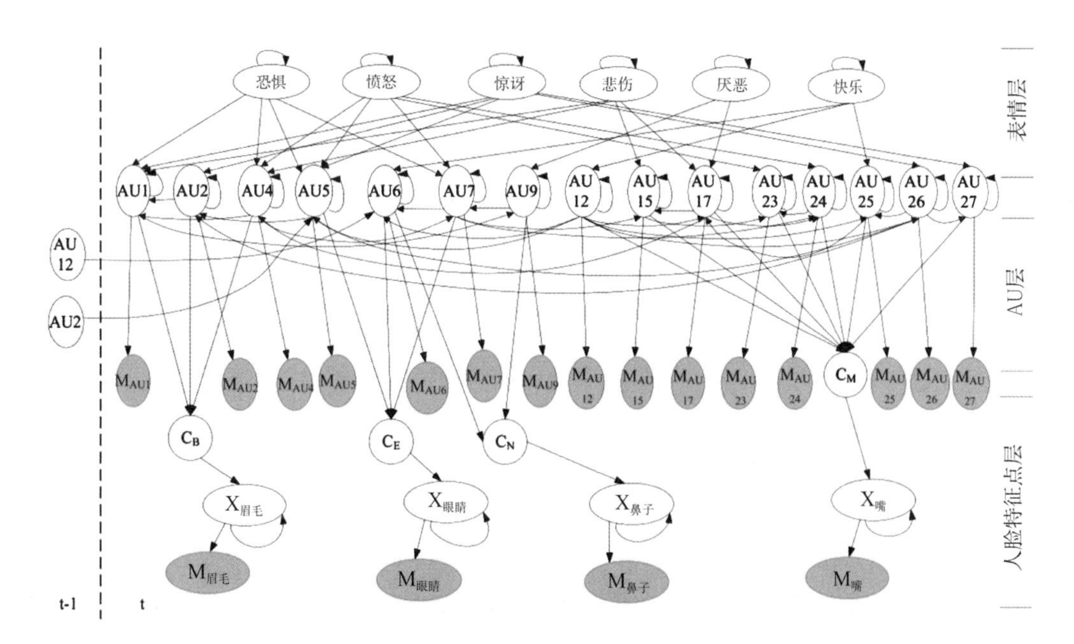

图 5.51　用于面部活动建模和识别的 DBN 模型[42]。顶层节点代表面部表情，中间层节点代表 AU，底层节点代表人脸关键点位置。阴影节点表示检测到的人脸关键点位置和 AU。节点之间的链路刻画不同面部活动之间的空间依赖关系。每个节点的自箭头表示从以前的时间片到当前时间片的自时间演变。从时间 $t-1$ 的 AU_i 到时间 t 的 $AU_j(j \neq i)$ 的链路刻画不同 AU 之间的动态依赖关系

5.4.2　人类活动识别

随着计算机视觉越来越多地应用于人类，人类活动识别已成为研究的一个活跃领域。像目标识别一样，人类活动识别也可以分为两大方法：基于特征和基于模型。基于特征的人类活动识别包括提取外观和几何特征，然后使用提取的特征进行活动识别。外

232

观特征包括从每帧中提取的二维图像特征(如 SIFT、HoG 以及 GIST 特征)和如从图像序列中提取的三维兴趣点这样的三维时空图像特征(如 SIFT 特征)。几何特征通常从人体轮廓或骨骼中提取[186,69,187]，包括质心位置、面积、填充比和一阶矩。此外，还可以从人体运动轨迹中提取各种动态特征，包括速度、运动方向和光流，来刻画像素级的运动特征。最近的开发不提取人为制造的特征，而是通过深度学习模型直接学习时空特征。给定特征，通常用标准分类器，如 SVM 或逻辑回归，来进行活动分类。基于特征的人类活动识别方法仍然是计算机视觉中的主要方法。对这一主题的详细综述，参见文献[188]。

基于特征的方法纯粹是自底向上和数据驱动的，忽略人类活动的潜在时间结构。相反，基于模型的方法为每个活动构造一个模型，然后使用这些模型执行活动识别。与用于目标识别的目标模型一样，活动模型刻画活动的潜在时空结构，用随时间转换的空间/外观序列来表示活动。PGM 是基于模型的活动识别的主要方法。关于基于模型的人类活动识别的综述，可以参见文献[189-190]。此外，Herath 等人[191]提供了目前人类活动识别研究的最新综述，包括人为制造的特征和深度模型学习特征的使用研究。

人类活动可以从不同的级别定义。最低的级别是人类手势，涉及上身(手臂)运动模式。中级涉及全身运动模式，被称为人类行为/事件识别。每个行为模式通常由一个简单的循环运动组成，如步行、跑步、跳跃等；人类事件也涉及人与物体之间的相互作用。人类活动的最高级别是复杂的人类活动，通常涉及在一段时间内，以一定的顺序或并行的方式执行某些简单的人类行为，例如接人或放下包裹。每层级的人类活动都包括基本要素(也就是原子动作或基元特征)，和在一段时间内构成人类活动的要素之间的时空依赖关系。例如，对于身体手势，基本要素是手和手臂的关节位置，以及它们一段时间内相互作用而形成的特定手势。对于人类行为来说，基本要素包括一些关键的身体姿态及其随时间变化的相互作用。对于复杂的人类行为，基本要素是基元人类行为，其在一段时间内的相互作用形成了复杂的人类行为。由于 PGM 模型能够有效刻画基本要素之间的时空依赖关系，(从静态概率模型到不同类型的动态概率模型的)PGM 在各个级别上，广泛应用于人类活动建模和识别。

233

5.4.2.1　身体手势识别

身体手势可以表示为，随时间推移上半身部分之间的相互作用。PGM 手势模型应该刻画这些身体部位及其相互作用。手势可以通过整体建模，也可以通过局部建模。对于整体建模，该模型由隐藏状态变量组成，这些变量描述了潜在上半身形状及其图像测量。因此，该模型通过人类手势的隐藏状态随时间的变化和图像测量，来刻画人类手势的动态变化。HMM 非常适合整体手势建模。对于局部手势建模，模型可以显式地表示身体部分(例如上身关节位置或其角度)、一段时间内身体各部分之间的依赖关系以及其相应的图像测量。由于所有变量都是在训练过程中观察到的，所以 DBN 可以用于局部手势建模。在 5.3.3.2 节中讨论的基于部分的目标跟踪的动态模型，可以用于身体手势识别。在本节中，我们将重点讨论使用 HMM 及其变体的整体手势识别。

在讨论 HMM 在手势识别中的应用之前，我们先简要总结 HMM。详情见 3.7.3.1 节。HMM 是一种特殊的 DBN，由两层组成：顶部隐藏层 $\boldsymbol{s}$ 和底部观测层 $\boldsymbol{o}$，如图 5.52 所示。隐藏层由 t 个隐藏节点 $\boldsymbol{s}_t$ 的序列组成，代表隐藏状态和动态系统，从 $t=0$ 开始。每个隐藏节点 $\boldsymbol{s}_t$ 可以取 K 个可能值之一。每个隐藏状态节点都和相应的图像特征 $\boldsymbol{o}_t$ 相连，$\boldsymbol{o}_t$ 从第 t 个图像帧中提取，可能是连续的也可能是离散的。HMM 的 $\mathcal{G}$ 可以用 $\boldsymbol{\Theta}=\{\boldsymbol{\pi},\boldsymbol{A},\boldsymbol{B}\}$ 来参数化，其中 $\boldsymbol{\pi}=\{\pi_k=p(\boldsymbol{s}_0=k)\}_{k=1}^{K}$ 代表节点 s_0 的先验概率。$\boldsymbol{A}=\{a_{kj}=p(\boldsymbol{s}_t=k|\boldsymbol{s}_{t-1}=j)\}$ 代表状态转变概率，$\boldsymbol{B}=\{b_k=p(\boldsymbol{o}|s=k)\}$ 代表输出概率。

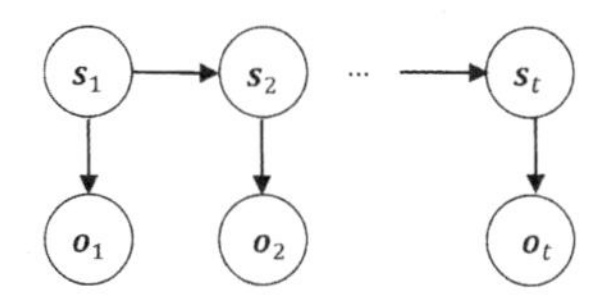

图 5.52　用于人类行为建模和识别的隐马尔可夫模型

对于第 k 个人类行为，给定 M 个训练图像序列 $\boldsymbol{I}_1^k,\boldsymbol{I}_2^k,\cdots,\boldsymbol{I}_M^k$，其中 $k\in\boldsymbol{C}$，用 $\boldsymbol{C}$ 表示人类行为的类，我们可以使用 3.7.3.1.3 节中引入的 Baum-Welch 算法来学习第 k 个 HMM 模型参数 $\boldsymbol{\Theta}_k$。在学习过程中，由于 EM 学习的本质，$\boldsymbol{\Theta}_c$ 需要进行初始化。使用聚类方法(如 K 均值)，来确定隐藏状态的数目，并对输出概率进行初始化。可以初始化先验概率和转换概率为均匀分布。为每个人类行为类重复此过程。给定 K 个所学习的 HMM$\boldsymbol{\Theta}_k$ 和查询视频 $\boldsymbol{I}_q$，先从查询视频执行特征提取，生成观察序列 $\boldsymbol{o}_q$，之后可以通过评价模型与查询视频的似然概率，找出产生极大似然的模型，来识别查询视频的行为：

234

$$k^*=\arg\max_{k} p(\boldsymbol{o}_q|\boldsymbol{\Theta}_k) \tag{5.32}$$

在 3.7.3.1.2 节中引入的正向和反向方法，可以有效地计算似然。

基于 HMM 的人类手势识别通常包括三个步骤：图像特征提取、向量量化和模型似然估计。图像特征提取执行特征提取，生成人体的图像特征。向量量化将图像特征分组为代码(集群)，之后作为 HMM 的观测值。似然估计识别产生极大似然的 HMM 模型。Yamato 等人[43]在早期使用 HMM 的研究中，引入 HHM 来识别 6 个网球击球动作(反手截击、反手击球、正手截击、正手击球、扣球和发球)。如图 5.53 所示，他们的方法从预处理开始，对图像序列进行二值化。然后从二值图像中提取身体形状(网格)特征，来表征身体形状。最后，对网格特征进行向量量化，以生成每个图像在时间 t 的码字 $\mathbf{o}_t$。

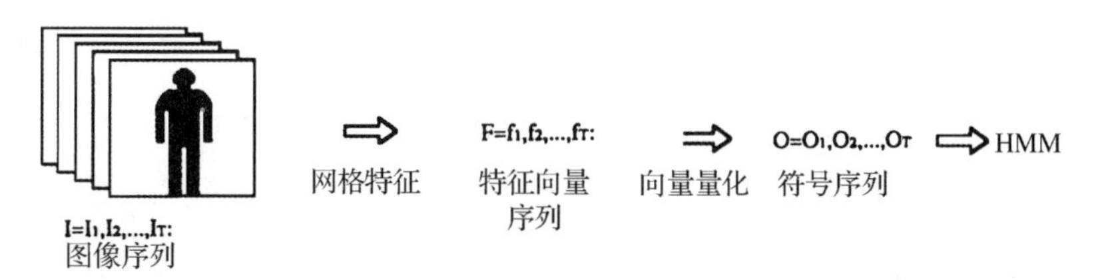

图 5.53　文献[43]中网球动作识别的处理流程

隐藏状态数设置为36。使用Baum-Welch算法学习网球动作的6个类别，每类一种。给定查询视频，在识别过程中使用前后向算法，来计算每个模型的似然。对几个人类实验目标的实验表明，他们的方法在目标内动作识别方面取得了较高的性能，但在跨目标动作识别方面性能显著下降。部分原因可能是，由于他们的模型使用大量隐藏状态(36)，在刻画目标之间类内变化和对过度拟合建模方面，HMM的性能有所局限。

在文献[44]中，作者首先提出使用标准的HMM，来模拟三种太极手势：单鞭、高探马和搂膝。如图5.54a所示，用两个三态HMM，给单鞭和高探马手势建模，而搂膝手势则用四态HMM建模。提取几何形状特征作为状态测量。标准HMM平均识别准确率达到69%。然后，他们引入了非对称耦合HMM(CHMM；图5.54b)分别给左臂和右臂建模，并刻画其相互作用。在CHMM中每个HMM的最佳隐藏状态数，是为每个手势来经验性地确定的。实验表明由于对左臂和右臂相互作用的显式建模，非对称CHMM的平均识别准确率为94%——比标准HMM有了显著提高。

235

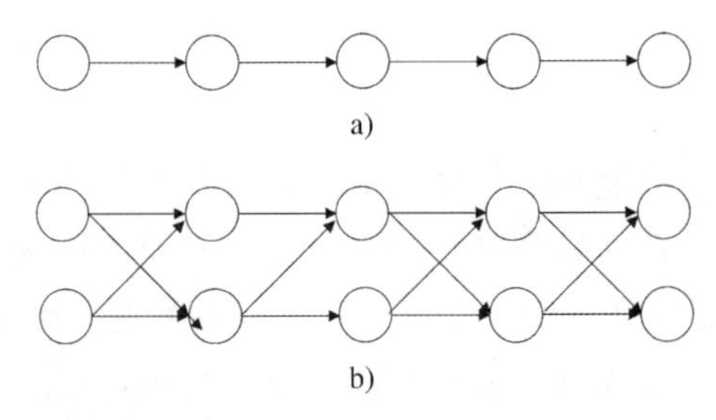

图5.54　图a为用于太极手势识别的标准HMM；图b为耦合HMM[44]，其中顶层对左臂时间过程进行建模，底层对右臂时间过程进行建模。请注意，为了清晰起见，这些数字只显示隐藏状态节点，相应的观测节点已省略

除了从RGB数据中提取手势特征，人们也从三维骨骼数据中提取特征，用于手势识别。Wu等人[45]提出了一种基于HMM的方法，对MS Kinect传感器生成的三维骨骼数据进行人类手势识别。他们并不使用从骨骼数据中提取的常见硬连线几何或仿生形状的上下文特征，而是提出使用高斯RBM(GRBM)模型(作为向量量化器)，生成二进制特征向量，作为HMM的输入。具体来说，如图5.55所示，给定原始三维骨骼数据，他们首先预先训练了一个GRBM模型。GRBM模型的输出是一个二进制向量，编码关节位置之间的空间关系，并成为HMM的输入。然后，使用HMM对每个动作类进行联合训练，由此对预先训练的GRBM模型进行微调。在基准数据集上的实验表明，手势和行为识别性能得到了改善。

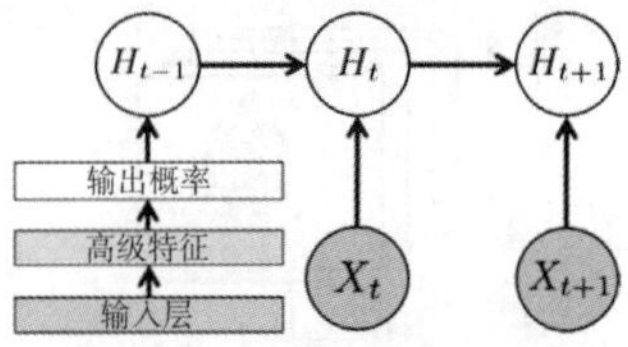

图5.55　结合HMM与GRBM，用于骨骼数据的手势识别[45]

HMM已被应用于手势识别，特别是用于手语识别。手语识别侧重于手指手势识别。手指手势用于用逐个字母拼写单词。在文献[46]中，作者引入HMM给手语手势建模，来识别句子级的美国手语。他们的HMM由四种状态组成，如图5.56所示。首

先进行预处理提取手球，从中提取16个几何特征(由手的二维坐标、最小惯性的轴角和包围椭圆的偏心组成)，来表征每只手的形状。为了给远程时间依赖关系建模，他们的模型还包括二阶时间链路。识别过程采用结合统计语法的维特比算法。 236

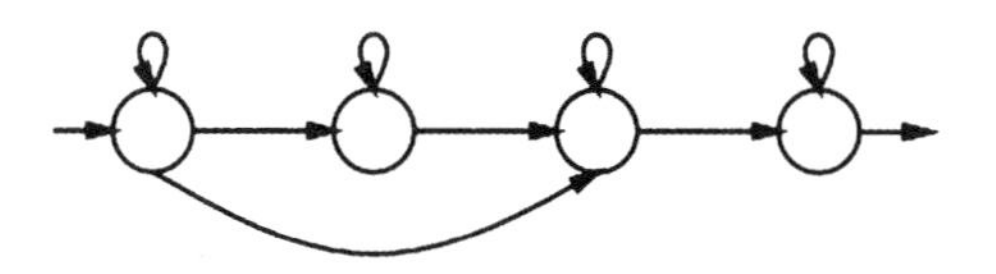

图5.56 用于美国手语识别的四态二阶HMM[46]。为清晰起见，只显示状态节点，省略其相应观察结果

Yoon等人[192]引入了一种基于HMM的方法，来识别摄像机前产生的平面手势。首先进行手势跟踪以生成手的运动轨迹，从中提取(结合加权位置、角度和速度方面的)图像特征。之后执行C均值聚类，生成码本(向量量化)，输入到10个状态的左到右的HMM中，用于识别手势，由12个图形元素(圆、三角形、矩形、弧形、水平线和垂直线)和36个字母数字字符(10个阿拉伯数字和26个字母)组成。文献[47]中提出了一种类似的HMM，用于单手动态手势建模和识别。利用卡尔曼滤波跟踪手部形状随时间的变化。从手跟踪器中提取手形特征，通过向量量化进行编码，并输入具有四种状态的HMM模型，进行手势识别。他们的模型被证明可以实时识别机器人控制的五个手势。图5.57给出了他们的手势识别方法。

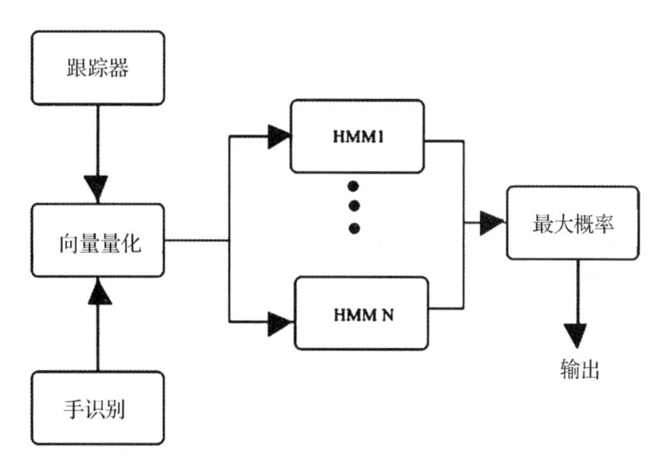

图5.57 文献[47]中的手势识别方法

传统的HMM是局部的，只能对一个动态过程进行建模。手语通常由并行和交互过程组成。Vogler和Metaxas[48]为了对交互动态过程进行建模，并减少组合状态的数量，引入了并行HMM(PaHMM)，如图5.58所示，用于美国手语识别。作为对多状态多观测HMM(MSMOHMM)和阶乘HMM的扩展，PaHMM将隐藏状态空间分解为两个独立的“状态通道”，对应于多个独立的时间过程，每个状态通道都产生自己的输出。用两个HMM来模拟左右手的手势，共同来识别手语。在识别过程中，用乘积结合两 237

个 HMM 的概率，因为假定两个 HMM 是相互独立的。

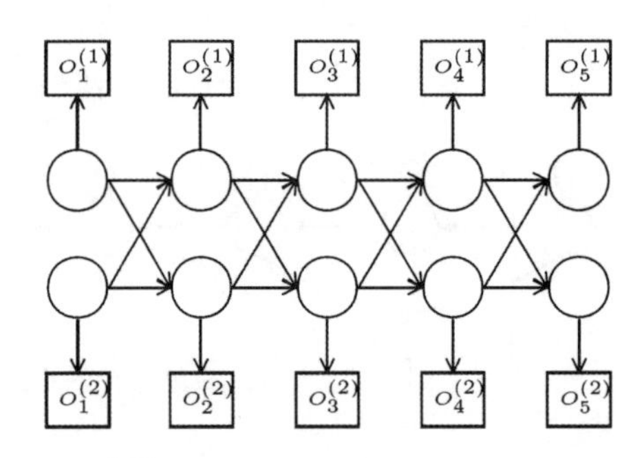

图 5.58 并行的 HMM[48]，其中单独的 HMM 并行用于建模左手和右手手势

传统的 HMM 只刻画局部动态，用于人类行为建模和识别。Nie 等人[49]为了克服这一局限，提出了一种用于人类手势和行为识别的混合动态模型。具体来说，他们提出使用 HMM 刻画局部动态，并使用高斯二进制限制的玻尔兹曼机(GB-RBM)，从人体关节轨迹中刻画全局动态，以进行人类行为识别。如图 5.59 所示，给定输入的三维骨架数据，他们的方法包括基于 GRBM 的全局动态模型和基于 HMM 的局部动态模型。采用标准学习方法，来学习 HMM 和 GRBM 的参数。给定查询序列，然后对 HMM 和 GRBM 分别执行似然推理，来计算它们的评分，然后将评分组合起来生成最终评分。在基准数据集上的实验结果表明，该方法能够利用不同层次的动态信息，来改进人类行为识别。

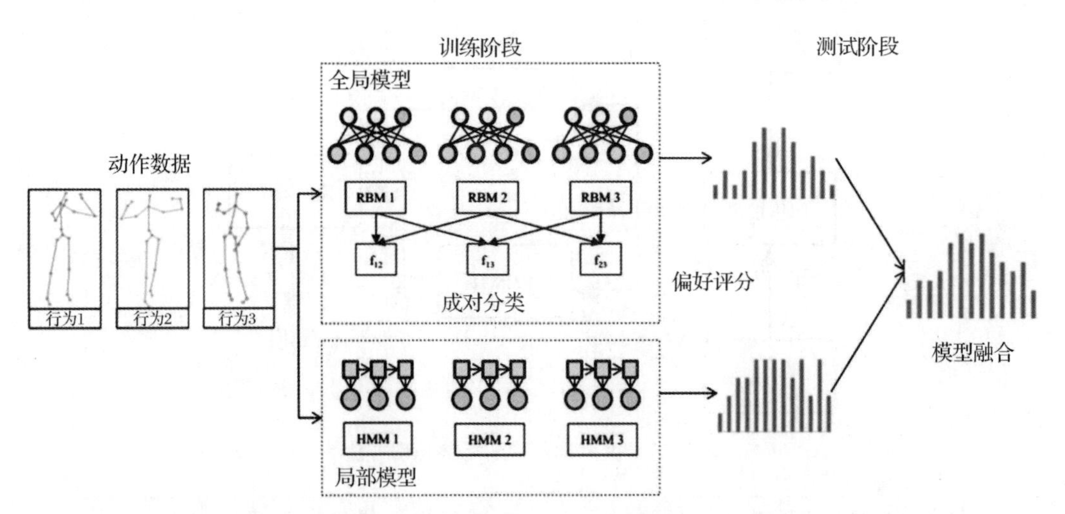

图 5.59 混合动态模型[49]。提出方法的框架。对于每一类行动，训练一个 GRBM 和一个 HMM 来表示全局和局部动态。将 GRBM 和 HMM 的偏好分数相结合，生成最终分数

除了 HMM，其他模型也被应用于人类手势建模和识别。Taylor 等人[50]引入了用于人体运动建模和识别的条件 RBM(CRBM)模型，提出使用高斯二进制受限玻尔兹曼

机(GRBM)来表示真实的关节角。他们进一步提出，通过允许在每个时间步骤的潜在和可见变量，接收来自之前几个时间步骤可见变量的定向连接，对动态进行建模，如图5.60所示。具体来说，他们添加了两种类型的连接：在最后几个步骤中可见层与当前可见层之间的自回归连接，以及从过去可见层到当前隐藏层的连接。这些新的连接刻画可能会影响当前动态的动态变化偏置。他们把这种高阶自回归RBM模型称为条件RBM㊀。由于这些新的连接，CRBM的能量函数也将增加额外的成对项，以表示当前观测层与过去观测层之间的交互以及过去观测层与当前隐藏层之间的交互。Taylor等人采用对比散度法，通过最大化边际似然训练CRBM模型。对他们模型的评价包括两个方面：人体运动合成和填充缺失数据。

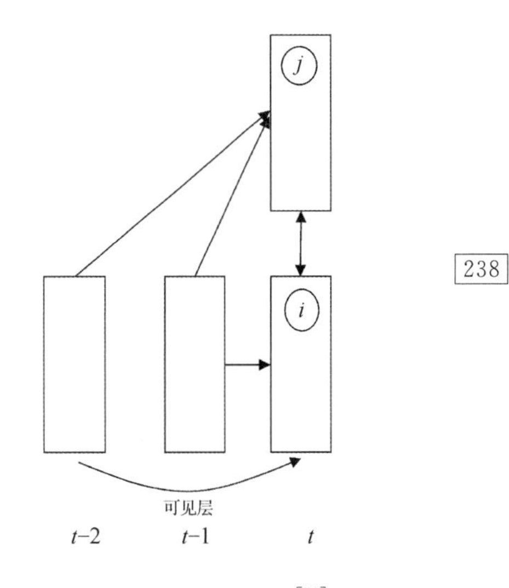

图5.60　提出的CRBM模型[50]，其中过去时间切片中的可见节点直接连接到当前时间的可见节点和潜在节点

238

为了给高维输入数据中的空间交互建模，Nie等人[51]提出在理论上扩展传统的RBM，以明确地刻画输入数据中的局部空间交互。如图5.61所示，每个时间片上RBM模型底层的可见节点，被表示为无向子图，该子图刻画输入向量要素之间的空间依赖关系。因此，引入一个新的成对能量项，来量化输入向量要素之间的交互。新能量函数刻画两种数据交互，即同时输入向量要素之间的直接交互和连续两次通过输入向量的潜在节点的间接交互。然后采用基于对比散度学习方法，来学习每个类别的一个模型。基于基准数据库的实验结果证明，Nie等人的算法增强了动作识别的性能。

239

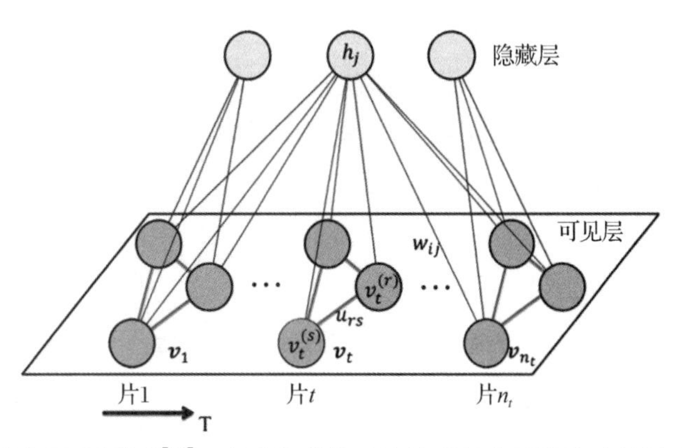

图5.61　扩展的RBM模型[51]。每个隐藏单元连接到每个可见单元以刻画全局时间模式(为了简洁起见省略了一些链路)。每个可见单元中的节点和链路刻画可见向量的要素及其空间交互

㊀　严格地说，此模型不应该被称为条件RBM，因为它仍然刻画潜在变量和观测变量的联合分布，而不是给定观测变量的潜在变量的条件分布。

5.4.2.2　人类行为/事件识别

手势识别侧重于上身动作，而人类行为/事件识别则侧重于全身动作。人类行为也包括人与人之间以及人与物体之间的相互作用。对于人类行为识别，可以使用图模型，从动作基元(关键身体姿态)的时空依赖关系方面，刻画潜在的运动结构。例如，行走行为的关键身体姿态包括腿交叉：右腿向前，左腿向前，这些行为重复执行，产生行走行为。在不同的图模型中，HMM 仍然是用于人类行为建模和识别的最广泛使用的 PGM 模型。HMM 中的隐藏节点状态表示构成行为的行为基元，而隐藏状态之间的转换概率包含了行为动态。观测节点为具有图像特征的动作基元提供测量。HMM 的能力在于其隐藏状态，以及对状态转换和状态观测的显式建模。使用 HMM 进行人类行为识别的方法的区别，主要表现在用于表示图像序列的特征表示上，而学习和推理方法差不多是相同的。由于用于全身行为识别的 HMM 类似于用于人类手势识别的 HMM，我们下一步的讨论将集中于识别涉及人与人或人与物体之间相互作用的人类行为。

为了表示多个实体之间的交互，Oliver 等人[52]使用 HMM 来建模和识别人与人之间的互动。类似于他们在文献[44]中的研究，他们建议使用标准的 HMM 和 CHMM，来建模人与人的互动。图 5.62 显示了他们的标准 HMM 和 CHMM。他们采用人体检测和跟踪的方法，将人体检测为数个前景块，从所检测的人体前景块中提取几何和动态特征。这些图像特征作为 HMM 的输入。对于 CHMM，每个链代表一个人。对于不同类型的交互，HMM 和 CHMM 都选择了三个或五个隐藏状态，这取决于它们的复杂性。在 HMM 推理过程中，使用标准的前向后向算法，来计算给定查询视频的似然。对于 CHMM 推理，他们提出了一种修正的前向后向似然计算方法。在合成的和真实的行人数据上，他们的模型的性能都有所提升。合成数据涉及两个主体之间的 5 种相互作用，包括：1)跟随；2)接近、相遇和分离；3)接近、相遇和同行；4)改变方向以相遇和同行；5)改变方向以分别相遇。真实数据包括 3 种类型的行人交互，包括：1)跟随；2)相遇并继续在一起；3)相遇并分离。他们对合成数据的评估表明，CHMM 实现了对 5 种交互的完美识别，而 HMM 实现了约 87%的识别准确度。他们在实际数据上评估模型时，也取得了类似的性能。

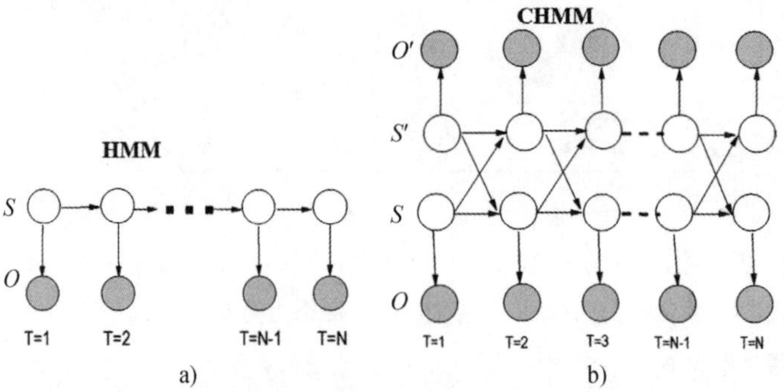

图 5.62　用于建模和识别人类交互的标准 HMM(图 a)和 CHMM(图 b)[52]，其中 $\boldsymbol{S}$ 和 $\boldsymbol{S}'$ 表两个交互动态实体的隐藏状态，$\boldsymbol{O}$ 和 $\boldsymbol{O}'$ 是它们的图像观测

为了克服HMM的恒定状态持续时间假设，人们将半HMM用于动作建模和识别。Tang等人[193]采用可变持续HMM，包括潜在持续时间变量，除了状态之间的转换之外，还对状态的持续时间进行建模。他们在训练中进一步使用最大边际(max-margin)框架，使之可以同时发现有鉴别性和有趣的视频片段并执行事件识别。在文献[53]中，作者将CHMM与半马尔可夫模型相结合，生成了耦合隐半马尔可夫模型(CHSMM)，用于识别涉及不同主体之间交互的人类活动。如图5.63所示，CHSMM可以同时执行允许每个状态的可变持续时间，并可以刻画两个主体之间的交互。最后，Shi等人[194]引入一种判别式半马尔可夫模型，通过同时序列分割和行为识别，来进行连续行为识别。该模型从几个方面扩展了传统的HMM：第一，通过将马尔可夫假设放宽到半马尔可夫假设，使每个隐藏状态能够显式建模其持续时间，从而允许每个动作的可变持续时间；第二，该模型为了结合全局场景，增加一个额外的能量项来模拟两个相邻段中动作之间的交互；第三，Shi等人并未通过最大化边际对数似然来执行生成式学习，而是引入一种判别式学习方法，使条件对数似然最大化，实现为最大限度地扩大真实数据标记和不正确标记之间的裕度；最后，为了进行推理，他们引入了一种类似于维特比(译码器)的动态规划算法，该算法通过最大化条件对数似然同时找到所有段的标记。他们评估了方法在不同的人类行为数据集上的性能，包括基于片段的数据集，如KTH和MoMo以及他们自己的连续数据集WBD。

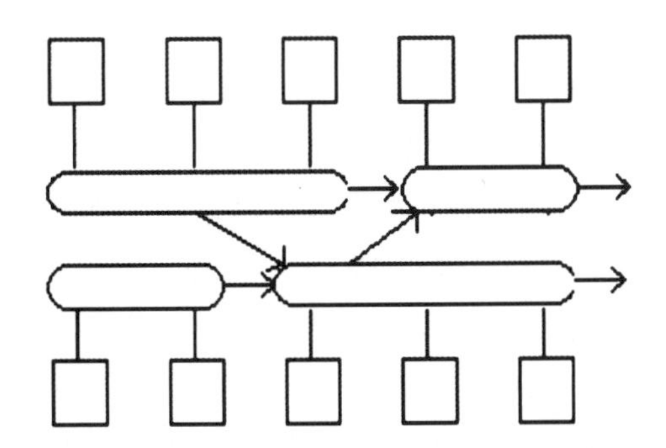

图5.63 CHSMM[53]，其中不同长度(不同时间持续时间)的长椭圆节点表示状态变量，而方形节点对应于观测值。与涉及恒定状态持续时间的CHMM不同，CHSMM的状态持续时间可以变化，并且可以在一个状态下产生多个测量

除了HMM及其变体，其他生成式模型(如DBN[54,195,55,196])也被应用于人类行为建模和识别。与HMM相比，DBN可以给活动中不同实体之间的一般时间关系建模。此外，DBN具有灵活的结构，因此在表达上更具表现力，模型设计上也更具灵活性。Luo等人[54]使用了在两个时间切片中展开的离散DBN模型，如图5.64所示，用于体育赛事建模和识别。在每个时间切片上，有5个状态节点和4个观测节点。状态节点分别表示头部、手和脚的状态。每个状态节点有4个值，表示它们相对于重心的位置：右上角、左上角、左下角和右下角。4个观测节点与状态节点共享，并表示4个状态中每个状态的平均x和y坐标。CHMM通过状态变量直接建模身体部位之间的交互，与此不同的是，Luo等人的模型通过共享观测间接地刻画身体部位的交互。因此，他们的模

242

型可以被视为CHMM的变体。采用高斯分布对每个观测节点的CPD进行建模，采用极大似然法学习DBN模型参数。他们为了进行有效的推理，将DBN模型转换为相应的HMM，并使用HMM前向后向过程来执行似然推理和解码推理。他们的方法经过了多种运动行为的评估，包括保龄球滚球、滑雪下坡、高尔夫挥杆、棒球投球和滑雪跳跃。

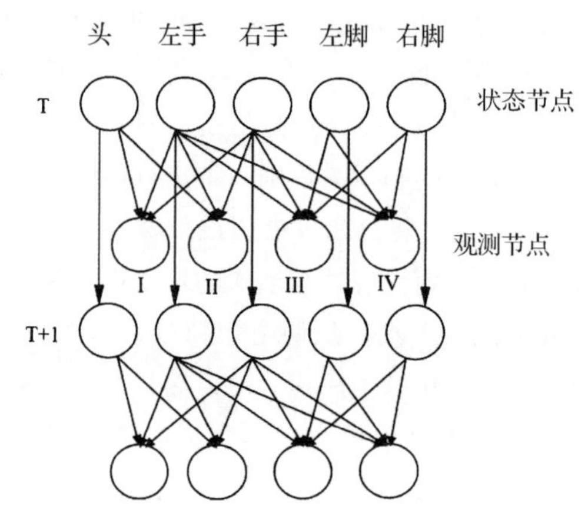

图5.64　(在两个时间切片中展开的)DBN模型[54]，用于人体运动建模和识别。每个时间片有5个状态节点来表示不同身体部位(头、手和脚)的状态，4个观测节点来表示状态变量的图像测量

Wang和Ji[55]提出使用DBN模型用于人类行为识别，如图5.65所示。模型由特征级和状态级两个级别组成。特征级编码来自图像的观测，而状态级提取活动的基本状态。它包括两个隐藏状态V和A，分别对潜在形状和外观动态进行建模。这两个隐藏状态有自己的观测OV和OA，它们是因果耦合的，从而有效形成CHMM。他们不是通过分别对每个模型的似然最大化，来生成式地学习DBN模型，而是通过最大化它们的联合条件似然，来联合并判别式地学习DBN模型。他们在KTH数据集上的实验显示，判别式学习的DBN模型比生成式学习的DBN模型性能更加优越。

243

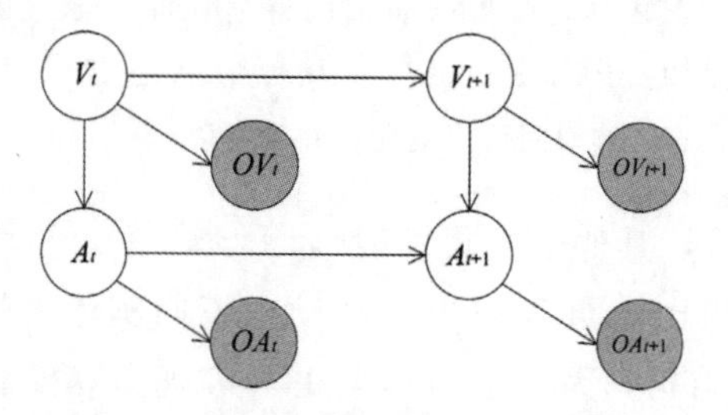

图5.65　用于人类行为建模和识别的DBN模型[55]，其中A和V分别是表示目标外观和形状的状态变量，OV和OA是其观测值

Wu等人[56]给出了如图5.66所示的DBN模型，同时执行目标和行为识别。模型由行为层、目标层和观测层三个层次组成。在观测层，他们的模型结合射频识别数据和视频数据，共同推断最有可能的行为和目标标记。他们的模型不考虑同一级别上不同实体之间的依赖关系，并假设目标级别节点是潜在的。该模型可以被看作是具有多个观测

的分层 HMM，其中底部两层被视为具有多个观测的 HMM，顶层提供活动标记。采用 EM 算法学习底层两层的参数，并人为指定顶层的参数。利用顶部标记层，他们的模型可以用一个模型识别多个活动。

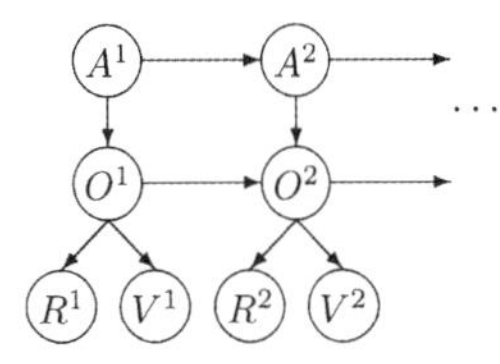

图 5.66　同时进行目标和活动识别的 DBN 模型[56]。模型由活动层（A）、目标层（O）、观测层三个层次组成

Zhang 和 Ji[57]引入了一种动态链图，用于建模并识别复杂的人类行为，涉及两个不同主体之间的互动。动态链路图扩展了只包括有向链路的 DBN，由有向链路和无向链路组成。具体而言，动态链图由静态链图组成，如图 5.67a 所示，转换链图如图 5.67b 所示。静态链图包含有向和无向链路，用于刻画人类行为要素之间的共时的因果和非因果空间/语义关系。具体而言，静态链图由两个混合图（具有向和无向链路的图）组成，每个主体一图。在每个混合图中，主体动作（a_1或者 a_2）表示为状态，包括形状 s，外观 p，以及运动 m。状态变量之间的交互由无向链路刻画，而状态变量与其度量 M 之间的交互由有向链路刻画。此外，两个混合图之间的交互由无向链路刻画，以表示它们之间的相互依赖关系。转换链图由两个连续时间的两层链图组成，对活动的动态进化进行建模。进化是由在时间 t 和 $t-1$ 处对应的节点间的有向时间链路所刻画，从而刻画时间因果关系。引入学习和推理方法，以学习动态链图。他们为每一类活动学习一个动态链图，来进行人类行为识别，通过找到极大似然的链模型，来确定查询视频的活动。

244

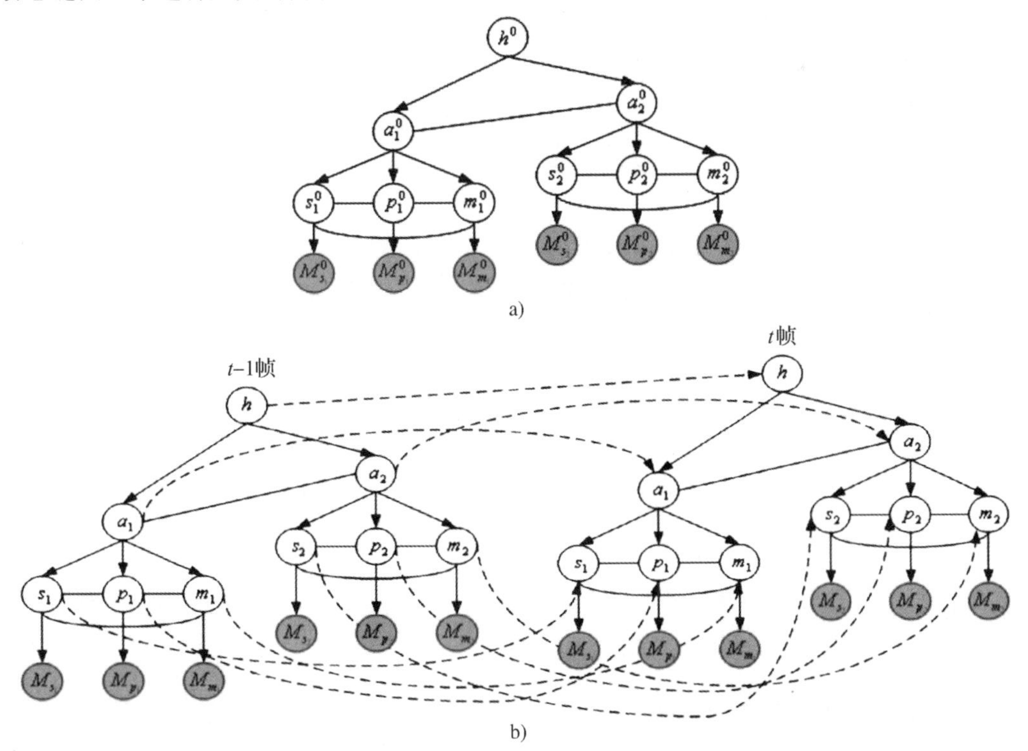

图 5.67　用于人类活动建模和识别的动态链图[57]。图 a 为静态（先验）模型的结构，图 b 为转换模型的结构

Lv 等人[58]引入了一个双层 DBN 行为模型，来建模单个人的行为。与 HMM 一样，行为模型有两层：顶层由表示组成行为的关键身体姿态的状态节点组成，如图 5.68a 所示，底层节点表示相应的图像测量(注意：图中省略了底层)。关键身体姿态节点之间的时间链路表示随着时间的推移，从一个关键身体姿态到另一个关键身体姿态的时间转换。在 HMM 中，隐藏节点没有语义意义，与 HMM 不同的是，Lv 等人行为模型中的状态节点表示关键身体姿态。他们进一步提出，将动作模型结合在一起，形成一个动作网(图 5.68b)，用于识别连续的人类行为，或由几个人类行为基元组成的复杂的人类行为。

245

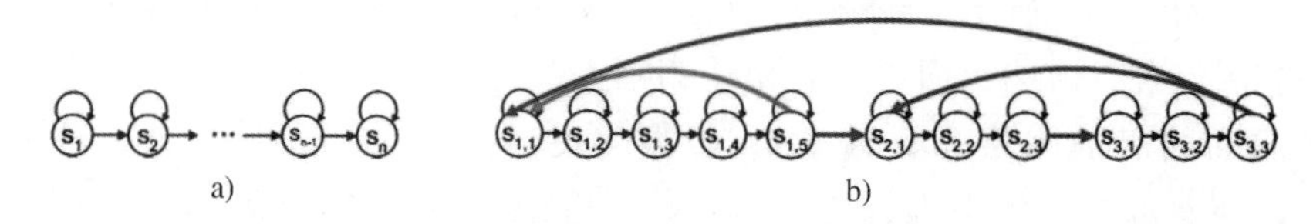

图 5.68 动作图模型[58]。图 a 为行为模型；图 b 为行为网模型，由三个系列行为模型组成[58]，其中深灰色链路表示不同行为模型之间的转换。请注意，为了清晰起见，图中只显示状态节点

除了生成式 PGM，CRF 和动态 CRF 模型等判别式模型[197,198,61]也被用于人类活动建模和识别。生成式模型对所有隐藏变量及观测的联合概率分布进行建模，与生成式模型不同，判别式模型在给定观测值的情况下，刻画所有隐藏变量的条件分布。对于分类来说，与生成式模型相比，判别式模型有几个明显的优势。第一，CRF 模型通过调整整个序列，放宽了 HMM 假设，即给定状态下观测是独立的这一假设。此外，在 CRF 建模中，当前隐藏状态不仅取决于当前帧的图像观测，还取决于其他帧中的图像观测。第二，通过最大化学习过程中的条件似然，CRF 模型学习准则可以更好地匹配分类准则，因此往往产生更好的分类性能。

对于动态建模，将传统的 CRF 模型扩展，使不同时间的观测连接到每个隐藏节点，如图 5.69 所示。CRF 模型并不局限于当前的观测 $\boldsymbol{o}_t$，还可以融合任意较远时间的观测。此外，该模型还可以是全局(完全或高阶)连接的 CRF，如图 5.69a 所示；或者是部分连接的 CRF，具有三个时间步的上下文，如图 5.69b 所示。

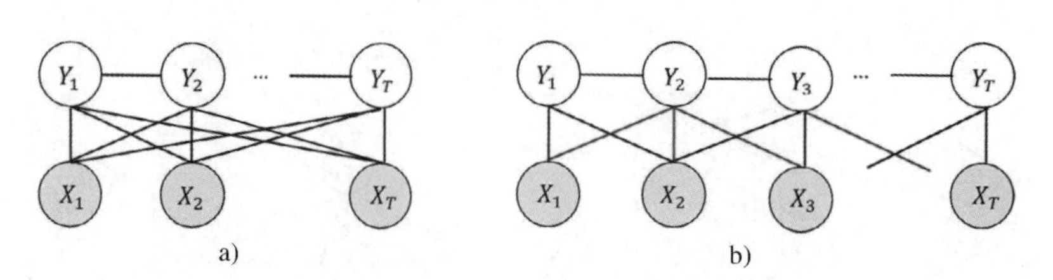

图 5.69 动态 CRF 模型。图 a 为全连接的 CRF，图 b 为具有三个时间步骤背景的局部连接 CRF，如深灰色链路所示

CRF 通过全连接或部分连接，给定其状态，使不同时间的观测可以影响每个时间状态，从而克服了 HMM 假设(在不同时间的观测是独立的)。具体而言，全局 CRF 模

246

型允许对整个序列使用观测，而局部 CRF 模型利用局部相邻观测。对于理解人类活动，其他时间的观测提供的附加背景信息对于正确解决局部模糊类至关重要。

Vail 等人[59]使用线性链 CRF(图 5.70a)进行动作识别。给定其观测 $\boldsymbol{x}$，他们的 CRF 模型刻画标记 $\boldsymbol{y}$ 的条件分布，这可以参数化为

$$p(\boldsymbol{y}|\boldsymbol{x})=\frac{1}{Z}\sum_{t=1}^{T}\exp(\boldsymbol{w}^{\top}E(y_t,y_{t-1},\boldsymbol{x})) \tag{5.33}$$

其中 $\boldsymbol{w}$ 是权重向量，$E(y_t,y_{t-1},\boldsymbol{x})$ 是能量函数，可以进一步分为成对和一元势函数。给定参数化方法，通过梯度上升用最大化式(5.33)学习模型参数 $\boldsymbol{w}$。线性链 CRF 作为对应标准 HMM 的判别式模型，当特征违反独立性假设时，线性链 CRF 是有利的。通过过滤(给定之前全部观测 $x_{1:t}$，估计时间 t 的动作标记 y_t)或者解码(获得查询序列 $\boldsymbol{x}$ 的标记 $\boldsymbol{y}$)，来进行推理。

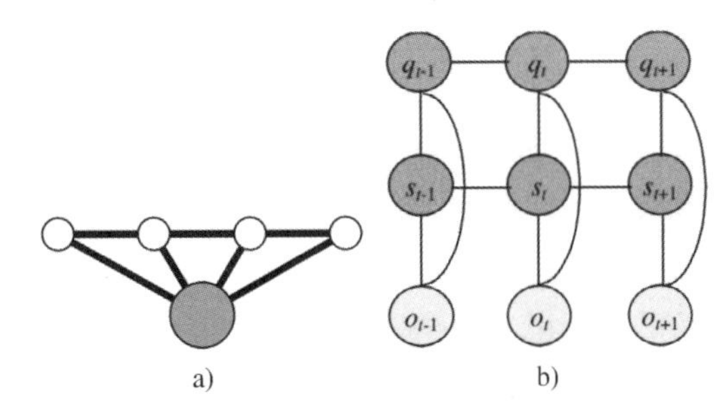

图 5.70 图 a 为线性链 CRF[59]，其中顶层的隐藏状态(白色节点)连接到所有观测值(阴影节点)；图 b 为由两个交互的隐藏状态层(深灰色节点)组成的阶乘条件随机场[60-61]。请注意，为了清晰起见，只显示与其当前观测值(浅灰色节点)的状态链路

为了给多个目标之间的交互建模，Wang 等人[60]引入了一种阶乘 CRF 模型。如图 5.70b 所示，FCRF 与阶乘 HMM 一样，具有多个隐藏节点的线性链，隐藏节点与时间节点连接，以表示分布式隐藏状态及交互。不过，与阶乘 HMM 不同的是，给定隐藏状态，FCRF 不仅将隐藏状态连接到当前观测，而且连接到过去的观测，不假定观测是独立的。遵循式(5.33)中的时间 CRF 模型参数化，FCRF 模型标记的条件分布可以参数化为

$$\begin{aligned}p(\boldsymbol{y}|\boldsymbol{x})=&\frac{1}{Z}\Big(\sum_{t=1}^{T}\sum_{l=1}^{L}\exp(\boldsymbol{w}_l^{\top}E(y_{t,l},y_{t-1,l},\boldsymbol{x}))\\&+\sum_{t=1}^{T}\sum_{l=1}^{L-1}\exp(\boldsymbol{w}'^{\top}_l E(y_{t,l},y_{t,l+1},\boldsymbol{x}))\end{aligned} \tag{5.34}$$

其中第一项刻画同一状态链 l 内的势，第二项刻画两个状态链之间的势。可以通过最大化条件似然来学习参数 $\boldsymbol{w}$ 和 $\boldsymbol{w}'$，之后用 MAP 推理标记输入序列，来执行行为识别，即 $\boldsymbol{y}^*=\arg\max_y p(\boldsymbol{y}|\boldsymbol{x},\boldsymbol{w},\boldsymbol{w}')$。

为了进一步提高 CRF 模型对人体动作的表征能力，在文献[62,199]中，作者将潜在变量层 $\boldsymbol{h}$ 嵌入到图 5.70a 中的时空 CRF 模型中，产生所谓的隐藏 CRF(HCRF)，用于人类行为识别，如图 5.71 所示。由于引入潜在变量 $\boldsymbol{h}$，标记条件分布可以表示为

$$p(\boldsymbol{y} \mid \boldsymbol{x},\boldsymbol{\theta}) = \sum_{\boldsymbol{h}} p(\boldsymbol{y} \mid \boldsymbol{x},\boldsymbol{h},\boldsymbol{\theta}) p(\boldsymbol{h} \mid \boldsymbol{x},\boldsymbol{\theta}) \tag{5.35}$$

通过假设与每个类标记相关联的不相交的隐藏状态集，$p(y=j \mid \boldsymbol{x},\boldsymbol{h})=0$，$\boldsymbol{h} \in / \boldsymbol{H}_j$，式(5.35)可以简化为

$$p(\boldsymbol{y} \mid \boldsymbol{x},\boldsymbol{\theta}) = \sum_{\boldsymbol{h} \in \boldsymbol{H}} p(\boldsymbol{h} \mid \boldsymbol{x},\boldsymbol{\theta}) \tag{5.36}$$

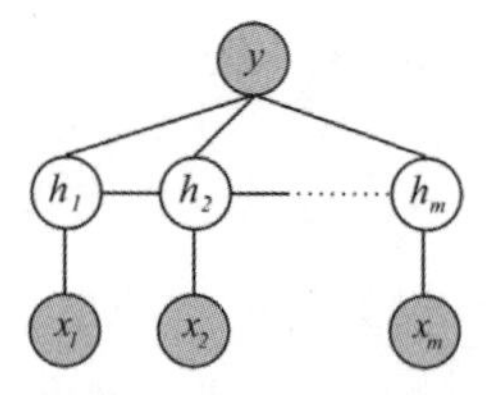

图5.71　隐藏(分层)CRF模型[62]，其中白色节点表示隐藏状态，阴影节点表示观测和输出标记

其中$\boldsymbol{h}_j$是动作标记j的隐藏状态，$\boldsymbol{H}$代表所有动作类的隐藏状态集。然后他们按式(5.33)来确定$p(\boldsymbol{h} \mid \boldsymbol{x})$。通过最大化参数的后验分布来学些参数$\boldsymbol{\theta}$，用高斯先验来指定参数先验。对于动作识别，给定查询序列$\boldsymbol{x}$，执行MAP推理，来估计最大化$p(\boldsymbol{y} \mid \boldsymbol{x},\boldsymbol{\theta})$的最可能标记序列$\boldsymbol{y}*$。Wang和Mori[200]通过引入最大边际(Max-margin)学习方法来改进HDRF方法的性能，实现了所谓的最大边际隐藏条件随机场(MMHCRF)。

除了动态模型外，静态模型也被用于人类行为识别。Filipovych等人[63]使用BN来刻画参与者和目标之间的关系，如图5.72所示。该模型由四种类型的节点组成：时间状态节点M，静态节点S，以及其观测O_M和O_S。在该模型中，参与者和目标的不同静态状态通过时间状态节点相互作用。每个动态场景学习一个BN模型。给定图像序列，通过识别最大化行为模型后验概率的视频序列中的时空位置，将场景识别描述为一个检测问题。

248

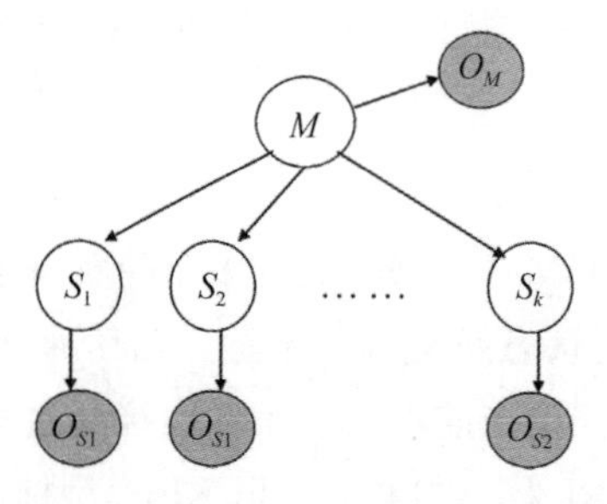

图5.72　参与者-目标模型的BN结构，其中S和M节点表示参与者的静态和动态状态[63]

分层贝叶斯模型，包括潜在狄利克雷分布(LDA)和概率潜在语义分析(pLSA)，也被用于无监督人类行为学习和识别。Niebles等人[64]提出使用pLSA和LDA进行人类行为建模和识别。他们的目标是，从一组未标记的视频中自动学习不同的行为类别，并使用所学习的模型在查询视频序列中执行动作分类和定位。他们假设人体动作是由一组时空视觉单词组成的，可以用词袋法来学习。这些视觉词的分布形成了不同的人类行为(主题)。具体来说，如图5.73所示，pLSA模型以单词库w作为输入，并假设视频序列d中的单词分布，可以表示为每个主题$p(w \mid z)$的单词分布与$p(z \mid d)$计算的权重的加权组合。给定未标记的视频序列，使用EM来学习主题数(z的状态数)、每个主题$p(w \mid z)$的单词分布和混合权重(每个文件的主题分布)$p(z \mid d)$。每个潜在主题对

应于一个人类行为。在识别过程中，查询序列的动作可以识别为 z(z 的状态)的动作主题，其中 z 产生最高概率 $p(z|d)$。通过将文件中主题分布($p(z|\theta)$)的参数 θ，视作具有由超参数 α 参数化的分布 $p(\theta|\alpha)$ 的随机变量，该 LDA 对 pLSA 进行扩展。因此，与刻画联合分布 $p(d,z,w)$ 的 pLSA 不同，*LDA* 刻画 $p(\theta,z,w)$ 的联合分布。给定一组未标记的训练序列，进行学习以获得超参数 α 和单词主题分布参数 β。LDA 学习计算成本通常很高，因此经常使用近似方法，例如变分方法。在识别过程中，给定测试图像序列，LDA 首先估计参数 θ，在此基础上，可以用最高概率 $p(z|\alpha,w)$ 识别主题(行为)。 249

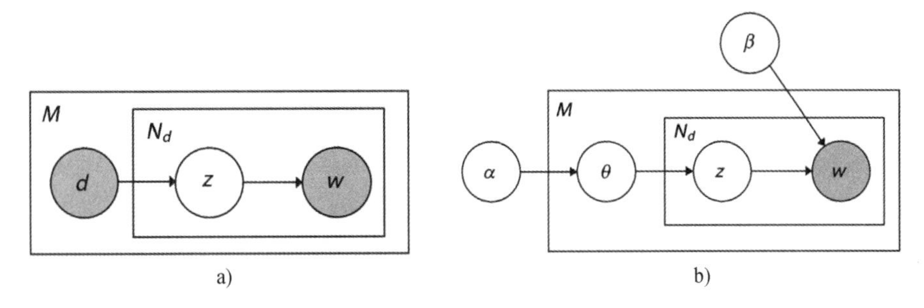

图 5.73 用于人类行为建模和识别的分层贝叶斯模型[64]。图 a 为 pLSA 模型，其中 w 是输入视觉单词，z 是动作类别，d 表示视频序列。图 b 为 LDA 模型，其中 θ 参数化 z 中主题分布，β 刻画 z 中每个主题的单词分布，M 是视频的数量，N_d 是每个视频的视觉单词数

5.4.2.3 复杂的人类活动识别

复杂活动通常由在一段时间内并行或循序发生的多个基元行为组成。因此，在结构上，复杂活动由活动基元之间的时间关系定义。理解复杂的活动不仅需要识别每个单独的动作基元，而且，更重要的是，需要刻画在不同的时间间隔内它们的时空依赖关系。因此，识别复杂活动的关键，是给历时基元行为间的结构关系建模。

Hongeng 和 Nevatia[65]采用分层表示法来建模并识别复合动作(例如：电话亭内的盗窃，以及攻击和追逐)。如图 5.74 所示，他们假设复杂的动作由一段时间内的交互基元行为组成，其时间关系可以用半 HMM 建模。通过使用半 HMM，他们可以给不同基元行为的状态持续时间变化进行显式建模。他们首先从底层提取图像特征，根据这些特征来估计视频中目标的运动特性；然后将检测到的运动目标的属性输入到执行基元行为识别的 BN，BN 的输出作为顶部半 HMM 的输入，对复杂的人类行为建模。为每个复杂行为构造这样的分层模型，通过识别产生极大似然的模型来识别复杂的行为。Sun 和 Nevatia[201]引入了类似的结构，来为复杂的活动建模并识别。他们假设复杂的活动是由基元活动概念及其随时间的交互组成的。用隐藏节点表示基元活动。他们的模型在 TRECVID MED 11 事件工具包数据集上进行了评估[202]，以识别 15 个复杂的人类行为/事件，它的性能优于最先进的方法。 250

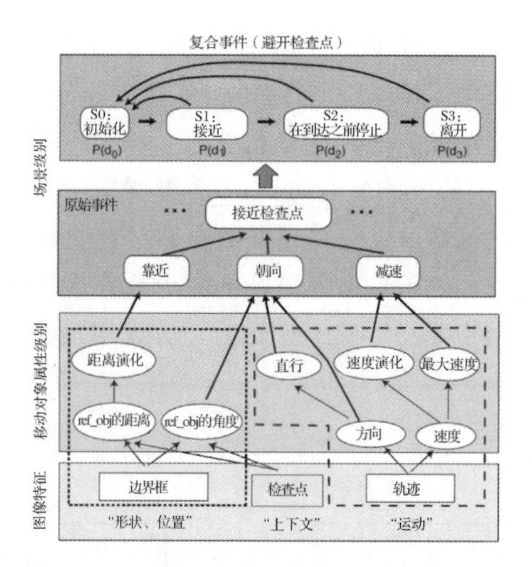

图 5.74 复合动作"避开检查点"的分层表示法[65]，其中贝叶斯网络用于识别基元人类行为，SHMM 用于刻画基元行为之间的交互，用于建模和识别复杂活动

Zhang 等人[66]提出了一种用于异常事件检测的双层 HMM。如图 5.75 所示，模型由两层组成。基本事件(基元行为)由子 HMM 建模。上层复杂活动被建模为遍历 K 类 HMM，其中隐藏状态是基本事件(基元行为)。

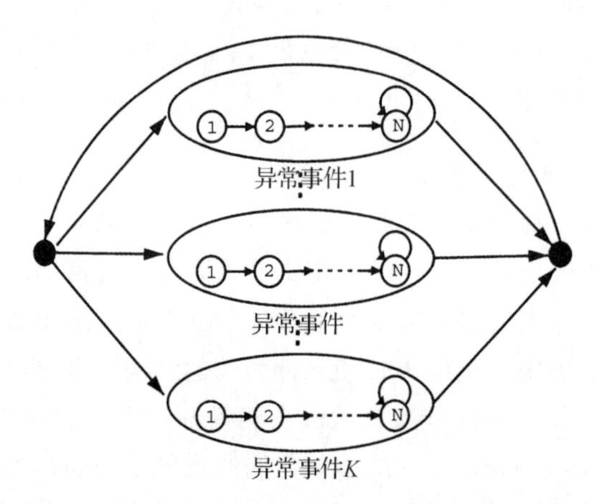

图 5.75 用于异常事件检测的双层 HMM[66]，其中低级 HMM 用于识别基元人类行为。高级 HMM 从低级 HMM 中获取输出，对复杂的活动进行建模

Duong 等人[67]引入了切换隐半马尔可夫模型(S-HSMM)，用于建模和识别复杂办公活动。如图 5.76 所示，模型由两层组成。顶层节点 Z_t 代表 6 个高级活动，包括：1)进入房间做早餐；2)吃早餐；3)洗餐具；4)煮咖啡；5)读晨报喝咖啡；6)离开房间。复杂的活动由原子活动组成。例如，活动"在炉边"就是复杂活动煮咖啡的原子活动。通过带有用 Coxian 分布㊀显式建模的持续时间隐半马可夫模型，底层的 x_t 节点表示原子

251

㊀ 由不同速率的指数分布的混合组成的概率分布。

活动及其持续时间ϵ_t。因此，上层的复杂活动节点的作用相当于底层模型的切换因子。使用 DBN 学习方法，来学习每个高级活动的 SHMN 模型。在识别过程中，将 SHMN 用于查询视频，通过过滤推理 $p(z_t|y_{1:t})$，估计每个时间 t 的最大可能高级活动。与此类似，Du 等人[68]提出了一种分层持续状态 DBN(HDS-DBN)，来给复杂活动在不同的时间尺度上的两种随机状态建模，如图 5.77a 所示。该模型由二级 DBN 组成，其中高级活动以较慢的时间尺度演化，其状态持续时间由持续时间变量显式建模，而低级活动使用标准 HMM，有效地将其模型转换为分层隐半马尔可夫模型。低级 HMM 的状态值作为高级状态变量的观察值。二级模型可以通过添加额外的高级层，来进一步扩展，以便在不同的尺度上给运动细节建模，如图 5.77b 所示。

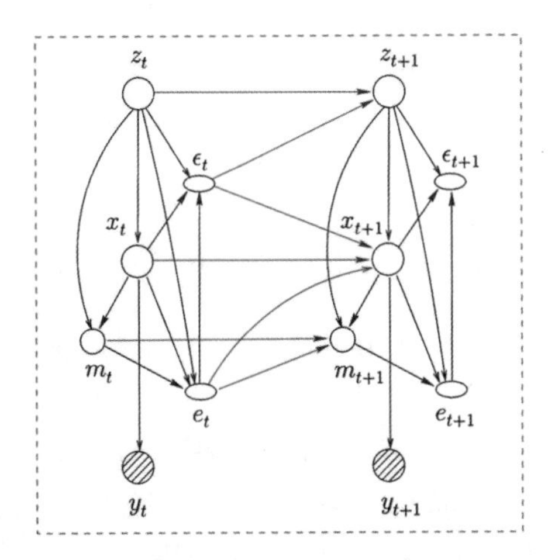

图 5.76　切换隐半马尔可夫模型的 DBN 表示[67]，其中 z_t、x_t 和 y_t 分别表示复杂活动、当前的原子活动和 x_t 的图像测量，ϵ_t 表示状态持续时间

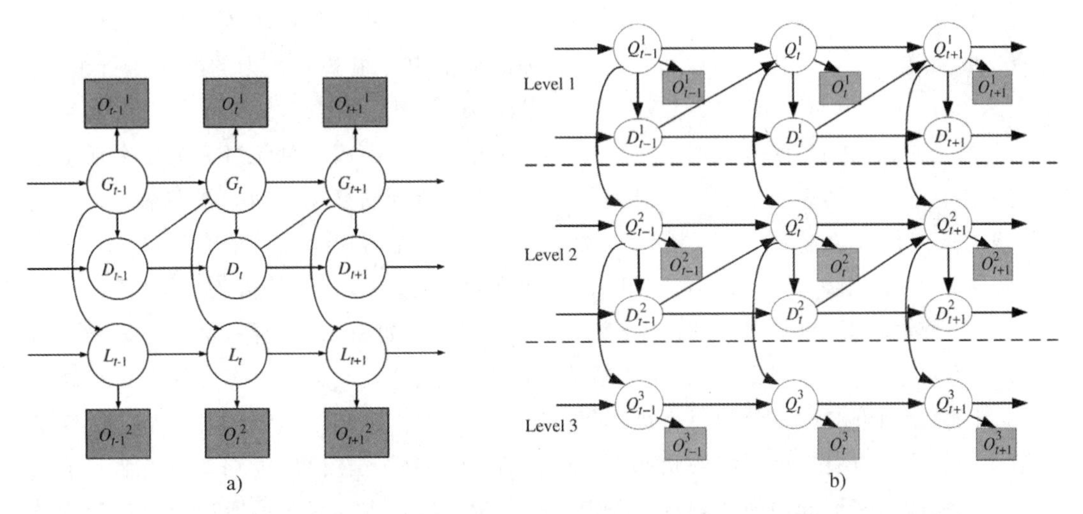

图 5.77　分层 DBN[68]。图 a 为 HDS 模型，其中 G 和 L 分别是全局和局部状态变量。D 是全局状态的持续时间变量，O_s是观测值。图 b 为将 HDS 扩展到三级运动细节

Xiang 等人[69]提出了一种动态多链路隐马尔可夫模型(DML-HMM)，用于建模涉及多个基元动态事件之间交互的复杂活动。如图5.78所示，DML-HMM由一组相互连接的HMM组成，每个动态事件有一个HMM。与人为连接不同HMM之间隐藏状态的CHMM不同，DML-HMM采用DBN结构学习，来自动发现组成HMM进程之间必要的时间链路，从而在跨多个时间进程(HMM)的相关隐藏状态变量子集之间，产生稀疏和更优化的连接。该属性为DML-HMM提供了在学习和推理过程中更有效的计算。

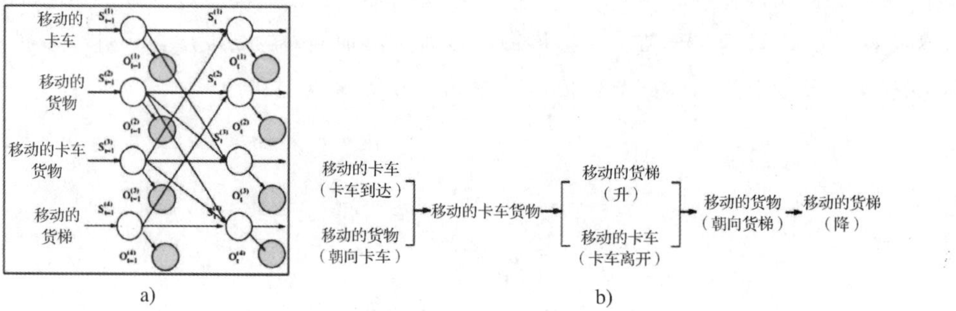

252

图5.78　图a为用于给机场货物装卸活动建模的DML-HMM和图b为基元事件之间的时间关系[69]

Xiang 等人演示了DML-HMM用于机场货物装卸活动识别的性能。除了仅使用HMM之外，还提出用于复杂活动建模和识别的混合两级模型。Ivanov 和 Bobick[203]引入了一种用于复杂活动识别的两级模型。较低级别由HMM组成，用于表示活动基元；较高级别使用随机无上下文语法(SCFG)，来刻画基元之间的时间配置。Truyen 等人[204]引入了增强马尔可夫随机森林(AdaBoost＋MRF)，并将其应用于多级活动识别。他们模型的底层刻画基本动作，顶层刻画高级活动。采用Boosting算法学习模型参数。

一些复杂的活动模型不使用两级模型，而是使用多级结构，其中较低级刻画基元活动，而较高级刻画复杂活动。Nguyen 等人[70]提出采用分层HMM(HHMM)来识别三种复杂的人类活动：快餐、零食和正餐，每种活动都由一组基元行为的循序执行组成。如图5.79所示，该模型由四层组成。顶层(第1级)是根行为。第2级包括三项复杂的活动。每个复杂活动都由一组按一定顺序执行的基元行为组成。基元行为为每个活动显式定义，并包含在第3级中。第4级表示从图像观测得到的复杂活动的状态估计。使用EM算法的变体来学习HHMM模型参数。为了实现实时活动识别，他们提出了一种基于Rao-Blackwell化粒子滤波器(RBPF)的高效推理算法。Laxton 等人[71]提出了一种用于复杂活动建模和识别的多级活动DBN(ADBN)模型。如图5.80所示，一种复杂的活动(如冲泡咖啡)由一系列子活动(如磨咖啡)组成，这些活动又可进一步分解为一组原子活动(开磨机、倒咖啡豆等)。每个级别都可以由一个BN建模，其节点对应于较低级别的活动。每个节点有三种可能的状态：等待、活动和完成。在最低级别，原子活动节点被连接到相应原子活动的图像测量。在识别过程中，给定查询视频，通过使用类似维特比的算法进行概率滤波，估计每个级别活动的最可能状态。

253

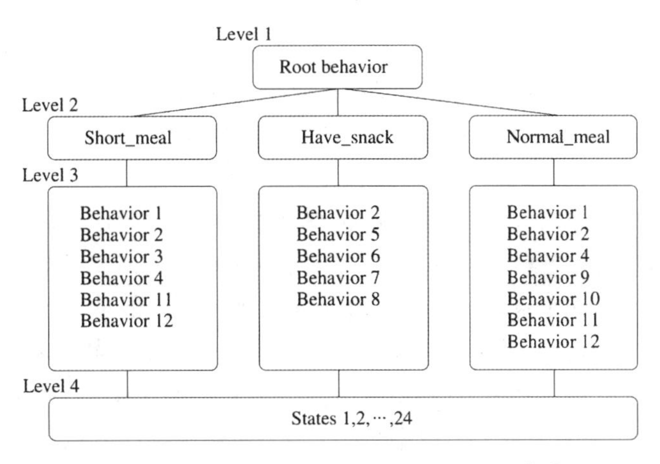

图 5.79　用于复杂活动建模的分层 HMM[70]

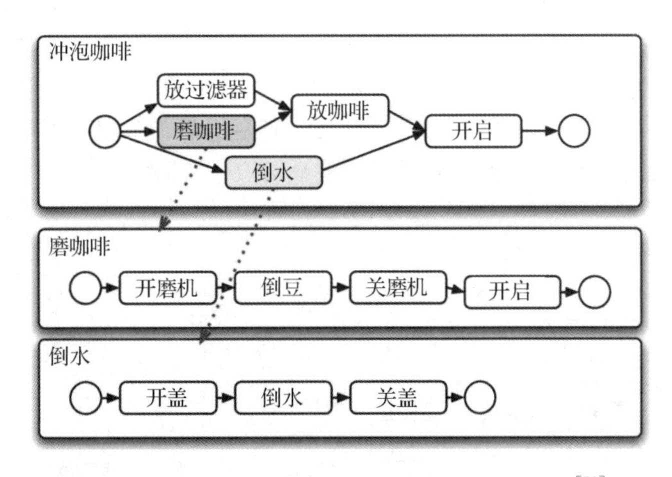

图 5.80　多层 ADBN 模型的一个切片，在 3 个级别刻画复杂的活动[71]。每个级别都可以由一个 BN 建模，其节点对应于较低级别的活动

Lillo 等人[72]引入了一种分层 MRF 模型，用于从人体骨架视频数据中，同时识别复杂的人类活动和基元人类行为。如图 5.81 所示，他们的模型包括 4 个层次：顶层复杂活动层，第 2 层的基元行为，第 3 层的身体姿态，以及底层的视频特征。通过包含每一层级能量项的总能量函数和随时间姿态转变的能量函数，定量刻画该模型。他们提出使用最大边际法，同时学习不同级别的所有能量参数。用凹凸过程[205]求解最大边际优化。在识别过程中，给定查询视频，进行推理，同时识别复杂活动及其组成行为。

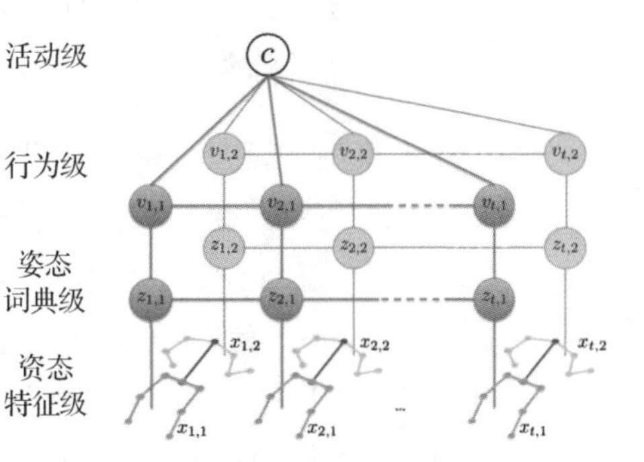

图 5.81　用于识别可组合人类活动的层级模型。顶层，活动是在中间层次推断的行为的组合。这些行为依次是在较低级别的姿态组合，其中姿态词典是从数据中学习的[72]

254

前面讨论的基于图模型的方法有两个主要限制。首先，时间分割的图模型，如HMM和DBN，通常基于时间点，因此，它们只能刻画三个时间关系：先于、之后和同时。其次，HMM是概率有限状态机器，随着并行事件数量的增加而呈指数增长。为了解决这些问题，Zhang等人[73]引入了区间时间BN(ITBN)，这是一种新的图模型，将BN与区间代数结合起来，对时间间隔的基元时间事件之间的时间依赖关系进行显式建模。根据区间代数，复杂活动由时间间隔的时间事件及其时间关系组成。在任何两个时间事件之间，都有13个这样的时间间隔关系，如图5.82b所示。引入ITBN来刻画时间事件及其间隔关系。图5.82a显示了ITBN的BN执行，其中循环节点表示时间事件。它的值包括时间事件的开始和结束时间。矩形节点表示两个时间事件之间的时间关系，可以假定为13种可能的时间间隔关系之一。圆形节点和方形节点之间的虚线链路表示时间依赖性，而圆形节点之间的实线链路刻画事件节点之间的空间依赖性。给定BN表示，他们应用BN学习方法来学习ITBN模型结构和参数，为每个复杂活动构造一个ITBN。在识别过程中，给定查询视频，他们计算每个ITBN模型的似然，并识别具有极大似然的模型。实验结果表明，通过具有时空依赖关系的推理，他们的模型在识别涉及并行和循序事件的复杂活动方面，性能显著改进。

255

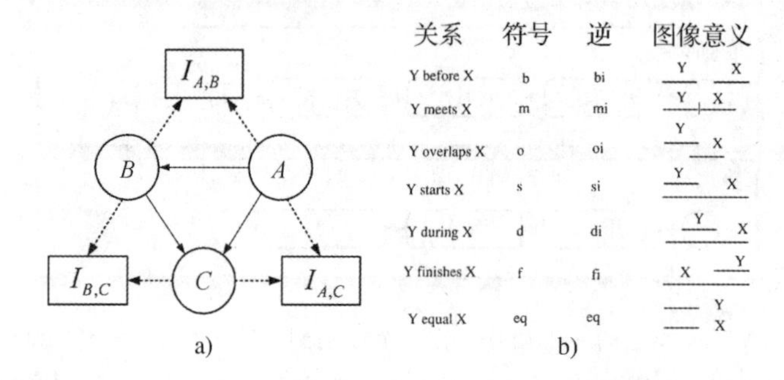

图5.82　图a为ITBN的BN实现[73]，其中圆形节点表示时间事件，矩形节点刻画间隔时间关系。实线链路刻画时间主体之间的空间依赖关系，而虚线链路刻画它们的时间依赖关系。图b为两个时间事件之间的13个可能的间隔时间关系

除了动态模型，静态图模型(如BN或其变体)也被用来刻画活动要素之间的层次关系。通常，人们使用三级BN来描述图像特征、原子活动和复杂事件之间的关系。Hongeng等人[74]提出了一种分层朴素BN，来给单态和多态场景(场景相当于复杂活动)建模。如图5.83所示，使用朴素BN，给动态图像特征、运动物体的性质和子场景之间的关系进行建模。用另一个BN来刻画子场景和场景之间的关系。将两个朴素的BN结合在一起，得到分层的朴素BN。给定图像序列，提取动态特征以获得运动目标的动态特性，用于子目标的概率推理。最后，用子场景变量的测量作为证据，来推理最有可能的场景。

256

除了BN，广泛用于自然语言处理(NLP)的分层狄利克雷过程(HDP)模型也被用于复杂活动的建模和识别。由于复杂活动的结构用语言方案很容易表示，把行为基元看作文档主题，活动看作文档，这些模型自然可以扩展到活动建模和识别。Wang等人[206]

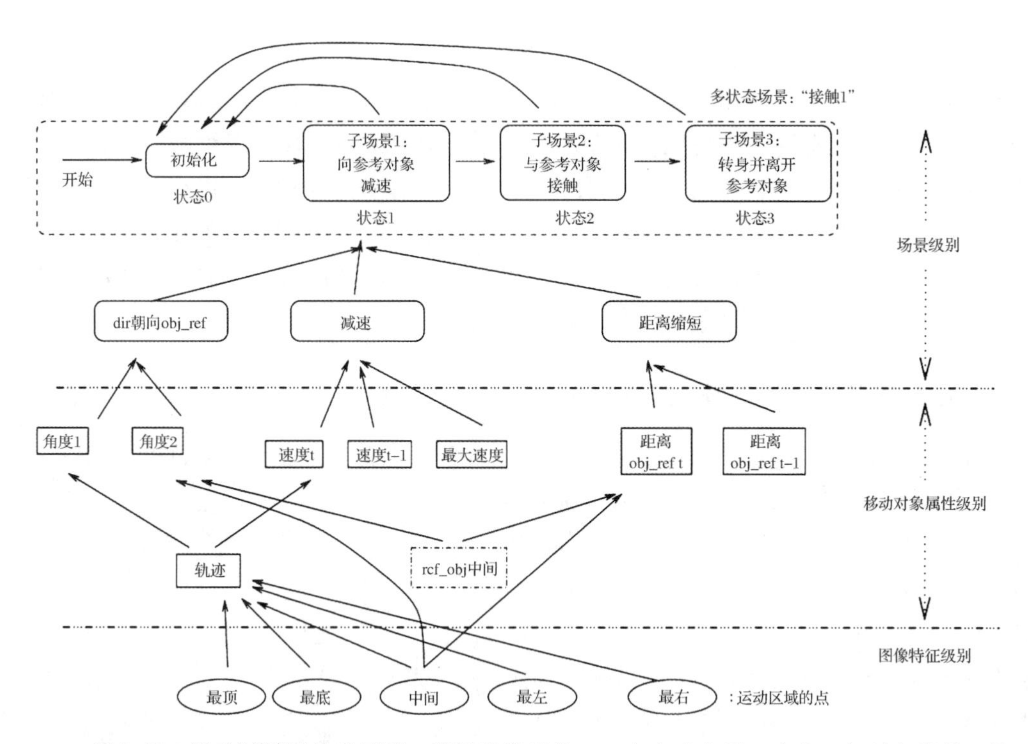

图 5.83 活动"接触"的表示图，该活动定义为：一个人走向另一个人，与对方接触，转身，离开。图像特征以椭圆形表示，移动目标属性以矩形表示，场景以圆角矩形表示，上下文以虚线矩形表示[74]

引入分层的狄利克雷过程(HDP)模型，来刻画不同活动级别之间的关系：视觉特征、原子活动和复杂活动，如图 5.84 所示，$\boldsymbol{x}_{ij}$ 代表第 j 个文件中的第 i 个视频词语，θ_{ji} 代表带有词语 i 的第 j 个文件的文件主体，G_j^D 代表第 j 个文件，G_c 代表 L 个集群(文件)中的集群 c 的一个文件。其余节点表示每个变量的参数(基概率)或超参数(集中参数)。例如，第 j 个文件 G_j^D，遵循带有基概率 G_{c_j} 和集中参数 α 的狄利克雷过程，即 $G_j^D \sim DP(\alpha, G_{c_j})$。根据板表示法，最里面的板代表 N 个词语，大板刻画 M 个复杂活动，覆盖 G_c 的板刻画 L 个复杂活动集群。每个视频序列代表 L 个集群中一个集群的一个复杂活动，集群反过来由原子活动 θ_{ji} 的分布构成，原子活动 θ_{ji} 由视频帧中提取的视频词语分布表示。实际上，单词的主题总结了场景中的典型原子活动，每个主题都遵循词语的多项分布。

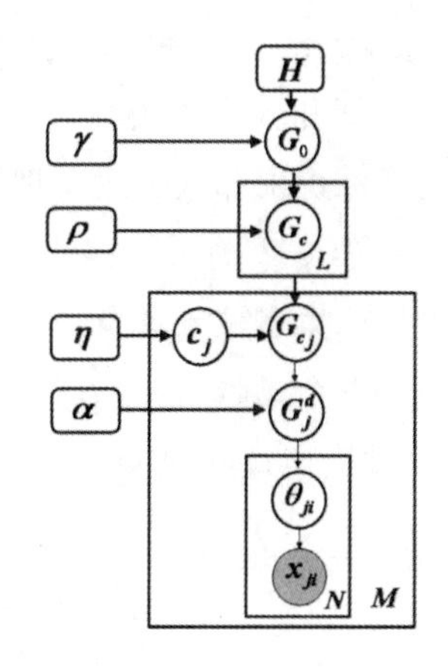

图 5.84 分层狄利克雷过程模型[206]，其中 $\boldsymbol{x}_{ij}$ 表示视频运动词语，θ_{ji} 表示视频主题，G_j^D 表示第 j 个文件，G_c 表示来自集群 c 的文件。其余节点表示这些节点的参数或超参数

与传统的 LDA 模型相比，HDP 模型使自动决定主题数量成为可能，而无须人为指定。此

外，Wang 等人为了给不同类型的复杂活动建模，引入了一个新的集群变量，将文件分为不同的集群。将其模型应用于交通场景分析，自动发现了 29 个由基本交通运动组成的原子交通活动，这些运动被量化为四个方向。原子交通活动及其相互作用的结合，构成了复杂的交通活动。他们确定了五类复杂交通活动，并将其模型应用于复杂活动分类，540 个视频片段分类的平均准确率达到了 85.74%。他们还可以计算用于异常检测的查询视频似然。最后，他们表明，其模型可以用于执行语义查询，基于原子活动及其相互作用的特定组合，来检测某一感兴趣的活动。

5.4.3 为人类活动识别刻画上下文

除了目标信息外，上下文信息通常可以提供关于人类行为或活动类型的额外信息。Gupta 等人[75]提出将人类运动理解和目标识别与 BN 结合起来，对人-目标的交互进行建模。如图 5.85 所示，该模型包括四种类型的节点：O 表示目标类节点、M_r 表示到达运动节点，M_m 表示操纵运动节点，O_r 表示目标反应节点。阴影节点是相应的检测。目标节点是该模型的根节点，M_r、M_m 和 O_r 是其子节点。另外，操纵运动节点 M_m 是到达运动节点 M_r 的子节点，目标反应节点 O_r 是操纵运动节点 M_m 的子节点。在识别过程中，Gupta 等人采用基于 HOG 的检测器来

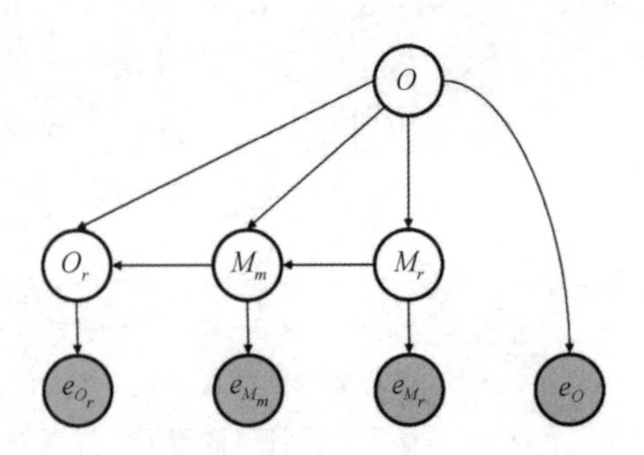

图 5.85 用于给动作视频中的人-目标交互上下文建模的 BN[75]

检测目标和人体部分，采用 HMM 来识别运动(到达、反应、操纵运动)，分别得到其图像测量 e_{O_r}，e_{M_m}，e_{M_r}，和 e_O。给定目标和运动测量，之后他们用置信度传播算法，同时识别 1 个目标和 6 个人类行为。通过对人类运动和目标进行联合建模，并利用其交互，可以改进目标识别和人类运动理解任务。

258

Gupta 等人[76]进一步提出一种模型，将目标划分为两种类型，即场景和可操作目标。场景目标大多位于场景中，可操作的目标是可被人类操纵的目标。在网球比赛的例子中，网是一个场景目标，球和球拍是可操纵的目标。图 5.86 所示模型，刻画场景目标(SO)、可操作目标(MO)、场景(S)和人(H)之间交互，阴影节点是它们相应的测量。

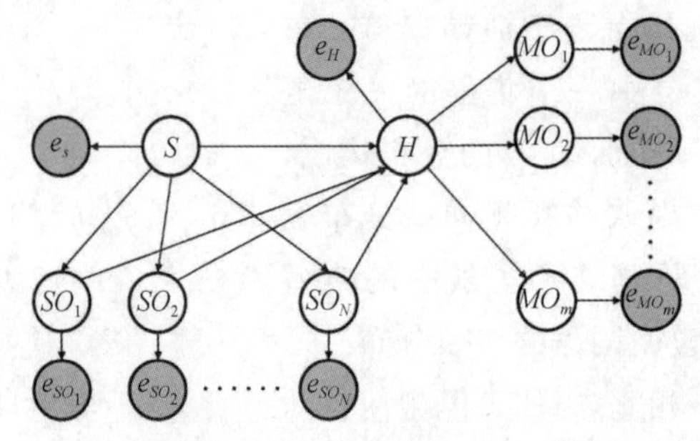

图 5.86 用于给静态图像中人-目标交互上下文建模的 BN[76]

除了人和目标的语义语境外，Yao 等人[77]更进一步，研究人体姿态和目标之间的语义关系。如图 5.87 所示，他们提出用 MRF 模型，来给静态图像中目标、人体姿态和活动的共现/互斥关系编码，其中 A 节点表示活动，H 代表人体姿态类型，P 代表身体部分，O 代表不同的目标。在相互语境模型下，活动、人体姿态和目标可以有利于彼此识别。成对和一元势项中的加权系数是唯一需要学习的参数。这些加权系数是用极大似然估计来估计的。在测试中，活动、目标和人体姿态的单独检测都被作为上下文模型的输入，通过该模型，同时推理活动、目标和人体姿态的状态。通过利用目标、人体姿态和活动之间的交互，可以提高人类活动识别性能，特别是对于那些难以识别的人类活动。

259

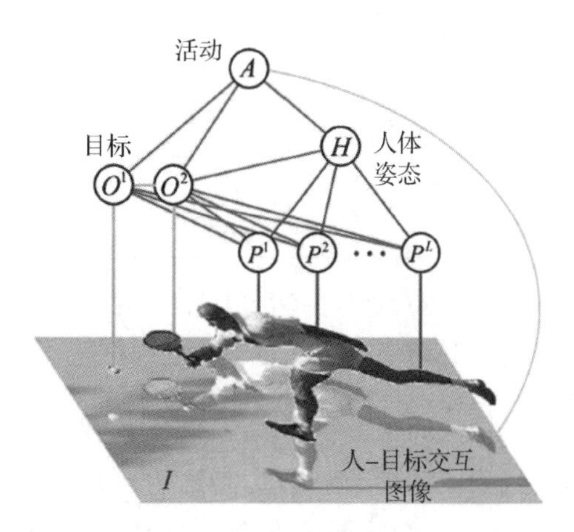

图 5.87　Yao 等人提出的 MRF 模型，用于给目标、姿态和活动的相互上下文编码[77]

为了刻画事件、场景和目标级别的上下文信息，Li 等人[78]提出分层概率模型，通过整合场景面片和目标的分类，来进行事件分类。如图 5.88 所示，该模型也是一个潜在主题模型，由两个耦合的 LDA 模型组成，一个用于建模场景，另一个用于目标建模，通过事件节点结合，共同建模场景（S 节点）和目标（O 节点）的分布。具体来说，场景是通过 M 个主题（t）的分布来建模的，而 M 个主题（t）的分布，反过来又是通过图像外观特征 X 的分布来建模的。同样，目标由 N 个主题 z 的分布组成，每个主题由其外观特征 A 和几何特征 G 的分布组成。最后，事件节点 E 是一个分类变量，表示不同的事件。事件由场景 S 和目标 O 的某种分布组成。因此，该模型刻画场景主题和目标主题之间的语义关系。对于查询视频，可以通过识别概率最高的事件类，来执行事件识别，给定从查询视频中提取图像特征（X、A 和 G）：$E^*=\arg\max_E p(E|X,A,G)$。

Wang 和 Ji[79]引入增强 DBN，将场景、事件目标交互和事件时态上下文合并到标准 DBN 中，用于监视视频中的事件识别。如图 5.89 所示，事件节点 E（包括 E_{n-1} 和 E_n）具有 K 个离散值，其中 K 是不同事件类型的数量。E 节点上的附标 $n-1$ 和 n 代表两个不同时间上的事件，其中 E_{n-1} 代表之前事件，E_n 代表当前事件。E_{n-1} 和 E_n 之间的链路刻画事件依赖关系，即事件的时间语境（上下文）。S 节点代表场景。S 与 E_n 之间的链路刻画场景语境对事件的影响。O_n 节点代表当前视频剪切的语境目标。E_n 和 O_n 之间

260

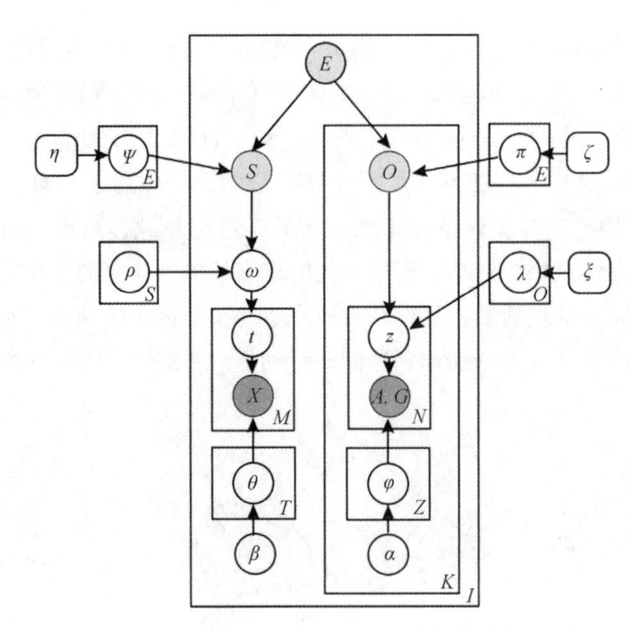

图 5.88　按场景和目标识别对事件进行分类的层次概率模型[78]，其中 E 表示事件，S 代表事件场景，O 代表事件目标

的链路刻画事件-目标交互语境。四个节点 E_n、E_{n-1}、S 和 O_n 都有其相应检测，分别由 OE_n、DE_{n-1}、DS 和 DO_n 代表。圆形节点 OE_n 是连续向量，代表由传统事件分类器生成的当前事件的事件观测。其余三个检测节点 DE_{n-1}、DS 和 DO_n 是离散节点，来自对相应语境的分类器检测。他们的模型把不同的语境(上下文)和目标信息，同时嵌入一个统一模型。为了描述每个事件类别内的变化，他们进一步扩展其模型，纳入超参数 261 (图 5.89B)，来指定节点 E_n 的分布。语境(上下文)模型的参数用 MAP 方法来估计。在识别过程中，给定测量，可以执行 MAP 推理，来推断当前时间最大可能的事件 E_n。对具有复杂背景的真实场景监控数据集的实验表明，语境(上下文)可以有效地提高真实世界视频的事件识别性能。

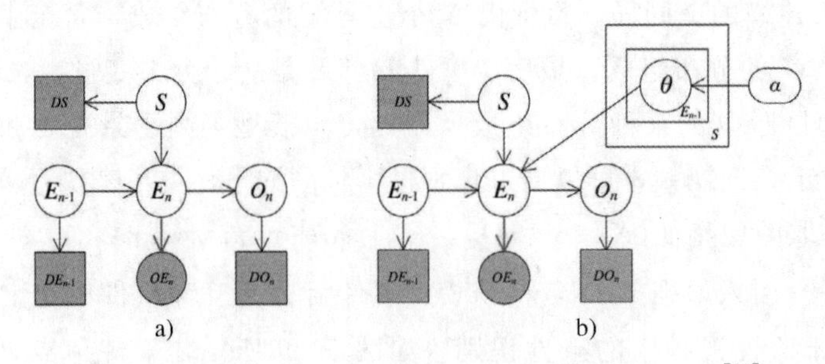

图 5.89　用于合并场景和语义上下文进行人类事件识别的增强 DBN[79]。图 a 为上下文模型，图 b 为具有超参数的分层上下文模型

Wang 和 Ji[80] 引入分层图模型，以同时刻画特征、语义和先验层次的上下文信息。这三个层次的上下文提供了关键的自底向上、中层和自顶向下的信息，在具有挑战性的

条件下，如大的类内变化和低的图像分辨率，这些信息可以帮助事件识别任务。

如图 5.90 所示，顶部刻画先验/基本上下文，中间部分刻画语义上下文，底部部分刻画特征级别上下文。每个部分由分别表示事件、相关上下文及其图像测量的节点组成。具体来说，顶层刻画场景和时间先验，预测某些事件发生的可能性。考虑两种类型的基本上下文：场景上下文和动态上下文。场景上下文提供了事件发生的环境上下文，提供给定场景中事件发生的先验概率。在该模型中，场景由离散的场景节点 S 刻画，表示不同的可能场景类型。从 S 到 E_t 的链路刻画在时间 t 场景 S 和事件 E_t 的因果关系。另外，引入的参数和超参数，对场景节点的先验概率分布进行建模，允许场景上下文的可变性。第二个基本上下文是动态上下文，给定当前已经发生的事件，动态上下文提供对可能发生事件的时间支持。当前时间的事件受之前时间的事件影响。动态上下文由节点 E_{t-1} 刻画。E_t 与 E_{t-1} 之间的链路刻画 E_t 和 E_{t-1} 之间的事件因果关系。节点 S 和 E_{t-1} 都提供自上而下的基本信息，用于当前事件的推理。

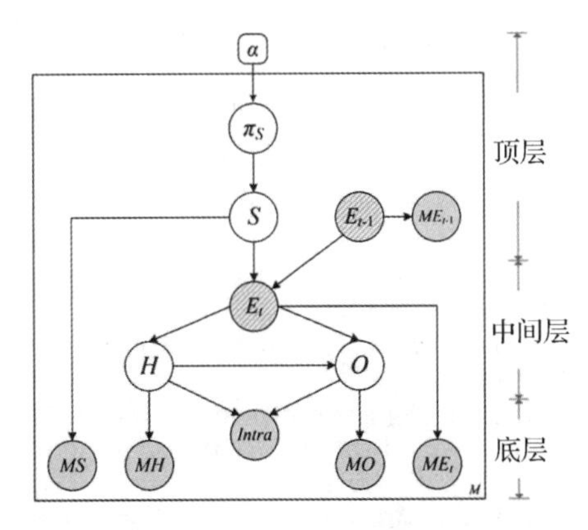

图 5.90 分层上下文模型[80]，其中阴影节点表示图像测量，白色节点表示潜在变量，条纹节点表示要进行推理的事件

语义中间层刻画事件的组成部分及其交互。对于这项研究，该模型刻画了人、目标及它们的交互。具体来说，中间层由事件节点 E_t 及其构成部分(人和目标)组成，分别表示为离散的节点 H 和 O。由于精确的人和目标的状态是未知的，这些状态被看作潜在变量，在训练中从数据学习其最优状态。通过 H 和 O 之间的链路刻画二者交互，由此刻画二者状态之间的概率依赖。最后，在底部建模的特征上下文，由描述事件及其上下文的图像特征构成。人们使用各种时空图像特征，作为目标事件的图像特征，包括人和目标。为了在特征级别上检测事件上下文，人们从事件邻域中提取了几种类型的上下文特征。此外，还提取了额外的特征，来检测事件间和事件内的时空关系。目标特征表示为 MH 和 MO，而上下文特征表示为节点 ME 和 $Intra$。分层上下文模型同时利用全部三个级别的上下文，对其进行系统整合，用于事件识别。

262

分层模型是一种定向 PGM。由于其结构是人为固定的，因此学习只涉及学习参数，即每个节点的条件概率。由于模型由潜在变量组成，因此可以采用 EM 法来学习模型参数。此外，Wang 和 Ji 使用变分 EM，来解决连续潜变量带来的复杂性。给定所学习的分层模型和查询视频序列，执行 MAP 推理，以确定最有可能的事件。同样，变分推理被用来近似求解 MAP 推理。在基准数据集上的实验证明了他们的方法能够有效应对实际挑战，如大的类内变化和低的图像分辨率。

参考文献

[1] L. Zhang, Q. Ji, Image segmentation with a unified graphical model, IEEE Transactions on Pattern Analysis and Machine Intelligence 32 (8) (2009) 1406–1425.

[2] J. Jeong, T. Sung Yoon, J. Park, Towards a meaningful 3D map using a 3D lidar and a camera, Sensors 18 (08 2018) 2571.

[3] G. Gilboa, ROF denoising example [online], available: https://en.wikipedia.org/wiki/File:ROF_Denoising_Example.png, 2010.

[4] S.J. Prince, Computer Vision: Models, Learning, and Inference, Cambridge University Press, 2012.

[5] C. Bouman, B. Liu, Multiple resolution segmentation of textured images, IEEE Transactions Pattern Analysis and Machine Intelligence (1991) 99–113.

[6] P. Awasthi, A. Gagrani, B. Ravindran, Image modeling using tree structured conditional random fields, in: International Joint Conference on Artificial Intelligence, 2007, pp. 2060–2065.

[7] Y. Wang, Q. Ji, A dynamic conditional random field model for object segmentation in image sequences, in: IEEE Conference on Computer Vision and Pattern Recognition, vol. 1, 2005, pp. 264–270.

[8] S. Zheng, S. Jayasumana, B. Romera-Paredes, V. Vineet, Z. Su, D. Du, C. Huang, P.H. Torr, Conditional random fields as recurrent neural networks, in: Proceedings of the IEEE International Conference on Computer Vision, 2015, pp. 1529–1537.

[9] E.N. Mortensen, J. Jia, Real-time semi-automatic segmentation using a Bayesian network, IEEE Conference on Computer Vision and Pattern Recognition (2006) 1007–1014.

263

[10] X. Feng, C. Williams, S. Felderhof, Combining belief networks and neural networks for scene segmentation, IEEE Transactions on Pattern Analysis and Machine Intelligence 24 (4) (2002) 467–483.

[11] P.F. Felzenszwalb, D.P. Huttenlocher, Pictorial structures for object recognition, International Journal of Computer Vision 61 (1) (2005) 55–79.

[12] L. Fei-Fei, R. Fergus, P. Perona, Learning generative visual models from few training examples: an incremental Bayesian approach tested on 101 object categories, Computer Vision and Image Understanding (2007) 59–80.

[13] R. Fergus, P. Perona, A. Zisserman, A sparse object category model for efficient learning and exhaustive recognition, in: IEEE Conference on Computer Vision and Pattern Recognition, vol. 1, 2005, pp. 380–387.

[14] M.P. Kumar, P.H.S. Torr, A. Zisserman, Obj cut, in: IEEE Conference on Computer Vision and Pattern Recognition, 2005, pp. 18–25.

[15] E.B. Sudderth, A. Torralba, W.T. Freeman, A.S. Willsky, Learning hierarchical models of scenes, objects, and parts, in: International Conference on Computer Vision, vol. 2, 2005, pp. 1331–1338.

[16] K.P. Murphy, A. Torralba, W.T. Freeman, Using the forest to see the trees: a graphical model relating features, objects, and scenes, in: Advances in Neural Information Processing Systems, 2004, pp. 1499–1506.

[17] M. Szummer, Learning diagram parts with hidden random fields, in: Eighth International Conference on Document Analysis and Recognition, IEEE, 2005, pp. 1188–1193.

[18] A. Kapoor, J. Winn, Located hidden random fields: learning discriminative parts for object detection, in: European Conference on Computer Vision, 2006, pp. 302–315.

[19] Y. Zhang, Z. Tang, B. Wu, Q. Ji, H. Lu, A coupled hidden conditional random field model for simultaneous face clustering and naming in videos, IEEE Transactions on Image Processing 25 (12) (2016) 5780–5792.

[20] Y. Wu, Q. Ji, Facial landmark detection: a literature survey, International Journal of Computer Vision (2018).

[21] Y. Wu, Z. Wang, Q. Ji, Facial feature tracking under varying facial expressions and face poses based on restricted Boltzmann machines, in: Proceedings of the IEEE Conference on Computer Vision and Pattern Recognition, 2013, pp. 3452–3459.

[22] Y. Wu, Q. Ji, Discriminative deep face shape model for facial point detection, International Journal of Computer Vision 113 (1) (2015) 37–53.

[23] The CMU multi-pie face database [online], available: http://www.cs.cmu.edu/afs/cs/project/PIE/MultiPie/Multi-Pie/Home.html.
[24] Y. Wu, Z. Wang, Q. Ji, A hierarchical probabilistic model for facial feature detection, in: Proceedings of the IEEE Conference on Computer Vision and Pattern Recognition, 2014, pp. 1781–1788.
[25] L. Fei-Fei, P. Perona, A Bayesian hierarchical model for learning natural scene categories, in: 2005 IEEE Computer Society Conference on Computer Vision and Pattern Recognition, CVPR'05, vol. 2, 2005, pp. 524–531.
[26] B.C. Russell, A. Torralba, C. Liu, R. Fergus, W.T. Freeman, Object recognition by scene alignment, in: Advances in Neural Information Processing Systems, 2007.
[27] Y. Wang, S. Gong, Conditional random field for natural scene categorization, in: British Machine Vision Conference, 2007.
[28] A. Doucet, N. De Freitas, K. Murphy, S. Russell, Rao–Blackwellised particle filtering for dynamic Bayesian networks, in: Proceedings of the Sixteenth Conference on Uncertainty in Artificial Intelligence, Morgan Kaufmann Publishers Inc., 2000, pp. 176–183.
[29] L. Zhang, J. Chen, Z. Zeng, Q. Ji, 2D and 3D upper body tracking with one framework, in: 19th International Conference on Pattern Recognition, IEEE, 2008, pp. 1–4.
[30] V. Pavlovic, J.M. Rehg, T.-J. Cham, K.P. Murphy, A dynamic Bayesian network approach to figure tracking using learned dynamic models, in: International Conference on Computer Vision, 1999, pp. 94–101.
[31] L. Sigal, S. Bhatia, S. Roth, M. Black, M. Isard, Tracking loose-limbed people, in: IEEE Conference on Computer Vision and Pattern Recognition, 2004.
[32] D. Ramanan, D. Forsyth, Finding and tracking people from the bottom up, in: IEEE Conference on Computer Vision and Pattern Recognition, 2003.
[33] C. Sminchisescu, A. Kanaujia, Z. Li, D. Metaxas, Discriminative density propagation for 3D human motion estimation, in: IEEE Conference on Computer Vision and Pattern Recognition, 2005.
264
[34] M. Kim, V. Pavlovic, Conditional state-space model for discriminative motion estimation, in: International Conference on Computer Vision, 2007.
[35] M.F. Tappen, W.T. Freeman, Comparison of graph cuts with belief propagation for stereo, using identical MRF parameters, in: Proceedings of the International Conference on Computer Vision, 2003, p. 900.
[36] A. Saxena, S.H. Chung, A.Y. Ng, 3-D depth reconstruction from a single still image, International Journal of Computer Vision 76 (1) (2008) 53–69.
[37] A. Saxena, M. Sun, A.Y. Ng, Make3D: learning 3D scene structure from a single still image, IEEE Transactions on Pattern Analysis and Machine Intelligence 31 (5) (2009) 824–840.
[38] E. Delage, H. Lee, A.Y. Ng, A dynamic Bayesian network model for autonomous 3D reconstruction from a single indoor image, in: IEEE Computer Society Conference on Computer Vision and Pattern Recognition, vol. 2, 2006, pp. 2418–2428.
[39] Y. Tong, W. Liao, Q. Ji, Facial action unit recognition by exploiting their dynamic and semantic relationships, IEEE Transactions on Pattern Analysis and Machine Intelligence 29 (10) (2007).
[40] Z. Wang, Y. Li, S. Wang, Q. Ji, Capturing global semantic relationships for facial action unit recognition, in: Proceedings of the IEEE International Conference on Computer Vision, 2013, pp. 3304–3311.
[41] Y. Zhang, Q. Ji, Active and dynamic information fusion for facial expression understanding from image sequences, IEEE Transactions on Pattern Analysis and Machine Intelligence 27 (5) (2005) 699–714.
[42] Y. Li, S. Wang, Y. Zhao, Q. Ji, Simultaneous facial feature tracking and facial expression recognition, IEEE Transactions on Image Processing 22 (7) (2013) 2559–2573.
[43] J. Yamato, J. Ohya, K. Ishii, Recognizing human action in time-sequential images using hidden Markov model, in: IEEE Conference on Computer Vision and Pattern Recognition, 1992, pp. 379–385.
[44] M. Brand, N. Oliver, A. Pentland, Coupled hidden Markov models for complex action recognition, in: IEEE Computer Society Conference on Computer Vision and Pattern Recognition, 1997, pp. 994–999.
[45] D. Wu, L. Shao, Leveraging hierarchical parametric networks for skeletal joints based action segmentation and recognition, in: Proceedings of the IEEE Conference on Computer Vision and Pattern Recognition, 2014, pp. 724–731.
[46] T. Starner, J. Weaver, A. Pentland, Real-time American sign language recognition using desk and wearable computer based video, IEEE Transactions on Pattern Analysis and Machine Intelligence 20 (12) (1998) 1371–1375.
[47] A. Ramamoorthy, N. Vaswani, S. Chaudhury, S. Banerjee, Recognition of dynamic hand gestures, Pattern Recognition 36 (9) (2003) 2069–2081.
[48] C. Vogler, D. Metaxas, Parallel hidden Markov models for American sign language recognition, in:

IEEE International Conference on Computer Vision, vol. 1, 1999, pp. 116–122.
[49] S. Nie, Q. Ji, Capturing global and local dynamics for human action recognition, in: International Conference on Pattern Recognition, ICPR, IEEE, 2014, pp. 1946–1951.
[50] G.W. Taylor, G.E. Hinton, S.T. Roweis, Modeling human motion using binary latent variables, in: Advances in Neural Information Processing Systems, 2007, pp. 1345–1352.
[51] S. Nie, Z. Wang, Q. Ji, A generative restricted Boltzmann machine based method for high-dimensional motion data modeling, Computer Vision and Image Understanding 136 (2015) 14–22.
[52] N. Oliver, B. Rosario, A. Pentland, A Bayesian computer vision system for modeling human interactions, IEEE Transactions on Pattern Analysis and Machine Intelligence (2000).
[53] P. Natarajan, R. Nevatia, Coupled hidden semi Markov models for activity recognition, in: IEEE Workshop on Motion and Video Computing, 2007, p. 10.
[54] Y. Luo, T.-D. Wu, J.-N. Hwang, Object-based analysis and interpretation of human motion in sports video sequences by dynamic Bayesian networks, Computer Vision and Image Understanding 92 (2) (2003) 196–216.
[55] X. Wang, Q. Ji, Learning dynamic Bayesian network discriminatively for human activity recognition, in: International Conference on Pattern Recognition, 2012, pp. 3553–3556.
[56] J. Wu, A. Osuntogun, T. Choudhury, M. Philipose, J. Regh, A scalable approach to activity recognition based on object use, in: International Conferences on Computer Vision, 2007.
[57] L. Zhang, Z. Zeng, Q. Ji, Probabilistic image modeling with an extended chain graph for human activity recognition and image segmentation, IEEE Transactions on Image Processing 20 (9) (2011) 2401–2413.
265
[58] F. Lv, R. Nevatia, Single view human action recognition using key pose matching and Viterbi path searching, in: IEEE Conference on Computer Vision and Pattern Recognition, 2007.
[59] D. Vail, M. Veloso, J. Lafferty, Conditional random fields for activity recognition, in: Proceedings of the 2007 Conference on Autonomous Agents and Multiagent Systems, 2007.
[60] L. Wang, D. Suter, Recognizing human activities from silhouettes: motion subspace and factorial discriminative graphical model, in: IEEE Conference on Computer Vision and Pattern Recognition, 2007.
[61] C. Sutton, A. McCallum, K. Rohanimanesh, Dynamic conditional random fields: factorized probabilistic models for labeling and segmenting sequence data, Journal of Machine Learning Research 8 (Mar 2007) 693–723.
[62] L.-P. Morency, A. Quattoni, T. Darrell, Latent-dynamic discriminative models for continuous gesture recognition, in: IEEE Conference on Computer Vision and Pattern Recognition, 2007, pp. 1–8.
[63] R. Filipovych, E. Ribeiro, Recognizing primitive interactions by exploring actor-object states, in: IEEE Conference on Computer Vision and Pattern Recognition, 2008.
[64] J. Niebles, H. Wang, F.-F. Li, Unsupervised learning of human action categories using spatio-temporal words, International Journal of Computer Vision (2008).
[65] S. Hongeng, R. Nevatia, Large-scale event detection using semi-hidden Markov models, in: International Conference on Computer Vision, 2003, pp. 1455–1462.
[66] D. Zhang, D. Perez, I. McCowan, Semi-supervised adapted HMMs for unusual event detection, in: IEEE Conference on Computer Vision and Pattern Recognition, 2005.
[67] T. Duong, H. Bui, D. Phung, Activity recognition and abnormality detection with the switching hidden semi-Markov model, in: IEEE Conference on Computer Vision and Pattern Recognition, 2005.
[68] Y. Du, F. Chen, W. Xu, W. Zhang, Activity recognition through multi-scale motion detail analysis, Neurocomputing 71 (16) (2008) 3561–3574.
[69] T. Xiang, S. Song, Beyond tracking: modelling activity and understanding behavior, International Journal of Computer Vision (2006).
[70] N.T. Nguyen, D.Q. Phung, S. Venkatesh, H. Bui, Learning and detecting activities from movement trajectories using the hierarchical hidden Markov model, in: IEEE Conference on Computer Vision and Pattern Recognition, vol. 2, 2005, pp. 955–960.
[71] B. Laxton, J. Lim, D. Kriegman, Leveraging temporal, contextual and ordering constraints for recognizing complex activities in video, in: IEEE Conference on Computer Vision and Pattern Recognition, 2007.
[72] I. Lillo, A. Soto, J. Carlos Niebles, Discriminative hierarchical modeling of spatio-temporally composable human activities, in: Proceedings of the IEEE Conference on Computer Vision and Pattern Recognition, 2014, pp. 812–819.
[73] Y. Zhang, Y. Zhang, E. Swears, N. Larios, Z. Wang, Q. Ji, Modeling temporal interactions with interval temporal Bayesian networks for complex activity recognition, IEEE Transactions on Pattern Analysis and Machine Intelligence 35 (10) (2013) 2468–2483.
[74] S. Hongeng, F. Bremond, R. Nevatia, Representation and optimal recognition of human activities, in:

IEEE Conference on Computer Vision and Pattern Recognition, 2000.
[75] A. Gupta, L.S. Davis, Objects in action: an approach for combining action understanding and object perception, in: IEEE Conference on Computer Vision and Pattern Recognition, 2007, pp. 1–8.
[76] A. Gupta, A. Kembhavi, L.S. Davis, Observing human–object interactions: using spatial and functional compatibility for recognition, IEEE Transactions on Pattern Analysis and Machine Intelligence 31 (10) (2009) 1775–1789.
[77] B. Yao, L. Fei-Fei, Modeling mutual context of object and human pose in human–object interaction activities, in: IEEE Conference on Computer Vision and Pattern Recognition, 2010, pp. 17–24.
[78] L.-J. Li, L. Fei-Fei, What, where and who? Classifying events by scene and object recognition, in: International Conference on Computer Vision, 2007, pp. 1–8.
[79] X. Wang, Q. Ji, Context augmented dynamic Bayesian networks for event recognition, Pattern Recognition Letters 43 (2014) 62–70.
[80] X. Wang, Q. Ji, A hierarchical context model for event recognition in surveillance video, in: Proceedings of the IEEE Conference on Computer Vision and Pattern Recognition, 2014, pp. 2561–2568.
[81] S. Geman, D. Geman, Stochastic relaxation, Gibbs distributions, and the Bayesian restoration of images, IEEE Transactions on Pattern Analysis and Machine Intelligence 6 (6) (1984) 721–741.
266
[82] D. Melas, S. Wilson, Double Markov random fields and Bayesian image segmentation, IEEE Transactions on Signal Processing 50 (2002) 357–365.
[83] W. Pieczynski, A. Tebbache, Pairwise Markov random fields and segmentation of textured images, Machine Graphics and Vision 9 (3) (2000) 705–718.
[84] C. D'Elia, G. Poggi, G. Scarpa, A tree-structured Markov random field model for Bayesian image segmentation, IEEE Transactions on Image Processing 12 (10) (2003) 1259–1273.
[85] S. Geman, D. Geman, Stochastic relaxation, Gibbs distribution and the Bayesian restoration of images, IEEE Transactions on Pattern Analysis and Machine Intelligence 6 (6) (1984) 721–741.
[86] S.Z. Li, Markov Random Field Modeling in Image Analysis, Springer Science & Business Media, 2009.
[87] Y. Li, D.P. Huttenlocher, Sparse long-range random field and its application to image denoising, in: European Conference on Computer Vision, Springer, 2008, pp. 344–357.
[88] Z. Kato, M. Berthod, J. Zerubia, Multiscale Markov random field models for parallel image classification, in: International Conferences on Computer Vision, 1993, pp. 253–257.
[89] C. Bouman, M. Shapiro, A multiscale random field model for Bayesian image segmentation, IEEE Transactions on Image Processing 3 (2) (1994) 162–177.
[90] S. Todorovic, M. Nechyba, Dynamic trees for unsupervised segmentation and matching of image regions, IEEE Transactions on Pattern Analysis and Machine Intelligence 27 (11) (2005) 1762–1777.
[91] W. Irving, P. Fieguth, A. Willsky, An overlapping tree approach to multiscale stochastic modeling and estimation, IEEE Transactions on Image Processing 6 (11) (1997) 1517–1529.
[92] R. Szeliski, R. Zabih, D. Scharstein, O. Veksler, V. Kolmogorov, A. Agarwala, M. Tappen, C. Rother, A comparative study of energy minimization methods for Markov random fields with smoothness-based priors, IEEE Transactions on Pattern Analysis and Machine Intelligence 30 (6) (2008) 1068–1080.
[93] A. Fix, A. Gruber, E. Boros, R. Zabih, A graph cut algorithm for higher-order Markov random fields, in: IEEE International Conference on Computer Vision, ICCV, 2011, pp. 1020–1027.
[94] R. Dubes, A. Jain, S. Nadabar, C. Chen, MRF model-based algorithms for image segmentation, in: 10th International Conference on Pattern Recognition, vol. 1, 1990, pp. 808–814.
[95] J. Kappes, B. Andres, F. Hamprecht, C. Schnorr, S. Nowozin, D. Batra, S. Kim, B. Kausler, J. Lellmann, N. Komodakis, et al., A comparative study of modern inference techniques for discrete energy minimization problems, in: Proceedings of the IEEE Conference on Computer Vision and Pattern Recognition, 2013, pp. 1328–1335.
[96] S. Kumar, M. Hebert, Discriminative fields for modeling spatial dependencies in natural images, in: Advances in Neural Information Processing Systems, 2004, pp. 1531–1538.
[97] P. Krähenbühl, V. Koltun, Efficient inference in fully connected CRFs with Gaussian edge potentials, in: Advances in Neural Information Processing Systems, 2011, pp. 109–117.
[98] L.-C. Chen, G. Papandreou, I. Kokkinos, K. Murphy, A.L. Yuille, DeepLab: semantic image segmentation with deep convolutional nets, atrous convolution, and fully connected CRFs, arXiv preprint, arXiv:1606.00915, 2016.
[99] J. Shotton, J. Winn, C. Rother, A. Criminisi, TextonBoost: joint appearance, shape and context modeling for multi-class object recognition and segmentation, in: European Conference on Computer Vision, Springer, 2006, pp. 1–15.
[100] C. Sutton, A. McCallum, Piecewise training for undirected models, arXiv preprint, arXiv:1207.1409, 2012.

[101] Y.Y. Boykov, M.-P. Jolly, Interactive graph cuts for optimal boundary & region segmentation of objects in nd images, in: International Conference on Computer Vision, vol. 1, 2001, pp. 105–112.
[102] X. Ren, C.C. Fowlkes, J. Malik, Cue integration in figure/ground labeling, in: Advances in Neural Information Processing Systems 18, 2005.
[103] X. He, R.S. Zemel, D. Ray, Learning and incorporating top-down cues in image segmentation, in: European Conference on Computer Vision, 2006, pp. 338–351
.
[104] J. Reynolds, K. Murphy, Figure-ground segmentation using a hierarchical conditional random field, in: Proceedings of the Fourth Canadian Conference on Computer and Robot Vision, 2007.
[105] X. He, R.S. Zemel, M.Á. Carreira-Perpiñán, Multiscale conditional random fields for image labeling, in: IEEE Conference on Computer Vision and Pattern Recognition, vol. 2, 2004, p. II.
267
[106] P. Kohli, P.H. Torr, et al., Robust higher order potentials for enforcing label consistency, International Journal of Computer Vision 82 (3) (2009) 302–324.
[107] C. Russell, P. Kohli, P.H. Torr, et al., Associative hierarchical CRFs for object class image segmentation, in: International Conference on Computer Vision, 2009, pp. 739–746.
[108] V. Vineet, J. Warrell, P.H. Torr, Filter-based mean-field inference for random fields with higher-order terms and product label-spaces, International Journal of Computer Vision 110 (3) (2014) 290–307.
[109] V. Vineet, G. Sheasby, J. Warrell, P.H. Torr, Posefield: an efficient mean-field based method for joint estimation of human pose, segmentation, and depth, in: International Workshop on Energy Minimization Methods in Computer Vision and Pattern Recognition, Springer, 2013, pp. 180–194.
[110] P. Kohli, M.P. Kumar, P.H. Torr, P3 & beyond: solving energies with higher order cliques, in: IEEE Conference on Computer Vision and Pattern Recognition, 2007, pp. 1–8.
[111] B. Potetz, T.S. Lee, Efficient belief propagation for higher-order cliques using linear constraint nodes, Computer Vision and Image Understanding 112 (1) (2008) 39–54.
[112] T. Toyoda, O. Hasegawa, Random field model for integration of local information and global information, IEEE Transactions on Pattern Analysis and Machine Intelligence 30 (8) (2008) 1483–1489.
[113] N. Payet, S. Todorovic, $(RF)^2$ – random forest random field, in: Advances in Neural Information Processing Systems, 2010, pp. 1885–1893.
[114] P. Krähenbühl, V. Koltun, Parameter learning and convergent inference for dense random fields, in: International Conference on Machine Learning, 2013, pp. 513–521.
[115] V. Vineet, J. Warrell, P. Sturgess, P.H. Torr, Improved initialization and Gaussian mixture pairwise terms for dense random fields with mean-field inference, in: BMVC, 2012, pp. 1–11.
[116] P. Kohli, M.P. Kumar, P.H. Torr, Solving energies with higher order cliques, in: IEEE Conference on Computer Vision and Pattern Recognition, 2007.
[117] S. Paris, P. Kornprobst, J. Tumblin, F. Durand, et al., Bilateral filtering: theory and applications, Foundations and Trends® in Computer Graphics and Vision 4 (1) (2009) 1–73.
[118] A. Hosni, C. Rhemann, M. Bleyer, C. Rother, M. Gelautz, Fast cost-volume filtering for visual correspondence and beyond, IEEE Transactions on Pattern Analysis and Machine Intelligence 35 (2) (2013) 504–511.
[119] C. Harris, M. Stephens, A combined corner and edge detector, in: Alvey Vision Conference, vol. 15, no. 50, Manchester, UK, 1988, pp. 10–5244.
[120] P. Alvarado, A. Berner, S. Akyol, Combination of high-level cues in unsupervised single image segmentation using Bayesian belief networks, in: Proceedings of the International Conference on Imaging Science, Systems, and Technology, vol. 2, 2002, pp. 675–681.
[121] S. Todorovic, M. Nechyba, Interpretation of complex scenes using dynamic tree-structure Bayesian networks, Computer Vision and Image Understanding 106 (1) (2007) 71–84.
[122] A. Andreopoulos, J.K. Tsotsos, 50 years of object recognition: directions forward, Computer Vision and Image Understanding 117 (8) (2013) 827–891.
[123] J. Yang, Y.-G. Jiang, A.G. Hauptmann, C.-W. Ngo, Evaluating bag-of-visual-words representations in scene classification, in: Proceedings of the International Workshop on Workshop on Multimedia Information Retrieval, ACM, 2007, pp. 197–206.
[124] Y. Freund, R.E. Schapire, A decision-theoretic generalization of on-line learning and an application to boosting, in: Computational Learning Theory: Eurocolt, 1995, pp. 23–37.
[125] M.A. Fischler, R.A. Elschlager, The representation and matching of pictorial structures, IEEE Transactions on Computers 100 (1) (1973) 67–92.
[126] M.P. Kumar, P. Torr, A. Zisserman, Extending pictorial structures for object recognition, in: Proc. BMVC, 2004, p. 81.
[127] M.P.K.P. Torr, A. Zisserman, Learning layered pictorial structures from video, in: Indian Conference on Vision, Graphics and Image Processing, 2004.

[128] M. Burl, M. Weber, P. Perona, A probabilistic approach to object recognition using local photometry and global geometry, in: European Conference on Computer Vision, 1998, pp. 628–641.
[129] M. Weber, M. Welling, P. Perona, Unsupervised learning of models for recognition, in: European Conference on Computer Vision, 2000, pp. 18–32.
[130] R. Fergus, P. Perona, A. Zisserman, Object class recognition by unsupervised scale-invariant learning, in: IEEE Conference on Computer Vision and Pattern Recognition, 2003, pp. 264–271. 268
[131] H. Arora, N. Loeff, A. Sorokin, D. Forsyth, Efficient unsupervised learning for localization and detection in object categories, in: Neural Information Processing Systems, 2005.
[132] M.D. Gupta, S. Rajaram, N. Petrovic, T.S. Huang, Restoration and recognition in a loop, in: IEEE Conference on Computer Vision and Pattern Recognition, 2005.
[133] V. Kolmogorov, R. Zabih, What energy functions can be minimized via graph cuts?, IEEE Transactions on Pattern Analysis & Machine Intelligence (2) (2004) 147–159.
[134] S. Kumar, M. Hebert, Discriminative random fields, International Journal of Computer Vision 68 (2) (2006) 179–201.
[135] A. Quattoni, M. Collins, T. Darrell, Conditional random fields for object recognition, in: Neural Information Processing Systems, 2004.
[136] J. Winn, J. Shotton, The layout consistent random field for recognizing and segmenting partially occluded objects, in: IEEE Conference on Computer Vision and Pattern Recognition, vol. 1, 2006, pp. 37–44.
[137] D. Hoiem, C. Rother, J. Winn, 3D LayoutCRF for multi-view object class recognition and segmentation, in: IEEE Conference on Computer Vision and Pattern Recognition, 2007.
[138] M. Valstar, B. Martinez, X. Binefa, M. Pantic, Facial point detection using boosted regression and graph models, in: IEEE Conference on Computer Vision and Pattern Recognition, IEEE, 2010, pp. 2729–2736.
[139] B. Martinez, M.F. Valstar, X. Binefa, M. Pantic, Local evidence aggregation for regression-based facial point detection, IEEE Transactions on Pattern Analysis and Machine Intelligence 35 (5) (2013) 1149–1163.
[140] A. Rabinovich, A. Vedaldi, C. Galleguillos, E. Wiewiora, S. Belongie, Objects in context, in: International Conference on Computer Vision, 2007, pp. 1–8.
[141] C. Galleguillos, A. Rabinovich, S. Belongie, Object categorization using co-occurrence, location and appearance, in: IEEE Conference on Computer Vision and Pattern Recognition, 2008, pp. 1–8.
[142] P. Quelhas, F. Monay, J. Odobez, D. Gatica-Perez, T. Tuytelaars, L.V. Gool, Modeling scenes with local descriptors and latent aspects, in: International Conference on Computer Vision, 2005.
[143] A. Bosch, A. Zisserman, X. Munoz, Scene classification using a hybrid generative/discriminative approach, IEEE Transactions on Pattern Analysis and Machine Intelligence 30 (2008).
[144] E. Sudderth, A. Torralba, W. Freeman, A. Willsky, Describing visual scenes using transformed Dirichlet processes, in: Advances in Neural Information Processing Systems, vol. 19, 2006.
[145] J. Kivinen, E. Sudderth, M. Jordan, Learning multiscale representations of natural scenes using Dirichlet processes, in: International Conference on Computer Vision, 2007, pp. 1–8.
[146] V. Jain, A. Singhal, J. Luo, Selective hidden random fields: exploiting domain specific saliency for event classification, in: IEEE Conference on Computer Vision and Pattern Recognition, vol. 1, 2008.
[147] A. Gunawardana, M. Mahajan, A. Acero, J. Platt, Hidden conditional random fields for phone classification, in: Eurospeech, 2005.
[148] S. Wang, A. Quattoni, L. Morency, D. Demirdjian, T. Darrell, Hidden conditional random fields for gesture recognition, in: IEEE Conference on Computer Vision and Pattern Recognition, 2006.
[149] A. Singhal, J. Luo, W. Zhu, Probabilistic spatial context models for scene content understanding, in: IEEE Conference on Computer Vision and Pattern Recognition, vol. 1, 2003.
[150] L.-J. Li, F.-F. Li, What, where and who? Classifying event by scene and object recognition, in: International Conference on Computer Vision, 2007.
[151] K. Murphy, A. Torralba, W. Freeman, Using the forest to see the trees: a graphical model relating features, objects and scenes, in: Neural Information Processing Systems, vol. 15, 2003.
[152] Z. Tu, Auto-context and its application to high-level vision tasks, in: IEEE Conference on Computer Vision and Pattern Recognition, 2008.
[153] A. Yilmaz, O. Javed, M. Shah, Object tracking: a survey, ACM Computing Surveys 38 (4) (2006).
[154] D. Ross, J. Lim, R.-S. Lin, M.-H. Yang, Incremental learning for robust visual tracking, International Journal of Computer Vision (2007).
[155] Y. Bar-Shalom, X.-R. Li, Estimation and Tracking: Principles, Techniques, and Software, Artech House, Boston, 1993.
[156] A. Blake, M. Isard, The condensation algorithm-conditional density propagation and applications to visual tracking, in: Advances in Neural Information Processing Systems, 1997, pp. 361–367. 269

[157] J. Vermaak, N.D. Lawrence, P. Perez, Variational inference for visual tracking, in: IEEE Conference on Computer Vision and Pattern Recognition, 2003.
[158] R. van der Merwe, A. Doucet, J.F.G. de Freitas, E. Wan, The unscented particle filter, in: Neural Information Processing Systems, 2000.
[159] C. Andrieu, J.F.G. de Freitas, A. Doucet, Rao–Blackwellised particle filtering via data augmentation, in: Neural Information Processing Systems, 2001.
[160] G. Casella, C.P. Robert, Rao-Blackwellisation of sampling schemes, Biometrika 83 (1) (1996) 81–94.
[161] L. Taycher, D. Demirdjian, T. Darrell, G. Shakhnarovich, Conditional random people: tracking humans with CRFs and grid filters, in: IEEE Computer Society Conference on Computer Vision and Pattern Recognition, vol. 1, 2006, pp. 222–229.
[162] D. Ross, S. Osindero, R. Zemel, Combining discriminative features to infer complex trajectories, in: International Conference on Machine Learning, 2006.
[163] S. Ju, M. Black, Y. Yacoob, Cardboard people: a parameterized model of articulated motion, in: IEEE Conference on Automatic Face and Gesture Recognition, 1996.
[164] J. Deutscher, A. Blake, I. Reid, Articulated body motion capture by annealed particle filtering, in: IEEE Conference on Computer Vision and Pattern Recognition, 2000.
[165] H. Sidenbladh, M. Black, D. Fleet, Stochastic tracking of 3D human figures using 2D image motion, in: European Conference on Computer Vision, 2000.
[166] S.B.J. Malik, J. Puzicha, Shape matching and object recognition using shape contexts, IEEE Transactions on Pattern Analysis and Machine Intelligence 24 (4) (2002) 509–522.
[167] G. Mori, J. Malik, Estimating human body configurations using shape context matching, in: European Conference on Computer Vision, 2002.
[168] O. Cula, K. Dana, 3D texture recognition using bidirectional feature histograms, International Journal of Computer Vision 59 (1) (2004) 33–60.
[169] P. Viola, M. Jones, Rapid object detection using a boosted cascade of simple features, in: IEEE Conference on Computer Vision and Pattern Recognition, 2001.
[170] A.D. Jepson, D.J. Fleet, T.F. El-Maraghi, Robust online appearance models for visual tracking, IEEE Transactions on Pattern Analysis and Machine Intelligence 25 (10) (2001) 1296–1311.
[171] E. Sudderth, A. Ihler, W. Freeman, A. Willsky, Nonparametric belief propagation, in: IEEE Conference on Computer Vision and Pattern Recognition, 2003.
[172] M. Kim, V. Pavlovic, Discriminative learning of dynamical systems for motion tracking, in: IEEE Conference on Computer Vision and Pattern Recognition, 2007.
[173] A. Mccallum, D. Freitag, F. Pereira, Maximum entropy Markov models for information extraction and segmentation, in: International Conference on Machine Learning, 2000.
[174] T. Yu, Y. Wu, N.O. Krahnstoever, P.H. Tu, Distributed data association and filtering for multiple target tracking, in: IEEE Conference on Computer Vision and Pattern Recognition, 2008.
[175] Z. Khan, T. Balch, F. Dellaert, An MCMC-based particle filter for tracking multiple interacting targets, in: European Conference on Computer Vision, 2004.
[176] C. Rasmussen, G. Hager, Joint probabilistic techniques for tracking multi-part objects, in: IEEE Conference on Computer Vision and Pattern Recognition, 1998.
[177] Y. Ohta, T. Kanade, Stereo by intra- and inter-scanline search using dynamic programming, IEEE Transactions on Pattern Analysis and Machine Intelligence (2) (1985) 139–154.
[178] O. Veksler, Stereo correspondence by dynamic programming on a tree, in: IEEE Conference on Computer Vision and Pattern Recognition, vol. 2, 2005, pp. 384–390.
[179] J. Sun, N.-N. Zheng, H.-Y. Shum, Stereo matching using belief propagation, IEEE Transactions on Pattern Analysis and Machine Intelligence 25 (7) (2003) 787–800.
[180] D. Scharstein, R. Szeliski, A taxonomy and evaluation of dense two-frame stereo correspondence algorithms, International Journal of Computer Vision 47 (1–3) (2002) 7–42.
[181] J.J. Atick, P.A. Griffin, A.N. Redlich, Statistical approach to shape from shading: reconstruction of three-dimensional face surfaces from single two-dimensional images, Neural Computation 8 (6) (1996) 1321–1340.
[182] A. Saxena, M. Sun, A.Y. Ng, Learning 3-D scene structure from a single still image, in: International Conference on Computer Vision, IEEE, 2007, pp. 1–8.
[183] A. McCallum, C. Pal, G. Druck, X. Wang, Multi-conditional learning: generative/discriminative training for clustering and classification, in: AAAI Conference on Artificial Intelligence, 2006, pp. 433–439.
270
[184] B. Liu, S. Gould, D. Koller, Single image depth estimation from predicted semantic labels, in: IEEE Conference on Computer Vision and Pattern Recognition, 2010, pp. 1253–1260.
[185] P. Ekman, E.L. Rosenberg, What the Face Reveals: Basic and Applied Studies of Spontaneous Expression Using the Facial Action Coding System (FACS), Oxford University Press, USA, 1997.
[186] A. Bobick, J. Davis, The recognition of human movement using temporal template, IEEE Transactions

on Pattern Analysis and Machine Intelligence (2001).
[187] T. Xiang, S. Song, Video behavior profiling for anomaly detection, IEEE Transactions on Pattern Analysis and Machine Intelligence (2008).
[188] G. Cheng, Y. Wan, A.N. Saudagar, K. Namuduri, B.P. Buckles, Advances in human action recognition: a survey, CoRR [online], available: arXiv:1501.05964, 2015.
[189] R. Poppe, A survey on vision-based human action recognition, Image and Vision Computing 28 (6) (2010) 976–990.
[190] M.Á. Mendoza, N.P. De La Blanca, Applying space state models in human action recognition: a comparative study, in: International Conference on Articulated Motion and Deformable Objects, Springer, 2008, pp. 53–62.
[191] S. Herath, M. Harandi, F. Porikli, Going deeper into action recognition: a survey, Image and Vision Computing 60 (2017) 4–21.
[192] H.-S. Yoon, J. Soh, Y.J. Bae, H.S. Yang, Hand gesture recognition using combined features of location, angle and velocity, Pattern Recognition 34 (7) (2001) 1491–1501.
[193] K. Tang, L. Fei-Fei, D. Koller, Learning latent temporal structure for complex event detection, in: IEEE Conference on Computer Vision and Pattern Recognition, 2012, pp. 1250–1257.
[194] Q. Shi, L. Cheng, L. Wang, A. Smola, Human action segmentation and recognition using discriminative semi-Markov models, International Journal of Computer Vision 93 (1) (2011) 22–32.
[195] V. Pavlovic, B.J. Frey, T.S. Huang, Time-series classification using mixed-state dynamic Bayesian networks, in: IEEE Conference on Computer Vision and Pattern Recognition, vol. 2, 1999, pp. 609–615.
[196] I. Alexiou, T. Xiang, S. Gong, Learning a joint discriminative-generative model for action recognition, in: International Conference on Systems, Signals and Image Processing, IWSSIP, 2015, pp. 1–4.
[197] J. Lafferty, A. McCallum, F. Pereira, Conditional random fields: probabilistic models for segmenting and labeling sequence data, in: Proceedings of the Eighteenth International Conference on Machine Learning, ICML, vol. 1, 2001, pp. 282–289.
[198] C. Sminchisescu, A. Kanaujia, D. Metaxas, Conditional models for contextual human motion recognition, Computer Vision and Image Understanding 104 (2) (2006) 210–220.
[199] A. Quattoni, S. Wang, L.-P. Morency, M. Collins, T. Darrell, Hidden conditional random fields, IEEE Transactions on Pattern Analysis and Machine Intelligence 29 (10) (2007).
[200] Y. Wang, G. Mori, Hidden part models for human action recognition: probabilistic versus max margin, IEEE Transactions on Pattern Analysis and Machine Intelligence 33 (7) (2011) 1310–1323.
[201] C. Sun, R. Nevatia, Active: activity concept transitions in video event classification, in: Proceedings of the IEEE International Conference on Computer Vision, 2013, pp. 913–920.
[202] Summary of TRECVID datasets – NIST [online], available: https://trecvid.nist.gov/past.data.table.html, 2017.
[203] Y. Ivanov, A. Bobick, Recognition of visual activities and interactions by stochastic parsing, IEEE Transactions on Pattern Analysis and Machine Intelligence (2000).
[204] T. Truyen, D. Phung, H. Bui, AdaBoost.MRF: boosted Markov random forests and application to multilevel activity recognition, in: IEEE Conference on Computer Vision and Pattern Recognition, 2006.
[205] A.L. Yuille, A. Rangarajan, The concave-convex procedure (CCCP), in: Advances in Neural Information Processing Systems, 2002, pp. 1033–1040.
[206] X. Wang, X. Ma, W. Grimson, Unsupervised activity perception by hierarchical Bayesian models, in: IEEE Conference on Computer Vision and Pattern Recognition, 2007.

271

索　引

索引中的页码为英文原书页码，与书中页边标注的页码一致。

M

推荐阅读

数字图像处理（第3版）

作者：姚敏 等 ISBN：978-7-111-57596-2

本书是基于作者在浙江大学讲授数字图像处理课程的经验，并在第2版的基础上结合数字图像处理领域的发展修订而成的。除了涵盖数字图像处理的基本理论和技术，还结合作者的工程、科研经验列举了大量实例，有助于读者提高理论与实践结合的能力，达到学以致用的目的。

本书内容全面，既包括数字图像处理的基本理论、主要技术，又涉及相关领域的最新进展，为初学者展示数字图像处理的全景。

本书坚持理论联系实际的编写方针，既注重理论分析，又关注关键算法的MATLAB实现，力求做到理论分析概念严谨、模型论证简明扼要、实例演示清晰明了。

本书结合当前数字图像领域的研究热点，新增了图像语义分析方面的内容，包括图像语义分割、图像区域语义标注、图像语义分类等主题，为读者进行后续学习和研究打下坚实基础。

数字图像处理原理与实践（第2版）

作者：全红艳 王长波 ISBN：978-7-111-57290-9

本书是在作者多年图像处理的研究和实践基础上编著而成，主要讲述了数字图像处理的基本概念、方法、原理及应用，叙述过程中始终贯穿实践这个主题，真正做到了理论与实践并举，旨在为提升读者的创新意识和实践能力奠定坚实的基础。

- 理论与实践相结合，使算法理解与应用相得益彰。
- 适用于理论教学，知识点讲述深入浅出，便于理解和掌握。
- 适用于工程开发与设计，提供了大量的代码，有利于指导工程实践。
- Opencv、Matlab以及C++三种实现方法，应用领域广、实用性强。
- 配以丰富的实例，有助于读者深刻理解图像算法，巩固所学技能。

推荐阅读

计算机图形学原理及实践（原书第3版）（基础篇）

作者：[美] 约翰·F. 休斯　安德里斯·范·达姆　摩根·麦奎尔　戴维·F. 斯克拉
詹姆斯·D. 福利　史蒂文·K. 费纳　科特·埃克里　译者：彭群生 刘新国 苗兰芳 吴鸿智 等

ISBN：978-7-111-61180-6

计算机图形学原理及实践（原书第3版）（进阶篇）

作者：[美] 约翰·F. 休斯　安德里斯·范·达姆　摩根·麦奎尔　戴维·F. 斯克拉
詹姆斯·D. 福利　史蒂文·K. 费纳　科特·埃克里　译者:彭群生 吴鸿智 王锐 刘新国 等

ISBN：978-7-111-67008-7

本书是计算机图形学领域久负盛名的经典教材，被国内外众多高校选作教材。第3版全面升级，新增17章，从形式到内容都有极大的变化，与时俱进地对图形学的关键概念、算法、技术及应用进行了细致的阐释。为便于教学，中文版分为基础篇和进阶篇两册。

主要特点：

◎ 首先介绍预备数学知识，然后对不同的图形学主题展开讨论，并在需要时补充新的数学知识，从而搭建起易于理解的学习路径，实现理论与实践的相互促进。

◎ 更新并添加三角形网格面、图像处理等当代图形学的热点内容，摒弃了传统的线画图形内容，同时关注经典思想和技术的发展脉络，培养解决问题的能力。

◎ 基于WPF和G3D展开应用实践，用大量伪代码展示算法的整体思路而略去细节，从而聚焦于基础性原则，在读者具备一定的编程经验后便能够做到举一反三。

推荐阅读

卷积神经网络与计算机视觉

作者：Salman Khan 等　译者：黄智濒 等　ISBN：978-7-111-62288-8　定价：99.00元

本书不仅包含对卷积神经网络（CNN）的全面介绍，而且分享了CNN在计算机视觉方面的应用经验。本书不要求读者具备相关背景知识，非常适合有兴趣快速了解CNN模型的学生、程序员、工程师和研究者阅读。

卷积神经网络与视觉计算

作者：Ragav Venkatesan 等　译者：钱亚冠 等　ISBN：978-7-111-61239-1　定价：59.00元

本书提供了丰富的理论知识和实操案例，以及一系列完备的工具包，以帮助初学者获得在理解和构建卷积神经网络（CNN）时所必要的基本信息。本书的重点将集中在卷积神经网络的基础部分，而不会涉及在高级课程中才出现的一些概念。